YEARBOOK OF ZHEJIANG
WATER RESOURCES

浙江水利年鉴
2023

《浙江水利年鉴》编纂委员会　编

中国水利水电出版社
www.waterpub.com.cn

·北京·

《浙江水利年鉴》编辑部

编 辑 说 明

一、《浙江水利年鉴》是由浙江省水利厅组织编写，反映浙江水利事业改革发展和记录浙江省年度水利工作情况、汇集水利统计资料的工具书。从2016年开始，逐年连续编辑出版，每年一卷。

二、《浙江水利年鉴2023》以马克思列宁主义、毛泽东思想、邓小平理论、"三个代表"重要思想、科学发展观、习近平新时代中国特色社会主义思想为指导，全面贯彻落实习近平总书记"节水优先、空间均衡、系统治理、两手发力"治水思路，坚持辩证唯物主义和历史唯物主义的立场、观点和方法，全面、系统地记述和反映2022年度浙江省水利工作的基本情况，收录水利工作的政策法规文件、统计数据及相关信息。

三、《浙江水利年鉴2023》采用分类编辑法，基本结构分为类目、分目、条目三个层次，其中条目为主要的信息载体，全书条目用【 】表示。全书设特载、专文、大事记、水文水资源、水旱灾害防御、水利规划计划、水利工程建设、农村水利水电和水土保持、水资源管理与节约保护、河湖管理与保护、水利工程运行管理、水利行业监督、水利科技、政策法规、能力建设、党建工作、学会活动、地方水利、厅直属单位、附录、索引等21个专栏。

四、《浙江水利年鉴2023》记述时限为2022年1月1日至2022年12月31日，部分内容为将事件交待清楚，时间适当上溯。凡在文中直书月、日的，均指2022年年内日期。"至年底"一律指"至2022年12月31日"。

五、《浙江水利年鉴2023》根据行文需要，正文中基本将"浙江省"略写成"省"。数字用法、标点符号用法分别采用国家标准《出版物上数字用法》（GB/T 15835—2011）、《标点符号用法》（GB/T 15834—2011）。技术术语、专业名词、符号等力求符合规范要求或约定俗成。

六、《浙江水利年鉴2023》文稿实行文责自负。文稿的技术内容、文字、数据、保密等问题均经撰稿人所在单位和处室把关审定。

七、《浙江水利年鉴2023》编纂工作得到浙江省各市水利部门和省水利厅各处室、直属单位领导和特约撰稿人的大力支持，在此表示谢忱。为进一步提高年鉴质量，希望读者提出宝贵意见和建议。

目　　录

目 录

水利工程建设

党 建 工 作

学 会 活 动

地 方 水 利

厅直属单位

目　录

附　录

索　引

特　　载

Special Events

001～011 页

2022年浙江水利发展综述

2022年，全省水利系统深入践行习近平总书记"节水优先、空间均衡、系统治理、两手发力"治水思路，自觉对标"两个先行"（指中国特色社会主义共同富裕先行和省域现代化先行）奋斗目标，全年完成水利投资703.1亿元，同比增长13.1%，全年新开工重大项目60项，较2021年多25项，"浙里平安"6项水利民生实事高质量超额完成年度目标，各项重点任务进展顺利，交出高分报表，得到了省委、省政府、水利部的充分肯定和社会各界的高度评价。

一、始终贯穿"一条主线"

省水利厅召开厅党组理论学习中心组扩大学习会、全省水利系统宣讲会、专题学习会等，印发《中共浙江省水利厅党组关于认真学习宣传贯彻党的二十大精神的通知》，细化98项具体任务，深入开展"六学六进六争先"学习实践活动，打出学习贯彻组合拳。10月以后，全厅系统各级党组织开展专题学习1128次，交流研讨376人次，专题宣讲1462场次，受众5.1万人次，实现全员全覆盖。在全厅系统营造起奋进新征程、建功新时代的浓厚氛围，把学习贯彻党的二十大精神引向深入。

二、投资建设再创新高

紧抓中央"适度超前开展基础设施投资"机遇，按照省委、省政府实施经济稳进提质八大行动和稳住经济八方面38项措施的要求，出台水利领域稳经济政策11条，全力稳投资、稳增长。省政府主导的杭州西险大塘、杭州城西南排、嘉兴中心河、宁海清溪水库四大项目均实现提前开工，带动全省新开工60项重大项目，比计划增长15项；完成可研批复58项，比去年增长87%；储备投资超600亿元，完成初设批复37项，比2021年增长147%，为全面提速水利基础设施建设打下基础。水利投融资取得重大突破，全年落实水利专项债券137.9亿元，较2021年增长77%，争取信贷资金139亿元，并与9家金融机构集中签约获得授信额度6800亿元。扩大杭嘉湖南排工程（八堡泵站）、宁波葛岙水库、金华江治理二期等一批重大项目顺利完工，推进开化水库、环湖大堤（浙江段）后续工程等一批重大项目，推动全年完成投资首次突破700亿元，其中重大项目完成投资340亿元，均创历史新高。

三、民生实事超额完成

按照"能早则早、能快则快、能多则多"的要求，把办好民生实事作为年度工作的重中之重，细化每一项民生实事到具体工程，定点（落地坐标）、定时（完成时间）、定标（建设标准）、定责（责任领导），提速推进"浙里平安"，新开工提标加固海塘、病险水库除险加固、山塘整治、提升改造农业灌溉设施、改造农村供水管网、中小河流综合治理等 6 项水利民生实事均提前一个季度完成全年任务。海塘安澜千亿工程开工 312km、完成率 130%，水库除险加固完成 231 座、完成率 115%，病险山塘整治 507 个、完成率 113%，泵站机埠堰坝水闸提升改造完工 1838 个、完成率 122%，农村供水管网改造 3778km、完成率 135%，中小河流治理完工 676.3km、完成率 135%，赢得省领导肯定和群众点赞。

四、河湖长制领跑全国

2022 年作为水利牵头抓总推进河湖长制工作的第一年，省水利厅坚持将河湖长制作为贯彻习近平生态文明思想的重要举措，作为提升水治理体系和治理能力现代化的重要抓手。理顺河湖长制工作新机制，全省 11 个市、90 个县全面建立联席会议制度，市县两级总河长共签发总河长令 168 份、召开联席会议 120 次，着力压实以党政领导负责制为核心的河湖长制责任体系。全省 5 万名河湖长全年累计巡河巡湖达 230 万人次，解决各类问题 32 万余个，294 个妨碍河道行洪突出问题全部按时完成整改销号，推动河湖长制工作"有名""有责"向"有能""有效"转变。

五、数字变革实战实效

按照省委数字化改革、水利部智慧水利建设的统一决策部署，省水利厅主要负责人"一周一例会"攻坚破难，高位推动水利数字变革。围绕新的重大需求和重大任务，迭代浙里办软件"九龙联动治水"应用，打造出"透明工程""浙水安全""浙水好喝"等一大批标志性成果，在数字政府双月评估中进入省级部门前五。探索"平台＋大脑"融合发展，以核心业务智能化提升监测评估、预测预警、实战响应能力，"流域防洪""山洪智防""城乡饮水保供"等智能模块上线运行，在防御台风"梅花"、持续高温干旱等工作中发挥重要作用，"水利大脑"被评为全省"最强大脑"之一。对标数字孪生流域建设先行先试要求，推进 9 项试点任务，数量为全国最多，中期评估荣获优秀等次。基层创新亮点纷呈，16 个市县试点建设顺利推进，2 个案例纳入"一地创新、全省共享"一本账 S_0，2 个案例入选数字政府优秀案例，水利治理体系和治理能力现代化水平不断提升。

六、"十项任务"顺利推进

一是取得防汛防台胜利。全省水利系统面对强台风"梅花"正面袭击、姚江流域等多个站点超历史水位的严峻形势，发挥多年积累的防汛防台经验，逐级放大"八张风险清单"闭环管控机制，紧盯海塘、水库、山塘、在建工程、山洪灾害等防御重点，科学调度大中型水库预泄 2.09 亿 m³、拦蓄 5.96 亿 m³，平原河网加大外排水量 10.34 亿 m³，有力保证了汛情总体可控，使灾害损失降到最低，得到了省委、省政府主要领导的充分肯定。

二是绘就浙江水网建设蓝图。在水安全保障"十四五"规划的基础上，报请省政府批复《浙江水网建设规划》，出台《浙江省"十四五"期间解决防洪排涝突出薄弱环节实施方案》，以联网、补网、强链为重点，着力打造"三纵八横十枢"水网总体格局，共谋划重大水利工程 505 项，总投资 1.3 万亿元。浙江水利基础设施网建设写入省第十五次党代会报告。按照水利部部署，锚定 2027 年目标，加快三大水资源配置通道等标志性工程、探索投融资等改革创新，成功入选国家第一批省级水网先导区。同时，抢抓"三区三线"划定契机，协调落实耕地调出 4626.67hm²，涉及水利重大项目 371 项，进一步强化了重大水利建设要素保障。

三是打赢抗旱保供攻坚战。省水利厅实时关注旱情变化，加强用水态势分析和旱情监测预报，先后发布旱情橙色预警 2 个、黄色预警 18 个、蓝色预警 15 个，启动抗旱Ⅳ级应急响应长达 100 天。切实把农村供水安全放在首位，加强水源地、供水站、管网等巡查检查，因地制宜采用打井、开渠引水、修塘坝等措施，确保 14.6 万受影响农村群众生活用水安全。同时，通过联合调度，强化供水保障，调度浙东引水工程向绍兴、宁波、舟山累计供水 2.57 亿 m³；乌溪江引水工程累计向下游供水 1.34 亿 m³，有效保障沿线居民生活生产用水，实现了大旱之年无大灾。

四是落实落细除险保安各项工作。全面贯彻省委、省政府除险保安百日攻坚部署，实施水利行业"防风险、保稳定"专项行动，针对防汛防台、水利施工、工程运行等 17 个领域，梳理形成风险事项 311 条，实行定期研判、定期迭代、定期整改"三定"机制，及时跟进、闭环督办、限期销号。系统治理水利工程安全运行，安全鉴定、除险加固实现常态化，全年完成水利工程安全鉴定 989 座，管理配套设施改造提升 406 座，3280 座小型水库实行专业化管护，最大程度发挥工程效益。密切研判安全生产形势、加密隐患排查治理，在全国率先实施"双重预防机制"示范建设，安全生产连续 3 年获省政府考核优秀。做好疫情防控工作，落实落细各项常态化防控举措，做好口罩、药品等保障，最大限度保障了厅系统干部职工的身体健康。

五是精细精密加强水资源管理。坚决贯彻"四水四定"（指以水定城、以水定地、以水定人、以水定产），严格落实用水总量和效率"双控"，统筹生活、生产、生态用水，全面确定省、市、县三级用水总量和强度双控指标、地下水总量和水位双控指标，谋划布置 517 个生态流量监测监控断面，全省非农取水在线监测率达 92% 以上。深入推进浙江节水行动，聚焦农业增效、工业减排、城乡降损和非常规水利用，创建节水型单位 106 个、遴选节水标杆 962 个，节水型社会达到国标的县（市、区）位居全国前列。创新推出"节水贷"，联合中国人民银行杭州中心支行开展融资服务，累计签约金额达 237.89 亿元、受益企业和项目 487 个，为企业节约成本 1.27 亿元，在助企纾困的同时，不断激发企业节水内生动力。浙江省在最严格水资源管理国考中再获优秀。

六是提档升级河湖系统治理。紧扣

省第十五次党代会报告"全域建设幸福河湖"的要求，坚持生态优先、系统治理，编制完成《浙江省全域建设幸福河湖行动计划（2023—2027）》，以河湖长制为抓手，以流域、县域为单元，协同多部门，着力推进"八带百廊千明珠万里道"幸福河湖建设。全年建成美丽河湖 142 条（个）、水美乡镇 180 个，灵山港流域成功入选国家首批幸福河湖建设项目，德清、嘉善、景宁 3 个第一批全国水系连通及水美乡村试点县均获水利部终期评估优秀，天台、诸暨、柯城试点县建设初见成效。

七是扎实推进农村水利建设。抓好兴农惠民工程提质增效，完成全省 1.8 万座山塘安全评定，40000hm² 中型灌区现代化改造，圩区整治 1.67 万 hm²，病险山塘整治 507 座，创建美丽山塘 609 座，打好农村水利高质量发展组合拳。坚持"城乡同质、县级统管"，全年完成水源工程建设 138 处，提升改造水厂 263 处，新增遴选规范化水厂 53 座，初步实现农村供水监测分析—预测预警—决策研判—闭环管控全过程智能处置，持续巩固农村饮用水达标提标成果。注重生态安全，建成生态水电示范区 5 个，完成省级以上生态清洁小流域 25 个，治理水土流失面积 420.6km²，连续 4 年被评为全国水土保持规划实施情况评估工作优秀。

八是推进水利改革突破。不断健全水利法规体系，修订《浙江省海塘建设管理条例》，在立法层面上为安全、生态、融合、共享的海塘建设管理提供依据。以县为单位，谋划水利现代化先行

试点，印发支持松阳、缙云等地高质量跨越式发展意见，积极探索水利改革发展新路径。省水利厅系统重点改革与地方改革试点深入推进，"水域监管一件事"成功入选基层治理"一件事"，水利投融资改革、"节水贷"金融助企服务、工程"三化"（指产权化、物业化、数字化）改革、水利领域生态损害赔偿制度改革等事项不断取得突破，完成浙江省委机构编制委员会办公室"小三定"改革试点，努力形成了一批改革成果。"水利工程建设风险防范集成改革"获 2022 年度浙江省改革突破奖铜奖。

九是加强党的建设。全面落实"第一议题"制度，全年召开厅党组会 30 次、中心组学习 24 次、党政联席会 19 次，第一时间学习领会习近平总书记重要讲话和重要指示批示精神，第一时间贯彻省委、省政府重大决策部署，第一时间梳理形成《习近平总书记治水重要论述摘编》。围绕"两个先行"，深入领会、细致谋划水利高质量发展目标，明确水利基础设施网、全域幸福河湖、水利数字化改革、水旱灾害防御等十方面着力方向，奋力展现水利更大担当。持续深化"三联三建三提升"、党建进工地、水利服务"百县千企万村"、水利"七张问题清单"等品牌矩阵，党建统领意识进一步增强，"双建争先"氛围进一步浓厚。持续纠治"四风"，集中开展警示教育活动，全面排查廉政和失职渎职风险，梳理表现 3000 余条、明确防控措施 3700 余项。全力打造浙江水文化标志性成果，在全国率先完成省域重要水文化遗产调查，编撰《浙水遗韵》系列丛

书，松阳松古灌区成功入选世界灌溉工程遗产名录。

十是激发队伍建设活力。坚持实绩实干的选人用人导向，加强专业力量配备，加大年轻干部使用，全年完成 3 家单位党委换届，干部个人事项报告抽查继续保持 100％。出台《关于激励干部在稳进提质攻坚行动中进一步展现水利担当的通知》《关于增强责任意识 切实改进机关工作作风的若干意见》，动员广大水利干部立足岗位、主动担当、争先进位。顺利通过主要领导经济责任审计和自然资源审计。厅属单位发展内生动力进一步激发，浙江水利水电学院南浔校区正式启用，浙江同济科技职业学院获一带一路暨金砖国家技能发展与技术创新大赛团体一等奖，中国水利博物馆获第六届中国青年志愿服务项目大赛金奖，不断为新阶段水利高质量发展提供强有力支撑。

浙江省海塘建设管理条例

（2022 年 7 月 29 日浙江省第十三届人民代表大会常务委员会
第三十七次会议通过）

第一条 为了提升海塘抵御风暴潮等灾害能力，提高海塘岸线生态功能，促进海塘融合建设，加强海塘综合保护，保障人民生命财产安全，根据《中华人民共和国水法》《中华人民共和国防洪法》《建设工程质量管理条例》等有关法律、行政法规，结合本省实际，制定本条例。

第二条 本省行政区域内海塘建设、维护和相关监督管理活动，适用本条例。

本条例所称海塘，是指沿海、海岛及河口地区抵御海水侵袭和风暴潮灾害的堤防工程，包括海塘塘身及其附属建筑物（构筑物）、护塘河以及沿塘水闸、沿塘泵站等设施。

第三条 海塘建设、维护和监督管理，应当坚持安全第一、生态保护、功能融合、惠民共享的原则，提高海塘风险防御能力，推进生态海塘建设，提升海塘综合功能。

第四条 县级以上人民政府应当加强对海塘建设、维护和监督管理工作的领导，将其纳入国民经济和社会发展规划纲要，保障海塘建设用地用海以及建设、运行维护经费，协调解决海塘建设、维护和监督管理工作中的重大问题。

第五条 县级以上人民政府水行政主管部门负责本行政区域内海塘建设、维护的监督管理。

县级以上人民政府其他有关部门应当按照各自职责，做好海塘建设、维护的相关监督管理工作。

乡镇人民政府、街道办事处应当按照县（市、区）人民政府确定的职责做好本辖区内海塘的相关建设、维护和监督管理工作。

第六条 省水行政主管部门应当依托公共数据平台建设全省统一的水利工程建设管理应用系统，设区的市、县（市、区）水行政主管部门可以根据管理需要开发完善其相关应用功能。

县级以上人民政府水行政主管部门应当通过水利工程建设管理应用系统对全省海塘的建设、维护情况进行动态监测和风险研判、预警。

鼓励高等院校、科研机构等单位在海塘建设、维护以及海啸、风暴潮预警等方面开展科学研究和技术创新。

第七条 省水行政主管部门应当会同省发展改革部门和省自然资源主管部门组织编制全省的海塘建设规划，报省人民政府批准。

海塘建设规划应当统筹考虑防护区

内常住人口和当量经济规模、经济和社会发展中长期规划、风暴潮侵袭程度和变化趋势等因素，根据国家有关防护区防潮（洪）标准的规定和适当提高标准的原则，对全省海塘的具体防潮（洪）标准予以明确，最低防潮（洪）标准不低于二十年一遇。

对未达到海塘建设规划确定的防潮（洪）标准的海塘，县级以上人民政府应当在海塘建设规划确定的时限内组织完成提标加固。

第八条　设区的市、县（市、区）水行政主管部门应当根据海塘建设规划组织编制海塘建设专项规划，经同级自然资源主管部门审查后，报本级人民政府批准。

海塘建设专项规划的主要内容纳入设区的市、县（市、区）国土空间详细规划。

第九条　经依法批准的海塘建设规划和海塘建设专项规划，任何组织或者个人不得擅自修改；确需修改的，应当按照本条例规定的规划制定程序报原批准机关批准。

第十条　海塘根据防潮（洪）标准分为四级：

（一）防潮（洪）标准一百年一遇以上的，为一级海塘；

（二）防潮（洪）标准五十年一遇以上不足一百年一遇的，为二级海塘；

（三）防潮（洪）标准三十年一遇以上不足五十年一遇的，为三级海塘；

（四）防潮（洪）标准二十年一遇以上不足三十年一遇的，为四级海塘。

第十一条　海塘建设项目的审批或者核准，按照国家和省有关政府投资、企业投资项目管理相关规定办理。

第十二条　海塘建设依法实行项目法人制、招标投标制、工程监理制、合同管理制和工程质量责任制等制度。

海塘建设项目的建设、勘察、设计、施工、监理等从业单位在国家规定的工程合理使用年限内对工程质量依法承担责任。

第十三条　海塘建设项目应当同步建设数字监测和感知设施，完善沉降、渗流等工程安全监测和波浪、潮位等水文观测站点布局，提高对海塘安全状态的动态感知能力。

海塘建设项目的隐蔽工程，在其关键工序施工时，施工和监理单位应当按照规定要求对隐蔽工程实施现场影像记录。影像记录应当作为工程档案存档管理。

海塘建设项目的建设单位应当建立准确、完整的海塘建设项目数字化档案，并按照档案管理相关法律、法规规定进行保管。

第十四条　县级以上人民政府应当统筹沿塘岸带生态修复、环境整治，保护滩涂生态资源和生物多样性，因地制宜开展海塘生态化改造。

第十五条　在保障海塘安全及其防潮（洪）主体功能的前提下，海塘建设项目可以融合建设通行道路、健身绿道、景观绿化、文化展示、观景休闲等设施。

海塘建设项目报送审批或者核准前，建设单位应当将融合建设方案通过报纸、网站或者公告栏等渠道公开征求意见。公示的时间不得少于十日。建设单位应当充分考虑公众的意见，并在报送审批或者核准的材料中附具意见采纳情况及理由。

利用塘身兼作等级公路的，不得危及海塘的安全和正常运行，建设质量应当同时符合公路工程技术标准，并由交通运输主管部门设置相应的交通安全设施和公路标志、标线，组织做好公路的日常养护工作。

第十六条 设区的市、县（市、区）人民政府应当按照海塘建设规划要求，将海塘建设项目按照规定申报省重点项目或者纳入本地重大项目等，通过整合统筹本级财政资金、支持符合条件的项目申请地方政府债券等方式，加强海塘建设资金保障，推进海塘工程建设。

鼓励单位和个人通过捐赠方式参与海塘工程建设。

第十七条 海塘的管理范围按照下列标准确定：

（一）一至三级海塘的管理范围，为塘身及其迎水坡脚起（有镇压层的从镇压层的坡脚起，下同）向外延伸七十米，背水坡脚起向外延伸三十米；

（二）四级海塘的管理范围，为塘身及其迎水坡脚起向外延伸六十米，背水坡脚起向外延伸二十米；

（三）塘身迎水坡外侧的固基增稳、消浪防冲设施涉及区域超过前两项规定范围的，设施涉及区域全部划入管理范围；

（四）有护塘河的海塘，护塘河以及护塘河向塘身一侧全部划入管理范围。

海塘的保护范围为海塘塘身背水坡管理范围向外延伸二十米。

沿塘水闸、沿塘泵站等设施的管理范围和保护范围依照《浙江省水利工程安全管理条例》执行。

无背水坡海塘和结合公路建设的海塘，其管理范围和保护范围无法满足本条第一款和第二款规定要求的，由设区的市、县（市、区）人民政府组织水行政、自然资源、交通运输等部门开展专题论证，按照确保海塘和公路安全、海塘提标加固需要和节约用地的原则划定。

第十八条 海塘的管理范围和保护范围划定后，县级以上人民政府应当树立界碑并按照海塘闭合区设立里程桩。

第十九条 在海塘管理范围内，禁止从事下列行为：

（一）设置阻断防汛抢险或者妨碍海塘日常管理的固定隔离设施；

（二）堆放重物，倾倒土石、矿渣、垃圾等物质；

（三）爆破、打井、采石、取土、挖砂、挖塘、建窑、开矿；

（四）新建、改建、扩建建筑物、构筑物和其他设施，埋设管道、开挖沟渠；

（五）影响海塘安全的其他行为。

在海塘管理范围内，不影响海塘安全的前提下，确需从事前款第四项规定行为的，应当按照管理权限报水行政主管部门和相关部门批准。

第二十条 在海塘保护范围内，禁止从事影响海塘安全的爆破、打井、采石、取土、挖砂、挖塘、开矿等活动。

第二十一条 建设跨塘、穿塘、临塘的码头、涵闸、桥梁、道路、渡口、船闸、船坞、管道缆线等设施，不得影响海塘安全、妨碍海塘抢险；其工程建设方案应当按照管理权限报水行政主管部门批准。

前款所列工程施工，应当按照水行政主管部门批准的位置和界限进行；竣工验收，应当有水行政主管部门参加。

第二十二条　省水行政主管部门应当建立健全海塘清单名录和档案管理制度，归集全省海塘数量、长度、位置、管理保护范围和相关技术参数等信息。

县级以上人民政府不动产登记机构应当根据海塘建设单位、海塘管理机构等的申请，依法办理海塘相关权属登记。

第二十三条　海塘管理机构按照下列规定确定：

（一）省直管海塘由省水行政主管部门所属的钱塘江管理机构负责运行维护；

（二）专用海塘由专用单位负责运行维护；

（三）前两项规定外的其他海塘，由设区的市、县（市、区）人民政府确定的管理机构负责运行维护。

第二十四条　海塘管理机构应当建立健全海塘日常维护、安全监测、应急处置等管理制度，运用数字化手段实行海塘标准化管理和日常安全监测，也可以委托专业机构承担海塘工程的维修养护、监测设备及沿塘闸站的运行等技术性服务。

第二十五条　设区的市、县（市、区）人民政府根据抵御风暴潮等灾害的需要，科学确定二道防线，组织编制二道防线方案，并报上一级人民政府水行政主管部门同意后实施。二道防线方案编制的技术要求由省水行政主管部门

制定。

对确定作为二道防线的备塘，海塘管理机构应当做好日常维护，不得废弃或者改变原设计功能。

未作为二道防线的备塘，设区的市、县（市、区）人民政府可以决定退出。其中，省直管备塘的退出由设区的市人民政府商钱塘江管理机构提出，报省人民政府决定。

备塘退出后因复垦取得的建设用地指标，优先保障海塘等水利基础设施的建设。

第二十六条　每十年或者特大风暴潮后，省水行政主管部门应当组织对海塘设计的潮浪指标进行复核。海塘管理机构应当根据复核后的潮浪指标和塘前涂面高程、海塘状况，对海塘安全重新进行鉴定；对未达到设计标准的海塘，应当及时予以加固。

需要对海塘安全进行鉴定的，海塘管理机构应当委托具有相应资质的专业机构进行鉴定，及时发现工程缺陷并进行修复。专业机构应当按照有关技术规范开展鉴定，并对出具的鉴定结论负责。

第二十七条　已被公布为文物保护单位的海塘，其保护、管理应当同时符合文物保护相关法律、法规要求。存在安全隐患的，海塘管理机构应当按照文物保护要求编制修缮加固方案，依法经文物主管部门审查同意后组织实施。

第二十八条　县级以上人民政府及其文化主管部门应当组织海塘文化精神和文化价值的发掘，开展海塘非物质文化遗产的认定、记录、建档、研究等工作，建设海塘文化展示场所，推进海塘

文化的展示和传承。

第二十九条　县级以上人民政府应当根据国家和省的防洪御潮要求以及海塘等设施的实际情况，定期开展风险调查和隐患排查，进行风暴潮风险评估，组织制定安全应急预案，明确应急处置措施。

第三十条　县级以上人民政府应当建立健全防御风暴潮风险共担机制。

鼓励推行海塘灾毁保险。

第三十一条　违反本条例规定的行为，法律、行政法规已有法律责任规定的，从其规定。

第三十二条　有违反本条例第十九条第一款、第二十条规定行为之一的，设区的市、县（市、区）水行政主管部门应当责令停止违法行为，限期恢复原状或者采取其他补救措施，对个人可以处二千元以上一万元以下罚款，对单位可以处二万元以上十万元以下罚款。

第三十三条　本条例自 2022 年 9 月1 日起施行。

专　文

Monographs

勇担新使命　奋进新征程　奋力打造江南水乡幸福新高地

浙江省水利厅党组书记、厅长　马林云

2022 年是"十四五"攻坚之年，也是向着第二个百年奋斗目标进军的关键之年。浙江水利将深入学习习近平新时代中国特色社会主义思想，全面贯彻党的十九届六中全会精神，对标浙江高质量发展建设共同富裕示范区对水安全保障的要求，坚持"党建统领、业务为本、数字变革"，努力推进水利高质量发展，争创水利现代化先行省，奋力打造江南水乡幸福新高地。

一是突出重大项目，构建"浙江水网"。加快推进浙江水网规划、水资源节约保护和利用总体规划编制。以海塘安澜千亿工程和百项千亿防洪排涝工程为重点，加快推进开化水库等 160 余个重大工程建设、莲湖水库等 100 个重大项目前期，新开工海塘安澜工程 240km，完成主要江河干堤加固 50km、病险水库除险加固 200 座、病险山塘整治 450 座、圩区整治 13333.3hm²，全年水利计划投资 550 亿元，其中重大项目 230 亿元。

二是紧盯"三大风险"，筑牢安全屏障。以防御"超标准洪水、水库失事、山洪灾害"三大风险为重点，强化预报、预警、预演、预案，督促各地全面落实风险识别、研判、管控和处置措施。推进完善流域、区域洪水风险图，试点编制大中型水库库区洪水风险图，强化水旱灾害防御决策支撑。新（改）建水文测站 2200 个，新建山洪灾害声光电预警设施 200 套，完成水库安全鉴定 200 座、配套设施改造提升 200 座，持续提升监测预报预警能力。

三是贯彻节水行动，强化刚性约束。持续推进县域节水型社会达标建设，实现全省 100% 达标。开展节水标杆创建和水效领跑者建设，创建 30 个节水标杆酒店、10 个节水标杆校园、45 个节水标杆小区和 105 个节水标杆企业。严控水资源消耗总量和强度，健全省市县三级指标体系，确保 2022 年全省用水总量控制在 186 亿 m³ 以内，万元 GDP（国内生产总值）用水量、万元工业增加值用水量分别较 2020 年降低 7% 以上，努力打造南方丰水地区节水标杆省份。

四是紧扣民生关切，擦亮共富成色。以省全面推行河湖长制联席会议制度为抓手，进一步发挥机制体制创新活力，统筹推进河湖长制、水土保持和城乡同质饮水工作。高质量建设 100 条美丽河湖，完成 500km 中小河流整治，完成水土流失综合治理 300km²，大力推进幸福河湖试点县建设，探索推进"幸福河湖"

实现新路径。新建水源工程 20 项以上，更新改造农村供水管网 2800km，农村供水紧张困难发生率下降至 2％以内，水质达标率保持在 90％以上。

五是聚焦数字变革，重构行业生态。始终把数字化改革作为新发展阶段全面深化改革的总抓手，全面推进水利业务与数字化的深度融合。迭代水利数字化改革"1636"总体布局，全面构建"浙水安澜"综合应用，打造"浙水安全""浙水好喝""浙水节约""浙水美丽""浙水畅通""浙水清廉"等六个重大标志性应用，不断提升水治理体系和治理能力现代化水平。

（本文发表于《中国水利报》2022 年 1 月 6 日新闻版）

以数字化改革为牵引　全力实现"浙水安澜"

浙江省水利厅党组书记、厅长　马林云

2022年全国水利工作会议深刻分析了当前和今后一个时期水利工作面临的形势，全面部署了新一年水利工作，站位高远，谋划系统，举措扎实，为推动新阶段水利高质量发展举旗定向、凝聚力量。浙江水利系统坚持以习近平总书记"节水优先、空间均衡、系统治理、两手发力"治水思路为指引，深入贯彻落实全国水利工作会议精神，以构建"浙江水网"为基础，以河湖长制为抓手，以数字化改革为牵引，争创水利现代化先行省，全力实现"浙水安澜"。

坚持"大抓项目、大抓民生"，在攻坚克难中促发展。浙江统筹发展与安全，全力推进"浙江水网"建设，加快谋划跨地区、跨流域的水资源配置工程，推进海塘安澜千亿工程等一批重大工程，全省水利投资力争完成660亿元；加快水文测站新（改）建、山洪灾害声光电预警设施增设和水库系统治理，不断提升"四预"（预报、预警、预演、预案）能力；持续完善农村供水县级统管机制，推进千座病险山塘水库综合整治、农业水价综合改革、大中型灌区现代化改造等工作，切实办好利民惠民之事。

聚焦"河湖长制、数字变革"，在改革创新中求突破。浙江坚持绿色发展，统筹实施河湖长制、国家节水行动、水土保持等工作，大力推进幸福河湖试点县、县域节水型社会达标建设。按照水利部智慧水利总体部署，浙江始终把数字化改革作为新发展阶段全面深化改革的总抓手，迭代构建"浙水安澜"综合应用，打造"浙水安全""浙水好喝""浙水节约""浙水美丽""浙水畅通""浙水清廉"等六大重点应用，推进数字孪生流域建设，不断提升水利治理体系和治理能力现代化水平。

（本文发表于《中国水利报》2022年2月23日新闻版）

夯实水利基础　助力共同富裕

浙江省水利厅党组书记、厅长　马林云

2022年3月22日是第三十届"世界水日"，第三十五届"中国水周"宣传活动也将拉开帷幕。水与浙江休戚相关，历届省委省政府高度重视治水工作。党的十八大以来，全省上下遵循习近平总书记"节水优先、空间均衡、系统治理、两手发力"治水思路，统筹推进水灾害防治、水资源节约、水生态修复、水环境治理，为全省经济社会高质量发展筑牢了水安全屏障。

为进一步守牢水旱灾害防御底线、提升水安全保障能力，我们将全面对标对表，切实把习近平总书记重要指示批示和党中央、省委省政府各项决策部署体现到谋划水利重大战略、制定水利重大政策、部署水利重大任务、推进水利重大工作的实践中去，奋力谱写"浙水安澜"新篇章，为高质量发展建设共同富裕示范区贡献水利力量。

一是在稳中求进的良好态势下，加快推动重大水利工程建设。重大水利工程是我们扛起除险保安重任、守住水旱灾害防御底线的重要基石。今年，中央经济工作会议提出要"适度超前开展基础设施投资"，这给当前加快水利建设带来前所未有的重大机遇。我们必须乘势而上，大抓项目、抓大项目，千方百计扩大有效投资，全年力争完成水利投

资660亿元、较上年增长6.5%，加快开工45项重大工程，全力提速115项工程建设，着力攻坚118个重大项目前期，加速推进相关项目取得突破，勾画"浙江水网"的长远蓝图。

二是在推动共富的真抓实干中，全心全意办好水利民生实事。习近平总书记强调："民生为上，治水为要。"今年，水利工作连续第4年入选省政府十方面民生实事，水利部门牵头负责"浙里平安：提升海塘、水库、山塘安全水平"项目。责任在肩、使命重大。我们将坚持以人民为中心的发展思想，按照"能早则早、能快则快、能多则多"的要求，进一步压实责任、压紧目标，实行项目化实施、专班化推进，盯时序、抢时间、保质量，力争全面超额完成各项任务，努力以高质量均质化的水利公共服务推动乡村振兴，绘就优质普惠的幸福生活新图景。

三是在机制重塑的全新起点上，努力推进河湖长制再上新台阶。河湖长制是习近平总书记亲自谋划、亲自部署、亲自推动的一项重大制度创新。作为河长制的发源地，我省一直走在全国前列。2022年是我省河湖长制全新起航之年，我们将充分发挥河湖长制工作联席会议制度作用，坚持系统治理、协同治理、

源头治理，以河湖长制为主要抓手，构建"党政主导、水利牵头、部门协同、社会共治"的工作机制，压实各级河湖长责任，严格河湖长履职监管，完善河湖健康评价体系，全域推进河湖治理再上新台阶，奋力建设江南水乡幸福新高地。

四是在数字变革的时代潮涌里，确保水利数字化改革取得新成效。水利部门始终把数字化改革作为新发展阶段全面深化改革的总抓手，围绕省委提出的"1612"体系架构，进一步深化水利数字化改革总体布局，集成全域涉水事务，上线运行浙里"九龙联动治水"应用，迭代建成"浙水安全""浙水畅通""浙水好喝""浙水美丽""浙水节约""浙水清廉"六大标志性成果，实现省市县三级全面贯通。高质量谋划数字孪生流域，迭代钱塘江流域防洪减灾数字化应用，以水旱灾害防御作为突破口，积极探索建设预报、预警、预演、预案等应用场景，全力提升我省防洪减灾能力。

（本文发表于《浙江日报》2022 年 3 月 21 日理论周刊版）

保安全生产 护浙水平安

浙江省水利厅厅长 马林云

今年是大事喜事盛事叠加的一年，也是关键时段重要节点密集的一年，做好水利安全生产工作意义尤其重大。浙江省水利厅深入学习贯彻习近平总书记关于安全生产重要论述精神，全面贯彻落实新《中华人民共和国安全生产法》，坚持抓重点和抓弱项并重、抓专项整治和抓平常整改并重、抓责任和抓落实并重，以水利"除险保安"工作为主线，全面提升浙江省水利安全生产风险防范能力，确保安全生产形势稳定。

压实责任，织密"责任网"。全省各级水利部门以"时时放心不下"的责任感履行好监管职责，确保各项工作部署到位、管控措施落实到位、重点任务完成到位、安全隐患整治到位、问题风险清除到位、突发事件处置到位。严格按照"三管三必须"要求，压实安全生产综合监管和业务监管职责，形成齐抓共管的工作格局。加大水利行业安全生产警示问责和联合惩戒力度，强化行刑衔接和无事故处罚。压实水利生产经营单位主体责任，督促法定代表人、实际控制人带头执行安全生产法律法规和标准规范，自觉依法组织生产经营活动，并在关键时间节点到岗履职、盯守现场、确保安全。

加强教育，夯实"基础桩"。全省各级水利部门要强制性、有计划、分层次、常态化组织安全法规知识和技能培训，推进安全宣传"进企业"活动，把水利生产经营单位开展安全教育培训情况作为督导、巡查、检查、稽察的必查内容。督促水利生产经营单位负责人学会算整体账、明白账、长远账，正确处理安全与发展的关系，牢固树立"遵守安全生产法，当好第一责任人"的意识，时刻绷紧安全生产这根弦，持续提升安全生产管理水平。

强化管控，排查"风险点"。坚持以防范化解重大安全风险、坚决遏制重特大事故为重点，加强重点领域、重点项目、重要部位、关键环节、重要时段的安全监管。在去年开展"遏重大"专项行动基础上，今年全面启动"除险保安"隐患大排查行动，重点围绕安全责任落实、工程建设、工程运行、工程安全度汛、双重预防机制建设、安全生产标准化创建等方面开展督导。把检查和整改落实到每一个单位、项目、岗位和人员，做到排查不留死角、整改不留隐患。对重大事故隐患，严格执行"发现、交办、整改、督查、销号"流程，做到人员、措施、资金、时限和预案"五落实"。对工作不力的地方和单位，实行现场督导、挂牌督办，坚决防止重形式、走过场。

推进改革，善用"数字手"。加强安全隐患感知体系建设，提升水利安全生产监测预警能力。充分发挥水利安全信息系统的作用，及时开展安全生产状况评估；迭代浙江水利建设管理数字化应用，强化对水利在建项目安全生产的动态管理；以重大事故风险链为主线，利用大数据、人工智能等技术，加快实现对在建项目风险隐患的快速感知、实时监测、超前预警、联动处置；着力解决双重预防机制建设设想好、落地难的问题，开展好双重预防机制试点建设，同步推进管理方式的数字化变革，加快实现危险源识别管控和隐患排查的动态化、精准化、日常化管理。

我们将牢固确立"安全发展的大局观、生命至上的安全观、居安思危的预防观"，强化安全生产无小事、安全工作无句号、天天都是零起点的意识，全力营建浙江水利行业"人人重安全、人人想安全、人人抓安全"的氛围，为党的二十大召开营造良好的水利安全环境，为推进浙江水利高质量发展提供坚实安全保障。

（本文发表于《中国水利报》2022年6月28日新闻版）

大 事 记

Memorabilia

1月

4日 水利部公布2020—2021年度水利建设质量工作考核结果，浙江省获得A级等次，位列全国第二名。自2014年全国水利建设质量考核工作开展以后，浙江省已连续7年获得A级等次。

11日 省水利厅召开全省水利扩大有效投资和重大项目建设动员布置视频会，学习贯彻中央和省委经济工作会议精神，着力扩大水利有效投资，加快推动重大水利工程建设。省水利厅党组书记、厅长马林云出席会议并讲话。会议对全省水利加快有效投资作了具体部署，提出全年水利投资目标、前期工作计划、问题海塘开工等6项工作要求。会议强调，各地要按照省委、省政府关于水利设施投资增长快于面上投资增长的要求，围绕两大目标，突出项目为王，明确三大举措落地，争当扩大有效投资和重大项目建设排头兵。

12日 省水利厅召开厅务会议，省水利厅党组书记、厅长马林云出席会议并讲话。会议强调，2022年作为水利系统"大抓项目、大抓民生"攻坚之年、"河湖长制、数字变革"突破之年，要坚持以习近平总书记"节水优先、空间均衡、系统治理、两手发力"治水思路为指引，以构建"浙江水网"为基础，以河湖长制为抓手，以数字化改革为牵引，保安全、稳增长、惠民生、利长远，全力实现"浙水安澜"，争当高质量发展建设共同富裕示范区排头兵。

13日 省水利厅公布第一批水工程与水文化有机融合典型案例名单。杭州市三堡排涝工程、杭州市拱宸桥水文站、宁波市姚江大闸、泰顺县美丽河湖（玉溪段）、德清县蠡山漾示范河湖整治工程、嘉善县王凝圩区汾湖泵站、绍兴市曹娥江大闸、绍兴市鉴湖水环境整治工程、金华市梅溪流域综合治理工程、衢州市信安湖水文化主题公园、舟山市普陀区蚂蚁岛三八海塘、温岭市新金清闸、缙云县大洋水库共13个典型案例入选。

14日 水利部召开水库除险加固工作推进会。省水利厅党组书记、厅长马林云作《综合评估　系统治理　高质量实施水库除险加固》典型发言。

25日 省水利厅召开党史学习教育总结会议，全面总结厅系统党史学习教育工作，巩固拓展党史学习教育成果，推动党史学习教育常态化长效化。省水利厅党组书记、厅长马林云出席会议并讲话，省党史学习教育第十三巡回指导组到会指导。会议强调，要以更高的政治站位和更强的思想自觉，深入学习贯彻习近平新时代中国特色社会主义思想，踔厉奋发、笃行不怠，以深化党史学习教育的新成效，赋能塑造水利变革性实践、突破性进展、标志性成果，以优异的成绩迎接党的二十大胜利召开。

27日 省水利厅发布第一批水利数字化改革"优秀应用"。义乌节水在线、宁波区域旱情预警及调度、岱山旱情预警及调度、省管海塘智慧工地应用、龙游高坪桥水库运维智慧应用、长兴河长在线、德清公众乐水护水应用、安水优享、永康水土守望者、浙江省水利工程质量监督数据管理应用、东苕溪数字流域防汛应用、小流域山洪预警及应急联动、"浙水情"移动应用、余杭数智防汛、水利人事一点通共 15 个"优秀应用"入选。

28 日　省水利厅召开新冠肺炎疫情防控工作部署会，传达省委、省政府和省纪委关于疫情防控工作的有关精神，部署春节期间厅系统疫情防控工作。省水利厅党组书记、厅长马林云出席会议并强调，要坚决贯彻落实上级关于疫情防控的相关要求，紧紧围绕"外防输入、内防反弹"总策略和"动态清零"总方针，科学、精准、严密抓好厅系统疫情防控，保障全体干部职工度过健康平安的春节。

△　省纪委省监委派驻省水利厅纪检监察组（以下简称派驻纪检监察组）与省水利厅党组召开年度廉情会商会。省水利厅党组书记、厅长马林云主持会议并讲话，派驻纪检监察组组长林金德及相关人员、厅党组全体成员参加会议。会议强调，要强化"两个责任"同向发力、同频共振，推动厅系统全面从严治党各项工作落到实处，实现政治生态持续向好。

2月

10 日　省政协副主席、民革浙江省委会主委吴晶赴省水利厅调研指导工作。省水利厅党组书记、厅长马林云参加座谈。吴晶充分肯定近年来全省水利工作所取得的成绩并指出，省水利厅要切实攻坚"大干项目、大干民生"，圆满完成 2022 年目标任务，为浙江省经济社会发展提供有力支撑。同时，民革浙江省委会和省水利厅要加强合作，共同紧盯水利工作难点、热点、焦点，进一步发挥各自优势，深入开展涉水领域参政议政课题合作，为高质量发展奠定基础。

15 日　省发展改革委、省财政厅、省水利厅联合印发《关于明确水土保持补偿费和水资源费收费标准的通知》。该通知规定，浙江省将在现行收费标准的基础上，按照 80% 收取水土保持补偿费、水资源费，进一步减轻企业负担，激发企业发展活力，促进经济平稳运行。

16 日　省人大常委会副主任史济锡率队赴省水利厅调研，省水利厅党组书记、厅长马林云参加座谈。史济锡强调，全省水利系统要认真贯彻习近平总书记关于治水的重要论述精神，忠实践行"八八战略"、奋力打造"重要窗口"，进一步增强使命意识、机遇意识、风险意识、改革意识、法治意识，从全局谋划水利工作；要按照省委、省政府的决策部署，不断深化数字化改革，在保安全、促发展、优生态、惠民生中展现水利担当，在推动高质量发展、现代化先行和共同富裕示范区建设中争取突破性进展和标志性成果。

△　省水利厅公布水利强监管改革试点考评结果。永康市、苍南县、长兴县、定海区、缙云县 5 家试点单位获评优秀等次。

17 日　省水利厅召开全省水利工作会议。省水利厅党组书记、厅长马林云出席会议并讲话。会议强调，2022 年是全省水利"大干项目、大干民生"攻坚之年、"河湖长制、数字变革"突破之年，全省水利系统要抢抓机遇、实干争先，以习近平总书记"节水优先、空间均衡、系统治理、两手发力"治水思路为指引，以构建"浙江水网"为基础，以河湖长制为抓手，以数字化改革为牵引，保安全、稳增长、惠民生、利长远，努力实现"浙水安澜"，争当高质量发展建设共同富裕示范区排头兵。

19 日　省委副书记、省长王浩主持召开省政府专题会议，研究西险大塘达标加固工程等水利、生态环保、农业农村领域重大项目建设工作。

22 日　省委副书记、省长王浩实地查看西险大塘堤防，详细了解大塘杭州段和中桥塘项目工程规划设计情况，并在西险大塘防汛仓库召开现场办公会议，听取杭州市、省发展改革委、省自然资源厅、省财政厅、省水利厅情况汇报及意见建议，研究部署下一步工作。

23 日　省水利厅召开厅党组扩大会议暨厅系统党组织书记述职述责述廉评议会议，省水利厅党组书记、厅长马林云出席会议。会议强调，要深入学习贯彻习近平总书记关于党的建设重要论述精神，以构建党建统领整体智治体系为着力点，以数字化改革为牵引，深入实施"红色根脉强基工程"，扎实开展"双建争先"行动，以昂扬奋进姿态加快实现"浙水安澜"美好愿景，以优异成绩迎接党的二十大和省第十五次党代会胜

利召开。

3 月

7 日　省水利厅召开厅党组理论学习中心组扩大学习会。省水利厅党组书记、厅长马林云主持会议并讲话。会议要求，全厅系统要深入学习领会习近平总书记关于全面深化改革和数字中国的重要论述精神，学习领会全省数字化改革推进大会精神，按照"两年大变样"的要求，放大工作格局，主动找准改革跑道，深化数字变革。

9 日　全省水利系统党风廉政建设工作视频会议召开。省委副书记、省水利厅党组书记、厅长马林云出席会议并强调，要深入学习贯彻习近平总书记在十九届中央纪委六次全会上的重要讲话精神，压紧压实管党治党政治责任，坚持不懈推动水利系统全面从严治党，为实现"浙水安澜"推进共同富裕提供坚强保障。

17 日　省水利厅召开厅党组理论学习中心组扩大学习会。省水利厅党组书记、厅长马林云主持会议并讲话，会议传达学习了习近平总书记在全国两会期间发表的重要讲话精神、全国两会有关工作报告精神以及省委领导干部会议精神。

22 日　省水利厅第 30 届"世界水日"和第 35 届"中国水周"线上主题宣传活动举行。围绕"河长再出发，建设江南水乡幸福新高地"的宣传主题，正式启动浙江"河长在线"数字化应用和

"寻找最美河湖长"活动。

23 日　省水利厅主要领导任期经济责任审计和自然资源资产任中审计进点会召开。省审计厅党组成员、副厅长谢永刚出席会议并讲话，省水利厅党组书记、厅长马林云主持会议并作了履职报告。会上，审计组宣读了审计通知书和"四严禁、八不准"工作纪律，并介绍了该次审计工作的安排。马林云就其履行任期经济责任和自然资源资产责任情况进行报告，并作了表态发言。

4 月

1 日　省政府办公厅公布 2021 年度全省政务公开评估工作结果，省水利厅在 39 个省级部门中排名第二。

6 日　省水利厅召开新冠肺炎疫情防控工作专题会议，传达省委、省政府关于疫情防控工作的有关精神，部署近期厅系统疫情防控工作。

14 日　全省防汛防台抗旱和安全生产工作视频会议召开。省委副书记、省长、省防指指挥长、省安委会主任王浩强调，要深入贯彻习近平总书记"一个目标、三个不怕、四个宁可"防汛防台重要指示精神，认真落实李克强总理重要批示和全国防汛抗旱工作会议精神，坚持人民至上、生命至上，强化底线思维、风险意识，全力以赴、全民动员，早准备、早应对，从严从快、抓细抓实各项工作，切实守护好人民群众生命财产安全，为迎接党的二十大、开好省第十五次党代会营造良好社会环境。

15 日　省水利厅召开厅安全生产委员会会议和水旱灾害防御工作领导小组会议，对安全生产、水旱灾害防御及疫情防控等重点工作进行部署落实。省水利厅党组书记、厅长马林云强调，要深入学习领会习近平总书记关于安全生产、防汛救灾、疫情防控等工作的重要指示精神，贯彻落实中央、省委省政府、水利部的相关决策部署，始终把人民生命安全放在首位，强化风险意识，全面落实责任，从严从实抓好各项防范工作，切实守护好人民群众生命财产安全，为迎接党的二十大、开好省第十五次党代会以及保障杭州亚运会提供良好的水安全环境。

△　水利部召开农村供水规模化发展信息化管理视频会议。省水利厅党组书记、厅长马林云作了《数字赋能　浙水好喝　全力推动城乡供水信息化建设取得新突破》典型发言。

18 日　副省长徐文光赴省水利厅调研，主持召开防汛抗旱和水利重大项目建设工作专题会议。省政府办公厅副主任陆伟利，省水利厅党组书记、厅长马林云等厅领导参加会议。徐文光强调，要贯彻落实省委副书记、省长王浩在全省防汛防台抗旱和安全生产工作会议上的讲话精神，打好水旱灾害防御组合拳，切实守住安全底线；要着力完善"平转战"的责任体系、组织体系、预案体系；要着力提升基层队伍能力；要着力加强隐患风险排查整改，务必在主汛期前把所有灾害隐患点整改到位。省水利厅要加强专业指导，督促各地落实落细防汛防台工作。

20 日　2022 年公祭大禹陵典礼在绍兴市大禹陵祭祀广场举行。典礼有肃立雅静、鸣号、敬献花篮、敬香、击鼓撞钟、奏乐、献酒、敬酒、恭读祭文、行礼、颂唱《大禹纪念歌》、献祭舞、礼成共 13 项仪程。

21 日　省水利厅召开全省水旱灾害防御工作视频会。省防指副指挥长，省水利厅党组书记、厅长马林云主持会议并讲话。会议强调，全省水利系统要深入贯彻习近平总书记"一个目标、三个不怕、四个宁可"防汛防台重要指示精神，坚持防住为王、"预"字当先、"实"字托底，以最坚决的态度、最务实的举措，确保全省海塘不出险、江河不溃堤、水库不垮坝、重要基础设施不受损失，切实守护好人民群众生命财产安全。

22 日　省水利厅、省发展改革委、省经信厅、省节约用水办公室等 12 部门联合印发《浙江省 2022 年度节水行动计划》，明确 2022 年节水控制目标，落实部门责任分工，实行考核问责，统筹推动节水行动在浙江落地落实。

28 日　省水利厅召开厅党组理论学习中心组扩大学习会，专题学习贯彻习近平总书记重要讲话精神，传达学习国务院、省委省政府相关会议精神，研究部署水利相关工作。省水利厅党组书记、厅长马林云主持会议并讲话。会议强调，全厅上下要开展专题学习研讨，把会议精神及时传达到厅系统每一位干部职工，把会议要求贯彻到重大项目、重大方案的谋划推进中；要加强研究，在建设"重要窗口"、现代化先行省、共同富裕示范区中发挥水利更大作用；要研究制定"浙江水网"和水利重大项目建设的贯彻落实方案及有效举措；要推进重大工程建设，完成年度投资 660 亿元的目标，完成民生实事任务；要坚持厅本级示范带动、省市县三级联动，集中力量加快推进水利基础设施建设。

5 月

12 日　省政府办公厅印发《浙江省"十四五"期间解决防洪排涝突出薄弱环节实施方案》，提出"十四五"期间解决防洪排涝突出薄弱环节的总体要求、主要任务和保障措施等，对解决防洪排涝突出薄弱环节作出具体部署。

13 日　省水利厅召开厅党组理论学习中心组扩大学习会，传达学习近平总书记重要讲话和重要指示批示精神。省水利厅党组书记、厅长马林云主持会议并讲话。会议强调，要强化责任意识，履职尽责、干出实绩；强化落实意识，坚决把中央和省委有关防疫情、稳经济、控风险各项决策部署落到实处；强化底线意识，牢牢守住不发生系统性风险的底线。

16 日　根据浙委干〔2022〕128 号文通知，李锐任浙江省水利厅党组书记；免去马林云的浙江省水利厅党组书记职务。

17 日　水利部办公厅发文公布数字孪生流域建设先行先试任务，浙江省嘉兴市水利局申报的数字孪生水网（杭嘉湖平原）试点建设、绍兴市水利局申报的数字孪生曹娥江流域试点建设等 9 项试点任务（其中宁波作为计划单列市申报 2 项试点任务）入选，试点数量位居全国各省之首。

31日 省水利厅印发《关于贯彻落实稳经济要求水利若干措施的通知》，制定出台加快开工一批重大水利项目、加快推进一批重大水利项目建设、积极谋划一批重大水利项目、扎实办好水利民生实事、加快解决防洪排涝突出薄弱环节、编制浙江水网建设规划、拓宽投融资渠道支持水利建设、提升涉水服务效能助企纾困、加快政府投资项目和部门预算执行、统筹抓好疫情防控与工程建设、加强督导服务共11条水利保障稳经济政策措施。

6月

1日 副省长徐文光带队赴杭州调研东苕溪后续西险大塘达标加固工程和扩大杭嘉湖南排后续西部通道工程。他强调，水利基础设施是重大民生工程、生态工程和发展工程，承担着兴利除害的重大任务。各地各有关部门要把握机遇，抢抓当前政策窗口期，按照能早则早、能快则快的要求，全力以赴、乘势而上，科学谋划、加快推进，确保水利项目高质量高标准早日建成投用。

2日 省水利厅召开党政联席会议，传达学习习近平总书记最新重要讲话精神、全国全省稳经济工作会议精神和有关文件精神。省水利厅厅长马林云主持会议并讲话，省水利厅党组书记李锐传达学习并提出贯彻落实的要求。会议强调，要提高政治站位，坚决贯彻落实中央关于"疫情要防住、经济要稳住、发展要安全"决策部署精神。要深刻把握"时与势"，客观看待当前经济形势和水利高质量发展形势，坚定信心、迎难而上；要辩证看待"危与机"，善于在危中寻机，用好用足国家、省和厅出台的政策措施，鼓足干劲、攻坚克难；要妥善处理"稳与进"，坚持稳中求进工作总基调，遵循水利工作科学规律，适度快进，为全国全省稳住经济大盘作出水利贡献。

10日 浙江省入梅。省水利厅印发《关于切实做好梅雨防御工作的通知》，要求各地加强监测预报预警、严防小流域山洪灾害、科学实施水工程调度、切实抓好工程安全管理、强化值班值守和信息报送。

△ 省水利厅召开水利风险防范形势分析会，传达学习习近平总书记关于防范化解重大风险重要论述精神，贯彻落实党中央、省委省政府、水利部关于风险防范的部署要求，分析研判当前水利风险形势，研究部署风险防范工作。省水利厅党组书记李锐主持会议并讲话。会议强调，要对标在全国水利同行中走前列的要求，以高标准履职、促进水利高质量发展的标准，聚焦可能造成重大政治、社会影响，直接关系人民群众生命财产安全的重大隐患，进一步突出重点、全面摸排、找准风险源，主动防范水利风险。

14日 省水利厅厅长马林云调研扩大杭嘉湖南排后续西部通道工程（以下简称城西南排工程）。他指出，城西南排工程是保障杭州市防洪安全、事关杭州城市能级提升的重大民生水利工程。要科学论证，充分研究工程选址、生态环境影响，建设经得起民心和历史考验的百年工程。要主动担当，全力推动工程开工建设，实现保安全、稳增长、惠民生、利长远。

15日 省水利厅、省发展改革委、省经信厅、省财政厅、省自然资源厅、省生态环境厅、省建设厅、省农业农村厅等8部门联合印发《关于2021年度实行最严格水资源管理制度考核结果的通报》，公布考核结果。丽水、金华、绍兴、湖州、杭州、宁波、衢州7市考核成绩等次为优秀，其余4市考核成绩等次为良好。

17日 水利部召开推进"两手发力"助力水利高质量发展工作会议，研究部署推进水利领域"两手发力"工作，扩大水利有效投资，全面加强水利基础设施建设，推进新阶段水利高质量发展。水利部党组书记、部长李国英出席会议并讲话。省水利厅党组书记李锐代表省水利厅对推进水利基础设施政府和社会资本合作（PPP）作交流发言。

△ 水利部副部长陆桂华赴衢州市调研水土保持工作。他强调，要深入贯彻落实习近平生态文明思想，坚持以人民为中心，扎实开展山水林田湖草沙综合整治，统筹水资源、水环境、水生态治理，因地制宜推进生态清洁小流域建设，发展特色产业，以数字化改革创新推动乡村经济振兴；要坚持民生为本，着力推进水利数字化改革创新，赋能水资源保护优化工作，推进水土保持和水生态治理，真正实现农村饮用水工程管护"最后一公里"。

20日 副省长徐文光赴省水利厅指导防汛工作，先后走访了水情预报中心、防汛值班室等地，听取了水雨情势、水利工程调度等水利防汛工作情况汇报。他强调，要贯彻落实习近平总书记近日在四川考察时有关防汛救灾工作的重要指示精神，按照省委、省政府的有关部署要求，坚持把人民群众生命安全放在第一位落到实处，发扬连续作战作风，全力以赴打赢打好梅雨防御战。

27日 全国实行最严格水资源管理制度考核工作组公布2021年度实行最严格水资源管理制度考核结果，包括浙江在内的10个省（直辖市）获得优秀等级，浙江省排名全国第二。

30日 省水利厅举行宪法宣誓仪式，省水利厅厅长马林云监督。厅机关和参公单位处级干部、四级调研员及以上职级公务员（参公人员）参加宣誓。马林云强调，宪法宣誓仪式是宪法对国家工作人员作出的庄重要求，是履行国家赋予职责的重要仪式，既是一份荣誉，也是一份诺言，更是一份责任，大家要铭记誓言，依法履职尽责，不负使命，不负重托。

28日 宁波市宁海县清溪水库工程正式开工建设。该工程是国家重点水利工程基础设施项目和省百项千亿防洪排涝工程项目，概算总投资53.3亿元。

7月

1日 省水利厅召开厅党组理论学习中心组扩大学习会，深入学习贯彻省第十五次党代会精神。省水利厅党组书记李锐主持会议并提出贯彻落实要求。会议强调，要深刻理解、准确把握省第十五次党代会的精神实质；要深入学习、重点把握党代会报告的水利元素；要立足当前、学用结合，全力争当"两个先行"的排头兵；要营造氛围、全面动员，迅速兴起学习宣传贯彻的热潮。

8 日　省水利厅召开厅党组理论学习中心组扩大学习会，专题交流研讨省第十五次党代会精神。省水利厅党组书记李锐主持会议并发言。会议强调，要不断深化学习，增强创新变革重塑的紧迫感和使命感；要联系水利实际，找准创新变革重塑的重点目标和实现途径；要努力实干争先，锤炼善于谋划、敢打必胜的实践创新能力；要完善"赛马"机制，系统性重塑，激励干部担当作为。

11 日　开化水库工程导流洞顺利贯通，标志着水库主体工程进入全面实施阶段。开化水库工程是国家 150 项重大水利工程、国家水网骨干工程，是一座以防洪、供水和改善流域生态环境为主，结合灌溉，兼顾发电等综合利用的大（2）型水库，总库容 1.84 亿 m^3，防洪库容 0.58 亿 m^3，输水工程全长 48km，工程概算总投资 45.54 亿元。

12 日　余姚姚江上游余姚西分工程乐安湖泵站及排水隧洞顺利通过通水验收。该工程是省委省政府和宁波市委市政府决策部署的姚江流域防洪排涝"6+1"工程之一，是省百项千亿防洪排涝工程和省重点建设工程，是解决姚江流域防洪排涝的控制性枢纽工程。姚江上游余姚西分工程总投资 19.32 亿元，是余姚市水利建设历史上单体投资最大

的项目。该工程乐安湖泵站为大（2）型工程，设计排涝流量 120m^3/s，设 4 台竖井贯流泵，单机设计流量 30m^3/s，装机容量 4×2200kW。

18 日　台州市引水工程、台州市南部湾区引水工程正式通水投运。总投资 55.6 亿元，标志着台州南片"三纵三横"的供水新格局基本形成。

22 日　省水利厅召开厅党组理论学习中心组扩大学习会，专题交流研讨省第十五次党代会精神。省水利厅厅长马林云、厅党组书记李锐出席会议。会议强调，要着力培育有水利特色、有行业特点、有省域影响力的党建品牌；要在防控风险大战中展现过硬担当、在防汛防台大考中发挥过硬作用、在反腐败斗争中守好过硬底线；要实战实效打造水利数字化标志性成果、稳中求进谋划推进重大项目建设、共建共享全域建设幸福河湖、提档提质高水平推进城乡一体化，进一步融汇"国之大者""浙江使命"和"水利担当"，团结带领全系统党员干部职工肩负起省委赋予的新使命、新任务。会议要求，要切实加强组织领导，要深入开展学习宣讲活动，要落实抓好当前任务，在推进"两个先行"新征程中描绘好浙江水利事业新蓝图。

△　浙江省地方标准《水利对象分类规范》（DB33/T 2512—2022）经省市场监督管理局批准发布，于 2022 年 8 月 22 日起正式实施。该标准首次对浙江省范围内的水利对象进行规范分类和定义，并明确了水利对象的编码规则，将有效促进浙江省水利对象的规范化管理和数字化应用建设。

25日 省水利厅召开水利除险保安百日攻坚暨安全生产视频会议,传达学习全国、全省电视电话会议以及省委除险保安百日攻坚推进会议精神,紧紧围绕"防风险、保安全、迎二十大"这条主线,研究部署下半年重点工作。省水利厅厅长马林云出席会议并讲话。会议强调,要紧紧绷紧安全这根弦,抓紧抓实除险保安各项工作,从强化基础上下功夫、从源头治理上下功夫、从长效监管上下功夫,以实际行动守牢水利发展安全底线,努力在重大考验中打胜仗,为党的二十大胜利召开提供坚强的水安全保障。

29日 《浙江省海塘建设管理条例》经省第十三届人民代表大会常务委员会第三十七次会议修订通过,于2022年9月1日起正式施行。该条例为安全、生态、融合、共享的海塘建设管理提供制度依据,为省委、省政府决策部署的海塘安澜千亿工程建设提供法规支撑,进一步夯实浙江省高质量发展建设共同富裕示范区的安全基石。

8月

9日 宁波市、长兴县、平湖市、绍兴市柯桥区、义乌市、玉环市6个市、县(市、区)入选成为首批国家典型地区再生水利用配置试点城市。各试点城市将全面开展再生水利用配置工作,力争到2025年再生水利用率达到25%以上,探索总结一批特色鲜明、示范性强的丰水地区再生水利用配置试点经验。

12日 省水利厅召开厅党组理论学习中心组扩大学习会,传达学习习近平总书记重要指示精神,学习中央、省委有关文件精神和省委省政府主要领导近期讲话精神。省水利厅厅长马林云、厅党组书记李锐出席会议并讲话。会议强调,要坚决贯彻落实习近平总书记重要讲话和重要指示批示精神,坚决做到"疫情要防住、经济要稳住、发展要安全"。

13日 省水利厅下发《关于进一步做好抗旱保供水工作的通知》。该通知要求,要切实加强组织指导,做好用水计划管理,及时预警,及时响应,确保群众用水安全,加强水资源调度管理,强化应急处置保障,营造抗旱节水良好氛围。

15日 省水利厅党组与派驻纪检监察组召开半年度廉情沟通会商会,省水利厅厅长马林云、厅党组书记李锐、派驻纪检监察组组长林金德出席会议并讲话。马林云强调,要高度关注当前厅系统存在的苗头性、潜在性问题和风险,认真学习领会《纪检监察机关派驻机构工作规则》,主动接受监督,配合派驻纪检监察组开展工作,把责任落细落实;要认真抓好会商反馈意见建议的整改落实,建立整改清单,逐项抓好整改;要进一步研究和落实水利系统构建亲清政商关系,针对系统大、人员多的实际,完善"一范围两清单",持续推动水利系统党风廉政建设。林金德充分肯定了省水利厅党组履行主体责任各项工作,对下步工作提出意见建议。

19日 浙江省地方标准《农业用水

定额》(DB33/T 769—2022) 经省市场监督管理局批准发布, 于 2022 年 9 月 19 日起正式实施。该标准 2009 年首次发布, 2016 年第一次修订。该次为第二次修订。

26 日 省水利厅召开厅党组理论学习中心组扩大学习会, 传达学习习近平总书记最新重要讲话和批示精神, 传达学习中央和省委重要文件精神, 开展《习近平谈治国理政》第四卷学习研讨交流。省水利厅厅长马林云、厅党组书记李锐出席会议并讲话。会议强调, 要学出胸怀"国之大者"的政治自觉, 学出奋力推进"两个先行"的使命担当, 学出"浙水安澜"的为民情怀, 学出推动浙江水利高质量发展的素质能力, 学出务实、求实、扎实的工作作风, 学出风清气正的政治生态, 切实用习近平新时代中国特色社会主义思想武装头脑、指导实践、推动工作, 以实际行动迎接党的二十大胜利召开。

29 日 省水利厅、省发展改革委和省财政厅联合印发《浙江省水库除险加固(系统治理)实施方案(2022—2025)》, 强调要加快推进病险水库除险加固, 进一步完善配套设施, 深化标准化管理, 健全水库运行管护长效机制, 提升水库安全度和现代化管理水平。

31 日 杭州市重大水利工程现场调度推进会暨东苕溪西险大塘达标加固工程开工活动举行。西险大塘达标加固工程被列入水利部《长三角区域一体化发展水安全保障规划》《"十四五"解决水利防洪排涝薄弱环节实施方案》, 是浙江省级水网先导区第一个开工的水利重大项目, 是浙江水网标志性工程之一, 也是太湖治理重要工程。工程估算总投资 58 亿元, 计划工期 48 个月, 是省政府主导的 4 个重大水利项目之一。主要建设内容包括加高加固堤防 52.9km, 新建南湖枢纽 1 座, 改建沿线配套闸站 7 座等。

9 月

1 日 省水利厅厅长马林云主持召开防御第 11 号台风"轩岚诺"会商会, 第一时间传达贯彻近期省委书记袁家军关于防汛防台工作的重要指示精神和省委副书记、省长王浩专题研究第 11 号台风防御工作会议精神, 分析研判台风防御形势, 研究对策措施。会议强调, 各地要坚决克服麻痹侥幸思想, 提前研判, 提前准备, 严防旱涝急转。要加强监测预报预警, 加强海塘防潮管控, 加强在建工程安全管理, 严防小流域山洪灾害, 加强水库山塘安全管理, 坚持防台抗旱两手抓。

2 日 省委书记袁家军到省防指检查指导第 11 号台风"轩岚诺"防御工作, 对全省防汛防台工作进行部署。他强调, 要深学笃行习近平总书记关于防汛救灾工作的重要论述精神, 认真落实"一个目标、三个不怕、四个宁可"的防汛防台理念, 立足打大仗、打硬仗, 风险意识再提高, 准备工作再充分, 岗位责任再压实, 指挥部署再强化, 做到科学精准高效防台, 以防汛防台的主动作为、实绩实效确保人民群众生命财产安全。

5 日 扩大杭嘉湖南排后续西部通道（南北线）工程九曲洋港进水口先行段初步设计通过审查。扩大杭嘉湖南排后续西部通道工程是 2022 年省领导挂帅的重大项目，已列入长三角一体化发展规划"十四五"实施方案重大项目库和《浙江省水安全保障"十四五"规划》。项目总投资约 78 亿元，建设内容为新建进水口 3 处、隧洞 17.63km、出水口泵站 1 座及挡潮闸等配套设施。该次先行实施九曲洋港进水口竖井基坑围护地下连续墙、基坑开挖及下部衬砌等。

9 日 省水利厅召开党政联席会议，传达学习习近平总书记近期重要指示精神和中央、省委有关会议精神；传达学习《习近平法治思想学习纲要》等。省水利厅厅长马林云主持会议并讲话。会议强调，要慎终如始抓疫情防控，要履职尽责抓防汛防台抗旱保供，要警钟长鸣抓廉洁，要守住底线抓安全。

12 日 省水利厅召开防御第 12 号台风"梅花"会商会，分析研判台风态势和防御准备情况，研究部署防御应对工作。省水利厅厅长马林云、厅党组书记李锐参加会议并讲话。会议强调，各地要落实省委、省政府决策部署，始终保持"时时放心不下"的责任感，发扬连续作战精神，以防汛抗台的主动作为确保人民群众生命财产安全。要全面动员部署，精准预报预警，抓好山洪灾害防御，落实海塘防潮措施，加强水库山塘和在建工程安全管理，科学调度水库河网，全力做好应急抢险和物资保障工作。

14 日 第 12 号台风"梅花"于 20 时 30 分登陆舟山普陀区，登陆时强度为强台风级，中心气压 960hPa，中心最大风速 42m/s（14 级）。省委书记袁家军，省委副书记、省长王浩等省领导高度重视防汛工作，多次作出重要批示指示；国家防总副总指挥、水利部部长李国英多次主持会商，并派出工作组赴浙江指导防汛防台工作；省水利厅厅长马林云多次主持召开会议或专题会商，研究部署水旱灾害防御工作；省水利厅党组书记李锐率队连夜赶赴余姚一线，驻场指导；其他厅领导、厅机关各处室、厅属各单位各司其职，共同防御洪涝台旱灾害。

20 日 杭州八堡排水泵站工程顺利通过通水阶段验收，标志着杭州八堡排水泵站实现了又一个重大节点目标。杭州八堡排水泵站工程是扩大杭嘉湖南排工程子项目，列入了国务院确定的 172 项重大节水供水工程，也是护航亚运的城市防洪排涝标志性工程，批复概算总投资 12.95 亿元。工程为 I 等工程，泵站设计排涝流量 200m³/s，选用 5 台 50m³/s 斜式轴流泵组（其中 1 台备用），单机功率 3800kW。

20—21 日 开化水库工程通过由省水利厅组织的导（截）流阶段验收。该次验收标志着工程建设取得重要阶段性进展，具备了河道截流条件，水库主体工程将进入全面攻坚阶段，对工程建设顺利推进具有重要节点意义。

21—22 日 全省加快水利基础设施建设暨"水利＋"现场会在舟山市定海区召开。会议强调，全省水利系统要深入贯彻中央经济工作会议、中央财经委员会第十一次会议和省第十五次党代会精神，全面落实国务院、省委、省政府稳经济决策部署，积极践行系统治理（水利＋）理念，加快水利基础设施建设，奋力冲刺四季度，决战决胜赢全年，以水利的"稳"和"进"为全省大局多作贡献，争当推进"两个先行"排头兵。

27 日　全省水利"防风险　保稳定"专题会议召开。省水利厅厅长马林云主持会议并讲话，省水利厅党组书记李锐就全省水利安全工作进行再部署、再落实。会议强调，省水利厅即日起组织开展水利行业"防风险　保稳定"专项行动，结合水利部安全生产大检查、水利设施风险隐患排查整治"回头看"等工作要求，组织全方位、无死角、拉网式隐患排查行动，对发现的各类风险隐患实行闭环督办、限期销号。

28 日　省水利厅召开党政联席会议，传达学习习近平总书记最新重要讲话精神和中央、省委会议精神。省水利厅厅长马林云主持会议并讲话，省水利厅党组书记李锐传达学习并提出贯彻落实的要求。会议强调，厅系统各处室、单位要深入贯彻落实党中央、国务院及省委、省政府的有关会议精神，全力推动各项工作有效落实。要认真贯彻落实清廉浙江建设工作部署，不断深化"清廉水利"建设，在省纪委、派驻纪检监察组的指导下，进一步协同市、县纪委及水利部门，迭代升级"透明工程"监督场景，打造水利数字化改革成果；要根据省委常委会总结复盘防御第 12 号台风"梅花"工作会议精神，加快制定重点流域治理方案，全面加快水利工程建设，强化精准精细调度，不断提升防台救灾能力。

10 月

6 日　松阳县"松古灌区"入选 2022年度（第九批）世界灌溉工程遗产名录，成为浙江省第 7 项世界灌溉工程遗产。

9 日　台州市朱溪水库大坝全线顺利结顶。朱溪水库工程是国家 172 项节水供水重大水利工程之一，也是浙江省重点建设项目之一，总投资 37.44 亿元，是一座以供水为主，结合防洪、灌溉，兼顾发电等综合利用的大型水库。工程建设内容主要包括水库工程和输水系统，其中输水隧洞已于 7 月 20 日全线贯通。

14 日　省水利厅召开党政联席会议，传达学习党的十九届七中全会精神和习近平生态文明思想。省水利厅厅长马林云主持会议并讲话，省水利厅党组书记李锐传达学习有关文件精神并就贯彻落实提出要求。会议强调，要进一步学懂弄通做实习近平生态文明思想，坚持读原著、学原文、悟原理，坚定不移用习近平生态文明思想武装头脑、指导实践、推动工作，将绿色发展理念贯穿到水利工作各环节、全过程，引领浙江水利事业高质量发展。要持之以恒落实中央八项规定精神，以钉钉子精神抓好落实，持续加固落实中央八项规定精神的堤坝。要持续整治形式主义，为基层减负，落实好厅党组减轻基层负担 9 项举措，深化水利三服务"百千万"行动，不断巩固减负成效。

25 日 省水利厅召开大会，第一时间传达学习党的二十大精神，对厅系统学习宣传贯彻党的二十大精神进行了部署。省水利厅厅长马林云主持会议并讲话，省水利厅党组书记李锐传达。会议强调，厅系统各级党组织要把思想和行动迅速统一到党的二十大精神上来，学习好、宣传好、落实好党的二十大精神，要在全省水利系统迅速掀起学习宣传贯彻党的二十大精神热潮。要将党的二十大精神贯彻落实到浙江水利工作的各方面和全过程，将水利事业改革发展放在"两个先行"大局中谋划推进落实、放在国家现代化建设事业中去展示浙江水利担当作为。

28 日 省水利厅党组理论学习中心组召开党的二十大精神专题学习（扩大）会，进一步传达学习党的二十大和党的二十届一中全会精神。省水利厅厅长马林云作中心发言，省水利厅党组书记李锐主持会议。会议强调，厅系统各级党组织和党员干部职工要把学习贯彻党的二十大精神作为当前和今后一个时期的首要政治任务和头等大事，把坚决拥护"两个确立"转化为坚决做到"两个维护"的实际行动，转化为坚决贯彻落实党的二十大精神的新成效。

11月

2 日 城西南排工程在杭州市余杭区仓前街道正式开工。城西南排工程分南北线和西线两期实施，估算总投资约 115 亿元，本次开工南北线工程，涉及总投资约 78 亿元（其中政策性金融资金投放 7.8 亿元）。工程排涝能力 $300 \, m^3/s$，具备 $25 \, m^3/s$ 的生态补水能力，将大幅提升杭州城西防洪排涝能力，完善东苕溪中上游流域的防洪格局，减轻太湖流域防洪压力，是太湖流域的骨干防洪排涝工程。

△ 宁波市水库群东西线联通工程正式开工。该工程是 2022 年浙江省重点水利工程建设项目，概算总投资 20.08 亿元，其中政策性金融资金投放约 2 亿元。工程建设任务以承担应急保安、城市供水以及提升水资源空间调配能力为主，工程主线设计输水规模 40 万 m^3/d，为Ⅲ等中型引调水工程。洪水标准为 30 年一遇设计、100 年一遇校核。

4 日 省水利厅召开厅党组理论学习中心组扩大学习会，传达学习习近平总书记重要讲话精神，学习中央和省委重要文件精神，开展党的二十大精神专题学习研讨。省水利厅厅长马林云出席会议，省水利厅党组书记李锐主持会议。会议指出，要全面对标党的二十大作出的各项决策部署，高质量完成好年度各项重点任务；要持续打好疫情防控、稳进提质、除险保安攻坚战；要围绕全面从严治党，深入实施"双建争先"工程，一体推进"三不腐"，以实际行动和优异成绩当好宣传贯彻落实党的二十大精神的排头兵。

11 日 省水利厅召开厅党组理论学习中心组扩大学习会，传达学习中央宣讲团浙江宣讲会精神和省委相关会议精神，开展党的二十大精神第三次学习研讨交流。省水利厅厅长马林云出席会议,省水利厅党组书记李锐主持会议。会议强调,党的二十大精神的学习要常学常新、常悟常进,厅系统要按照全面学习、全面把握、全面落实要求,深入开展"六学六进六争先"学习实践活动,做到规定动作高质量、自选动作有特色,持续兴起学习宣传贯彻党的二十大精神的热潮,争当学习宣传贯彻的排头兵。

22日 省委副书记、曹娥江省级河长黄建发在绍兴调研曹娥江河长制工作。他强调,要深入学习贯彻党的二十大精神和习近平生态文明思想,全力推动河长制工作落地落实,科学谋划水环境治理的综合举措,不断拓展"绿水青山就是金山银山"转化通道,守住安全底线,做好"水"的文章、"美"的文章、"富"的文章,切实打造"安全、健康、宜居、智慧、富民"的幸福河湖,以"生态美"推动"共同富",为浙江奋力推进"两个先行"赋能添彩。

29日 省水利厅召开新冠肺炎疫情防控工作专题会议。省水利厅厅长马林云主持会议并强调,要坚决贯彻落实习近平总书记关于疫情防控工作重要讲话重要指示批示精神和中央、省委决策部署,持续优化完善疫情防控各项举措,统筹抓好疫情防控和安全生产工作,坚决打赢常态化疫情防控攻坚战。

30日 省水利厅召开党的二十大精神宣讲会。省水利厅厅长马林云作《踔厉奋发 勇毅前行 奋力推进新阶段水利高质量发展》专题宣讲。马林云强调,全省水利系统要立足"红色根脉"独特资源优势,紧扣迎接"八八战略"实施二十周年,不断创新学习宣传贯彻的平台、载体、抓手,打好学习宣传贯彻组合拳,持续激发忠实践行"八八战略"、坚决做到"两个维护"、奋力推进"两个先行"的强大动力。省水利厅党组书记李锐主持会议并就贯彻落实宣讲会精神、深入学习宣传贯彻党的二十大精神提出要求,同时就疫情防控、安全生产、抗旱保供、打好收官战等重点工作进行了部署。

12 月

2日 省水利厅召开党政联席会议,传达学习习近平总书记近期重要指示精神和中央、省委有关会议精神。省水利厅厅长马林云主持会议并讲话。会议强调,要严格落实疫情防控各项制度,深刻把握"三个坚定不移"和"两个最大"的总体原则,按照省委、省政府的统一部署,抓实抓细疫情防控各项工作,严格落实"一把手负责制、即收即办制、办后报告制",严格信息报送。要狠抓安全生产,始终绷紧安全这根弦,以"时时放心不下"的高度责任感,结合各自工作实际,针对性做好水利行业防风险保稳定各项工作,关注重点场所、重点领域,立即开展安全隐患大排查,切实消除安全隐患。

9日 省水利厅召开党政联席会议,传达学习习近平总书记最新重要讲话精神和党中央、省委有关会议精神。省水利厅党组书记李锐主持会议并讲话。会议强调，厅系统要认真学习领会中共中央政治局会议精神，深入谋划好明年工作思路和目标措施，推动浙江水利持续走在全国前列，努力为"两个先行"贡献水利力量，要谋划好明年工作思路，切实做好年底考核评价工作，抓实疫情防控各项工作，坚持不懈把全面从严治党向纵深推进。

19 日　浙江省安全生产委员会巡查考核省水利厅 2022 年度安全生产工作。巡查考核组对省水利厅安全生产工作给予了充分肯定，认为领导重视、管理规范、措施到位、工作扎实，"双重预防机制"建设抓实有效，风险管控和隐患排查持续深入，水利安全生产工作走在全国水利行业前列。巡查考核组指出，当前防风险、遏事故的任务仍然艰巨，要继续把安全生产工作放在重要位置，压紧压实各级各类责任，为全省水利重点工作顺利实施提供稳定的安全环境，为全省安全生产形势保持稳定做贡献。

水 文 水 资 源

Hydrology and Water Resources

雨　情

【概况】　2022 年，浙江省平均降水量 1567.0mm，较 2021 年降水量偏少 21.4%，较多年平均降水量偏少 3.4%。降水时空分布不均匀。空间分布上看，衢州市年降水量最大，为 1978.5mm；嘉兴市年降水量最小，为 1260.9mm。时间分布上看，1 月、2 月、3 月、6 月、11 月和 12 月降水量较多年平均降水量偏多 14.6%~120.7%；其他月份偏少 6.5%~61.9%。

【年降水量】　2022 年，根据水文年鉴刊印站点统计，浙江省平均降水量 1567.0mm，较多年平均降水量偏少 3.4%。与多年平均降水量相比，宁波、衢州市分别偏多 8.0%、7.7%，舟山、嘉兴市分别偏多 5.4%、3.2%，绍兴、丽水市分别偏多 0.9%、0.4%，杭州、湖州和金华市偏少 4.9%~8.0%，台州、温州市分别偏少 12.4%、14.5%。2022 年全省各行政区平均降水量与多年平均降水量对比情况见表 1。从空间分布上看，衢州市年降水量最大，为 1978.5mm，嘉兴市年降水量最小，为 1260.9mm，最大值是最小值的 1.57 倍。从时间分布上看，1 月、2 月、3 月、6 月、11 月、12 月分别较多年平均降水量偏多 40.4%、46.3%、43.1%、14.6%、120.7%、48.1%；4 月、5 月、7 月、8 月、9 月、10 月分别偏少 21.6%、6.5%、54.5%、47.4%、28.1%、61.9%。

表 1　2022 年全省各行政区平均降水量与多年平均降水量

单位：mm

地区	2022 年降水量	多年平均降水量
杭州市	1456.6	1567.5
宁波市	1646.8	1525.5
温州市	1579.2	1846.2
嘉兴市	1260.9	1222.3
湖州市	1320.7	1388.2
绍兴市	1483.0	1470.0
金华市	1406.1	1527.8
衢州市	1978.5	1837.9
舟山市	1366.7	1296.3
台州市	1456.4	1663.5
丽水市	1784.7	1777.9

【汛期降水量】　2022 年汛期，浙江省及各区域降水量较多年平均降水量偏少。钱塘江、甬江和飞云江水系局部地区的降水量在 1500mm 以上，钱塘江、太湖湖区等水系局部地区的降水量不足 500mm，其他大部分地区的降水量在 500~1500mm 之间。2022 年全省八大水系汛期降水量分布见表 2，全省各行政区汛期降水量分布见表 3。与多年平均降水量对比，甬江偏多 6.3%，运河（杭嘉湖东部平原）、钱塘江分别偏少 14.0%、17.9%，瓯江、苕溪和椒江偏少 25.1%~28.7%，鳌江、飞云江分别偏少 31.1%、33.5%；各市中，宁波、衢州市分别偏少 1.4%、1.7%，绍兴、舟山市分别偏少 9.1%、9.8%，嘉兴、丽水市分别偏少 15.3%、18.5%，湖州、金华和台州市偏少 24.6%~28.9%，杭州、温州市分别偏少 31.1%~32.9%。

表 2　2022 年全省八大水系汛期降水量　单位：mm

水　系	汛期降水量
苕溪	500～1100
运河（杭嘉湖东部平原）	500～900
钱塘江	400～1700
甬江	800～1800
椒江	600～1100
瓯江	500～1500
飞云江	600～1600
鳌江	700～1300

表 3　2022 年全省各行政区汛期降水量　单位：mm

地　区	汛期降水量
杭州市	400～1400
宁波市	700～1800
温州市	500～1600
嘉兴市	500～900
湖州市	400～1100
绍兴市	600～1700
金华市	500～1100
衢州市	800～1600
舟山市	400～1000
台州市	500～1200
丽水市	600～1700

【台风带来的降水量】　2022 年，共有 2 个台风登陆或影响浙江，分别为第 11 号台风"轩岚诺"和第 12 号台风"梅花"。其中，第 11 号台风"轩岚诺"个头大、移速慢、降雨影响历时长，宁波、绍兴和舟山等地普降大到暴雨、部分大暴雨、局地特大暴雨，9 月 2—5 日，浙江全省平均降水量 43.4mm，最大点降水量 462.0mm（宁波市余姚夏家岭站）。

第 12 号台风"梅花"是 1949 年以来登陆浙江舟山的最强台风（首个 4 次登陆中国不同省份的台风，影响范围广），浙江沿海地区（温州除外）普降大到暴雨、部分大暴雨、局部特大暴雨，9 月 11—14 日，全省平均降水量 66.0mm，最大点降水量 707.0mm（宁波市余姚夏家岭站）。

水　情

【概况】　2022 年，受梅雨和多个台风较强降雨等影响，苕溪、运河（杭嘉湖东部平原）、钱塘江、甬江等主要（或部分）江河（或平原河网）控制站年最高水位超过警戒（或保证）水位，其中甬江余姚等 4 站年最高水位超历史实测最高纪录，钱塘江上游衢江衢州站出现 1949 年以后最大流量；钱塘江来水量比常年同期略偏少，时程分配不均；受第 12 号台风暴潮和天文大潮汛叠加影响，部分河口沿海水位站年最高水位超过警戒水位。

【江河水情】　2022 年汛期，浙江省主要江河共发生 4 场编号洪水，其中钱塘江干流 2 场、甬江 1 场、运河（杭嘉湖东部平原）1 场；全省共有 90 站次水位超过警戒水位，其中 33 站次超过保证水位，4 站次超历史实测最高纪录，甬江 3 站次。

6 月 6 日，钱塘江干流发生第 1 号洪水：兰溪站出现最高水位 28.01m，超过警戒水位 0.01m，实测最大流量 7740m³/s。

梅雨期间，6月20日钱塘江干流发生第2号洪水：兰溪站出现最高水位 31.15m，超过警戒水位 3.15m，超过保证水位 0.15m，累计超过警戒水位时长 35h，实测最大流量 12800m³/s，为1955年以后实测流量第二大；衢州站实测最大流量 8160m³/s，为1949年以后实测最大流量。

第12号台风"梅花"影响期间，9月14—15日甬江和运河（杭嘉湖东部平原）水系同发洪水。甬江发生第1号洪水，姚江大闸出现年最高水位 3.25m，超过警戒水位 1.25m。甬江3站水位超历史实测最高纪录，其中北渡站 4.46m，超历史（2021年为 4.21m）0.25m；余姚站 3.67m，超历史（2021年为 3.53m）0.14m；丈亭站 3.49m，超历史（2021年为 3.45m）0.04m。运河（杭嘉湖东部平原）发生第1号洪水，嘉兴站出现年最高水位 2.01m，超5年一遇左右洪水位 0.01m。

【钱塘江来水量】　2022年，钱塘江（富春江坝址以上）来水量 276.4256 亿 m³，比常年同期少 1.2%。各月来水量与常年同期比较情况，2月、3月、4月、5月、6月来水量多，其中6月多 82.4%。2022年钱塘江（富春江坝址以上）各月来水量情况见表4。

表4　2022年钱塘江（富春江坝址以上）各月来水量情况

月份	来水量/亿 m³	较常年同期
1	12.17	偏少 18.2%
2	25.96	偏多 61.4%
3	34.01	偏多 19.4%
4	32.66	偏多 3.8%
5	38.44	偏多 9.9%
6	89.64	偏多 82.4%
7	11.81	偏少 61.0%
8	9.12	偏少 53.3%
9	5.73	偏少 63.7%
10	4.32	偏少 65.7%
11	4.10	偏少 68.2%
12	8.47	偏少 38.4%

【河口沿海水位】　2022年，受第12号台风"梅花"和天文大潮等影响，浙江省河口沿海部分水位站年最高水位超过警戒水位，超警幅度为 0.03~0.29m。其中，钱塘江口澉浦站出现年最高水位 5.49m，超警 0.29m。2022年河口沿海各主要水位站年最高水位情况见表5。

表5　2022年河口沿海各主要水位站年最高水位情况　　单位：m

水位站名	年最高水位出现时间	年最高水位	超警情况
杭州湾乍浦站	7月15日1时15分	4.61	0.16
钱塘江口澉浦站	7月16日2时40分	5.49	0.29
钱塘江口盐官站	9月13日2时50分	6.29	0.09
舟山岛定海站	9月8日21时15分	2.23	0.03

续表

水位站名	年最高水位出现时间	年最高水位	超警情况
甬江口镇海站	9 月 14 日 13 时 40 分	2.64	0.14
三门湾健跳站	9 月 10 日 21 时 15 分	3.68	未超警
椒江口海门站	9 月 13 日 22 时 55 分	3.62	未超警
瓯江口温州站	6 月 15 日 22 时 55 分	4.26	0.26
飞云江口瑞安站	6 月 15 日 22 时 10 分	3.76	未超警
鳌江口鳌江站	9 月 11 日 22 时 40 分	3.71	未超警

（闵惠学）

预 警 预 报

【概况】　2022 年，全省水文系统在梅雨强降雨和台风影响期间，及时启动相应防汛防台水文测报应急响应，密切监视水雨情，加密滚动预报预警，全省共发布洪水预报 8358 站次（包括日常化预报和关键期滚动预报），其中，梅雨期关键预报 1111 站次，台风期关键预报 1208 站次。全省发布洪水预警 95 期，发送水情预警短信 200 万余条。

【水情预警】　2022 年梅雨、台风和局地短时强降雨等影响期间，省水文管理中心及时做好水情预警等相关工作。通过浙江省水情中心短信平台，全年共发送水情预警短信 200 万余条；通过浙江省水雨情信息展示系统，对于超过规定阈值的雨情、水情站进行及时预警；省水文管理中心全年发布洪水预警 25 期，指导地市发布洪水预警 70 期。

【水文预报】　2022 年，全省共发布洪水预报 8358 站次（包括日常化预报和关键期滚动预报），省水文管理中心共发布洪水预报 7029 站次，其中日常化预报 5742 站次，梅雨期关键预报 624 站次，台风期间关键预报 663 站次。市县水文机构和水库管理机构发布洪水预报 1329 站次，其中关键水文预报 1032 站次。

【梅雨期水文预报】　2022 年梅雨期间，全省水文部门密切关注水雨情变化，提前启动预报分析和会商，完成重要控制站日常化预报 3000 站次，重要水情站关键洪水预报 1111 站次，其中省水文管理中心预报 624 站次，市县水文机构和水库管理机构预报 487 站次。

【台风期间水文预报】　2022 年台风影响期间，全省共完成台风期关键洪水预报 1208 站次。省水文管理中心跟踪台风发展，动态开展沿海河口重要潮位站预报，联动海洋部门和市水文部门会商，支撑研判海塘风险。

（王浩）

水资源开发利用

【概况】 2022年，全省水资源总量934.27亿 m³，产水系数0.57，产水模数89.1万 m³/km²。全省年总供水量167.81亿 m³，年总用水量167.81亿 m³，年总耗水量94.45亿 m³，年退水量42.32亿 t。

【水资源量】 2022年，全省地表水资源量917.95亿 m³，较2021年地表水资源量偏少30.6%，较多年平均地表水资源量偏少4.4%。全省入境水量214.68亿 m³，出境水量239.40亿 m³，入海水量814.69亿 m³。全省地下水资源量208.34亿 m³，地下水与地表水资源不重复计算量16.32亿 m³。

全省水资源总量934.27亿 m³，较2021年水资源总量偏少30.5%，较多年平均水资源总量偏少4.3%，产水系数0.57，产水模数89.1万 m³/km²。

2022年，全省195座大中型水库年底蓄水总量227.19亿 m³，较2021年底减少16.06亿 m³。其中大型水库34座，年底蓄水量206.12亿 m³，较2021年底减少13.73亿 m³；中型水库161座，年底蓄水量21.07亿 m³，较2021年底减少2.33亿 m³。

【供水量】 2022年，全省年总供水量167.81亿 m³，较2021年增加1.39亿 m³。其中地表水源供水量162.66亿 m³，占96.9%；地下水源供水量0.16亿 m³，占0.1%；非常规水源供水量4.99亿 m³，占3.0%。在地表水源供水量中：蓄水工程供水量69.53亿 m³，占42.7%；引水工程供水量26.66亿 m³，占16.4%；提水工程供水量54.89亿 m³，占33.8%；调水工程供水量11.58亿 m³，占7.1%。

【用水量】 2022年，全省年总用水量167.81亿 m³，其中农田灌溉用水量61.66亿 m³，占36.7%；林牧渔畜用水量11.74亿 m³，占7.0%；工业用水量35.39亿 m³，占21.1%；城镇公共用水量18.94亿 m³，占11.3%；居民生活用水量33.51亿 m³，占20.0%；生态环境用水量6.57亿 m³，占3.9%。

【耗水量】 2022年，全省年总耗水量94.45亿 m³，平均耗水率56.3%。其中农田灌溉耗水量43.81亿 m³，占46.4%；林牧渔畜耗水量9.22亿 m³，占9.8%；工业耗水量13.43亿 m³，占14.2%；城镇公共耗水量7.68亿 m³，占8.1%；居民生活耗水量14.35亿 m³，占15.2%；生态环境耗水量5.97亿 m³，占6.3%。

【退水量】 2022年，全省日退水量1159.43万 t，其中城镇居民生活、第二产业、第三产业退水量分别为378.59万 t、513.54万 t、267.30万 t，年退水总量42.32亿 t。

【用水指标】 2022年，全省平均水资源利用率达到18.0%。农田灌溉亩均用水量381.5m³，农田灌溉水有效利用系数0.609。全省人均综合用水量255.9m³，人均生活用水量51.1m³（注：城镇公共用水和农村牲畜用水不计入生活用水量中），其中城镇和农村居民人均生活用水量分别为 53.3m³ 和 45.1m³。万元地区生产总值（当年价）用水量 21.6m³。

（蒋梦源）

水资源监测工作

【概况】 2022 年，省水文管理中心组织实施全省江河湖库地表水和地下水水质监测，开展水生态监测和健康评价体系研究，为"浙水美丽"提供技术支撑，全省江河湖库总体水质优良，总体合格率为 92.1%。

【水质监测】 2022 年，省水文管理中心组织 294 个江河湖库水质站、156 个国家地下水监测工程重要水质站的水质监测和评价工作，完成监测评价水样 3 万余份，向水利部和流域机构报送数据 20 余万条。编制完成《浙江省地表水资源质量年报（2021 年）》《浙江省水质水生态监测规划》和《浙江省国家地下水水质监测评价报告（2022 年）》。

【水生态监测】 2022 年，省水文管理中心组织对 21 个典型供水水库及重要湖泊进行浮游植物普查，每月开展浮游植物监测 1 次，每季度开展浮游动物监测 1 次，全年共完成检测指标 3000 项次，在此基础上编制完成《浙江省重点湖库浮游植物监测分析报告》。10 月，完成在温州市珊溪水库与泽雅水库建立的水库型水源地水生态健康评价体系试点和在飞云江流域建立的流域型水生态健康评价体系试点验收。

【检验检测机构管理】 2022 年，省水资源监测中心加强全省水质监测行业管理工作，印发《浙江省水资源监测中心关于做好 2022 年度标准查新工作的通知》，完成管理体系文件修编和年度管理评审工作，完成年度水质监测资料会审。组织全省完成国家市场监督管理总局、水利部能力验证工作，组织参加太湖流域水文水资源监测中心质量考核工作，组织对各市检测人员进行年度标准样品考核。全年编制检测报告 34 份，并按国家市场监督管理总局的要求，分季度完成检测报告清单的报送工作。组织开展全省水质监测安全风险隐患大排查，修订《水质监测安全管理制度》，印发《浙江省水文管理中心易制毒易制爆化学品安全管理制度》并做好制度上墙工作，进一步完善"三个职责清单"。组织全省开展消防、安全管理制度及实验室安全教育培训 16 次，培训人员 100 余人次。主办 2022 年水质检测技术和实验室管理培训班，新版体系文件宣贯培训班。完成资质认定复查评审工作，8 月 25 日取得资质证书。

（郑淑莹）

水 旱 灾 害 防 御

Flood and Drought Disaster Prevention

045～060 页

水旱灾情

【概况】　2022 年汛期（4 月 15 日至 10 月 15 日），全省降雨量为 783.5mm，较多年平均偏少 29.2%，其中梅雨期（6 月 10—26 日）面雨量 173.0mm，较多年平均偏少 46.5%。全年登陆或影响浙江省台风 2 个。6 月 26 日出梅以后，全省长期晴热高温少雨，多地高温天数、高温度数均突破历史极值，全省平均降雨量仅 295.2mm，较常年同期少 51%，造成多地供水紧张或困难。

【梅雨特征】　2022 年，梅雨期短，降雨量偏少。于 6 月 10 日入梅，6 月 26 日出梅，梅雨期 16 天，较常年（30 天）偏短 14 天。据省水文管理中心监测，全省梅雨量 173.0mm，较多年平均偏少 46.5%。

梅雨期强降雨区高度重叠，局地降雨具有极端性。梅雨期间，浙江省共出现强降雨过程 4 次，分别为 6 月 9—10 日上午、6 月 12—13 日、6 月 18—20 日、6 月 24 当天，前 3 次强降雨区在衢州、金华、丽水等地高度重叠。暴雨集中区衢州市区和开化县最大 1 日面雨量分别达 140.9mm 和 236.4mm，均创历史实测最大纪录；庆元 198.7mm、柯城 162.2mm、常山 158.3mm，3 个县（区）最大 1 日面雨量均列有实测记录以来第 2 位。

钱塘江、瓯江中上游发生超警超保洪水。受强降雨影响，6 月 20 日，钱塘江的常山、衢州、兰溪站和瓯江的南大

洋、小白岩站水位均超保证，两江同时发生超警超保洪水，衢州站最大过境流量 8160m³/s，为 1949 年以来实测最大流量；紧水滩水库最大入库流量 7540m³/s，为建库以来最大入库流量，达 50 年一遇洪水标准。

局部灾情严重。受强降雨影响，庆元、龙泉、开化、常山等县（市）受灾严重。据衢州、丽水等市水利部门上报统计，涉及两市的 13 个县（市、区）损坏堤防 1662 处、护岸 1693 处、水闸 6 处、灌溉设施 1202 处、水文测站 20 个，水利工程设施直接经济损失 7.59 亿元。

【台风特征】　2022 年，浙江省主要受到第 11 号"轩岚诺"和第 12 号"梅花"等 2 个台风影响。

1. 第 11 号台风"轩岚诺"。该台风于 2022 年 8 月 28 日 14 时被中央气象台认定在西北太平洋洋面上生成，是 2022 年首个给浙江省带来较大范围强降雨的台风，宁波、舟山、绍兴局地大暴雨。该次台风呈现以下特点：

（1）台风路径复杂。台风"轩岚诺"生成后先西行近 3 天，在琉球群岛南部回旋少动近 2 天，9 月 2 日呈 V 形转为向北移动近 3 天，5 日中午远离浙江省，影响浙江省沿海时间约 3 天。

（2）降雨落区集中。全省降雨量 100mm 以上笼罩面积 1.63 万 km²，占省域面积 16%。降雨量大于 100mm 的地级市分别为宁波市 144.6mm、绍兴市 127.8mm、舟山市 108.7mm；4 个县（市、区）降雨量大于 200mm，较大的有余姚市 238.2mm、绍兴市上虞区 235.2mm；单站最大降雨量为余姚市夏

家岭 462.2mm。

（3）全省汛情总体平稳。全省大中型水库最大拦蓄水量 4.50 亿 m³，增蓄水量 1.70 亿 m³。单座大中型水库增蓄超过 0.1 亿 m³ 的有 8 座，主要在宁波市和绍兴市，其中绍兴汤浦水库 0.35 亿 m³、宁波周公宅水库 0.24 亿 m³、宁波皎口水库 0.20 亿 m³。

2. 第 12 号台风"梅花"。该台风于 2022 年 9 月 8 日 8 时被中央气象台认定在西北太平洋洋面上生成，9 月 14 日 20 时 30 分前后在浙江舟山普陀沿海登陆（登陆时强度为强台风），并先后在上海奉贤、山东青岛、辽宁大连登陆，是 2022 年首个登陆浙江省的强台风，台风强度大、降雨区域集中、水位超历史，对宁波、舟山、绍兴、嘉兴等地造成较大影响。该次台风呈现以下特点：

（1）风雨潮洪"四碰头"。受台风"梅花"影响，浙江省从 9 月 11 日 20 时开始降雨，至 9 月 15 日 8 时基本结束，全省面雨量 66mm，降雨量超过 250mm 的笼罩面积有 0.93 万 km²，主要在宁波、舟山和绍兴；降雨量超过 100mm 的笼罩面积有 2.47 万 km²，主要在宁波、舟山、绍兴、嘉兴和台州。"梅花"影响期间，正值天文大潮汛（农历八月十七至二十），甬江流域和杭嘉湖东部平原遭遇风、雨、潮、洪"四碰头"，给海塘、水库、山塘等运行安全带来严峻挑战。

（2）降雨区域集中、强度大。"梅花"强降雨区和"轩岚诺"高度重合，主要集中在宁波、舟山和绍兴。"梅花"影响期间，宁波、舟山和绍兴的降雨量分别为 283mm、191mm 和 146mm；11 个县（市、区）降雨量大于 200mm，300mm 以上的有余姚 399mm、镇海 366mm、海曙 365mm；单站最大为余姚市大岚镇夏家岭 707mm。姚江造峰雨量强度大，余姚站以上最大 12 小时降雨量 166mm（占过程雨量 54%），是 2021 年第 6 号台风"烟花"（最大 12h 降雨量 87mm）的 1.9 倍；最大 6h 降雨量 98mm（占过程雨量 32%），是台风"烟花"（最大 6h 降雨量 52mm）的 1.9 倍。

（3）甬江流域部分站点水位超历史实测最高纪录。"梅花"影响期间，浙江省 26 个江河代表站超保证水位，17 个站超警戒水位。其中甬江 3 个站水位超历史纪录，奉化江北渡站最高水位 4.46m（"烟花"台风期间 4.21m）、姚江余姚站最高水位 3.67m（"烟花"台风期间 3.53m）、姚江丈亭站最高水位 3.49m（"烟花"台风期间 3.45m），分别超警戒水位 2.56m、1.57m 和 1.49m。

【干旱特征】　2022 年出梅后，全省长期晴热高温少雨，多地高温天数、高温度数均突破历史极值，全省平均降雨量仅 295.2mm，较常年同期少 51%。截至 10 月 13 日，全省大中型水库蓄水总量 233.01 亿 m³（蓄水率 71.3%），较同期偏少 14.16 亿 m³。杭州、温州、台州、金华、衢州等市水库蓄水持续下降。

【灾情损失】　2022 年，全省因梅雨、台风强降雨引发洪水灾害损坏堤防 4725 处、护岸 1745 处、水闸 132 座、塘坝 299 处、灌溉设施 2093 处、机电泵站 16 个，水利工程设施直接经济损失 11.93

亿元。

6月26日出梅以后，全省旱情影响最严重时，温州、杭州等9个市的40个县（市、区）出现供水紧张或困难，共影响14.5万人，其中供水紧张13.3万人、供水困难1.2万人。

水旱灾害防御基础工作

【概况】 2022年，浙江省水利系统强化预报、预警、预演、预案"四预"措施，贯通雨情、水情、险情、灾情"四情"防御，补短板、强弱项，增强底线意识、忧患意识、责任意识、担当意识，落实落细各项防御措施，尽最大努力减少灾害损失。全省滚动发布洪水预报7865站次，风暴潮预报21期189站次。省级发布洪水预警25期、山洪灾害气象预警28期383县次、水情分析265期，向公众发布山洪预警短信230.6万条、水雨情信息9600余万条。调度大中型水库累计预泄12.49亿 m^3、拦蓄33.07亿 m^3，沿海平原河网累计排水19.55亿 m^3，有效保证了汛情总体可控。防御梅雨、台风期间，加密开展水库、山塘、堤防、在建水利工程风险研判，动态下发风险提示单，全省出动12.5万人次检查8.2万处次水利工程，对检查发现的风险隐患实行清单化闭环管理。

【动员部署】 2022年，省领导高度重视防汛工作，多次作出批示指示。省委书记袁家军要求各地密切关注、主动应对，积极做好预警和人员及时转移工作。省委副书记、省长王浩要求以"时时放心不下"的责任感，把防汛备汛落到实处。副省长徐文光深夜赴省防指办、省水利厅指导防汛工作，要求发扬连续作战作风，全力以赴打赢打好梅雨防御战。

面对第12号强台风"梅花"风、雨、潮、洪带来的全面挑战，省委、省政府高度重视，提前部署高位推动，省委书记袁家军指示，要深学笃行习近平总书记关于防汛救灾工作的重要论述精神，坚持底线思维、极限思维，仔细对照"八张风险清单"（指地质灾害、小流域山洪、安全生产、山塘水库河网、海域安全、城市内涝和城市安全运行、交通安全和人员转移等八个领域），在闭环落实、执行力提升、风险管控确认上下功夫，把"一个目标、三个不怕、四个宁可"的理念真正转化为实际行动、真正转化为工作实效，坚决实现"不死人、少伤人、少损失"，坚决打赢防御台风"梅花"的人民战争。

省委副书记、省长王浩强调要严格落实领导带班和24小时值班值守，实行"县领导包乡、乡领导包村、村干部包户到人"，确保责任链、任务链环环相扣、万无一失，全力守护好人民群众生命财产安全。

国家防总副总指挥、水利部部长李国英多次主持会商，动态进行部署，并派出工作组赴浙江指导防汛防台工作。

省水利厅厅长马林云多次主持召开会议或专题会商，研究部署水旱灾害防御工作，在防御第三轮强降雨的关键时刻，视频连线衢州、开化、常山、金华、兰溪和杭州等地的水利局，强调要严格落实值班值守、水情监测预报预警、水库安全度汛、小流域山洪灾害防御、流域洪水调度、防汛抢险技术支撑、灾情险情信息报送等工作。

省水利厅党组书记李锐强调，要认真贯彻习近平总书记近日在四川考察时有关防汛救灾工作的重要指示精神，严格落实各项防御措施，确保安全，并率队连夜赶赴余姚一线、驻场指导。

省水利厅副厅长杨炯赴兰溪指导防汛工作。省水利厅总工程师施俊跃应急期间全程坐镇指挥。其他厅领导，厅机关各处室、厅属各单位各司其职，共同防御洪涝台旱灾害。

【备汛工作】 2022年，省水利厅组织学习《河南郑州"7·20"特大暴雨灾害调查报告》，深刻汲取教训，针对调查报告中指出水利部门预案编制和执行不到位、预警不到位、信息报送不及时等问题，举一反三，查漏补缺改进。2—3月，组织开展水旱灾害防御汛前大检查，共出动检查人员7.51万人次，检查水利工程4.6万处，发现并整改风险隐患问题1365处。

入汛后，在汛前大检查的基础上，建立水旱灾害防御预案方案、抢险物资、存量风险隐患整治、风险隐患再排查再整治"四张清单"，组织各地深入开展风险隐患再排查再整治，坚决杜绝"带病度汛"。排查复核水利部下发浙江省的疑似问题图斑5745个，确认碍洪问题293个，全部完成整改或落实措施保证行洪。推进水库、河网、小流域水雨情监测站点建设，全年新（改）建水文

测站1854个，完成年度计划的115.9%。持续推动水文、气象开展深度合作，强化水库洪水联合预报。主汛前，组织落实编制（或修编）省、市、县三级水行政主管部门的水旱灾害防御应急预案、钱塘江和瓯江洪水调度方案、195座大中型水库年度控制运用计划。落实防汛抢险和洪水调度专家623人，储备了编织袋、土工布、救生衣（圈）、舟艇等2.4亿元防汛抢险物资。6月16日，在龙游县组织举办省级水旱灾害防御演练，进一步检验应急预案、锻炼抢险队伍。全年全省水利系统共组织演练465场次，参演人员超过2.3万人。

【强化"四预"】 2022年，针对梅雨、台风防御，省级启动或调整应急响应19次，其中防御梅雨期间6次，防御第11号台风"轩岚诺"期间6次，防御第12号台风"梅花"期间7次。防御台风"梅花"期间，充分发挥"水利大脑"流域防洪智能模块作用，省、市、县、库四级联动，水文、气象、海洋同频共振，每5分钟实时采集、15分钟动态报送10000余个水文测站信息，细化监测预报预警颗粒度，IV级应急响应期间每8小时1次，III级以上每3小时1次加密预报，I级响应后加密至1小时一报，实时研判、滚动发布，为防汛防台提供决策指挥支持。

从9月11日开始，省级共发布水情分析51期，向公众发布水雨情信息140万余条；全省发布洪水预报380站次，洪水预警23期。各级水利部门不间断监测预警小流域山洪，发布未来24小时山洪预警5期141县次，点对点短临预报

预警 15 期，各类预警短信 34.3 万条，严格落实红色、橙色预警"叫应"机制，层层压实防御责任，累计转移 61317 人。

科学调度水利工程，抢抓台风来临前关键窗口期，平原河网预排 2.47 亿 m³，大中型水库预泄 2.09 亿 m³。第 12 号台风"梅花"影响期间，全省水库全力拦蓄 5.96 亿 m³，平原河网外排 10.34 亿 m³。水利工程拦洪错峰明显，四明湖水库拦洪量 0.36 亿 m³、削峰率 99.7%，皎口水库拦洪量 0.55 亿 m³、削峰率 91.8%；姚江上游西排工程和余姚西分工程累计排水 2480 万 m³，降低余姚主城区水位 0.19m，有效减轻了姚江堤防防洪压力。抗旱期间，调度浙东引水工程向绍兴、宁波、舟山供水 1.89 亿 m³，调度乌溪江引水工程向下游供水 1.02 亿 m³，有力保障了重点区域和重要城市供水安全。

防御梅雨、台风期间，加密开展水库、山塘、堤防、在建水利工程风险研判，动态下发风险提示单，全省出动 12.5 万人次检查 8.2 万处次水利工程，对检查发现的风险隐患实行清单化闭环管理。在第 12 号台风"梅花"影响期间，省水利厅向宁波、余姚紧急支援调派 2 支抢险队伍 26 人、排水车 4 辆、水泵 120 台，累计排水 22.5 万 m³。成功防御第 12 号台风"梅花"，得到水利部和省委、省政府主要领导批示肯定。

【能力建设】 2022 年，省水利厅持续推进水利工程设施建设，提升水旱灾害防御能力。余杭东苕溪防洪后续西险大塘达标加固、宁海清溪水库、苕溪清水入湖河道整治后续、钱塘江西江塘闸堰段海塘提标加固等 41 项重大水利项目开工建设；开化水库顺利截流，宁波葛岙水库下闸蓄水，宁波至杭州湾新区引水工程已全线贯通，黄岩佛岭水库加固工程主体完工。

不断完善工程体系。海塘安澜千亿工程建设全面提速，全年新开工建设海塘安澜千亿工程 312km；完成除险加固水库 231 座；完成病险山塘整治 507 座；完成干堤加固 63.8km。

深入查改风险隐患。2 月 16 日，省水利厅印发《浙江省水利厅关于开展 2022 年度水旱灾害防御汛前大检查的通知》（浙水灾防〔2022〕10 号），组织各地水利部门按照单位自查、县级检查、市级抽查的形式，对防汛准备工作、工程安全度汛、水毁工程修复、监测预警体系、水电站等水利设施风险隐患点、上级部门暗访督查相关问题整改情况、省防指有关"烟花"台风复盘评估报告任务落实情况和《河南郑州"7·20"特大暴雨灾害调查报告》学习落实等情况进行全面排查，建立问题清单。各地水利系统严格落实自查检查主体责任，抓早抓紧抓实汛前检查各项工作，据统计，共出动检查人员 7.51 万人次，检查工程 4.6 万处，发现隐患点 1084 处，其中防汛准备类隐患 598 处，工程安全类隐患 394 处，监测预警类隐患 9 处，其他隐患 83 处。入汛后，在汛前大检查的基础上，4 月 24 日，省水利厅印发《浙江省水利厅关于深入开展水旱灾害防御风险隐患再排查再整治工作的通知》（浙水办灾防〔2022〕6 号），要求设区市、县（市、区）水利部门深化建立水旱灾害防御预案方案修订、抢险物资准备、存量风险隐患整治、风险隐患再排查再整治"四张清单"，组织各地深入开展风险隐患再排查再整治，坚决杜绝"带病度汛"。全年发现并整改风险隐患问题1365处。

扎实备战"三大风险"。推进水库、河网、小流域水雨情监测站点建设，全年新（改）建水文测站1854个，完成年度计划的115.9%。继续推动水文、气象开展深度合作，强化水库洪水联合预报。组织编制省、市、县三级水行政主管部门的水旱灾害防御应急预案、钱塘江和瓯江洪水调度方案、195座大中型水库年度控制运用计划。加快提升"四预"水平。按照数字政府浙里办软件"九龙联动治水"应用建设要求，立足水旱灾害防御"三大职能""三大风险"，通过页面综合集成和功能增量开发，建设"浙水安全"应用，提升"四预"功能。遵循"降雨-产流-汇流-演进"规律，加强气象水文预报耦合，完善以流域为单元的中长期预报模式，延长洪水预见期，提高预报精准度。推进余杭水利大脑流域防洪、义乌山洪联防智能模块先行先试，将风险预警向风险管控延伸，打造工作闭环。加快推进钱塘江、椒江等6条水利部数字孪生流域试点建设，提升重大流域预报调度一体化水平，强化以流域为单元的防洪风险动态研判。江河湖库旱警水位确定工作完成年度任务，旱情监测预报预警能力进一步提高。

完善山洪防御体系。推动完善山洪灾害防御应急联动机制，69个县（市、区）全部完成山洪灾害工作规则编制，进一步明确职责分工，落实落细山洪灾害防御任务。出台《浙江省山洪灾害风险区清单动态管理办法》（浙水防灾〔2022〕11号），完成风险区清单核定更新，确定全省山洪防御重点村落11524个、影响区人员273240人。结合水文测报能力提升项目，完善山丘区山洪灾害监测站网布局，优化预警与测站关联关系，并动态复核雨量、水位预警阈值，着力提高预警精准度。在省级联合预警基础上，10个设区市（嘉兴除外）、69个县（市、区）全面建立水利气象联合预警机制，进一步提升公众预警能力。推进预报预警、监测预警、现地预警（声光电预警、预警员预警）互为补充的山洪灾害预警体系建设，完成1054套声光电预警设备安装，是年度任务的351%。

完善抗旱保供工作。全省10个设区市、63个县（市、区）全部编制了抗旱预案，所有农饮县级统管单位编制了保供水应急预案，所有承担供水任务的大中型水库编制了用水计划，做到了应编全编。7月14日开始，省级先后针对湖州、绍兴、舟山、台州和金华5个市发布水利旱情蓝色预警。8月23日，省水利厅启动了水旱灾害防御（抗旱）Ⅳ级应急响应。抗旱期间，调度浙东引水工程向绍兴、宁波、舟山供水2.57亿m³，调度乌溪江引水工程向下游供水1.34亿m³，有力保障了重点区域和重要城市供水安全。省水利厅联合省财政厅争取中央抗旱资金1.33亿元，用于支持各地抗旱保供。供水紧张地区及时采用开辟临时水源、增设取水管线、限时供水、备用水源、水车送水、水泵河道抽水等应急措施，保障群众生活生产用水。

【制度建设】 2022年，省水利厅制定出台水利防汛物资储备管理、水文情报预报管理等方面规范性文件，修订了水旱灾害防御应急工作预案、工作规则，出台水旱灾害防御工作组组派统筹机制、山洪灾害风险区清单动态管理办法等文件，进一步健全水旱灾害防御制度体系。

3月17日，省水利厅印发《浙江省山洪灾害风险区清单动态管理办法》（浙水防灾〔2022〕11号），进一步强化山洪灾害风险精准管控，持续提升山洪灾害防御能力和水平。

3月23日，省水利厅印发《浙江省水文情报预报管理办法》（浙水灾防〔2022〕12号），规范全省水文情报预报工作，提高水文情报预报工作质量和服务水平。

5月16日，根据修订的《浙江省防汛防台抗旱条例》和省防指成员单位职责调整，浙江省应对极端天气灾害（台风洪涝）"五停"（停止户外集体活动、停课、停工、停业、停运）指导意见和浙江省应对"五断"（断水、断电、断网、断路、断气）等极端情况应急联动指导意见的要求，修编印发《浙江省水利厅水旱灾害防御应急工作预案》（浙水办灾防〔2022〕7号）。

5月18日，省水利厅修编印发《浙江省水利厅水旱灾害防御工作规则》（浙水办灾防〔2022〕8号），进一步规范省水利厅水旱灾害防御应急响应工作程序和应急响应行动，完善相关工作机制，加强水利厅水旱灾害防御工作领导，提高应急处置工作效率和水平，最大限度减轻灾害损失。

7月8日，根据《浙江省防汛防台抗旱应急预案》《浙江省水利厅水旱灾害防御应急工作预案》《浙江省水利厅水旱灾害防御工作规则》，省水利厅印发《浙江省水利厅水旱灾害防御工作组组派统筹机制》（浙水办灾防〔2022〕11号），切实贯彻省委、省政府和水利部防汛防台工作部署要求，及时掌握洪涝台旱灾害影响地区汛情、旱情、工情、灾情和灾害防御工作情况，协助指导设区市、县（市、区）做好水旱灾害防御工作。

7月13日，省水利厅与省财政厅联合印发《浙江省水利防汛物资储备管理办法》（浙水灾防〔2022〕17号），明确分级储备、分级管理、数字赋能、联网共享、合理定量、保障急需的原则，构建上下联动、横向协同、区域互助的应急物资联合保障机制和政府与市场主体或社会机构协议建立代为存储、用时急供的补充保障机制。进一步加强全省水利防汛物资储备管理等工作，保障水旱灾害防御工作和水利工程安全运行。

【部门协作】 2022年，省水利厅协同做好《突发重大险情灾情信息报送机制》等8项机制制定工作，报送《浙江省防汛防台抗旱条例》实施情况。省水利厅提出《浙江省人民政府防汛防台抗旱指挥部重大灾害应急工作方案（征求意见稿）》《浙江省农村房屋安全隐患排查整治成果巩固提升行动实施方案》《中华人民共和国自然灾害防治法》相关意见，完善水利部门在地质灾害、地震、气象、海洋等灾害防治中履行的职能和任务清单，参加省应急管理厅、省自然资源厅、省建设厅、省人防办、省地震局等部门组织的应急会商、隐患治理督查、宣传演练。

防御梅雨强降雨

【概况】　2022年，浙江省梅雨期短，降雨量偏少。梅汛期间，省水利厅共发布洪水预报675站次、洪水预警32期，省级发布水文分析简报38期，向公众发布水雨情信息460万余条，发布未来24小时山洪预报预警信息9期90县次，点对点发布短临预报预警16县次。应对第三轮强降雨，衢江流域15座大中型水库预泄0.69亿 m³，拦洪4.4亿 m³。强降雨期间，各级水利部门发挥技术优势，第一时间派出技术人员，奔赴一线参与抢险救援，为防灾减灾提供技术支撑。

【动员部署】　2022年6月入梅以后，省委书记袁家军，省委副书记、省长王浩等省领导高度重视梅汛期防汛工作，多次作出批示指示。省水利厅坚决贯彻省领导批示指示精神，坚持人民至上、生命至上，全力做好各项防范应对工作。省水利厅厅长马林云多次主持召开会议或专题会商会，听取水雨情、工程调度、防御措施等情况汇报，研究部署水旱灾害防御工作，强调要抓好水利工程安全管理，严防小流域山洪灾害，科学调度水利工程，强化监测预报预警，确保在建工程安全度汛，加强信息报送。

【强降雨期监测预警】　2022年梅汛期间，浙江省各级水利部门加密和气象部门的会商、加强省市县联动研判、全天候滚动预报预警。依托浙里办软件"九龙联动治水"应用，全省生成并滚动发布洪水预报675站次、洪水预警32期，省级发布水文分析简报38期，向公众发布水雨情信息460万余条，发布未来24小时山洪预报预警信息9期90县次，点对点发布短临预报预警16县次。各地充分发挥山洪灾害监测预警平台和群测群防体系作用，及时发布监测预警信息，并及时提醒基层政府，对预报危险区群众应撤尽撤、应撤必撤、应撤早撤，全力避免人员伤亡。梅汛期，各地通过山洪灾害监测平台发送预警短信76.94万条。全省没有出现因山洪预警不到位、转移不及时导致人员伤亡情况。

【水工程调度】　2022年6月应对第三轮强降雨期间，省水利厅动员厅系统骨干力量，聚焦重点地区，逐库计算纳蓄能力，逐河测算水位流量，制定预泄、拦洪、错峰方案，科学调度。抢抓降雨来临前关键窗口期，大中型水库预泄腾库迎洪。16—19日，衢江流域15座大中型水库预泄0.69亿 m³；紧水滩水库预泄0.39亿 m³，在强降雨前一直控制在汛限184m以下。衢江干流梯级枢纽自19日12时30分起，自下而上逐级开启泄洪闸，提前一天排空河道迎接洪水。瓯江干流梯级枢纽自20日中午提前开闸腾库迎洪。衢州市15座大中型水库总拦洪水量 4.4 亿 m³。其中湖南镇水库拦洪水量 2.58 亿 m³；紧水滩水库拦洪水量 2.92 亿 m³，在最大入库流量 7540m³/s 时，控制下泄流量 2000m³/s，削峰率 73.47%。新安江水库 20 日为兰江洪水错峰停止发电 24 小时，湖南镇、沐尘、高坪桥等水库均适时停止泄洪和发电，与衢江干流洪水错峰。省水利厅紧盯关键节点兰溪，突出关键性工程富春江水库，陆续发出 7 张调度令，实施精细化调度，从 20 日 5 时 15 分开始加大流量至 9000m³/s，21 日 0 时加大至 12500m³/s 后保持 15 个小时，始终保持坝前水位 22m 左右，保障洪水平稳过境兰溪。丽水市水利局紧盯紧水滩水库，共发出 8 张调度令，确保了紧水滩水库遭遇"最大入库流量、最高水位、最大出库流量"情况下的防洪安全，最大限度减轻了下游的灾害损失。

【应急响应】　2022 年梅汛期间，浙江省各级水利部门加密和气象部门的会商、加强省市县联动研判、全天候滚动预报预警。根据预案，6 月 10 日入梅当天，针对丽水、衢州 24 小时降雨超过 50mm 的实际，省水利厅启动水旱灾害防御Ⅳ级应急响应。6 月 19 日，衢州、丽水普降暴雨，省水利厅启动水旱灾害防御Ⅳ级应急响应，20 日提升至Ⅲ级；衢州市水利局启动水旱灾害防御Ⅱ级应急响应；金华市水利局、丽水市水利局启动水旱灾害防御Ⅲ级应急响应。

【巡查检查】　2022 年梅汛期间，浙江省各级水利部门突出抓好三类坝水库安全度汛督导，163 座三类坝水库中，140 座空库运行，其余打开放水设施，尽全力泄水，同时落实专人盯防。省市县三级水库山塘安全度汛工作专班每天开展基层责任人履职情况抽查，共抽查 6699 座小型水库、4283 座山塘的巡查责任人，抽查发现问题点对点反馈当地水利局，立即落实整改。同时，重点关注丽水、衢州、金华 276 处在建水利工程，督促落实各项安全度汛措施。梅汛期，全省各级水利部门抽查责任人 11086 人次、派出工作组 900 组次、派出巡查 54059 人次、检查水利工程 34377 处次，检查发现并整改隐患 249 处。经过全省上下共同努力，确保了全省水库山塘不垮坝，重要堤防不决口。

【技术指导】　2022 年梅汛期间，省水利厅派出工作组赴开化县、江山市、常山县、兰溪市协助指导水利防汛工作，省水利厅副厅长杨炯赴兰溪指导防汛工作。受强降雨影响的县（市、区）水利部门坚守在抗洪抢险第一线，加强对乡镇强降雨防御工作的指导；发挥技术优势，第一时间派出技术人员，奔赴险情和水利工程设施损毁现场参与抢险救援，为防灾减灾提供技术支撑。

防御台风洪涝

【概况】　2022 年，浙江省主要受第 11 号台风"轩岚诺"和第 12 号台风"梅花"影响。在省委、省政府和省防指坚强领导下，省水利厅及全省水利系统把防御台风作为中心工作，有效保障人民群众生命财产安全，最大限度减轻灾害损失。

【防御第 11 号台风"轩岚诺"】 2022年 8 月 28 日，第 11 号台风"轩岚诺"生成，36 小时内加强为超强台风，维持75 小时，在浙江省中南部以东海面强度最强，达 17 级。"轩岚诺"台风带来较大范围强降雨，宁波、舟山、绍兴局地大暴雨。全省水利系统认真贯彻省委、省政府决策部署，坚持"精准预报、仔细摸排、闭环落实"，牢牢把握工作的主动权，确保以工作的确定性应对风险的不确定性，全省海塘、堤防、水库、山塘无一出险，防御工作取得全面胜利。

面对"轩岚诺"台风严重影响，全省水利系统始终坚持人民至上、生命至上，坚持"一个目标、三个不怕、四个宁可"防汛防台理念，省水利厅第一时间贯彻落实省委省政府领导指示批示精神，全面动员，迅速行动。9 月 1 日下午启动 Ⅳ 级应急响应，2 日下午提升至Ⅲ 级，3 日晚再次提升至 Ⅱ 级，48 小时内实现"三级跳"。省水利 4000 余名干部职工 24 小时战备值守。监测预警、防洪调度、风险研判等 10 个应急工作组迅速集结，百名省级技术专家在岗待命，2个服务组下沉到强降雨区的上虞、余姚，调度专家组进驻上虞枢纽现场。前置储备在宁波的 5 万条麻袋、10 万 m² 土工布，舟山的 3 万条麻袋、10 万条编织袋、2 万 m² 土工布，随时备调。各级水利部门出动党员干部 3.5 万人次，对2.5 万处水利工程加密巡查检查，确保隐患第一时间发现、第一时间排除。

依托"水利大脑"流域防洪智能模块，省、市、县、库四级联动，水文、气象、海洋高效协同，滚动预报、精准研判。针对台风主要影响地区，加强短期和临近预测预报，Ⅳ 级应急响应期间每 8 小时 1 次，Ⅲ 级、Ⅱ 级应急响应期间每 3 小时 1 次加密预报。省级发布水情分析 26 期、风暴潮预报 8 期 72 站次；全省发布洪水预报 247 站次，洪水预警15 期。运用山洪联防智能模块，提前 72小时研判，动态发布未来 24 小时山洪风险五色图 4 期 65 县次，发送山洪灾害预警短信 4 万条。聚焦曹娥江、姚江流域，针对"降雨-产流-汇流-演进、流域-干流-支流-断面"两个链条，逐座水库计算纳蓄能力，逐条河流测算水位流量，制定重点地区、重点工程预泄、预排、拦洪、错峰方案。

按照"真正把防台资源用在刀刃上"的要求，围绕"八张风险清单"，聚焦海塘、水库、山塘、在建工程、山洪灾害5 个防御重点，列出详细清单，落实解决方案。全面摸排 101 条 309km 三类海塘、146 座三类坝水库、3858 座病险山塘、996 项在建水利工程、11524 个山洪重点村落，下发 28 张风险提示单，提出管控要求。各地对标对表，落实落细防控措施，沿海海塘所有旱闸提前关闭、缺口完成封堵；所有三类坝水库、病险山塘全部按规定空库或限蓄运行，强降雨期间加密巡查；沿海的温州、台州、宁波、舟山四市共 418 项在建工程全部停工，撤离 7936 人；转移山洪灾害风险区 2.39 万人，做到应转尽转。

防御第 11 号台风"轩岚诺"期间，

首次启用河网水库调度一体化工作模块，突出"不出险情、整体优化、综合调度"，一库一策，一闸一策，流域与区域统筹，防洪与抗旱兼顾。台风影响前，平原河网处于中水位，全省大中型水库纳雨能力普遍超过350mm，远大于气象预报降雨，绍兴、宁波平原河网全力排水，其他平原梯次排水，水库全力拦蓄。重点紧盯暴雨中心四明山区纳蓄能力相对不足的水库，实施滚动调度，如宁波皎口水库预泄水量1280万 m^3，预判降雨影响结束时果断关闸，拦蓄洪水3080万 m^3，净增1800万 m^3，最高水位低于正常水位，既确保了水库安全，又有效增加了可供水量。台风影响期间，全省沿海平原河网累计排水6.8亿 m^3，保障了汛情平稳。

【防御第12号台风"梅花"】　2022年9月14日20时30分前后，第12号台风"梅花"在浙江舟山普陀沿海登陆，台风强度大、降雨区域集中、水位超历史，对宁波、舟山、绍兴、嘉兴等地造成较大影响。第12号台风"梅花"是2022年首个登陆浙江省的强台风，全省水利系统坚决贯彻"一个目标、三个不怕、四个宁可"的防汛防台理念，以工作的确定性应对风险的不确定性，牢牢把握工作的主动权，在大战大考中实现了"不死人、少伤人、少损失"的目标。9月8日，台风"梅花"在西北太平洋生成。9月11日晚，省水利厅启动Ⅳ级应急响应，9月12日下午开始24小时内连升3级至Ⅰ级。省水利厅第一时间召开全省视频会商会议，要求把防台作为压倒一切的中心工作，省水利厅厅长马

林云连续72小时值守、指挥调度；省水利厅党组书记李锐率队连夜赶赴余姚一线、驻场指导。宁波、嘉兴、绍兴、台州、舟山启动Ⅰ级响应，杭州、温州、湖州启动Ⅱ级响应，金华、丽水启动Ⅲ级响应，衢州启动Ⅳ级响应。

强化监测预报预警。充分发挥"水利大脑"流域防洪智能模块作用，省、市、县、库四级联动，水文、气象、海洋同频共振，每5分钟实时采集、15分钟动态报送10000余个水文测站信息，细化监测预报预警颗粒度，Ⅳ级应急响应期间每8小时1次，Ⅲ级以上每3小时1次加密预报，Ⅰ级响应后加密至1小时一报，实时研判、滚动发布，为防汛防台提供决策指挥支持。9月11日以来，省级共发布水情分析51期，向公众发布水雨情信息140万余条；全省发布洪水预报380站次，洪水预警23期。各级水利部门不间断监测预警小流域山洪，发布未来24小时山洪预警5期141县次，点对点短临预报预警15期，各类预警短信34.3万条，严格落实红色、橙色预警"叫应"机制，层层压实防御责任，累计转移61317人。

科学调度水利工程。按照"不出险情、整体优化、综合调度"要求，聚焦重点工程、关键节点，逐座水库计算纳蓄能力，逐条河流测算水位流量，制定预泄、预排、拦洪、错峰方案，充分发挥水利工程防灾减灾作用。抢抓台风来临前关键窗口期，平原河网预排2.47亿 m^3，大中型水库预泄2.09亿 m^3。宁波市针对9月14日下午开始的集中强降雨，预报姚江和奉化江干流均将出现超设计水

位的情况，迅速制订实施应急调度系列方案。14 日 20 时全线关停江北、海曙、余姚沿姚江泵站；启用余姚西分工程，并逐步加大分洪流量；姚江大闸全力候潮排水，姚江二通道化子泵全开，慈江闸泵加大分洪流量，全力减轻余姚城区压力。同步关停鄞州、奉化沿奉化江泵站；全开东江高楼张闸，大流量分洪东江洪水至甬新河，降低奉化江干流水位，全力支援余姚。上虞区全程关闭通明闸，确保区间洪水不入余姚。台风影响期间，全省水库全力拦蓄 5.96 亿 m^3，平原河网外排 10.34 亿 m^3。水利工程拦洪错峰明显，四明湖水库拦洪量 0.36 亿 m^3、削峰率 99.7%，皎口水库拦洪量 0.55 亿 m^3、削峰率 91.8%；姚江上游西排工程和余姚西分工程累计排水 2480 万 m^3，降低余姚主城区水位 0.19m，有效减轻了姚江堤防防洪压力。

切实强化风险管控。逐级放大"八张风险清单"闭环管控机制，严格落实预报、预警、预演、预案"四预"措施，贯通雨情、水情、险情、灾情"四情"防御，全面全程全链条管理，做到闭环管控。聚焦海塘、水库、山塘、在建工程、山洪灾害等 5 个防御重点，组建 5 个专班，下发 33 份重大风险提示单，深化细化风险清单、逐项逐个抓好确认。突出重点盯防，针对责任落实，开展"六问"（一问是否在村在岗；二问是否收到预警信息，哪类预警；三问是否有强降雨或河道高水位；四问是否有山洪灾害易发区、地质灾害隐患点或高风险区、危旧房、低洼积水点等高风险区；五问当天是否已巡查，巡查几次；六问

是否有需转移帮扶的孤寡老人等，已转移多少）水利相关抽查 7185 人次；针对 140 条 420.5km 海塘薄弱环节，9 月 13 日 12 时前各级水利部门及海塘管理单位完成全覆盖排查，全面关闭封堵沿塘缺口、道口和旱闸 1002 处；针对全省 142 座三类坝水库、3858 座病险山塘，维持放空设施全开，千方百计实行空库或限蓄运行；针对 4593 个山洪重点村落，实时研判，督促加密巡查；针对 726 项水利在建工程（不包括金华、衢州、丽水），9 月 13 日前全部停工，撤离 11483 人，确保人员到位、责任到位、转移到位、措施到位、管控到位。

强力支撑防汛抗洪。省水利厅迅速集结监测预警、防洪调度、风险研判等 11 个应急工作组，百名省级技术专家日夜值守，及时派出 7 个工作指导组奔赴一线。前置储备在宁波、舟山、绍兴等地的 110 万条编织袋、28 万条麻袋、32 万 m^2 编织布、4 万 m^2 土工布，随时备调。各级水利部门出动 3.5 万人次，24 小时不间断巡查 2 万余处水利工程，确保隐患第一时间发现、第一时间排除。14 日晚，紧急向宁波市调派 2 支抢险队伍 13 人、排水车 2 辆、水泵 50 台；向余姚市调派 2 支抢险队伍 13 人、排水车 2 辆、水泵 70 台，有险即排、有战即应，连续奋战 4 天 4 夜，累计排水 22.5 万 m^3。

水利抗旱

【概况】　受拉尼娜现象影响，2022 年

盛夏浙江省出现大范围极端性高温天气，近60%县（市、区）出现日最高气温在40℃以上，超20%县（市、区）最高气温破历史极值，77%国家气象站高温天数平或破历史年最多纪录，高温日数全省平均45天，较常年偏多24天，位居历史第一，高温热浪综合强度达1.767，为1960年有评估资料以来最强。出梅以来（6月26日至10月31日），全省降雨量300.4mm，较常年同期偏少52.9%，列1949年以来第二少，仅次于1967年（192mm），其中温州、衢州降雨量分别为211.1mm、163.1mm，列1949年以来最少。全省大中型水库蓄水率持续降低，5个设区市水库蓄水率低于60%，其中台州、金华蓄水率低至42%、45%，部分小型水库、山塘已近空库。全省旱情影响最严重时，温州、杭州等9个市的40个县（市、区）出现供水紧张或困难，共影响14.5万人，其中供水紧张13.3万人、供水困难1.2万人。苍南、乐清、龙游、庆元、龙泉等城区供水水库保供天数仅剩30～60天，乐清、永嘉、武义、温岭等地城镇水厂实行限时、减压、隔日供水，全省77333.3hm²农田受旱。

【抗旱决策部署】　2022年，面对极端干旱天气，省委、省政府主要领导连续作出批示。水利部高度重视抗旱保供水工作，水利部部长李国英多次主持会商，研究部署抗旱工作。全省水利系统深入贯彻习近平总书记"两个坚持、三个转变"的防灾减灾救灾新理念，深入贯彻中央"疫情要防住、经济要稳住、发展要安全"部署，全力打好抗旱保供水攻坚战。

【监测预报预警】　2022年，全省水利系统密切关注旱情变化，做好土壤墒情、江河湖库水情监测工作，加强用水态势分析和旱情监测预报，积极与气象、农业、住建、应急等部门会商，动态研判抗旱保供水形势。先后发布区县级水利旱情橙色预警2个、黄色预警18个，蓝色预警15个；金华市及武义等5个县（市、区）水利部门启动水旱灾害防御（抗旱）Ⅲ级应急响应，省水利厅、温州市、台州市及乐清等15个县（市、区）水利部门启动水旱灾害防御（抗旱）Ⅳ级应急响应，做到预警与响应联动、响应与行动联动，牢牢掌握抗旱工作主动权。

【农村用水安全】　2022年，全省把农村供水安全放在抗旱保供水工作的首位，重点关注偏远山区和海岛的供水保障，加强农村饮用水水源地、引水管线、供水站和供水管网巡查和维护，确保引水、净水、供水设施设备运行安全。加大供水紧张、饮水困难的地区抗旱投入，因地制宜采用打井、开渠、修塘坝等措施开辟水源。对采取措施后仍然不能保障群众用水的，及时提请应急管理部门组织协调，采取用消防车送水等方式，全力确保人民群众生活用水安全。先后受到旱情影响的农村供水人口146436人，通过打井取水保障10539人、应急引水解决18780人、车辆送水保障11882人、采取限时供水延长供水天数保障105235人。

【用水管理】　2022 年，省水利厅组织各地全面修订市、县级抗旱应急预案，全面编制承担供水任务的大中型水库用水计划，全面制定完善农村饮用水工程应急保障方案。统筹抓好供水与发电、灌溉、生态保障，严格执行水量分配计划，严重缺水地区要实行定量限时供水，严控或停止高耗水工业、服务业等用水，严格落实轮灌、补水，实行"一把锄头"放水（专人放水）等节水措施，坚决防范发生用水纠纷。按照"先生活、后生产，先节水、后调水，先河道、后水库、先地表、后地下"的原则，组织各类水库（水电站）根据蓄水现状、用水需求以及未来旱情发展趋势，细化优化调度运用计划，加强与水厂联动，根据水位变化趋势，及时调整供水计划，保障供水安全、生产安全。

【水资源调配】　2022 年，浙东引水工程萧山枢纽于 6 月 28 日开始向杭州、绍兴、宁波、舟山累计供水 2.57 亿 m^3；乌溪江引水工程累计向下游供水 13350万 m^3，其中向龙游供水 5300 万 m^3，向金华供水 2200 万 m^3。在预报新安江库区来水量较少的情况下，省水利厅及时协调新安江发电厂，尽量留足兴利库容保证千岛湖引水工程供水；11 月 9 日，省水利厅商请华东电力调控分中心和新安江、富春江电厂全力支援杭州市应急顶潮拒咸，暂停浙东引水工程引水，暂停钱塘江、富春江沿线闸站非饮用水引水，全力保障萧山、滨江供水安全；同时，根据杭州市政府所请，推进建立钱塘江杭州段应急保障用水工作联席会议制度。

【应急供水】　2022 年，在全面做好中长期水量供需平衡分析的基础上，各地水利部门组织当地供水企业、乡镇村开辟新水源，加快引水管道、堰坝、水池、水井等应急工程建设，有效保障群众基本生活生产用水。各级水利部门及县级统管单位出动抗旱保供人员 8.5 万人次，累计投入 4.3 亿元（其中中央水利抗旱救灾资金 1.33 亿元），打井 1149 口、新建泵站 376 座、新建管网 1306km，建成鹿城山福向永嘉桥头片区输水管道增压工程（日供水 5000m^3）、七都至乐清琯头输水管道增压工程（日供水 2 万 m^3）、平苍引水工程北山泵站临时应急工程（日供水 35 万 m^3）、武义城区壶山水厂应急取水（日供水 1.2 万 m^3）、柳城水厂应急引调水工程、永康四大坑水库至洪塘坑水厂的引水管道、三联水库至珠坑水厂的引水管道、庆元兰溪桥电站下游堰坝提水及后广溪翻板堰引水（日供水 3.5 万 m^3）、云和崇溪引水工程（日供水 1 万 m^3）、龙泉在龙泉溪南大洋取水口加高围堰取水（日供水 6 万 m^3）等一批应急引水工程，有效提升了应急保供水能力。

【抗旱保供水"三服务"活动】　2022年旱情影响期间，省水利厅领导带队赴各地开展抗旱保供水"三服务"活动，现场检查水库、农村水厂、农业灌区等供水情况，指导解决群众生活、企业生产用水实际问题。及时向仙居、淳安、安吉、龙泉、缙云、磐安等 6 个县紧急调拨一批总价值 171.35 万元的抗旱设备支援当地抗旱，主要为汽油机水泵、潜水泵和发电机。按照最不利情况，指导沿海、山区、海岛等缺水较重地区提前做好启用备用水源的准备工作，因地制宜谋划蓄、引、提水、海水淡化等多种措施，尽可能增加可供水量。11月，拟制水库河网抗旱保供水调度运用指南，推进省、市、县三级重点水库河网旱警水位确定工作，根据旱警水位成果，制定"一库一策"用水计划，发挥水库供水保障作用。

（胡明华）

水 利 规 划 计 划

Water Conservancy Planning

061～076 页

水 利 规 划

【概况】 2022 年，省水利厅印发《浙江省"十四五"期间解决防洪排涝突出薄弱环节实施方案》《浙江水网建设规划》《浙江省水利感知体系建设急用先行实施方案》，迭代完善《浙江水网建设实施方案（2023—2027 年）》《浙江省水资源节约保护和开发利用总体规划（2021—2035 年）》。迭代升级"浙水畅通"重大应用建设。完成浙江省跨流域区域防洪格局重构、重点区域战略水资源配置、浙江水网架构方案及重要节点等重点专题研究。

【水利规划编制】 2022 年 4 月，省政府办公厅印发《浙江省"十四五"期间解决防洪排涝突出薄弱环节实施方案》（浙政办发〔2022〕26 号）；6 月，省水利厅、省发展改革委和省财政厅联合印发《浙江省"十四五"期间解决防洪排涝突出薄弱环节实施方案项目清单的通知》（浙水计〔2022〕19 号），全面梳理排查出 275 个薄弱环节、明确 314 项工程措施，解决防洪排涝突出薄弱环节纳入省政府督查激励事项。7 月，省政府出具《关于浙江水网建设规划的批复》（浙政函〔2022〕107 号）。8 月，省水利厅与省发展改革委联合印发《浙江水网建设规划》（浙水计〔2022〕35 号），提出构建完善"三纵八横十枢"的浙江水网格局，深化论证浙东、浙中、浙北三条水资源配置通道和青山水库向钱塘江分洪等骨干通道，经水利部审核，浙江

省成功入选全国第一批省级水网先导区。省水利厅深入学习贯彻党的二十大精神，落实省第十五次党代会"两个先行"战略部署和政府工作报告具体要求，编制《浙江水网建设实施方案（2023—2027 年）》，谋深谋细谋实今后五年水网建设目标任务和重大工程。

8 月，省水利厅召开浙江省水资源节约保护和开发利用总体规划省内专家咨询会。12 月，省水利厅召开省级部门和设区市水利局的研讨会，迭代完善《浙江省水资源节约保护和利用总体规划（2021—2035 年）》《钱塘江河口水资源配置规划》。迭代完善《杭嘉湖区域防洪规划》，配合省生态环境厅开展大溪流域综合规划环境影响评价相关工作，参与太湖流域防洪规划修编工作，配合做好长江流域防洪规划编制。组织市县开展市县级水资源节约保护和利用总体规划、曹娥江流域防洪规划等编制，并组织审核。省水利厅印发《浙江省水利感知体系建设急用先行实施方案急用先行感知方案》（浙水计〔2022〕44 号），拟建雨量监测、水位监测、流量监测、小水电生态流量监测、城乡用水监测、水源地水位监测等 6 类共 7248 个站点，全面提升感知能力。围绕规划编制、规划监管、项目前期、投资管理等方面，推进"浙水畅通"10 余个业务场景的建设和迭代，形成了省市县三级贯通的规划计划综合应用。

【重点专题研究】 2022 年，省水利厅完成浙江省跨流域区域防洪格局重构专题研究，对钱塘江、椒江两大流域现状防洪格局进行全面梳理，剖析现状格局

中存在的防洪薄弱环节，深入研究两大流域防洪格局重构方案。完成重点区域战略水资源配置专题，以浙东、浙中、浙北等重点区域水资源配置问题和需求为导向，构建省域一体化发展框架下的高质量水资源保障网，增强省域水资源战略储备和统筹调配能力、支撑全省域高质量发展的水网骨干工程。完成浙江水网架构方案及重要节点专题研究，谋划浙江水网的格局、层级和体系，深化论证浙东水资源配置通道等 16 项重要节点工程，为浙江水网规划奠定基础。完成水生态产品 GEP 核算分析专题研究，在现有规范的基础上，结合水生态系统和水利工程的特色，初步提出水生态系统及水利工程生态产品价值核算方法。

【重大战略支撑】　2022 年 12 月 30 日，在省委书记易炼红主持召开的共同富裕示范区建设重点工作推进例会上，研究决定将省水利厅列入领导小组成员单位，全域建设幸福河湖工作纳入"1+7+N"（1 套工作体系，经济发展、收入分配、公共服务、协调发展、文化建设、生态文明、社会治理 7 个方面，N 项工作）重点工作体系，"城乡同质化供水"覆盖率纳入目标指标体系。海洋强省作为专项重点工作，以 2 分的分值纳入省政府考评，省水利厅在省级有关部门中排名第五。按照《财政部办公厅　住房城乡建设部办公厅　水利部办公厅关于开展"十四五"第二批系统化全域推进海绵城市建设示范工作的通知》（财办建〔2022〕28 号）明确的程序，省水利厅参与开展"十四五"第二批系统化全域推进海绵城市建设示范申报工作，金华市成功入选。

重大水利项目前期工作

【概况】　2022 年，全省共推进海塘安澜等 163 项重大水利项目前期工作，完成可行性研究批复 65 项，投资规模 626 亿元，其中省级审批 36 项；出具行业意见 51 项，投资规模 649 亿元。2022 年省级审批的重大项目清单见表 1。其中，东苕溪防洪后续西险大塘达标加固、扩大杭嘉湖南排后续西部通道、嘉兴中心河拓浚及河湖连通、宁海县清溪水库等 4 项工程列入省政府主导项目。

表 1　2022 年省级审批的重大项目清单

序号	项目名称	行政区	前期工作阶段	总投资/亿元	审查意见（文号、日期）	批复文号、日期
1	衢州市铜山源水库灌区"十四五"续建配套与现代化改造工程	衢州	可行性研究	2.4	浙水函〔2021〕1013 号，2021 年 12 月 29 日	浙发改项字〔2022〕17 号，2022 年 1 月 29 日

续表

序号	项目名称	行政区	前期工作阶段	总投资/亿元	审查意见（文号、日期）	批复文号、日期
2	温州国家海洋经济发展示范区海塘安澜工程（浅滩二期生态堤）	温州	可行性研究	31.2	浙水函〔2021〕640号，2021年9月14日	浙发改项字〔2022〕20号，2022年1月29日
3	台州市黄岩区海塘安澜工程（椒江黄岩段海塘）	台州	可行性研究	5.4	浙水函〔2021〕732号，2021年11月5日	浙发改项字〔2022〕46号，2022年3月22日
4	临海市尤汛分洪工程	台州	可行性研究	19.5	浙水函〔2021〕211号，2021年3月16日	浙发改项字〔2022〕47号，2022年3月23日
5	鳌江南港流域江西垟平原排涝工程（三期）	温州	可行性研究	2.7	浙水函〔2021〕702号，2021年10月18日	浙发改项字〔2022〕76号，2022年4月19日
6	宁海县清溪水库工程★	宁波	可行性研究	53.4	浙水函〔2022〕256号，2022年4月7日	浙发改项字〔2022〕87号，2022年4月28日
7	嘉兴港区海塘安澜工程（乍浦港三期至赭山湾段海塘）	嘉兴	项目申请报告	4.6	—	浙发改项字〔2022〕234号，2022年6月24日
8	平湖市海塘安澜工程（嘉兴独山煤炭中转码头海塘）	嘉兴	项目申请报告	3.3	—	浙发改项字〔2022〕233号，2022年6月24日
9	绍兴市上虞区海塘安澜工程	绍兴	可行性研究	22.0	浙水函〔2022〕327号，2022年5月5日	浙发改项字〔2022〕266号，2022年7月21日
10	温岭市海塘安澜工程（东部新区海塘）	台州	可行性研究	9.1	浙水函〔2022〕328号，2022年5月5日	浙发改项字〔2022〕267号，2022年7月21日
11	嘉兴中心河拓浚及河湖连通工程（一期）★	嘉兴	可行性研究	3.6	浙水函〔2022〕485号，2022年6月9日	浙发改项字〔2022〕276号，2022年7月28日

续表

序号	项目名称	行政区	前期工作阶段	总投资/亿元	审查意见（文号、日期）	批复文号、日期
12	温州市鹿城区海塘安澜工程（仰义塘）	温州	可行性研究	7.1	浙水函〔2022〕152号，2022年3月2日	浙发改项字〔2022〕303号，2022年8月11日
13	杭州市本级海塘安澜工程（三堡船闸段海塘）	杭州	可行性研究	1.8	浙水函〔2022〕480号，2022年6月7日	浙发改项字〔2022〕304号，2022年8月11日
14	舟山市定海区海塘安澜工程（金塘片北部围堤）	舟山	可行性研究	12.0	浙水函〔2022〕4号，2022年1月4日	浙发改项字〔2022〕313号，2022年8月23日
15	温州市龙湾区海塘安澜工程（炮台山至龙江路段海塘）	温州	可行性研究	6.9	浙水函〔2022〕230号，2022年3月28日	浙发改项字〔2022〕319号，2022年8月24日
16	温州市龙湾区海塘安澜工程（蒲州水闸至炮台山段海塘）	温州	可行性研究	16.3	浙水函〔2022〕543号，2022年6月27日	浙发改项字〔2022〕320号，2022年8月24日
17	东苕溪防洪后续西险大塘达标加固工程（杭州市段）★	杭州	可行性研究	58.1	浙水函〔2022〕326号，2022年4月30日	浙发改项字〔2022〕262号，2022年8月26日
18	杭州市萧围西线（一工段至四工段）提标加固工程	杭州	可行性研究	9.5	浙水函〔2022〕580号，2022年7月12日	浙发改项字〔2022〕323号，2022年8月29日
19	海宁市百里钱塘综合整治提升工程二期（尖山段海塘）	嘉兴	可行性研究	13.8	浙水函〔2022〕519号，2022年6月20日	浙发改项字〔2022〕324号，2022年8月29日
20	乐清市海塘安澜工程（翁垟等海塘）	温州	可行性研究	8.1	浙水函〔2022〕339号，2022年5月9日	浙发改项字〔2022〕325号，2022年8月29日

续表

序号	项目名称	行政区	前期工作阶段	总投资/亿元	审查意见（文号、日期）	批复文号、日期
21	乐清市海塘安澜工程（港区海塘）	温州	可行性研究	5.5	浙水函〔2022〕232号，2022年3月28日	浙发改项字〔2022〕326号，2022年8月29日
22	舟山市定海区海塘安澜工程（本岛西北片海塘）	舟山	可行性研究	5.9	浙水函〔2022〕553号，2022年6月30日	浙发改项字〔2022〕327号，2022年8月29日
23	岱山县海塘安澜工程（城防海塘）	舟山	可行性研究	17.8	浙水函〔2022〕548号，2022年6月28日	浙发改项字〔2022〕340号，2022年9月5日
24	瑞安市海塘安澜工程（丁山二期海塘）	温州	可行性研究	6.8	浙水函〔2021〕665号，2021年9月26日	浙发改项字〔2022〕354号，2022年9月5日
25	瑞安市海塘安澜工程（阁巷围区海塘）	温州	可行性研究	3.4	浙水函〔2021〕640号，2021年9月14日	浙发改项字〔2022〕355号，2022年9月5日
26	杭州市本级海塘安澜工程（珊瑚沙海塘）	杭州	可行性研究	2.3	浙水函〔2021〕873号，2021年11月19日	浙发改项字〔2022〕366号，2022年9月9日
27	平阳县海塘安澜工程（宋埠西湾海塘）	温州	可行性研究	4.1	浙水函〔2022〕112号，2022年2月17日	浙发改项字〔2022〕369号，2022年9月9日
28	永嘉县海塘安澜工程（乌牛堤）	温州	可行性研究	2.4	浙水函〔2022〕620号，2022年7月27日	浙发改项字〔2022〕370号，2022年9月9日
29	扩大杭嘉湖南排后续西部通道（南北线）工程★	杭州	可行性研究	77.9	浙水函〔2022〕325号，2022年4月30日	浙发改项字〔2022〕341号，2022年9月22日

续表

序号	项目名称	行政区	前期工作阶段	总投资/亿元	审查意见（文号、日期）	批复文号、日期
30	海盐县海塘安澜工程（长山至杨柳山段海塘）	嘉兴	可行性研究	3.2	浙水函〔2022〕655号，2022年8月11日	浙发改项字〔2022〕446号，2022年10月19日
31	杭州市本级海塘安澜工程（上泗南北大塘）一期	杭州	可行性研究	4.5	浙水函〔2022〕703号，2022年9月2日	浙发改项字〔2022〕447号，2022年10月19日
32	龙港市海塘安澜工程（双龙汇龙段海塘）	温州	可行性研究	4.1	浙水函〔2022〕762号，2022年9月26日	浙发改项字〔2022〕481号，2022年10月31日
33	钱塘江干流防洪提升工程（龙游县段）	衢州	可行性研究	5.9	浙水函〔2022〕579号，2022年7月12日	浙发改项字〔2022〕519号，2022年11月15日
34	乐清市海塘安澜工程（中心区海塘）	温州	可行性研究	4.7	浙水函〔2022〕231号，2022年3月28日	浙发改项字〔2022〕527号，2022年11月22日
35	建德市"三江"治理提升改造工程	杭州	可行性研究	8.5	浙水函〔2022〕82号，2022年2月7日	浙发改项字〔2022〕542号，2022年12月2日
36	嵊州市曹娥江流域防洪能力提升工程（东桥至丽湖段）	绍兴	可行性研究	7.6	浙水函〔2021〕974号，2021年12月21日	浙发改项字〔2022〕372号，2022年12月23日

注　★为省政府主导项目。

【衢州市铜山源水库灌区"十四五"续建配套与现代化改造工程】　该工程任务以安全隐患清零和基础设施配套改造为重点，完善管理体系，提升信息化，为"安全、节水、生态、智慧、惠民"的现代化灌区打好基础。主要建设内容主要包括：改造灌排渠道7条9.04km；配套新改建筑物26座；改造维修管理房3处1476m²，改造管护道路8.32km、农桥49座、标识标牌、安全护栏等附属设施；建设信息化工程 1 项。项目估算总投资 24228 万元。

【温州国家海洋经济发展示范区海塘安澜工程（浅滩二期生态堤）】 该工程任务以防潮排涝为主，兼顾改善和提升水生态、水景观，促进区域发展。工程主要建设内容及规模：新建海塘 7.72km；新建 2 座排涝水闸；海塘沿线设置节点，配套建筑 5730m²。项目估算总投资 312380 万元。

【台州市黄岩区海塘安澜工程（椒江黄岩段海塘）】 该工程任务以防洪挡潮排涝为主，兼顾改善沿塘生态环境。工程建设内容及规模：提标加固海塘 2.66km；新建涵闸 1 座；生态修复滩地 49 万 m²；融合建设 2000t 级码头 1 座，配套行车道 1.8km，地下停车场 1 座。项目估算总投资 54296 万元。

【临海市尤汛分洪工程】 该工程任务为防洪排涝，重点提升义城港平原排涝能力，兼顾减轻汛桥平原排涝压力。工程建设内容及规模：新建尤汛分洪隧洞，隧洞长 8.1km，20 年一遇设计分洪流量 600m³/s，外江侧接出口暗涵长约 745m，隧洞进、出口闸设计净宽分别为 30.0m、27.0m；新建阮家洋溪分洪隧洞，隧洞长约 620m，20 年一遇设计分洪流量 100m³/s，隧洞进口闸设计净宽 6.0m；新建尤溪闸，水闸设计净宽 40.0m；堤防加高工程，对尤汛分洪隧洞进口上游右岸长约 200m 的堤防进行加高；其他配套工程。项目估算总投资 194827 万元。

【鳌江南港流域江西垟平原排涝工程（三期）】 该工程任务为以排涝为主，兼顾改善水环境，即通过本项目建设，结合平原排涝设施等建设，逐步使江西垟平原、大观平原排涝能力达到相应设防标准。工程主要建设内容及规模：整治沿山内河（苍南段），长约 3.9km，河道宽 30m；新建南山泵站、溪心泵站，每座强排流量 20m³/s；拆建沿山内河（苍南段）沿线跨河桥梁 3 座。项目估算总投资 26534 万元。

【宁海县清溪水库工程】 该工程任务以供水、防洪为主，兼顾水环境改善、灌溉、发电等综合利用。工程主要由拦河坝、泄水建筑物、放水建筑物、输水建筑物、发电引水建筑物、发电厂房及升压站、上坝道路、环库防汛道路及建设管理用房等组成。水库总库容 8511 万 m³，兴利库容 7176 万 m³，防洪库容 693 万 m³，死库容 264 万 m³。正常蓄水位 110.0m，死水位 60.0m，设计洪水位 111.62m，校核洪水位 113.71m。多年平均供水量 5857 万 m³/a，电站装机容量 6000kW。项目估算总投资 533709 万元。

【嘉兴港区海塘安澜工程（乍浦港三期至山湾段海塘）】 该工程主要建设内容及规模：提标加固现有乍浦三期和乍浦二期、一期临江段海塘 6.09km。项目估算总投资 46186 万元。

【平湖市海塘安澜工程（嘉兴独山煤炭中转码头海塘）】 该工程主要建设内容及规模：提标加固现有嘉兴独山煤炭中转码头海塘 2.6km、排涝挡潮闸 1 座；

新增信息化管理系统。项目估算总投资 32663 万元。

【绍兴市上虞区海塘安澜工程】 该工程任务以防潮排涝为主，兼顾改善提升滨海生态环境。工程主要建设内容及规模：提标建设海塘 13.44km，新建丁坝 37 座；提标加固新东进闸；护塘河整治 8.36km，沿塘生态修复面积 123.66 万 m²；建设桥梁 2 座，旱闸 5 座；新建景观节点、驿站等。项目估算总投资 220035 万元。

【温岭市海塘安澜工程（东部新区海塘）】 该工程任务以防潮排涝为主，兼顾改善提升滨海生态环境。工程建设内容及规模：提标建设海塘 6.48km；提标建设水闸 3 座；修建防汛道路 6.47km；沿塘背坡生态修复面积 33.48 万 m²；融合提升工程，设置景观节点、驿站、观海平台等。项目估算总投资 90538 万元。

【嘉兴中心河拓浚及河湖连通工程（一期）】 该工程任务为完善流域和区域排水体系，提高流域和区域防洪排涝能力，促进水体流动兼顾改善水生态。工程主要建设内容及规模：在河湖连通工程中，清淤伍子塘、长 1.91km，整治调蓄湖 1 个、湖面面积 14.9hm²，新建隔堤 0.44km、护岸 1.25km；在口门控制工程中，新（拆）建口门闸（站）4 座、节制闸 5 座，闸孔总净宽 160m，泵排总流量 34m³/s；新建伍子塘枢纽功能用房、管理用房、配套用房等。项目估算总投资 35531 万元。

【温州市鹿城区海塘安澜工程（仰义塘）】 该工程任务以防洪（潮）为主，兼顾排涝和改善沿塘生态环境。工程主要建设内容及规模：提标加固海塘 3.27km，新建 0.57km；新建上村水闸，改建渔渡水闸、练墩水闸，改造后京水闸；整治高滩 2 处共 3.4 万 m²、生态洼地 1 处 24.6 万 m²；配套建设防汛道路等。项目估算总投资 71361 万元。

【杭州市本级海塘安澜工程（三堡船闸段海塘）】 该工程任务以防潮为主，兼顾提升沿江环境。工程建设内容主要包括：对东侧段海塘进行提标加固建设，海塘长 653m；生态治理 3.8hm²；拟建各交叉建（构）筑物对海塘的影响分析及工程防治措施。项目估算总投资 17532 万元。

【舟山市定海区海塘安澜工程（金塘片北部围堤）】 该工程任务以防潮、排涝为主，兼顾改善沿塘生态环境。工程建设内容及规模：加固提标海塘 9.43km；新建河道 7.17km；新建大鬏果山闸站，泵站设计流量 12m³/s；新建横档山泵站，设计流量 12m³/s；原址提标加固大鹏山闸；结合防汛巡查需要建设园区道路 7.32km，新建桥梁 5 座；配套建设管理用房约 800m²；生态提质约 61.3hm²。项目估算总投资 119687 万元。

【温州市龙湾区海塘安澜工程（炮台山至龙江路段海塘）】 该工程任务以防潮为主，兼顾改善岸线生态环境。工程主要建设内容及规模：提标加固海塘 2.74km，塘前岸滩生态修复 4.2 万 m²，堤顶、背水坡及海塘管理范围内绿化4.9万m²，塘后生态建设及融合提升建设等。项目估算总投资68833万元。

【温州市龙湾区海塘安澜工程（蒲州水闸至炮台山段海塘）】　该工程任务以防潮（洪）排涝为主，结合改善沿江生态环境，并兼顾市政要求提升防汛道路。工程主要建设内容及规模：提标加固海塘6.95km，沿塘设置7处旱闸；新建屿田水闸，拆除扩建蒲州水闸、状元水闸、东平水闸、龙湾水闸及排涝配套河道395m；塘前滩地治理13.7万m²，塘顶及背水坡绿化6.9万m²；新建道路1.38km，改造道路2.99km，新建桥梁3座；配套建设便民服务点以及海塘信息化等。项目估算总投资163464万元。

【东苕溪防洪后续西险大塘达标加固工程（杭州市段）】　该工程任务以防洪排涝为主，兼顾区域水生态、景观文化等需求。工程主要建设内容及规模：达标加固西险大塘（杭州市段）堤防38.7km，拆除南湖分洪闸（纳入南湖枢纽）、改扩建西险大塘沿线余杭闸、化湾闸、安溪闸、上牵埠闸、奉口闸5座节制闸，配套改造沿线涵洞（闸）及取水口；达标加固上南湖中桥塘堤防5.3km，铜山溪左岸堤防2.4km，拆除石门桥闸站，拆建南头闸站；达标加南湖东围堤6.5km，拆建南湖退水闸；新建南湖枢纽，包括南湖分洪闸、铜山溪水立交1座、南湖泵站（设计排水流量50m³/s）、石门桥闸站（设计排水流量25m³/s）、上南湖闸；新建南湖枢纽业务用房、东苕溪未来水利科技体验馆；

利用现状乌龙涧船闸管理设施，打造乌龙涧水文化公园；利用现状瓶窑水文站业务用房，打造西险大塘水情教育基地等并结合堤防沿线现有滩地打造生态湿地公园等主要节点，配套堤顶绿道53km、便民服务点、停车位、充电桩、广告位、5G基站等设施。项目估算总投资581089万元。

【杭州市萧围西线（一工段至四工段）提标加固工程】　该工程任务为防洪御潮，结合生态提质、功能融合提升。工程主要建设内容及规模：提标加固海塘7.71km，塘脚防冲加固7.26km，加固丁坝3座，海塘绿化15.6万m²，新建节制闸1座，改造桥梁8座等；结合防汛需求，提升改造观十五线道路7.45km；提升塘顶绿道7.71km，融合建设背水坡栈道7.71km、观潮平台7处；新建便民服务点、水文科普站等共计1290m²；农田整治提升，包括整治灌溉农渠10.77km、机耕路7.46km等。项目估算总投资95423万元。

【海宁市百里钱塘综合整治提升工程二期（尖山段海塘）】　该工程任务为防潮排涝为主，兼顾改善滨海生态环境。工程主要建设内容及规模：提标建设海塘14.40km，其中西顺堤3.30km、西南顺堤5.05km、东南顺堤6.05km，新建丁坝10座；拆除重建水闸3座，西顺堤排涝闸、排涝中闸、排涝东闸；整治护塘河8.16km，设计河宽35～50m；整治环塘河、天水河、紫薇河、广陵河等4条河道共计5.78km，设计河宽35～50m；新建活水泵站1座（流量

4m³/s)、堰坝 1 座;修缮黄湾水利枢纽遗址 1 处,建设沿塘便民服务点、海塘管理用房、配套建设智慧海塘管理系统及滩地观测站 1 座。项目估算总投资 137675 万元。

【乐清市海塘安澜工程(翁垟等海塘)】 该工程任务以防潮排涝为主,兼顾改善滨海生态环境。工程主要建设内容及规模:提标加固海塘 9.59km,其中翁垟塘 7.56km、琯头塘 0.78km、朴头塘 1.25km;拆建三屿水闸、朴头东闸、朴头西闸,提标加固地团水闸;绿化防护面积 31.54 万 m² 等。项目估算总投资 81007 万元。

【乐清市海塘安澜工程(港区海塘)】 该工程任务以防潮排涝为主,兼顾改善滨海生态环境。工程主要建设内容及规模:提标加固海塘 5.71km;扩建中陡闸和青山头陡闸,拆建胜利长胜塘水闸,提升改造友谊塘应急闸;生态提质 18.3 万 m²;塘顶道路总铺装 9882m²,融合建设小品及附属设施等。项目估算总投资 55190 万元。

【舟山市定海区海塘安澜工程(本岛西北片海塘)】 该工程任务以防潮、排涝为主,兼顾改善沿线生态环境。工程建设内容及规模:提标加固海塘 15.74km;拆除重建龙眼闸;新建旱闸 37 座。项目估算总投资 59215 万元。

【岱山县海塘安澜工程(城防海塘)】 该工程任务以挡潮排涝为主,兼顾改善沿塘生态环境。工程建设内容及规模:提标加固海塘 10.17km,加固水闸 2 座,新建旱闸 20 座,新建水利管理用房 1450m²。项目估算总投资 177773 万元。

【瑞安市海塘安澜工程(丁山二期海塘)】 该工程任务以防潮排涝为主,兼顾改善滨海生态环境。工程主要建设内容及规模:提标加固海塘 7.89km;原址拆建 1 号水闸、提标加固 2 号水闸;建设塘顶绿道 7.89km、塘后坡绿化带 7.37 万 m²、安全岛 1 处(融合管理房功能)、便民服务点 2 处等。项目估算总投资 68217 万元。

【瑞安市海塘安澜工程(阁巷围区海塘)】 该工程任务以防潮排涝为主,兼顾改善滨海生态环境。工程主要建设内容及规模:提标加固海塘 3.76km;原址拆除重建 2 座水闸;建设管理用房;建设塘顶绿道 3.76km、塘后坡绿化带 5.4 万 m²、便民服务点等。项目估算总投资 34260 万元。

【杭州市本级海塘安澜工程(珊瑚沙海塘)】 该工程任务以防洪御潮为主,保护杭州主城区水源和水厂,兼顾提升沿江环境,实现海塘安澜。工程主要建设内容及规模:提标加固海塘 1.71km,建设水厂段栈桥慢行道 0.64km、珊瑚沙水库段人行平台慢行道 1.02km。项目估算总投资 23443 万元。

【平阳县海塘安澜工程(宋埠西湾海塘)】 该工程任务以防潮排涝为主,兼顾改善沿塘生态环境。工程主要建设内容及规模:海塘提标加固 3215m,原址提标改造南闸、中闸、北闸；新建综合管理用房 880m²；背坡沿海生态绿廊建设总面积 15.3 万 m²。项目估算总投资 41152 万元。

【永嘉县海塘安澜工程（乌牛堤）】 该工程任务以防洪（潮）为主，兼顾改善沿江环境。工程主要建设内容及规模：提标建设海塘 2.06km；提标加固乌牛新闸及 2 座旱闸；配套建设管理用房约 300m²；塘前高滩整治 2.0 万 m²，塘后生态建设及融合提升空间 0.5 万 m²；配套建设便民服务点约 300m² 等。项目估算总投资 23663 万元。

【扩大杭嘉湖南排后续西部通道（南北线）工程】 该工程任务为防洪排涝，兼顾改善水生态环境。工程分先行段和主体工程两期实施。一期先行段主要建设内容为：九曲洋港进水口竖井基坑围护地下连续墙、基坑开挖及部分衬砌。二期主体工程主要建设内容及规模为：新建进水口 3 处、隧洞长约 18km；留下河进水口连接隧洞设控制闸门井 1 座；出水枢纽设泵站 1 座（设计流量 250m³/s，配备 300m³/s 的能力），排水挡潮闸 2 座，节制闸 2 座，出口堤防 0.7km 及配套净水设施；进水口周边河道整治约 4km；改建朱家斗闸；配套建设管理用房 3111m² 等；新建水文化展厅 1 处、交通桥梁 1 座以及进水口与出水口处景观提升工程。项目估算总投资 779350 万元。

【海盐县海塘安澜工程（长山至杨柳山段海塘）】 该工程任务以防潮为主，兼顾改善区域生态环境。工程主要建设内容及规模：提标加固 300 年一遇海塘 5.28km，加固外侧海塘 2.71km，新建旱闸 1 座；修建防汛道路兼园区交通道路 2.23km，塘前修复滩地 7.44 万 m²，清淤疏浚 1.80 万 m²；配套建设管理用房、便民服务点等。项目估算总投资 31732 万元。

【杭州市本级海塘安澜工程（上泗南北大塘）一期】 该工程任务以防洪御潮为主，兼顾提升排涝能力、改善生态环境。工程主要建设内容及规模：提标加固上泗南北大塘（社井至海皇星）5.5km；扩建四号浦闸站（排涝流量 9m³/s），建设引水泵站 1 座（引水流量 3m³/s），提标加固排涝挡潮闸 2 座，加固骆家盘头 1 座；背水坡草坡修复 7.7 万 m²，江滩生态修复 19 万 m²、盘头生态化改造 1389m²，建设景观节点、便民服务点等。项目估算总投资 45061 万元。

【龙港市海塘安澜工程（双龙汇龙段海塘）】 该工程任务以防洪挡潮为主，兼顾改善滨海生态环境。工程主要建设内容及规模：提标加固海塘 3.70km，改造沿线 5 处涵闸，封堵双龙码头通道；绿化 2.07 万 m²，塘前滩地整治 1.85 万 m²，配套建设便民服务中心等节点。项目估算总投资 41066 万元。

【钱塘江干流防洪提升工程（龙游县段）】 该工程任务以防洪排涝为主，结合改善沿江水生态环境。工程建设内容及规模：堤防提标 5.6km、加固

5.5km，新建护岸 4.9km；新建马鞍山闸站 1 座（泵站排涝流量 15.5m³/s），新建连接箱涵 750m；新（改）建水文监测设施 5 处，配套建设管理用房等；滩涂整治 62hm²、生态修复 14hm²，建设水文化节点、便民服务点等。项目估算总投资 59144 万元。

【乐清市海塘安澜工程（中心区海塘）】该工程任务以防潮排涝为主，兼顾改善滨海生态环境。工程主要建设内容及规模：提标加固海塘 6.25km；改建胜利南闸；提标加固城东闸、南区闸、白龙港闸及北区闸；塘顶及背水坡绿化 7.64 万 m²；绿化 12.65 万 m²，塘前生态修复 25.16 万 m²，配套建设便民服务点等。项目估算总投资 47327 万元。

【建德市"三江"治理提升改造工程】该工程任务为通过补齐新安江水库 9 孔泄洪暴露出的"三江"干流防洪薄弱短板，充分挖掘滨水岸线的生态、亲水、休闲、文旅、智慧等综合功能，打造幸福河样。主要建设内容及规模：达标加固堤防 8.6km；改造沿江防汛道路 20.3km；新（改）建滨水巡查通道 35.1km；新（改）建闸（站）7 座、生态修复滩地 2 处、新建管理中心 1 处等配套工程。项目总投资约为 85379 万元。

【嵊州市曹娥江流域防洪能力提升工程（东桥至丽湖段）】 该工程任务为以防洪为主，兼顾改善提升滨水生态环境。工程主要建设内容及规模：曹娥江干流堤顶道路提升 0.9km，东桥至丽湖段右岸堤防堤脚加固 3.5km；提标建设丽湖片堤防 6.0km；新建滨水步道 8.76km、堤前滩地修复面积 46.9hm²，堤后生态修复面积 15.7hm²。工程估算总投资 75924 万元。

【重大水利项目协调推进机制】 2022 年 3 月，经省政府同意，省水利厅牵头成立水利重大项目省级协调指导工作专班，副省长徐文光为召集人，各部门分管厅领导为专班成员，各部门相关处室领导为联络员。专班办公室设在省水利厅，按照三个常态化、三张清单、三级联动工作机制，常态化开展调查研究、分析研判逐项建立问题清单、工作清单、创新清单，按需组织开展专题协调服务，及时解决跨区域、跨流域项目的重大事项。省水利厅印发《关于成立安华水库扩容提升工程前期工作模块的通知》（浙水计〔2022〕31 号）、《关于成立浙中城市群水资源配置工程前期协调组的通知》（浙水计〔2022〕50 号），牵头成立由市县人民政府主要领导或分管领导、水行政主管部门主要领导等组成的前期协调组和工作模块，及时解决安华水库扩容提升、浙中城市群水资源配置工程的重大问题。浙江省水利厅印发《关于成立台州市椒江河口水利枢纽工程前期工作服务指导组的通知》（浙水办计〔2022〕10 号），牵头成立项目前期工作服务指导组，对椒江河口水利枢纽工程项目前期涉及的规划布局、选址方案、工程规模、技术难点等提前介入、靠前服务，加强技术指导。

水利投资计划

【概况】 2022年，全省水利建设完成投资703.1亿元。对2021年"地方水利建设投资落实情况好，中央水利建设投资计划完成率高"领域获国务院督查激励（国办发〔2022〕21号），中央财政水利发展资金绩效评价获全国优秀，省级部门财政管理绩效综合评价获先进单位。规范省级部门项目支出预算管理工作，开展对口帮扶。

【省级及以上专项资金计划】 2022年，全省共争取省级及以上专项资金106.4亿元。中央资金19.4亿元（不含宁波市0.6亿元）中，中央预算内投资7.67亿元，主要用于新建大中型水库、大中型水库除险加固、大型灌区续建配套改造、五大江河干堤加固；中央财政专项资金11.76亿元，主要用于水系连通及水美乡村建设试点县、200～3000km² 中小河流综合治理、中型灌区续建配套改

造、新建小型水库、小型水库除险加固、小型水库维修养护、水土流失治理、农业水价综合改革、山洪沟治理、水资源节约与保护等。中央下达浙江省2022年投资计划65.3亿元，完成投资65.3亿元、完成率100%，完成中央资金19.4亿元、完成率100%。安排省级资金87.0亿元，其中重大水利项目55.5亿元，重点用于海塘安澜千亿工程、百项千亿防洪排涝工程（42.9亿元，占比77.3%）；一般水利项目和水利管理任务31.5亿元，主要用于中小流域治理、小型水库除险加固、山塘整治、圩区整治、水土流失治理、中型灌区续建配套改造、幸福河湖建设试点、农饮水工程管护等项目。

【水利投资年度计划及完成情况】 2022年，全省水利计划投资660亿元，全年完成投资703.1亿元、完成率106.5%。全省海塘安澜等重大水利项目投资计划300亿元，完成投资340.0亿元、完成率113.3%。全省各市投资计划完成情况见图1。

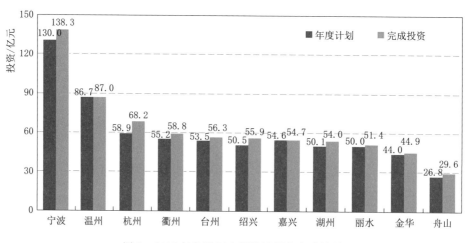

图1   2022年各设区市投资计划和完成情况

【投融资改革】 2022 年，省水利厅会同省财政厅出台《关于水利领域积极争取地方政府专项债券的通知》（浙水计〔2022〕1 号），提出六方面具体举措，并争取到了财政部门倾斜支持政策，全年落实专项债券 138 亿元；指导绍兴市加快推动汤浦水库 REITs 试点，作为水利领域全国三个试点项目之一，已报送国家发展改革委审核；深化政银企合作，与中国农业发展银行浙江省分行、国家开发银行浙江省分行等 9 家金融机构签订战略合作协议，争取专项授信额度 6800 亿元，以及一批具有浙江特色、水利特点的金融产品，全年落实金融信贷 139 亿元；全力争取国家政策性开发性金融工具，落实 26 项、补充资本金 39.2 亿元。

【水利综合统计】 2022 年，省水利厅按时完成中央水利建设投资月报，跟踪掌握各地中央投资水利建设项目的投资计划落实、资金安排、项目建设进度等，协调相关部门督促各地更好地完成中央水利投资建设任务。省水利厅共编制全省水利建设统计月报 11 期，并在省水利厅官网发布；全年开展水利投资计划执行调度会商视频会 6 次，有力推进水利建设进度。省水利厅完成《2021 年水利综合年报》《水利建设投资统计年报》《水利服务业统计年报》等统计报表工作，编印《浙江水利统计资料（2021）》。

【专项资金绩效评价】 2022 年，省水利厅完成 2021 年度中央财政水利发展资金绩效评价工作，被财政部和水利部联合评为优秀等次。

【省政府督查激励水利事项】 2022 年，根据省政府办公厅《关于对 2021 年落实有关重大政策措施真抓实干成效明显地方予以督查激励的通报》（浙政办发〔2022〕34 号），省政府对 2021 年水利建设投资项目落实、美丽幸福河湖建设和水库系统治理（除险加固）工作成效明显的长兴县、海宁市、诸暨市、开化县、临海市予以督查激励。省水利厅对上述地区，在安排省水利建设与发展专项资金时予以倾斜支持，在水利现代化治理试点安排方面予以优先支持。

【部门项目支出预算】 2022 年，省水利厅部门预算接受人大重点审查，部门项目支出预算经省人大财经委、省财政厅等单位和省人大代表审查，编报质量得到认可，获省人民代表大会全票通过；项目支出预算绩效持续向好，在省财政厅组织的 2022 年省级部门项目支出绩效评价中，自评"良"及以上的项目占比 98.4%，抽评结论均为"优"，且没有出现降等情况；省管塘（老盐仓段）海塘安澜工程事前绩效评估试点取得突破，省财政厅制订海塘安澜工程事前绩效评估标准化指标体系；坚持绩效导向，推进项目实施成效与预算安排挂钩，切实提升财政资金使用效益。

【对口帮扶】 2022 年，省水利厅学习传达国家和省委、省政府关于帮扶和援疆援藏等要求，从规划、项目、资金、技术等各方面组织做好相关工作。组织开化帮扶团组成员单位开展结对帮扶工作，研究落实精准帮扶政策和措施，落实帮扶资金 15 万元，推进开化水库建设，帮助洪村销售农产品，销售收入为 13.7 万元。

（陈宇婷、董继富、王冬冬）

水 利 工 程 建 设

Hydraulic Engineering Construction

077～102 页

重点水利工程建设

【概况】　　2022 年，全省重大水利工程项目全年计划投资 300 亿元，至年底完成投资 340 亿元，完成率 113.3%。开工建设重大项目 60 项，扩大杭嘉湖南排工程（八堡泵站）等 18 项重大工程完工见效。

【开化水库工程】　　该工程位于钱塘江源头、衢江流域常山港干流马金溪上游，坝址距离开化县城区 25km，坝址以上集水面积 233km²。工程任务以防洪、供水和改善流域生态环境为主，结合灌溉，兼顾发电等综合利用。工程为Ⅱ等大（2）型工程，主要建筑物级别为 2 级，设计洪水标准为 500 年一遇；次要建筑物级别为 3 级，设计洪水标准为 50 年一遇。水库正常蓄水位 251.00m，死水位 205.00m，设计洪水位 258.35m，校核洪水位 258.50m，总库容 1.84 亿 m³，调节库容 1.36 亿 m³，防洪库容 0.58 亿 m³，电站装机容量 1.38 万 kW。工程由拦河坝、溢洪道、引水发电系统（兼有放空功能）、生态流量泄放设施、升鱼机（开化水库升鱼机和齐溪水库升鱼机）等组成。主坝为混凝土面板堆石坝，最大坝高 85.5m，坝顶长度 385m。输水工程线路全长 48.0km，其中干线总长 31.1km。工程初步设计于 2021 年 10 月 21 日获批，工程概算总投资 45.5448 亿元，批复总工期 36 个月。工程于 2022 年 3 月 23 日开工建设，至年底，完成拦河坝坝基、溢洪道控制段、输水工程取

水口、防汛调度中心等土石方开挖；完成拦河坝围堰填筑、导流洞工程、G205 国道防护工程及应急道路施工、水平趾板混凝土浇筑等施工内容；完成土地和房屋征收签约工作，房屋搬迁腾空率达 99.41%，腾空房屋拆除 96.10%。工程累计完成投资 27.37 亿元，占总投资 45.54 亿元的 60.10%，2022 年完成投资 12.00 亿元。

【湖州市苕溪清水入湖河道整治后续工程】　　该工程位于杭嘉湖区域湖州地区，涉及湖州市本级、长兴县、德清县和安吉县。工程是在苕溪清水入湖河道整治主体工程的基础上开展的河道整治工程，是保障苕溪清水入湖河道整治工程整体功能有效发挥的延续和补充工程。主要建设内容包括环湖河道整治工程、东西苕溪治理工程、闸站扩排工程等，具体内容如下：①湖州市本级：新建毛安桥泵站，设计流量为 18.7m³/s。②德清段：加高加固三里塘段、湘溪口段、洋口圩段堤防总长 3.69km，拆建水闸 1 座，新建涵闸 2 座，新建新民桥闸站，设计排涝流量 50m³/s，引水流量 25m³/s，水闸净宽 1 孔×6m。③长兴段：整治合溪新港 15.85km，加高加固堤防 24.43km，沿线拆建闸站 1 座、泵站 1 座、桥梁 8 座，改建水闸 3 座；整治横山港 11.23km，加高加固堤防 15.59km；沿线拆建水闸 1 座、涵闸 1 座、闸站 4 座、桥梁 7 座；加高加固晓墅港堤防 12.54km，沿线拆建涵闸 6 座、闸站 6 座、泵站 3 座；移址重建小浦闸，水闸净宽 2 孔×23m。④安吉段：加高加固晓墅港堤防 13.58km，改建水闸 12

座、泵站 6 座，拆建桥梁 1 座。工程初步设计于 2021 年 10 月 20 日获批，工程概算总投资 13.95 亿元，批复总工期 36 个月。至年底，湖州市本级段完成主体建筑和内外港连接，德清段堤防工程完成 70%、新民桥闸站工程完成 13%，长兴段完成土地征收工作，各个标段均已开工，安吉段完成堤防清表 9km、堤防填筑 8km、闸站 8 座。工程累计完成投资 8.28 亿元，占总投资的 59.35%，2022 年完成投资 5.46 亿元。

【衢州市柯城区寺桥水库工程】　该工程位于衢江支流石梁溪上，坝址位于衢州市柯城区石梁镇坎底村上游约 900m 处，距衢州市区 15km。工程任务以防洪、灌溉和改善生态环境为主，兼顾发电。工程等别为Ⅲ等，水库规模为中型。挡水建筑物级别为 2 级，设计洪水标准为 100 年一遇；泄水建筑物、放空建筑物、发电引水建筑物级别为 3 级，设计洪水标准为 100 年一遇；消能防冲建筑物级别为 3 级，设计洪水标准为 30 年一遇；电站厂房建筑物级别为 5 级，设计洪水标准 20 年一遇。水库总库容 3589 万 m³，正常蓄水库容 3295 万 m³，死库容 140 万 m³。校核洪水位 278.51m，设计洪水位 278.10m，防洪高水位 276.90m，正常蓄水位 275.00m，梅汛期防洪限制水位 270.00m，台汛期防洪限制水位 272.50m，死水位 210.00m。工程建设内容主要由拦河坝、泄洪建筑物、导流/放空建筑物、发电引水系统、厂房、对外交通及生活管理区等组成。工程初步设计于 2021 年 7 月 25 日获批，概算总投资 23.51 亿元，批复总工

期 53 个月。工程于 2021 年 11 月 19 日开工建设，至年底完成寺桥村大桥的桩、墩柱和系梁施工；完成料仓浇筑；导流洞贯通；出口明渠开挖；趾板高程 210.00m 以下开挖 70%、高程 233.00m 以下开挖 65%；库容开挖场道路修整至高程 328.00m，试验区出渣；坝基上游开挖至高程 169.00m；左岸埋设涵管 324m；右岸溢洪道渠首开挖，右坝肩表土开始剥离；右岸高程 260.00m 道路修整；上游围堰开挖；营地食堂后挡墙浇筑完成。工程累计完成投资 7.18 亿元，占总投资的 51.47%，2022 年完成投资 5.55 亿元。

【云和县龙泉溪治理二期工程】　该工程位于云和县瓯江干流上游龙泉溪石塘水库库区内。工程任务以岸坡整治和管理提升为主，兼顾改善水环境。主要建设内容包括：整治岸坡 6.61km，其中龙泉溪青龙潭段左岸 0.28km、右岸 3.95km，长汀段左岸 1.69km、右岸 0.69km；新建管理道路 6.65km，其中龙泉溪青龙潭段右岸 0.05km、长汀段左岸 2.70km、右岸 3.90km；建设避灾点 2 处及便民设施等配套工程。工程初步设计于 2021 年 4 月 15 日获批，概算总投资 9324 万元，批复总工期 24 个月。至年底，青龙潭段主体工程完工，并完成岸坡整治及防汛道路建设 3.9km；长汀段左岸完成岸坡整治、路基开挖填筑及水稳层浇筑 3.6km，完成灌注桩浇筑 190 个，盖梁浇筑 20 座，完成绿滩栈道 1 座。2022 年年度投资计划 4300 万元，实际完成年度投资 4000 万元。

【平阳县鳌江南港流域江西垟平原排涝工程（二期）】 该工程位于平阳县萧江镇和龙港市城西社区。工程等别为Ⅲ等，夏桥泵站和萧江闸站主要建筑物级别为 2 级，设计洪（潮）水为 50 年一遇；次要建筑物级别为 3 级。排涝标准为城镇区域 20 年一遇 3 日暴雨不超过城镇规划地面高程，农田满足 10 年一遇 3 日暴雨 4 日排出不成灾。主要建设内容包括新建萧江闸泵（萧江水闸和萧江泵站）和夏桥泵站。萧江水闸与萧江泵站分离新建，位于萧江塘河入江口处，闸槛高程取 -1.0m，共 3 孔，每孔净宽 6m，设计洪（潮）水标准 50 年一遇，设计流量 195m³/s，萧江泵站设计流量 40m³/s。夏桥泵站位于夏桥水闸西侧、沪山内河入江口处，设计流量 100m³/s。工程初步设计于 2020 年 11 月 18 日获批，概算总投资 4.58 亿元，工程总工期 36 个月。工程于 2021 年 8 月 14 日开工，至年底，完成夏桥泵站水下部分结构，主泵房、安装场 13.3m 高程以下梁柱混凝土结构，柴油机房混凝土结构，副厂房 12.35m 高程以下混凝土结构，挡潮排水闸水工结构、房建框架结构施工；萧江水闸水下结构完成，并于 2022 年 4 月 15 日完成应急通水验收；8 月底完成萧江泵站主体结构施工，并于 9 月 4 日具备应急启泵功能，基本完成萧江闸站房建工程、地下管线埋设。2022 年完成投资 1.61 亿元。累计完成投资 3.16 亿元，占总投资 4.58 亿元的 69.00%。

【杭州市青山水库防洪能力提升工程】 该工程位于杭州市临安区。工程任务为提高水库洪水前期泄洪能力，提升水库拦蓄能力，为洪水精细化调控奠定良好基础，兼顾生态、景观等需求。主要建设内容包括：新建泄洪洞、电站尾水渠加固和泄洪渠改造等，其中新建泄洪洞由进口闸、隧洞和出口段等组成，设计过流流量 364m³/s，泄洪洞全长 581.0m，电站尾水渠加固总长 871.4m，泄洪渠改造总长 654.0m。青山水库在汛限水位 23.16m 时 136m³/s 预泄能力提升到 500m³/s。工程初步设计于 2021 年 4 月 24 日获批，工程概算总投资 1.9952 亿元，工程总工期 20 个月。工程于 2021 年 7 月 24 日开工建设；至年底，进口闸分部完成分部工程验收，上部结构结顶；隧洞全面贯通并完成灌浆；出口段工程主体部分完成。累计完成投资 1.63 亿元，占总投资 1.9952 亿元的 81.7%，2022 年完成投资 8200 万元。

【环湖大堤（浙江段）后续工程】 该工程是国务院批准的太湖流域防洪规划和太湖流域综合规划确定的太湖流域重要治理骨干工程之一，涉及湖州市本级、长兴县。主要建设内容包括环湖大堤达标加固和平原入湖河道整治工程。环湖大堤达标加固长度 12.61km，其中湖州市区段 3.47km，长兴段长 9.14km；新（重）建入湖口门建筑物 13 座，新建桥梁 2 座；平原入湖河道整治长度 16.13km，新（重）建入湖口门建筑物 95 座，跨河桥梁 17 座。环湖大堤按照 100 年一遇、合溪新港按照 50 年一遇、其他入湖河道整治按照 20 年一遇的防洪标准建设。工程初步设计于 2021 年 3 月获批，工程概算总投资 24.24 亿元，工程总工期 36 个月。工程于 2021 年 6 月开工，至年底，市本级段施工 1 标完工，施工 2 标闸室底板、墩墙、外河侧消力池等均浇筑完成，累计完成投资 7214 万元。长兴段施工 2 标完成至总工程量的 21.4%，施工 3 标完成至总工程量的 14.7%，施工 4 标完成至总工程量的 10.4%，施工 5 标完成至总工程量的 18.5%。该工程累计完成投资 16.79 亿元，占总投资的 69.3%，2022 年完成 7.76 亿元。

【台州市永宁江闸强排工程（一期）】　该工程位于台州市黄岩区。工程任务以防洪排涝为主，兼顾生态环境改善等综合利用。工程等别为Ⅱ等。永宁江闸主要建筑物级别为 2 级，次要建筑物级别为 3 级，设计洪水标准为 50 年一遇，挡潮标准为 100 年一遇；王林洋东闸、西闸主要建筑物级别为 2 级，次要建筑物级别为 3 级，设计洪水标准为 50 年一遇。新前北城片排涝标准为 20 年一遇最大 24 小时降雨不受淹，农田排涝标准为 10 年一遇 3 日降雨 4 日排出。主要建设内容包括除险加固提升永宁江闸（10×8.0m，设计过闸流量 1600m³/s）、新建王林洋东闸（2×6.0m）、新建王林洋西闸（1×6.0m）、新建王林洋东闸管理用房（建筑面积约 263.15m²）、新建王林洋西闸管理用房（建筑面积约 139.3m²）、拆除重建永宁江闸生产辅助用房（建筑面积 3361.4m²）、改建永宁江闸管理区、改建水位站 8 处、新建水位站 6 处、新建潮位站 1 处、新建专业水文站 1 处等。工程初步设计于 2020 年 11 月 22 日获批，概算总投资 1.7336 亿元，工程总工期 24 个月。工程于 2021 年 4 月 6 日开工建设，至年底，管理区综合楼装修完成；王林洋东闸半重力式混凝土挡墙浇筑完成，松木桩完成，管理房基础施工完成，两岸护坡、闸站主体完成，工作闸门、启闭机安装完成；王林洋西闸半重力式混凝土挡墙浇筑完成，松木桩完成，管理房基础施工完成；左岸空箱岸墙屋面混凝土浇筑完成。2022 年完成投资 1.1108 亿元，占总投资 1.7336 亿元的 64.07%。

【玉环市漩门湾拓浚扩排工程】　该工程位于玉环漩门湾二期、三期圩区内，是一项以解决防洪排涝为主，兼顾水环境改善、水资源保护、疏浚淤泥资源化利用的综合性水利工程。漩门二、三期及上游乡镇街道城建区排涝标准为 20 年一遇最大 24 小时暴雨不受淹，二期农业区排涝标准为 10 年一遇最大 24 小时暴雨 24 小时排出。主要建设内容包括湖泊及河道拓浚工程、水闸工程、淤泥处置工程以及一期堵坝拆除工程等，具体内容如下：

（1）河湖工程。拓浚河道总长 18.84km，其中：漩门江 2.22km、解放南闸河 0.74km、人民塘闸河 2.96km、知青闸河 2.54km、前山闸河 1.95km、内一环河 5.77km、清淤节制闸入湖河道 2.66km；拓浚湖泊面积 1.74km²，其中漩门湖 1.29km²、人民湖 0.45km²；保留水面（新城湖）17.5km²。

（2）水闸工程。新建玉环湖排涝闸，净宽 40m；改建苔山排涝闸，净宽 40m；改建节制闸 4 座，其中泗头闸净宽 18m，知青塘闸、人民塘闸、前山闸净宽均为 9m。

（3）淤泥处置工程。处置河湖清淤土方 912 万 m³。

（4）拆除一期堵坝长 145m。工程初步设计于 2020 年 8 月获批，工程概算总投资 11.5579 亿元，工程总工期 48 个月。工程于 2021 年 6 月 23 日开工，至年底，河湖清淤工程完成总工程量的 53.65%，填筑隔堤总长度为 18792.7m。插设排水板工程 3～4 区块完成土工布铺设 16.4hm²，排水板插设约 460 万 m。完成 200g/m² 无纺土工布 82 万 m²，所有真空预压准备工作全部完成，完成 38 个作业面的排水沟开挖工作，完成 3～4 区块密封膜铺设 160 万 m²。前山闸完成灌注桩 209 根，完成上游右岸空箱翼墙浇筑，下游右岸连接段空箱浇筑，水闸主体浇筑和空箱岸墙基坑开挖及垫层浇筑。人民闸完成灌注桩 203 根，水泥搅拌桩 1202 根，完成下游右岸空箱翼墙浇筑，完成闸室底板及右岸岸墙垫层浇筑。知青闸完成灌注桩 311 根，水泥搅拌桩 338 根。玉环湖闸完成灌注桩 458 根，完成外海侧围堰工程。

（5）一期堵坝拆除工程。一期堵坝河道土方及石渣拆除完成 2.5 万 m³。2022 年完成投资 2.4 亿元，累计完成投资 3.7272 亿元，占批复概算投资的 32.2%。

【苍南县江南垟平原骨干排涝工程】 该工程主要建设内容为拓浚排涝河道总长 123.7km，新建闸（站）3 座，建设绿道 28.3km，绿道人行桥 24 座，滨水湿地 1 处，沿河休闲节点 7 处，新建、拆建沿线阻水桥梁 102 座。工程排涝标准为江南垟平原城市建成区和规划区 20 年一遇暴雨基本不受淹，农田 20 年一遇 3 日暴雨 3 日排出且受淹时间不超过 24 小时。工程初步设计于 2021 年 1 月 11 日获批，工程概算总投资 24.5771 亿元，工程总工期 60 个月。工程分为苍南段和龙港段两部分实施，分别于 2021 年 4 月 6 日、2021 年 7 月 5 日开工建设。至年底，苍南段完成河道治理 11km、桥梁施工钢平台搭建及桥桩建设 11 座、预制桥梁板安装 8 座、松木桩安装 9500m、仿松木桩安装 600m、砌石挡墙 4700m、景观平台浇筑 12 座。龙港段环城河、城南河和疏港西河标段顺利通过完工验收，河道部分（纵一河、横一河）累计完成合同工程量的 47.6%，龙金运河和新兰闸站工程累计完成合同工程量的 7.1%，二阶段河道部分（垦区内河道）完成施工、监理前期招投标及合同签订工作，并完成水泥搅拌桩试桩。2022 年完成投资 3.73 亿元，累计完成投资 9.62 亿元，占总投资 24.5771 亿元的 39.2%。

【舟山市大陆引水三期工程】 该工程是国家 172 项节水供水重大水利工程之一，也是浙东引水的重要组成部分，是从大陆向舟山海岛引水，增加舟山本岛及其周边部分岛屿的生活、工业等供水的引调水工程。工程主要由宁波至舟山黄金湾水库引水三期工程（包括宁波陆上段工程和镇海至马目跨海输水管道工程）、岛际引水工程（包括金塘岛引水工程和岱山县引水工程）、大沙调蓄水库工程和水务调度信息化管理系统等内容组成。工程输水线路总长 179.9km（其中隧洞长 1.4km，陆上输水管道长 81.9km，跨海输水管道长 96.6km），建设大沙调蓄水库 1 座，泵站 6 座（新建 4 座，改造 2 座），设计引水流量为 1.2m³/s。工程概算总投资 23.6 亿元，工程总工期 39 个月。工程于 2016 年 9 月开工建设，至年底，镇海至马目跨海输水管道工程、大沙调蓄水库工程和水务调度信息化管理系统等 3 个子项目和岱山县引水工程完工，建设宁波陆上段工程和金塘岛引水工程，累计完成投资 24.38 亿元，占总投资 23.6 亿元的 103.3%。2022 年度开展竣工验收准备工作。

【台州市朱溪水库工程】 该工程位于浙江省台州市仙居县和黄岩区境内，水库坝址位于连头溪和溪上溪汇合口下游 600m 处，距朱溪镇 4.5km。朱溪水库是以供水为主，结合防洪、灌溉，兼顾发电等综合利用的大型水库。水库总库容 1.26 亿 m³，供水调节库容 0.98 亿 m³，防洪库容 0.31 亿 m³。工程总投资 37.4 亿元。工程建成后，可使台州市南片供水区和朱溪流域供水区城乡综合供水保证率达 95%，灌溉供水保证率达 90%，改善人口约 350 万人；提高坝址下游沿岸城镇和农田的防洪标准至 20 年一遇，水库控制最大下泄流量 200m³/s（梅汛期 600m³/s），相应防洪库容为 3082 万 m³，保护人口 8.4 万人，耕地 0.32 万 hm²。工程初步设计于 2016 年 5 月 24 日获批，工程概算总投资 37.44 亿元，工程总工期 55 个月。工程于 2017 年 7 月 26 日开工建设，至年底，导流洞及管理区场平工程完成，大坝主体浇筑完成，泄洪闸及溢流面浇筑完成，闸门及启闭机安装完成。供水至长潭的输水系统工程设计总长 28.49km，完成 25.46km，占总长

度的 89.36%，累计完成投资 36.02 亿元，占总投资 37.44 亿元的 96.21%，其中 2022 年度完成 3.1 亿元。

【扩大杭嘉湖南排工程（嘉兴部分）】 该工程是扩大杭嘉湖南排工程的重要组成部分，位于杭嘉湖东部平原嘉兴市境内，涉及海盐县、海宁市、桐乡市和秀洲区。主要建设内容为新建南台头排水泵站设计排水流量 150m³/s，装机容量 10MW；新建长山河排水泵站设计排水流量 150m³/s，装机容量 9.6MW；整治河道总长 120.14km，新建和加固沿河堤防 112.9km，新建和加固护岸 237.78km，加固节制闸 6 座，涉及新建、拆建跨河桥梁 78 座。工程初步设计于 2015 年 2 月 16 日获批，工程概算总投资 45.43 亿元，工程总工期 48 个月。工程于 2015 年 9 月 9 日开工建设。至 2021 年底，工程完工并发挥效益，累计完成投资 45.43 亿元。2022 年度开展竣工验收准备工作。

【扩大杭嘉湖南排工程（杭州八堡排水泵站）】 该工程位于规划京杭运河二通道一线船闸东侧，排水河道利用规划京杭运河二通道，排水口设在头格村附近的钱塘江北岸海塘上。工程等别为 I 等，主要建筑物为 1 级建筑物，次要建筑物为 3 级建筑物，排水设计流量为 200m³/s。工程初步设计于 2018 年 3 月 15 日获批，工程概算总投资 12.95 亿元，工程总工期 36 个月。工程于 2019 年 1 月 16 日开工，至年底，八堡排水泵站工程主要完成进水口，进水箱涵，主、副厂房建，电力接入系统等施工，累计完成混凝土

浇筑2.74万m³，钢筋制安2100t，完成年度投资1.76亿元。工程完成挡潮排水闸、排水箱涵、泵站、进水箱涵、上游引河等水工结构施工。完成5台水泵主机组、变压器，泵站口进出闸及启闭机等机电设备安装施工。完成德胜变电站全线施工并通电。2022年完成投资1.76亿元。

【杭州市西湖区铜鉴湖防洪排涝调蓄工程】　该工程位于杭州市西湖区之江地区，北至双灵路、规划灵富路，南至袁富路，东至杭富沿江公路（铜鉴湖大道），西至规划经二路、灵龙路，距离杭州市区约20km。工程初步设计于2018年10月24日获批，工程概算总投资14.44亿元，工程总工期36个月。工程于2019年8月6日开工建设，主要建设内容为：开挖铜鉴湖面积1.35km²，总库容500万m³，沿湖建设护岸28.3km；新建铜鉴湖引排隧洞2.2km，设计分洪流量40m³/s；新建配水泵站1座，设计流量2m³/s；新建周浦北闸、下羊闸。工程等别为Ⅲ等，铜鉴湖隧洞进出口、铜鉴湖泵站、周浦北闸、下羊闸、铜鉴湖护岸等主要建筑物级别为3级，设计防洪标准为20年一遇，排涝标准为20年一遇，概算总投资14.44亿元。至2021年底，调蓄区土方开挖完成14.89万m³，调蓄区护岸完成18.02km，完成全部工程量；完成泵站与节制闸工程，隧洞开挖完成141.7m，全线贯通；衬砌及灌浆工程完成1842.5m，全部完成。2021年完成投资4.64亿元，累计完成投资14.44亿元。2022年度开展竣工验收准备工作。

【绍兴市上虞区虞东河湖综合整治工程】　该工程位于上虞区东部，工程防洪排涝范围主要包括虞北平原的小越、驿亭和丰惠平原的梁湖、丰惠等4个乡镇。建设内容包括皂李湖、白马湖、小越湖、孔家岙泊、东泊和西泊等"六湖"整治，建设湖岸工程40.14km，清淤279.66万m³；新建皂李湖堤防1.37km；整治虞甬运河、皂李湖河、皂李湖支河、盖南河起始段等河道15.19km；新建皂李湖—白马湖隧洞长2.38km、白马湖—西泊隧洞长0.34km，引水流量为5m³/s；新建节制闸6座；布置水净化预处理设施1处；新建及拆建桥梁26座。工程初步设计于2015年7月25日获批，工程概算总投资12.03亿元，工程总工期48个月。工程于2015年12月20日开工，至2021年底，工程全部完工，累计完成投资12.03亿元。2022年度开展竣工验收准备工作。

【温瑞平原东片排涝工程】　该工程位于温州市龙湾区和温州经济技术开发区，其中龙湾区片包括蒲州、状元、瑶溪、永中、海滨、永兴6个街道及永兴北围垦、永兴南围垦和天城围垦区，经开区片包括沙城、天河、海城、星海4个街道及龙湾二期围垦区、经海园区（天城南围垦）和丁山围区。项目主要建设任务：整治河道76条，总长144.23km；新（改）建水闸2座；新建大罗山引水隧洞1条，洞长3.073km；改建配套桥梁48座。工程设计排涝标准为城区为50年一遇3日暴雨4日排出，控制河道最高水位不超过地面控制点高程；农田为10年一遇3日暴雨4日排出。项目共分三期实施,其中一期、二期属于龙湾区,三期属于经开区。工程初步设计于2017年11月获批,工程概算总投资35.51亿元,工程总工期66个月。工程于2018年8月开工,至年底,累计完成投资17.68亿元,占总投资的49.79％。龙湾区片东排1标段完成了剩余河道经五河的全部灌注桩施工及桩基检测;东排2标段完成了城东水闸通水阶段验收及水闸的单位工程验收,工程可施工部位全部完成;东排3标段隧洞出口段累计完成隧洞进尺1600m,进口段顺利进场施工,隧洞进尺30m;10标段桥梁工程完成了工程结算办理工作;新建的东排11标于2022年6月21日开始进场施工,完成灌注桩施工740根。经开区片土方开挖、土方填筑、碎石垫层、塑料排水板、水泥搅拌桩等完成率均达到100％,合同工程量完成率达到86％;瓯飞起步区四甲浦、中心河、中心南河河道工程,签订合同,于12月10日进场施工准备。

【临海市方溪水库工程】 该工程位于浙江省临海市括苍镇境内,永安溪流域支流方溪上,坝址地处方溪村上游约450m,控制流域面积84.8km²,是以供水为主,结合防洪、灌溉、发电等综合利用的中型水库,总库容7200万m³,工程等别为Ⅱ等,拦河坝为2级建筑物,泄水建筑物及发电引(供)水建筑物为3级建筑物,发电厂房和临时建筑物为4级建筑物。拦河坝、泄水建筑物及发电引(供)水建筑物设计洪水重现期均为100年,校核洪水重现期均为2000年;发电厂房设计洪水重现期为50年,校核洪水重现期为100年。方溪下游括苍镇防洪标准从5年一遇提高到20年一遇,水库下游村庄防洪标准提高到10年一遇。水库年供水量7000万m³,供水范围为牛头山水库供水区的部分城镇需水缺口和临海西部山区的白水洋、括苍和永丰等3镇城镇供水以及方溪下游0.62万亩农田灌溉。工程初步设计于2013年3月30日获批,工程概算总投资11.5亿元,工程总工期36个月,工程于2018年4月8日开工,2021年12月29日通过蓄水验收。2021年12月底,完成坝体填筑、混凝土面板浇筑、溢洪道混凝土浇筑等施工,具备下闸蓄水条件。2022年完成投资1.0亿元,累计完成投资15亿元。开展竣工验收准备工作。

【三门县东屏水库工程】 该工程位于台州市三门县境内,是以供水为主,兼顾防洪、发电等综合利用的水利工程。工程由东屏水库、长林水库、输水建筑物及永久交通工程等组成,其中长林水库为东屏水库的引水配套工程。两水库库容相加近3000万m³,其中东屏水库库容2733万m³,长林水库库容206万m³,水库总库容2700万m³。工程为Ⅲ等工程;东屏水库拦河坝、泄水建筑物、供水建筑物、消能防冲建筑物级别为3级,设计洪水重现期为100年;长林水库拦河坝、泄水建筑物、输水建筑物进口、消能防冲建筑物级别为4级,设计洪水重现期为50年;两水库间输水隧洞、下游河道护坡及护岸级别为4级,设计洪水重现期为50年。水库主要供水范围为三门县中部地区工业及城乡生活用水（包括六敖镇、健跳镇、横渡镇、蛇蟠乡、健跳临港工业园区、龙山涂围垦、规划蛇蟠岛旅游度假区和火电厂），并可向下游灌区提供 114 万 m³ 的灌溉用水。工程初步设计于 2016 年 8 月 21 日获批，工程概算总投资 7.04 亿元，工程总工期 36 个月。工程于 2017 年 8 月 23 日开工，截至 2022 年 12 月底，施工Ⅰ标累计完成投资 4175 万元，完成该项目 90% 的工程量，完成输水隧洞 4.6km 全线贯通，长林导流洞完工，东屏导流洞贯通，进行输水隧洞二次衬砌。狮白线改道标段完工，完成全线路基开挖工作，基本完成全线排水渠建设，完成路面混凝土浇筑及护栏标识牌等安装并通车，长林大坝累计完成投资 1665 万元，完成总工程量 40.9%。东屏大坝施工标段完成招投标工作。政策处理方面征用土地面积（包括山林）共 1275.6546 亩，完成古树和庙宇迁移工作，完成东屏水库移民安置协议签约工作。累计完成投资 6.7 亿元，占总投资 7.04 亿元的 95.17%。2022 年完成投资 1 亿元。

【松阳县黄南水库工程】 该工程位于丽水市松阳县境内，坝址位于松阴溪支流小港黄南村上游，距松阳县城约 35km，是一座以供水、灌溉、防洪为主，结合改善水生态环境、发电等综合利用的中型水库，总库容 9196 万 m³，年供水量 5700 万 m³。水库建成后，与东坞水库联合调度，可使松阳县城乡生活、工业用水保证率提高至 95%。黄南水库工程为Ⅲ等工程，拦河坝为 2 级建筑物；溢洪道、放水管、输水建筑物进水口和发电引水建筑物进水口等为 3 级

建筑物；输水隧洞、发电引水隧洞、电站厂房和升压站为 4 级建筑物；下游河道的护坡、护岸等为 4 级建筑物。拦河坝、溢洪道、放水管、发电及输水进水口设计洪水重现期为 100 年，校核洪水重现期为 2000 年；输水隧洞、发电引水隧洞、发电厂房、升压站设计洪水重现期为 50 年，校核洪水重现期为 100 年；溢洪道消能防冲设施设计洪水重现期为 30 年。工程初步设计于 2016 年 2 月 4 日获批，工程概算总投资 18.07 亿元，工程总工期 52 个月，工程于 2017 年 6 月 8 日开工，大坝工程于 2018 年 10 月实施截流并开始填筑施工，2019 年 11 月 11 日主体填筑完成，输水隧洞工程于 2019 年 12 月 16 日全线贯通，2020 年 7 月 30 日通过蓄水验收，2020 年 8 月 6 日下闸蓄水，2021 年 11 月 18 日通过工程配套电站机组启动验收。截至 2021 年 12 月底，主体工程完成，进行工程扫尾，累计完成投资 18.1 亿元。2021 年完成投资 1.55 亿元。2022 年度开展竣工验收准备工作。

【义乌市双江水利枢纽工程】 该工程位于义乌市义乌江与南江汇合口下游约 2km 处，距离义乌市区 12km。工程任务以供水、防洪为主，结合改善生态环境，兼顾灌溉、航运和发电等综合利用。工程建设内容主要包括蓄水区工程、堤岸工程、拦河坝改造工程和管理维护区工程等四部分。工程等别为Ⅲ等，拦河坝枢纽改造（泄水闸和生态放水闸）建筑物级别为 3 级，设计洪水标准为 50 年一遇，校核洪水标准为 100 年一遇；堤防、石溪排涝闸、穿堤涵管等交叉建筑物级

别为 3 级，设计洪水标准为 50 年一遇；蓄水区内隔堤、节制闸和灌溉泵站等次要建筑物级别为 4 级，设计洪水标准为 20 年一遇。水库正常蓄水位 54.20m，相应库容 1733 万 m^3，死水位 50.8m，相应死库容 233 万 m^3，兴利库容 1500 万 m^3，拦河坝 50 年一遇设计洪水位为 56.81m，100 年一遇校核洪水位为 57.24m，总库容 2980 万 m^3，日均供水量 20 万 m^3/d。工程所在地义乌市规划中心城区防洪标准为 50 年一遇，排涝标准为 20 年一遇。工程供水范围为义乌市主城区、城西区、佛堂区、义亭区和上溪区，供水对象为一般工业用水。工程初步设计于 2020 年 6 月 22 日获批，工程概算总投资 35.92 亿元，工程总工期 36 个月。工程于 2020 年 12 月 23 日开工，截至 2022 年 12 月底，蓄水区土石方开挖约 610 万 m^3，形成 70 万 m^2 的蓄水区，完成投资 29.71 亿元，投资完成率 82.73%。

【诸暨市陈蔡水库加固改造工程】 该工程位于钱塘江流域浦阳江支流开化江上游，大坝坐落于诸暨市东白湖镇，坝址以上集水面积 187km^2，总库容 1.164 亿 m^3。工程任务以防洪、供水为主，兼顾灌溉等综合利用。工程建设内容包括主坝坝顶、护坡、防渗结构加固改造；副坝坝顶、护坡、防渗结构加固改造；泄洪闸闸门、启闭设备与控制系统、启闭平台及启闭机室加固改造等。工程等别为Ⅱ等，为大（2）型水库。拦河坝（主坝、副坝、非常溢洪道改造成的副坝）、泄洪闸、原输水放空洞进水口、新建输水隧洞进水口等主要建筑物级别为 2 级，设计洪水标准为 100 年一遇；原输水放空洞（不包括进水口）、新建输水隧洞（不包括进水口）建筑物级别为 3 级，设计洪水标准为 30 年一遇，校核洪水标准为 100 年一遇；泄水消能防冲建筑物设计洪水标准为 50 年一遇。水库供水范围、供水对象，供水保证率为 95%；灌溉范围为陈石灌区，灌溉保证率 90%；生态用水按照坝址处天然多年平均流量的 10% 确定，加固改造后多年平均城乡供水量为 7831 万 m^3、灌溉水量 997 万 m^3、生态用水量 1522 万 m^3。工程初步设计于 2020 年 8 月 29 日获批，工程概算总投资 9.92 亿元，工程总工期 30 个月，工程于 2020 年 11 月 27 日开工。截至 2022 年 12 月底，新建输水构筑物工程完成单位工程验收工作。泄洪闸所有分部工程验收均完成。大坝主坝除背水坡高程 78.18m 以上护坡干砌条石除浮雕部位 100m 设计方案未确认外，其他部位均施工完成。副坝、非常溢洪道加固改造施工全部完成。新建管理用房完成。园区内景观围墙混凝土柱子完成。累计完成投资 9.42 亿元，占总投资 9.92 亿元的 94.96%。2022 年完成投资 3.02 亿元。

【温州市瓯江引水工程】 该工程位于温州市鹿城区、瓯海区、浙南产业集聚区和龙湾区境内。工程自渡船头取水口和瓯江翻水站取水口取水，通过输水隧洞引水，沿程分别向鹿城区、瓯海区、浙南产业集聚区等 15 处分水口配水。工程任务为城市应急备用供水、灌溉、河网生态补水及防洪排涝。工程设计水平年为 2030 年，城镇供水年保证率为 95%，农田灌溉设计年保证率 90%，多年平均年引水量 7.43 亿 m^3，多年平均引水流量25m³/s。主要建设内容包括新建渡船头取水枢纽，改造提升瓯江翻水站取水枢纽，新建渡船头至丰台输水建筑物（含输水隧洞、埋管、顶管、调压井、控制阀、南村加压泵站、泽雅调流站等）及分水隧洞与分水口等。瓯江引水工程施工1标于2021年1月22日开工建设，施工2标和施工3标EPC工程总承包于7月完成签约并开工建设，工程初步设计于2020年9月8日获批，工程概算总投资54.98亿元，工程总工期60个月。工程于2021年4月10日开工，截至2022年12月底，隧洞累计掘进近24.8km，施工1标全年完成渡船头取水枢纽沉沙池及泵站三轴搅拌桩，围堰成功合龙，隧洞洞挖及初期支护9.8km；施工2标全年完成隧洞洞挖及初期支护4.6km，完成维养中心主体结构及装修；施工3标全年完成隧洞洞挖及初期支护10km；涉铁段全年完成洞挖及初期支护0.25km，累计完成投资13.11亿元，占总投资54.98亿元的23.92%。2022年完成投资6.60亿元。

【好溪水利枢纽流岸水库工程】　该工程位于金华市磐安县境内，坝址位于流岸村上游约1km处，距仁川镇2.5km。该工程是好溪水利枢纽和好溪流域水资源配置体系的重要组成部分，水库供水范围分磐安县供水区和永康市供水区。工程主要建筑物有拦河坝、泄水建筑物、放水建筑物、发电引水建筑物、发电厂及升压站、泊公坑引水、水库向新城区（新渥）输水、上坝公路及进厂公路、环库防汛道路、管理用房等。水库总库容3147万m³。工程等别为Ⅲ等，

水库规模为中型。工程初步设计于2020年6月18日获批，工程概算总投资15.68亿元，工程总工期42个月。工程于2020年11月27日开工，截至2022年12月底，累计完成大坝混凝土浇筑方量约4.53万m³；2022年度完成混凝土浇筑总方量约4.29万m³。新渥输水隧洞部分：发电引水隧洞完成洞挖及支护112.5m；流岸隧洞完成洞挖及支护，柳坡隧洞完成洞挖及支护74m；后宅1号隧洞完成洞挖及支护2470m；后宅2号隧洞完成洞挖及支护。取水口取水塔完成混凝土浇筑约330m³（至高程347.50m）。泊公坑引水隧洞部分：进口施工支洞完成洞挖及支护，泊公坑隧洞进口段完成洞挖及支护909.5m；泊公坑隧洞出口段2022年完成洞挖及支护1240m。工程累计完成投资11.93亿元，占批复概算投资的76.08%。2022年完成投资2亿元。

重大水利工程竣工验收

【概况】　2022年，全省完成瑞安市城市防洪三期工程、瑞安市飞云江北岸标准海堤（南门—东山上埠浦口段）工程等12个重大项目的竣工验收工作，见表1。

【独流入海钱塘江治理建德市新安江、兰江治理一期工程莲花溪出口至下塘段、大洋段、麻车段】　该工程分别位于钱塘江上游北源新安江和上游南源兰江上，其中莲花溪出口至下塘段位于新安江干流左岸，属洋溪街道范围；大洋段

位于兰江干流左岸，起点乌淇山头，终点大洋化工厂；麻车段位于兰江干流右岸，起点麻车老码头，终点麻车大桥。该工程的任务以防洪为主，结合排涝等综合利用。该工程主要建设内容为新建堤（岸）总长 8.94km；沿线新建水闸 2 座，新建闸站 2 座；拆建桥梁 1 座；新建排水管涵 17 处；新建堤后排水沟 1

条。该工程莲花溪出口至下塘段设计防洪标准为 50 年一遇，主要建筑物级别为 3 级。麻车段设计防洪标准为 20 年一遇，大洋段设计防洪标准为 20 年一遇，主要建筑物级别为 4 级。工程于 2015 年 11 月 12 日开工，2022 年 12 月 8 日通过省发展改革委和省水利厅组织的竣工验收。

表 1　2022 年重大水利工程竣工验收情况

序号	设区市	县（市、区）	项 目 名 称	竣工验收时间
1	杭州	建德市	独流入海钱塘江治理建德市新安江、兰江治理一期工程莲花溪出口至下塘段、大洋段、麻车段	2022 年 12 月 8 日
2	温州	瑞安市	瑞安市城市防洪三期工程	2022 年 1 月 12 日
		瑞安市	瑞安市飞云江北岸标准海堤（南门—东山上埠浦口段）工程	2022 年 1 月 11 日
		苍南县	苍南县肥艚水闸除险加固工程	2022 年 11 月 24 日
3	绍兴	上虞区	上虞区世纪新丘治江围涂工程	2022 年 7 月 21 日
		柯桥区	绍兴市防洪排涝河道整治一期工程西小江至长虹闸段河道治理工程	2022 年 7 月 21 日
		新昌县	新昌县巧英水库除险加固工程	2022 年 12 月 28 日
4	金华	金东区	金华市金东区杨卜山水闸除险加固工程	2022 年 7 月 26 日
5	衢州	龙游县	龙游县衢江治理二期工程	2022 年 7 月 25 日
		江山市	江山市碗窑水库加固改造工程	2022 年 5 月 24 日
6	丽水	丽水市	丽水盆地易涝区防洪排涝好溪堰水系整治一阶段工程	2022 年 1 月 11 日
		松阳县	松阳县梧桐源水库除险加固工程	2022 年 8 月 25 日

【瑞安市城市防洪三期工程】　该工程位于瑞安市玉海街道（原城关镇）红旗闸至南门汽车码头。工程任务以防洪、防潮为主，结合排涝并改善环境。工程主要建设内容为新建飞云江北岸红旗闸

至南门汽车码头防洪堤，设计总长 1945m，堤顶高程为 5.8m；拆除重建红旗闸，单孔 3.4m，排水设计流量 25.23m³/s；新建西门水闸，单孔 4.5m，排水设计流量 45m³/s；新建沿

线码头等交叉建筑物以及景观带等。工程为Ⅲ等工程。防洪堤等主要建筑物级别为3级，工程防洪（潮）标准为50年一遇。工程于2005年11月1日开工，2022年1月12日通过省发展改革委和省水利厅组织的竣工验收。

【瑞安市飞云江北岸标准海堤（南门—东山上埠浦口段）工程】　该工程位于瑞安市飞云江北岸标准海堤（南门—东山上埠浦口段）工程。工程主要任务为抵御台风暴潮，改善城市交通。工程主要建设内容为新建瑞安市玉海街道（原城关镇）南门—东山上埠浦口标准海堤2005.38m，以及沿线穿堤和交叉建筑物。工程等别为Ⅱ等，设计标准50年一遇。工程堤线长度2005.38m，设计堤顶（空箱顶面）高程为吴淞7.60m以上（指最终沉降稳定后的高程，下同），挡浪墙顶高程8.60m，堤顶宽度不小于7.0m。工程于1996年7月19日开工，2022年1月11日通过省发展改革委和省水利厅组织的竣工验收。

【苍南县舥艚水闸除险加固工程】　该工程位于温州市龙港市（原为苍南县龙港镇）舥艚片区。原舥艚水闸由阴均水闸和舥艚新闸组成，两闸紧密相连。该次除险加固对现有阴均水闸和舥艚新闸进行拆除，对东魁水闸（位于舥艚水闸西侧约500m处）进行封堵，在原舥艚水闸闸址下游20m处重建舥艚水闸。除险加固后，舥艚水闸主要任务仍以挡潮、排涝为主，兼顾蓄淡。主要建设内容为上游护底段、闸室段、下游消能防冲段、上下游河道护岸、基础处理、老闸拆除

及封堵、金属结构及机电设备安装、启闭机房、管理房、安全监测等。工程等别为Ⅲ等。主要建筑物级别为3级，次要建筑物级别为4级，临时建筑物为5级。新建舥艚水闸设计最大过闸流量420m³/s，治涝范围为苍南县江南垟平原，内河20年一遇设计洪水位为3.26m，50年一遇校核洪水位为3.33m，外江50年一遇设计高潮位为4.88m。工程于2015年4月15日开工，2022年11月24日通过省发展改革委和省水利厅组织的竣工验收。

【上虞区世纪新丘治江围涂工程】　该工程位于钱塘江河口尖山河段南岸上虞岸段，西起上虞区九六丘一期北堤，沿调整规划线东至余上界堤，与余姚四期围涂工程相接，南靠九六丘、世纪丘围涂工程北堤，北临钱塘江。工程主要任务为治江围涂，近期主要用于农业开发。工程主要建设内容为建设标准海堤总长14332m，其中100年一遇一线临江海堤11098m（不含九四丘连接段121.34m），规划港区西堤长1502m，规划港区东堤长1732m，临时促淤坝3341m；新建环塘河总长7444m；交通桥梁2座；潮位观测台站1座及观潮平台1座、管理用房4998.1m²等。工程等别为Ⅱ等，临江海堤主要建筑物为1级，港区东、西海堤为2级，河道等次要建筑物级别为4级，港区促淤坝建筑物级别为4级。海堤挡潮标准为100年一遇设计高潮位加同频率风浪爬高，允许部分越浪；港区促淤坝挡潮标准为20年一遇。围区排涝标准为20年一遇24小时暴雨不受淹。工程于2013年1月28日开工，2022年7月21日通过省水利厅组织的竣工验收。

【绍兴市防洪排涝河道整治一期工程西小江至长虹闸段河道治理工程】 该工程位于绍兴市柯桥区北部地区，起点为西小江，终点为长虹闸，沿线途经钱清、华舍、安昌、齐贤、马鞍等街道。工程任务以防洪、排涝为主，结合改善水环境等综合利用。工程主要建设内容为通过拓浚、护岸等工程措施，对西小江至长虹闸段河道进行综合治理，河道全长40.351km，其中主河长35.850km，辅河长4.501km。对河道上相关阻水桥梁及建筑物进行拆建或改建，主要包括拆建桥梁32座、拆除节制闸2座。工程防洪标准为50年一遇，治涝标准为20年一遇。工程等别为Ⅱ等，河道及其护岸等主要建筑物级别为3级，次要建筑物级别为4级。工程于2013年5月10日开工，2022年7月21日通过省水利厅组织的竣工验收。

【新昌县巧英水库除险加固工程】 该工程位于新昌县小将镇巧英湖村溪竹自然村，距新昌县城42km。该工程除险加固后的任务以灌溉为主，结合防洪、发电等综合利用。该次主要任务是对水库枢纽建筑物进行除险加固，确保水库安全，并进一步发挥工程的综合利用功能。同时建设水库安全运行管理系统，以及时掌握水库工程运行各个环节的安全状况，保障水库的安全运行；硬化改造库区管理道路，以进一步加强库区的管理工作。工程等别为Ⅲ等，拦河坝、溢洪道、泄洪隧洞等主要建筑物级别为3级，设计洪水标准100年一遇，校核洪水标准5000年一遇。发电引水系统与发电厂房建筑物级别为5级，设计洪水标准20年一遇，校核洪水标准50年一遇。消能防冲防洪标准为30年一遇。工程于2008年1月15日开工，2022年12月28日通过省水利厅组织的竣工验收。

【金华市金东区杨卜山水闸除险加固工程】 该工程位于金东区孝顺镇。除险加固后工程任务仍以提水灌溉为主，结合治江防洪、发电、交通航运、种养殖业等综合利用。该次对水闸等建筑物进行除险加固，消除水闸安全隐患，确保工程安全及正常运行，恢复工程原有设计功能。工程主要建设内容包括翻板闸和冲砂泄洪闸加固、马腰孔排涝闸加固、堤防加固、工作交通桥加固、工程管理设施等。该工程等别为Ⅲ等，翻板闸、冲砂泄洪闸等主要建筑物级别为3级，河道堤防和马腰孔排涝闸等次要建筑物级别为4级，临时建筑物级别为5级。杨卜山水闸设计洪水标准为20年一遇，校核洪水标准为50年一遇。工程于2012年4月5日开工，2022年7月26日通过省发展改革委和省水利厅组织的竣工验收。

【龙游县衢江治理二期工程】 该工程位于龙游县境内衢江河段中游的小溪滩枢纽库区和游埠枢纽库区。工程任务以防洪为主，兼顾通航、排涝、改善及提升水生态、水环境。工程主建设内容包括新建、加固堤防22.82km（其中汀塘圩堤2.453km、湖镇堤5.07km、张峰勘堤3.174km、丁新围堤12.123km），新建中埠护岸1.85km；新建水闸1座，改造机埠19处，新建穿堤涵管27处、排水箱涵1处，滩地生态修复1处，面积约 4.25 万 m²。汀塘圩、湖镇堤和张峰勘堤设计标准 20 年一遇；丁新围堤防洪设计标准 10 年一遇，洲尾设开口堤。工程排涝标准为 10 年一遇，最大 24 小时暴雨所产生的洪水 24 小时内排出。汀塘圩、湖镇堤、张峰勘堤堤防等主要建筑物等级为 4 级，丁新围堤防、中埠护岸等主要建筑物等级为 5 级，交叉建筑物级别与所在堤防护岸一致。工程于 2018 年 12 月 6 日开工，2022 年 7 月 25 日通过省水利厅组织的竣工验收。

【江山市碗窑水库加固改造工程】 该工程位于江山市碗窑乡碗窑村。加固改造后的工程任务不变，仍以灌溉为主，结合供水、发电、防洪等综合利用。该次对碗窑水库主坝、副坝等建筑物进行加固处理，消除水库安全隐患，确保工程安全运行。工程主要建设内容为主坝加固改造、副坝加固改造、建立大坝自动化和信息化管理系统、防汛道路改造、金属结构防腐和启闭机设备改造、新建管理用房及原管理房整修等。工程等别为Ⅱ等，拦河坝、副坝、发电引水系统等主要建筑物级别为 2 级，坝后电站及升压站为 4 级建筑物。设计洪水标准为 100 年一遇，校核洪水标准为 1000 年一遇。工程于 2017 年 9 月开工，2022 年 5 月 24 日通过省发展改革委和省水利厅组织的竣工验收。

【丽水盆地易涝区防洪排涝好溪堰水系整治一阶段工程】 该工程位于丽水市莲都区。工程任务是防洪排涝和水环境治理。工程主要建设内容包括整治好溪堰河上游段入口至大洋路与中东路涵洞入口河段及沿程分水闸和立交连接河道，海潮支河（好溪堰—丽青路）和海潮河（分水口—中东路），共整治河道 7.622km，新建分水闸 6 座、立交构造物 5 座、河道控制闸 1 座、升船机 1 座、跨河永久交通桥 22 座，重建和新建好溪楼、内河运行监控中心等水文化建筑 7217.7m²，河岸绿化面积 25.7 万 m²。工程等别为Ⅲ等，主要建筑物水闸、船闸、升船机等建筑物级别为 3 级，河道挡墙、护岸建筑物级别为 4 级，次要建筑物和临时建筑物为 5 级。工程排涝标准为 20 年一遇最大 24 小时暴雨 24 小时排出不成涝；河道堤岸设计洪水标准为 20 年一遇，堤顶 50 年一遇洪水不漫顶。工程于 2012 年 5 月 21 日开工，2022 年 1 月 11 日通过省发展改革委和省水利厅组织的竣工验收。

【松阳县梧桐源水库除险加固工程】 该工程位于松阳县赤寿乡境内，坝址位于瓯江上游松阴溪左岸支流梧桐源上，距松阳县城约 20km。该工程任务是采取相应的工程措施，消除安全隐患，同时结合除险加固对水库进行扩建。除险加固后，工程任务仍以防洪、灌溉为主，结合发电等综合利用。工程主要建设内容为拦河坝加固加高、重建溢洪道、增设放空洞、新建库尾拦污坝及排污隧洞、新建输水建筑物及发电厂房等。工程等别为Ⅲ等，属中型水库，电站属小（2）型。拦河坝、溢洪道、放空洞等主要建筑物级别为 3 级，设计洪水标准为 50 年一遇，校核洪水标准为 1000 年一遇；库尾拦污坝及排污洞建筑物级别为 5 级，设计洪水标准为 30 年一遇，校核洪水标准为 100 年一遇；发电引水系统、发电厂、升压站等建筑物级别为 5 级，设计洪水标准为 30 年一遇，校核洪水标准为 50 年一遇。工程于 2005 年 3 月 26 日开工，2022 年 8 月 25 日通过省发展改革委和省水利厅组织的竣工验收。

水库除险加固

【概况】　2022 年，浙江省病险水库除险加固工作列入了省政府十大民生实事，全年计划完成 200 座，并写入 2022 年度省政府工作报告，实际完成 231 座。

【病险水库除险加固】　至年底，全年水库除险加固完工 231 座，见表 2。其中杭州 32 座、宁波 8 座、温州 16 座、湖州 8 座、绍兴 31 座、金华 49 座、舟山 8 座、衢州 26 座、台州 45 座、丽水 8 座，超额完成省政府对省水利厅的考核目标。

表 2　2022 年全省水库除险加固工程完工项目清单

序号	设区市	完成数	水 库 名 称
1	杭州	32	北坞、大官塘、大麦岭、大山寺、大溪、大源塘、东方、东坞（天目山镇）、官塘头、合富、黄猛坑、黄牛坞、火烧岭、吉坞、江家源、居仁、龙潭、梅峰、闹坞、潘村、喷洞、葡萄山、青龙山、青田垅、三河村直坞、上坞、邵坞、双干坞、坞口、下朱佗岭、胥口直垅、叶家源
2	宁波	8	城西岙、凤湖、隔溪张、观顶、红山、毛力、三家村、山坑
3	温州	16	陈岙、大岙心、东林、泛浦、枫树坑、护法寺、黄桥、际门坑、梅树、山头仔、挺南、外坦、西山、小源、岩庵、渔池
4	湖州	8	管门冲、黄水塘、陆家庄、毛家坞、摩天、双举塘、水家坞、五四
5	绍兴	31	白峰坞、百步岭、藏潭桥、打洞坞、大山、东方、工农、冠山、红门、洪山湖、坑口、里牛、联丰、龙潭坑、螺丝岙、毛屋头、念塘湾、前丁、三坑、胜利、唐家坂、塘岙、桐枫坂、乌口塘、西樟湾、新庵、新跃、悬岭、早稻湾、赵家畈、砖头坞
6	金华	49	白衣山垅、巢塘、车门、陈竹坞、大陈垅、大罗畈、大庆、大岩岭、灯坞、东风、东溪、枫坞里、高坞、横塘、黄岭、金鸡、里冬岩、里洋、柳塘坑、梅石 4 号、梅坞、木鱼山、泥清塘、奇龙坑、前山坞、青岭、曲折源、三百塘、社塘、深塘（稽亭）、石井岗、石井坑、石门卡、蜀墅塘、双峰岭、汪家垅、蜈蚣山、坞石、坞阴坑、祥坞、象鼻、象鼻头、新坑塘、雪里、灶溪坑、樟片坞、长坞垅、直源、中塘
7	舟山	8	大玉湾、岱南平地、东风、枫树、顺母红旗、长岙、周家岙、紫窟岭

续表

序号	设区市	完成数	水　库　名　称
8	衢州	26	陈塘、大蛟塘、东山坞、分水塘、凤山峡、红凉亭、红岩、后建垅、黄陈岗、姜家垅、九井岭脚、老鼠垅、龙头、泉水垄、石塔头、塘坞、翁塘垄、五十丘垄、斜达垄、新塘二、新塘一、徐莫垅、洋塘、皂角树底、大塘、凤山峡
9	台州	45	白岭脚、蔡龙、朝文、车头安、大岙、大浪坑、大岩、东坑、东林、洞桥、杜宇坑、蜂桶岩、凤游、佛岭、高塘、横坑、吉屯坑、夹岭、湫水寺、界岭、坑潘、坑王、孔岙、浪水溪、里塘湾、里屋、里峙、岭下、流庆寺、龙角尖、梅岙、蒙坑、牛栏、盘龙岭、三王殿里、十八田、坦头、塘岗里、万年山、温塘、下庄、小芝岭脚、鸭子坤、张公岙、章家溪
10	丽水	8	保定山塘、黄坑、岭头方、水碓垄、坦袋、仙岩、长塘、竹溪源

江堤海塘工程建设

【概况】　2022 年，浙江省对钱塘江、瓯江、飞云江、椒江等流域主要江河堤防以及沿海干堤、海塘进行加固建设。完成干堤加固任务 63.8km，完成年度目标的 116％。永嘉县瓯北三江标准堤工程、绍兴市曹娥江综合整治工程、金华市本级金华江治理二期工程等 3 项工程完工见效。海塘安澜工程全年计划开工 240km，开工 323.7km，开工率 134.9％。

【杭州市萧山区浦阳江治理工程】　该工程主要任务以防洪为主，兼顾排涝，结合两岸滩地治理及水环境整治。堤防加固总长 55.06km（左岸 25.33km、右岸 15.61km、西江塘 14.12km）；西江塘主要建筑物级别为 1 级，防洪标准为 100 年一遇；浦阳江干流堤防主要建筑物级别为 2 级，防洪标准为 50 年一遇；

建设防汛道路 58.3km；拆建排灌站 9 座、机埠 35 座，新建穿堤涵闸和船闸各 1 座，箱涵及涵管接长 22 处；滩地治理共 24 处，总面积 363.62 万 m²，拆除子堤 6 处；疏浚临浦以上主河槽 11.97km；营造江内滩地景观绿化 135.0 万 m²。概算总投资 42.46 亿元，施工总工期为 58 个月。至年底，一期工程左岸为浦阳兔石头至许家后塘实验段，右岸为进化小山头至新江岭机埠，于 2018 年 2 月完工验收，完成投资 11.5 亿元。二期工程左岸为南河口处至义桥新大桥上游约 140m 处，右岸为新江岭电排站出口至积堰山下游 300m 处，于 2020 年 1 月全部完工，并通过验收，完成投资 13.2 亿元。三期工程左岸为义桥新大桥上游约 140m 处至义桥袁浦大桥下，右岸为积堰山下游 300m 至山后村小围堤终点，于 2021 年 12 月 30 日完工验收，投资 9.1 亿元。四期工程为滩地治理，主要内容为茅潭江、煤炭码头滩地高程降低，拆除新坝村、义桥码头、单家村、新涨村子堤，营造滩地景观绿化，考虑到茅潭江滩地切滩涉及基本农田，茅潭江滩地切滩按农田整治提升项目模式实施。四期工程完成了施工、监理招标，11月11日监理单位下达开工令，至年底，完成投资4050万元。

【曹娥江综合整治工程】　该工程初步设计于2019年7月获省发展改革委批复，工程任务以防洪为主，兼顾生态修复，治理范围为曹娥江干流和小舜江支流，涉及新昌县、上虞区、柯桥区和滨海新区，概算总投资9.02亿元。工程主要建设内容为堤防加固14.32km，护岸整治13.88km，新建、重建水闸2座，移位改建水闸1座，堤顶道路及巡查通道提升66.87km，配套工程36.99hm²。工程等别为Ⅱ等。小舜江支流堤防防洪标准20年一遇，堤防主要建筑物级别为4级，沥海闸、南江闸、红旗闸设计洪水标准100年一遇，主要建筑物级别1级，次要建筑物3级，护岸除滨海新城段距堤脚较近段级别为1级外，其余滨海新城段、柯桥段护岸级别为3级。该工程柯桥段于2019年11月27日开工建设，至2021年底完成主体工程建设。滨海新城段于2020年6月28日开工建设，至2022年底，完成合同全部建设内容，并于2022年8月31日顺利通过完工验收，累计完成投资20932万元。上虞段于2020年7月16日开工建设，工程于2022年5月27日完成工程完工验收。新昌段于2021年12月21日开工建设。下衣区块、澄潭茶厂区块、梅渚区块清表全部完成，回填土回填至设计标高全部完成。种植土全部完成，整理绿化用地全部完成。下衣区块给排水工程（De315排水管、DN1200混凝土排水管）、砖砌井全部完成。下衣区块0202C30钢筋混凝土挡墙护坡全部完成。下衣区块驳岸01C20混凝土灌砌块石挡墙全部完成。下衣区块驳岸02C30钢筋混凝土挡墙全部完成。下衣区块浆砌挡墙全部完成。澄潭茶厂区块、梅渚区块2.5m园路稳定层全部完成。下衣区块5.5m巡查道路全部完成。下衣区块、澄潭茶厂区块广场垫层全部完成。下衣区块、澄潭茶厂区块广场花岗岩铺装完成80％。梅渚区块、澄潭茶厂区块巡查路水泥稳定层全部完成。澄潭区块6.0m堤顶道路完成3200m。梅渚区块人行桥、廊架基础部分完成。

【金华市金华江治理二期工程】　该工程是钱塘江治理工程的重要组成部分，也是省百项千亿防洪排涝工程项目之一，2018年列入省重点建设项目。工程位于金华市区，主要建设内容为加固提档生态化提升改造堤防14.45km。其中，金华江右岸婺江大桥至三江口段长4.04km、东阳江左岸燕尾洲至电大桥段长1.32km、武义江左岸豪乐大桥至梅溪南二环路桥段长3.04km、武义江右岸李渔大桥至孟宅桥段长6.05km。工程初设于2018年8月获省发展改革委批复，概算总投资8.21亿元，工程任务以防洪为主，兼顾改善水环境、提升水景观等综合利用。金华江右岸婺江大桥至三江口段、东阳江左岸燕尾洲至电大桥段、武义江左岸豪乐大桥至梅溪南二环路桥段和右岸李渔大桥至孟宅桥段堤防级别为2级，交叉建筑物级别与堤防一致各段堤防防洪标准定为 50 年一遇。2022 年工程完成堤防加固 5.455km 收尾工作，工程完工并于 2022 年 6 月通过完工验收，2022 年完成投资 2018 万元。

【常山县常山港治理二期工程】　该工程任务以防洪为主，结合排涝、灌溉及改善生态环境等综合利用。招贤堤堤防级别为 4 级，琚家堤、何家堤、团村堤、胡家淤堤、阁底堤、象湖堤、汪家淤堤、鲁士堤、大溪沿堤堤防级别为 5 级，琚家护岸、新站护岸、西塘边护岸级别 5 级，交叉建筑物级别与所在堤防一致。新建及加固堤防 28.875km，包括琚家堤、何家堤、团村堤、胡家淤堤、阁底堤、象湖堤、汪家淤堤、招贤堤、鲁士堤、大溪沿堤等 10 段堤防。新建护岸 8.275km，包括琚家护岸、新站护岸、西塘边护岸。堤防生态化改造 12.06km，包括滨江堤、外港堤、南门溪左岸、南门溪右岸 4 段堤防。工程总投资 8.81 亿元。至年底，工程完工，累计完成投资 88083 万元。

【江山港流域综合治理工程】　该工程是省重点建设项目、省百项千亿防洪排涝工程项目，工程初步设计于 2017 年 12 月获省发展改革委批复，概算总投资 22.32 亿元（其中征迁及环境部分 7.36 亿、工程建设部分 14.96 亿）。主要建设内容包括：新建及加固堤防（护岸）111.30km，其中江山港干流 55.70km、支流 55.60km；采用路堤结合等形式修建绿道 145.64km，共建设驿站 22 个；治理河道（渠道）水系 62.65km，城区河道清淤 2.55km，滩地治理 3 处；滩地

景观节点改造 15 处，加固及改造生态景观堰坝共 32 座；水文及水利信息化系统建设，包括水位流量监测断面 8 处，水质自动监测站 3 座，水雨情监测点 28 处，闸站自动化监测 8 座，视频监控、信息管理系统平台等。工程等别为Ⅱ等，江山市城区及清湖镇（规划城区）段堤防为 3 级，防洪标准为 50 年一遇；镇区段堤防为 4 级，防洪标准为 20 年一遇；村庄、农田段堤防为 5 级，防洪标准为 10 年一遇。工程于 2018 年 4 月正式开工建设，计划工期 60 个月。至年底，项目累计完成投资 18.8952 亿元（其中 2022 年度完成投资 1.5331 亿元），累计实施 18 个标段，其中，完工验收标段 11 个：江山港城区段清淤标段、丰足溪水系标段、双塔底至四都标段、大夫第节点绿道标段、卅二都溪标段、贺村标段、贺村水系连通标段、广渡溪标段、凤林标段、长台溪长台标段、长台溪清湖标段；在建标段 7 个：滩地修复贺村节点标段（形象进度 99％）、峡口标段（形象进度 99％）、达河溪标段（形象进度 91％）、大泽淤滩地修复标段（形象进度 72％）、五百湖标段（形象进度 12％）、浮桥头标段（形象进度 3％）、数字水利标段（形象进度 3％）。

【三门县海塘加固工程】　该工程任务以防洪挡潮排涝为主，兼顾改善滨海生态环境。工程保护范围包括中心城区和健跳、浦坝等重要城镇，涉及保护人口 24.7 万，实施后将有效恢复和提高区域海塘的防潮标准和御潮能力，提高区域防洪排涝能力。工程等别为Ⅲ等。海游大坝为 2 级建筑物，防潮标准为 100

年一遇（防洪标准为 50 年一遇）；蛇蟠海塘、六敖北塘、健跳塘、七市塘、浦坝北岸闭合塘、下栏塘、硖礁塘等 7 条海塘为 3 级建筑物，防潮标准为 50 年一遇；托岙塘、铁强塘、虎门孔塘、长乐塘等 4 条海塘为 4 级建筑物，防潮标准为 20 年一遇。排涝闸站均为 3 级建筑物，外侧防潮标准为 50 年一遇，内侧防洪标准为 20 年一遇。主要建设内容包括：加固提升海塘 55.82km，按防潮标准分，100 年一遇海塘 7.28km（防洪标准 50 年一遇），50 年一遇海塘 43.46km，20 年一遇海塘 5.08km；新（扩）建沿海口门闸泵 5 座，其中排涝闸站 1 座，排涝闸 2 座，排涝泵站 2 座，新增强排能力 53m³/s；移址重建排涝闸 1 座（外黎新闸）。工程概算总投资 11.98 亿元，工期为 42 个月。该工程于 2020 年 6 月 16 日开工，2022 年度完成投资 3 亿元，铁强塘、托岙塘标段完工验收；六敖北塘标段于 2023 年 1 月完工验收；蛇蟠海塘标段完成合同工程量的 60%；虎门孔塘标段完成合同工程量约 54%；健跳塘标段完成合同工程量约 70%；浦坝北岸闭合塘标段完成合同工程量约 17%；七市塘标段完成合同工程量约 69%；下栏塘标段完成合同工程量约 25%，长乐塘标段完成合同工程量约 10%；硖礁塘标段于 11 月 1 日开工建设，完成合同工程量约 1%。至年底完成概算投资 5.7 亿元，占批复概算总投资约 48%。

【台州市循环经济产业集聚区海塘提升工程】 该工程任务以防洪挡潮排涝为主，兼顾提升海塘沿线生态环境。项目

对沿海存在防洪（潮）能力低和安全隐患的海塘进行加固提升，并根据区域排涝要求新（改）建排涝闸（站）。工程等别为 Ⅰ 等。海塘和沿塘水闸等永久工程主要建筑物为 1 级，设计防洪（潮）标准 100 年一遇，次要建筑物等级为 3 级。洪家场浦闸站外海侧临时建筑物级别为 3 级，设计标准 50 年一遇；其余临时建筑物为 4 级，设计标准 20 年一遇。主要建设内容由海塘提标加固、新开护塘河、水闸提标加固、新建闸站及沿塘生态修复等组成，其中提标加固海塘长 17.32km（包括十一塘段 10.56km、三山北涂段 3.23km、三山涂段 3.53km）；新开塘河 9.84km，河道面宽 60m，新建护岸 19.68km；提标加固建水闸 5 座，新建洪家场浦闸站 1 座（设计强排能力 50m³/s）；沿塘生态修复 115.1 万 m²，新建巡查站 4 处。工程概算总投资 29.74 亿元，建设工期为 60 个月。①先行段：外海侧抛石及土方回填完成工程量的 80%，镇压层框格梁完成工程量的 40%。②施工 1 标：十一塘东闸主体结构基本完成；洪家场浦闸站海堤内侧桩基工程全部完成；护塘河河道开挖完成 3.8km；排盐盲沟完成 65%；堤顶土方固化开始施工；洪家场浦外海侧围堰抛石恢复作业完成。③施工 2 标：护塘河开挖完成 1km；排盐盲沟完成 6%；三山北堤高压旋喷桩完成 50%；三山北涂闸主体结构完成至 2.2m 高程。2022 年完成投资 12934 万元，累计完成投资 8 亿元。

【海宁市百里钱塘综合整治提升工程一期（盐仓段）】 该工程是浙江省生态海岸带和海塘安澜千亿工程"双示范"

项目，项目按照"安全＋"建设理念，将盐仓段海塘建设与交通、城建、人居、旅游、生态和文化等内容相融合，打造拥有综合功能的现代化海塘。水利部分工程等别为Ⅰ等。海塘、水闸建筑物级别为1级，设计潮水标准为300年一遇；潮位观测站建筑物级别为2级，设计洪水标准、测洪标准均为100年一遇；护岸建筑物级别为3级；引水泵站建筑物级别为4级，设计洪水标准为20年一遇，校核洪水标准为50年一遇。项目建设总长度7.6km，主要建设内容为海塘提标加固至300年一遇7.09km，新建市政道路5.94km（含隧道2.02km）、桥梁6座、湿地公园12.67hm²、回头潮公园约8.67hm²、生态滨水岸带7.09km、观潮平台和潮位观测站各1座，护塘河生态化整治5.89km，并配套数字化海塘建设等。项目初步设计于2021年8月31日获省发展改革委批复，概算总投资46.13亿元。工程于2021年12月8日开工，2022年盐仓海塘完成年度投资8.25亿元，圆满完成了年度8亿元投资目标，完成率达103％。全年累计完成挡墙491.4m、外江围堰2876m、内江围堰1166m、混凝土支撑及冠梁1345m、中墙浇筑86.5m、侧墙浇筑367.5m、顶板浇筑20m。

【钱塘江北岸秩田庙至塔山坝段海塘工程（堤脚部分）】 该工程位于海宁市盐官镇，全长25.6km，工程任务为防洪御潮，并按300年一遇标准设计。工程等别为Ⅰ等。主要建筑物级别为1级，堤脚加固按海塘300年一遇防洪（潮）标准要求设计，工程设计合理使用年限

100年。主要建设内容为加固海塘堤脚16.475km，塘面修复9.57km，新建进出场交通斜道1座等。工程初步设计于2020年11月17日由浙江省发展改革委批准，概算投资为58801万元，总工期为36个月。工程于2021年7月21日正式开工建设，截至2022年，完成主体工程13.25km，长度占比80.4％（总长度16.48km）。围堰段完成围堰13655m；完成围堰内板桩打设12203m，完成护坦浇筑11255m。扭王块段完成扭王块安放1795m。钢栈桥段完成钢栈桥300m，完成板桩打设295m，安放Z字块203m。新仓进出场交通斜道、大缺口管理房整修基本完成。自2021年开工至2022年12月累计完成投资35697万元，其中2022年完成投资16711万元。

【钱塘江西江塘闻堰段海塘提标加固工程】 该工程位于杭州市萧山区闻堰街道，富春江、浦阳江汇合口下游钱塘江南岸。工程等别为Ⅰ等。海塘建筑物级别为1级，设计防洪标准为200年一遇，设计防潮标准为300年一遇。工程设计合理使用年限100年。工程任务以防洪御潮为主，兼顾生态修复、公共服务提升、饮用水水源保护等。主要建设内容包括：提标加固塘身5.56km，加固塘脚1.57km；改造生态滨水岸带5.56km，生态修复总面积16.87hm²（其中塘身为11.67hm²，塘前滩地为5.20hm²）；建设沿塘绿道5.56km；新建驿站2处、改建驿站1处，共440m²；将闻堰管理房二层改造为海塘现场监测管理中心，面积140m²；将华家管理房改造为古海塘文化展示馆，面

积 2030m² ；建设智慧海塘管理系统和沿塘提升管护范围内安全监测设施等。工程初步设计于 2021 年 11 月 1 日由浙江省发展改革委批准，概算总投资 40017 万元，工期为 36 个月。至年底，工程完成塘脚 1.57km 软体排，基本完成堤脚抛石施工（累计抛石约 32 万 m³），累计拆除挡浪墙 2300m（占总量的 48％），完成塘身闸堰老街段 480m 土方填筑和后坡挡墙砌筑。全年完成投资 1.2 亿元，占总投资的 36％，超 2022 年度投资计划（9648 万元）的 24％。

建 设 管 理

【概况】 2022 年，全省水利工程建设未发生质量事故，在水利部建设质量工作考核中位居全国第一，连续 8 年获 A 级优秀。加大工程质量检查和监管力度；加强水利工程建设管理数字化应用建设，并迭代升级"透明工程"场景应用。

【工程质量监管】 2022 年，省水利厅加大工程质量检查和监管力度，完成在建重大工程检查 80 项、面上工程质量抽检 80 项、工程建设质量动态评估 22 项，对 15 家设计单位设计质量进行专项检查，结合"双随机、一公开"对 13 家水利工程质量检测企业进行抽查，对发现的各类问题实行清单式管理、闭环销号，切实提升工程建设质量。

【工程创优夺杯】 2022 年，姚江上游西排工程等 8 项工程获省建设工程钱江杯奖，平阳县南湖分洪工程等 10 项工程获评省建筑施工安全生产标准化管理优良工地。推选出钱塘江北岸秧田庙至塔山坝段海塘工程（堤脚部分）等 32 项水利文明标化工地示范工程。2022 年浙江省水利厅工程获奖项目见表 3。

表3　2022 年浙江省水利厅工程获奖项目

所获奖项	项　　目
省建设工程钱江杯奖	姚江上游西排工程
	嘉兴市域外配水工程（杭州方向）
	龙游县高坪桥水库工程
	鳌江干流治理平阳县水头段防洪工程
	萧山区蜀山片外排工程—大治河排涝闸站改建工程
	海盐县东段围涂标准海塘一期工程
	海宁市黄湾镇尖山圩区整治工程
	浙江省衢州市铜山源水库灌区续建配套与节水改造工程（2016—2020 年）

所获奖项	项　　目
省建筑施工安全生产标准化管理优良工地	平阳县南湖分洪工程
	松阳县黄南水库工程
	富阳区北支江综合整治—上游水闸、船闸工程
	绍兴市曹娥江综合整治工程（柯桥段）（施工1标）
	龙泉市瑞垟引水工程（一期）
	北仑区干岙水库工程
	吴兴区妙西镇五星圩区整治工程（EPC）项目
	富阳区新登镇贤明湖公园（一期）—鼍江景观堰坝工程
	绍兴市上虞区虞北平原崧北河综合治理工程（施工1标）
	安吉县山川乡马家弄高坞里山塘新建工程
2022年度浙江省水利文明标化工地	钱塘江北岸秧田庙至塔山坝段海塘工程（堤脚部分）
	海宁市百里钱塘综合整治提升工程一期（盐仓段）（海塘、隧道工程）
	钱塘江西江塘闸堰段海塘提标加固工程
	义乌市双江水利枢纽工程（施工2标）
	新陡门闸站改建工程
	温州市瓯江引水工程（施工3标）
	宁波市区清水环通一期工程—段塘泵引水净化工程（土建施工标）
	温州市瓯江引水工程（施工2标）
	温州市瓯江引水工程（施工1标）
	温州市瓯江引水工程—穿越金温铁路和下穿杭深铁路涉铁工程
	环湖大堤（浙江段）后续工程（长兴县段）（施工5标）
	南太湖新区潘店港闸站工程
	环湖大堤（浙江段）后续工程（市本级段）（施工2标）
	海宁市洛塘河圩区整治项目［施工3标、机电设备与金属结构制作（采购）安装2标］
	玉环市太平塘海堤安全生态建设工程
	三门县海塘加固工程（健跳塘标）
	环湖大堤（浙江段）后续工程（长兴县段）（施工4标）
	浙江省开化水库工程
	宁波至杭州湾新区引水工程

续表

所获奖项	项 目
2022 年度浙江省水利文明标化工地	金华市安地灌区续建配套与节水改造项目（2021—2022 年）（施工 3 标）
	亚运村及周边防洪排涝提升工程—五堡闸站、内河节制闸工程
	平阳县鳌江南港流域江西垟平原排涝工程（二期）
	丽水市城区排水防涝工程
	扩大杭嘉湖南排南台头排涝后续工程（施工 1 标）
	苕溪清水入湖河道整治后续工程（市本级段）
	扩大杭嘉湖南排南台头排涝后续工程（施工 2 标）
	苕溪清水入湖河道整治后续工程（安吉段）
	玉环市漩门湾拓浚扩排工程（施工 1 标）
	海盐县东段围涂标准海塘二期工程（海堤部分）
	绍兴市上虞区上浦闸枢纽工程改造提升项目
	义乌市江东街道南山坑水库除险加固（扩容）工程
	遂昌县清水源水库工程

【水利工程建设管理数字化应用建设】 省水利厅深入贯彻中共中央、国务院"质量强国"战略，落实落细水利部"扎实推动新阶段水利高质量发展"和省委省政府"推进监督体系系统重塑"工作部署，聚焦大体量水利工程建设监管难题，坚持系统理念、底线思维，充分发挥数字变革优势，系统构建水利工程建设监管新模式，通过流程再造、多跨联动、共建共享，着力打造"透明工程"应用，形成横向到边、纵向到底的工程建设大数据监管网，用数据链串起监管链、风险链、责任链，全面防范工程建设管理风险。

"透明工程"立足工程建设全生命周期管理，以问题为导向，将工程建设有关政策、技术、资金等管理规定融入数字化场景，针对工程建设管理过程中风险易发、高发的 5 个阶段、13 个环节及 41 个重点事项，制定风险预警规则 53 条，全面动态监测建设项目信息、市场主体行为，主动发现风险、实时预警风险、闭环管控风险，处置不到位、预警不解除，切实保障工程安全、资金安全、干部安全。

（邵战涛、赵昕、陈云娥、程伟伦）

水利三服务"百千万"

【概况】 2022 年，是浙江水利"大干项目、大干民生"攻坚之年，也是"河湖长制、数字变革"突破之年，省水利厅印发《浙江省水利厅关于进一步深化水利三服务"百千万"行动的通知》(浙水办〔2022〕10号)(三服务指服务企业、服务群众、服务基层；水利三服务"百千万"指全省水利系统服务百个县市、千家企业、万个乡村),突出精准服务、数字变革和系统联动,进一步深化水利服务"百千万"行动,累计服务1.5万人次,解决问题3368个,满意率100%,推动各项任务提档加速,助推全年任务完成。

【专项服务方式】 2022年,省水利厅聚焦项目推进,把深化"三服务"与推进重大项目、民生实事等重点工作紧密结合起来,继续组建由"一名厅级领导、一名组长、一个责任处室"组成的指导组11个,定点联系重大项目,按全年重点工作开展主题服务6轮,帮助解决涉水企业、广大群众、一线基层的涉水需求。

突出精准服务,进一步健全项目前期推进组、水资源组、重大项目建设组、水库系统治理组、幸福河湖组、安全生产组、数字化改革组、水旱灾害防御组8个分领域分专业的专家团队,采取群众点单、专家接单的运作模式,点对点精准破解疑难杂症,提高精准服务成色。

坚持数字变革,依托水利服务"百千万"应用,打造对外服务总窗口,企业、群众、基层可随时扫码上传需求,"码上提""马上办",实现一键智达,快速流转,即时反馈,切实提高解决效率和效果。

深化系统联动,持续完善省、市、县三级服务网络,持续推进"百名处长联百县",强化市县的联络员作用,形成了省市县三级"重点联抓、实事联办、难题联解、队伍联建"的工作格局。

【专项服务成效】 厚植水利为民的群众基础。聚焦民生实事、防汛安全、农村供水等群众关注、企业关心的涉水问题,厅领导带队组织开展主题活动,重点关注"老大难"问题,实现"水利自家问题限期解决,涉及部门问题登门对接,重大问题提请政府协调"。

推动中心工作的提速增效。把深化水利"百千万"服务与推进重大项目、民生实事等重点工作紧密结合起来,推动水利投资建设突破700亿元大关,再创历史新高,助力提前超额完成省政府年度民生实事,获得省委、省政府领导的高度肯定和群众点赞。

促进制度机制的变革重塑。聚焦稳投资、稳就业,积极回应企业高频需求,研究制定惠企政策,切实帮助企业纾困解难,创新推出"节水贷",联合中国银行杭州中心支行开展融资服务,累计签约金额达237.89亿元、受益企业和项目487个,为企业节约成本1.27亿元。

促进工作作风的积极转变。聚焦群众、企业、基层需求,全省水利系统党员干部扛起责任、主动履职。防御台风"梅花"期间,累计出动3.59万人次,覆盖式检查2.31万处水利工程,以实际行动守护"浙水安澜"。

(陈鹏钢)

农村水利水电和水土保持

Rural Water Conservancy and Hydropower,
Soil and Water Conservation

103～110 页

农村水利

【概况】 2022 年，省水利厅聚焦聚力"大干项目、大干民生"，抓好乡村振兴农村水利工程建设，持续推进农业水价综合改革。完成省政府"民生实事"病险山塘整治 507 座，泵站机埠、堰坝水闸提升改造 1838 座，农村供水管网改造 3778km，实施大中型灌区现代化改造 7 个，创建美丽山塘 609 座，整治圩区 1.67 万 hm^2。开展农业水价综合改革"五个一百"（指 100 座农田水利灌溉泵站机埠、100 座农田水利灌溉堰坝水闸、100 个改革灌区灌片、100 个农民用水管理主体、100 个改革示范村）优秀典型案例创建，带动效应和牵引作用十分明显，实施农田水利灌溉工程更新升级行动，更新升级灌溉设施 3804 座。获评国家节水型灌区 11 个，新增省级节水型灌区 5 个，入选水利部数字孪生灌区试点 3 个。获评省实施乡村振兴战略实绩考核"优秀"，省健康浙江建设考核"优秀"。

【农村供水提质共富】 2022 年，农村供水聚焦"城乡同质、县级统管"，进一步提升农村饮用水标准，持续巩固"城乡同质饮水"，新改扩建水源工程 138 处，推进规模化供水工程建设，提升改造水厂（站）263 处，管网更新改造 3778km，其中，规模以上水厂管网延伸 403km，减少规模以下制水工艺落后设施老化的水站 300 余处，新增水质、水量等在线实时监测设备 1400 余套。全省城乡规模化供水人口覆盖率达 90% 以上，农村供水水质达标率达 98%，城乡同质化率超 96%。

农村供水管理能力与应急保供能力不断提升，年初受寒潮影响，累计出动 1.2 万人次，包裹管网、抢修水表阀门、维修管道等供水设施设备，发布提醒短信 3281.73 万条；6 月，全省因暴雨影响，水源工程损毁 412 处、供水工程损毁 227 处、管道损毁 2366km，丽水、衢州 2 个设区市全域 15 个县（市、区）、363 个村、近 16.6 万人供水受到影响，灾害发生后 48 小时内，全部恢复供水，成功应对梅汛期强降雨影响。出梅以后，全省晴热高温少雨，为中华人民共和国成立以来的历史第二旱情，全省水利系统主动与气象、农业、建设、应急等部门加强研判、提前部署、主动监测、及时预警、科学调度，省级下拨抗旱应急和农村供水管网改造等资金，及时调拨水泵、柴油发电机、管材等抗旱物资，支援地方抗旱，出动 9 万多人次，打井 1168 口、新建泵站 402 座、新建管网 1405km，调度浙东引水工程向绍兴、宁波、舟山供水 7.36 亿 m^3，乌溪江引水工程向下游龙游、金华供水 1.34 亿 m^3，有效保障沿线群众生产生活用水。全省 6540 万城乡居民的生活生产用水总体平稳，饮水困难发生率低于 2%，实现了大旱之年城乡供水基本稳定。

持续开展农村供水工程明察暗访，省级暗访工程 504 处，推动 203 个问题得到及时有效解决；市、县暗访工程 1761 处。12 月，省水利厅印发《浙江省农村供水县级统管实施细则（试行）》，持续不断深化县级统管机制，进一步强化行业履职，继续抓好"管理机构、管理办法、管理经费"三项制度落实，开展对县级统管的绩效考评，对 40 个县（市、区）补助绩效奖补资金 1.5 亿元。组织开展农村供水规范化水厂遴选工作，完成规范化水厂创建 57 座，完成计划的 114%。

11 月，省水利厅制定印发《浙江省水利感知体系建设急用先行实施方案》，计划实施 3151 座城乡水厂（站）水量实时监测设备建设和 739 座山塘水源水位在线监测设施建设。进一步推动农村供水数字化管理，全年共有 2989 处水厂（站）水质水量在线监测接入省平台，较 2021 年增加 1442 处，在线监测覆盖人口比例达 93%。迭代优化"浙水好喝"应用，研发城乡区域保供智能模块与水源旱情预警模块，对县（市、区）区域保供、水源水量、水厂水质水量情况进行监测、预警，市、县及时响应应急预案，降低饮水困难发生率。

【农业水价综合改革】   2022 年，省水利厅部署全面开展"农田水利灌溉工程更新升级行动"，组织编制《浙江省农业灌溉工程更新升级技术导则（试行）》等，指导各地按标准建设农田水利灌溉工程。开展"五个一百"优秀典型案例创建，经省级复核、专家评审、综合评定和公示，各地 163 座农田水利灌溉泵站机埠、37 座农田水利灌溉堰坝水闸、97 个改革灌区灌片、98 个农民用水管理主体、99 个改革示范村入选全省农业水价综合改革"五个一百"优秀典型案例，带动效应和牵引作用明显。各地投入资金约 3 亿元，更新升级农田水利灌溉泵站机埠、堰坝水闸 3804 座，成为美丽乡村靓丽的风景线，用水效率普遍提升 10% 以上，促进农文旅深度融合，助推乡村振兴和共同富裕。在 2022 年全国农业水价综合改革技术研讨会上，浙江省省、市、县三级 4 个代表交流发言。嘉善县、杭州市临安区、余姚市、绍兴市越城区等 4 个县（市、区）入选水利部全国 50 个改革典型案例。浙江省深化农业水价综合改革工作得到水利部等国家有关部委的指导和肯定。

【农村水利建设】   2022 年，农村水利建设连续 4 年纳入省政府民生实事，省水利厅党组和主要领导高度重视、靠前指挥，分管领导定期会商调度。省水利厅牵头推进办实办好 6 项"浙里平安"水利民生实事，3089 个项目全部实行定点、定时、定标、定责管理，年度完成率 125.15%，其中病险山塘整治 507 座，泵站机埠、堰坝水闸提升改造 1838 座，农村供水管网改造 3778km，进一步保障了 280 万人农村人口喝好水，灌溉受益面积达 70400hm^2，在 2022 年的抗旱保供惠民生中发挥了重要作用。围绕保障粮食安全和促进乡村振兴，实施乌溪江引水工程、铜山源水库、海宁上塘河、安吉赋石水库、松阳江北、路桥金清、金华安地等 7 个大中型灌区现代化改造，完成年度投资 6.7 亿元。组织申报国家 2023—2025 年中型灌区改造项目 19 个，7—9 月抗旱期间，大中型灌区保障灌溉用水 13.7 亿 m^3，发挥抗旱灌溉主阵地作用。组织开展全省农田灌溉发展规划编制。获评国家节水型灌区

11 个，新增省级节水型灌区 5 个，入选水利部数字孪生灌区试点 3 个。完成圩区整治 1.67 万 hm²。指导各地科学制定灌溉用水计划，推进区域农业用水总量控制、定额管理。组织灌溉水利用系数测算工作，全省灌溉水利用系数达到 0.609。

【农村水利管理】　省水利厅全面开展风险隐患排查工作，通过突出重点、细化方案，制订检查表单，及时下发整改通知书，强化跟踪督促，形成闭环管理，守牢工程安全底线。印发《浙江省水利厅办公室关于切实加强农村水利水电工程安全度汛工作的通知》，全面开展农村水电、大中型灌区、山塘等风险隐患排查整改工作，守牢安全底线。开展全省 122 个大中型灌区运行管理监督检查，以一市一单的形式将 118 个问题整改通知书下发至各市，实行闭环管理。完成全省 1.8 万座山塘的安全评定工作。组织 1.2 万余人次排查 1.8 万座山塘风险隐患，发现安全隐患 779 处，全部落实整改措施。汛期抽查 5760 座山塘安全运行状况，制定发出风险提示单 13 份，全年防汛防台无一座山塘出现溃坝垮坝和人员伤亡。

农 村 水 电

【概况】　2022 年，省水利厅组织开展小水电站生态流量监督检查和生态流量评估，建设完成 5 个生态水电示范区，11 座水电站被水利部评为"绿色小水电示范电站"，6 座水电站完成"绿色小水电示范电站"期满延续，完成 322 座水电站安全生产标准化评审（复评）和 258 座老电站安全检测。

【小水电风险隐患排查整治】　2022 年，省水利厅根据《水利部国家能源局关于全面开展水电站等水利设施风险隐患排查整治工作的通知》（水监督〔2022〕50 号）和《水利部办公厅关于印发〈小水电站运行安全风险隐患排查整治实施方案〉等 3 个方案的通知》（办监督〔2022〕33 号）要求，组织开展小水电站风险隐患排查整治专项行动，建立风险隐患台账和整改清单，进行整改闭合，防范化解风险隐患。对全省共 1195 座超过 30m 坝高、100m 及以上高水头及"头顶一盆水"等风险隐患较大的水电站，分级建立重点监管名录。省级组织专家分 5 个组抽查 127 座，占全省重点安全监管小水电站的 10.6%。经省市、县排查，全省共查出 3712 个风险隐患，隐患整改实行闭环管理，除 4 个涉及水库除险加固等问题外，其他全部完成整改。

【水电安全生产标准化管理】　2022 年，省水利厅按照《水利部关于印发农村水电站安全生产标准化达标评级实施办法（暂行）的通知》（水电〔2013〕379 号）、《浙江省农村水电站安全生产标准化达标评级实施办法（暂行）》（浙水电〔2013〕15 号）、《浙江省农村水电站安全生产标准化评审标准》，开展农村水电站安全生产标准化工作，省、市、县三级共完成 316 座水电站标准化复评、6 座农村水电站标准化创建评级。对杭州、温州两市 258 座老电站开展现场安全检测，及时发现问题并督促整改。

【生态水电示范区建设】 2022 年，省水利厅对 2021 年省级生态水电示范区进行复核，对 2022 年申报的生态水电示范区建设情况进行现场指导服务，加强生态水电示范区建设的监督力度。印发《浙江省生态水电示范区建设技术导则（试行）》（浙水农电〔2022〕6 号），规范和指导生态水电示范区建设管理。全年共建设 5 个生态水电示范区：遂昌县关川源流域生态水电示范区项目、青田县雄溪源生态水电示范区工程、青田县贵岙源生态水电示范区工程、青田县十一都源生态水电示范区工程、兰溪市城头一级二级电站生态示范区。

【绿色小水电示范电站创建】 2022 年，省水利厅围绕生态文明建设总要求，指导各地积极创建绿色小水电示范电站，周公宅水库电站、双溪口水电站、磨石潭电站、岩门水电站、茅岗二级水电站、永安电站、金坑电站、龙宫洞水力发电厂、枫坪电站、高岩下电站、英川三级水电站等 11 座水电站获评国家"绿色小水电示范电站"，九峰水电站、沙畈水库电站、里石门水电站、老石坎水库电站、合溪水电站、裕溪水电站等 6 座电站期满延续成功。至年底，全省累计创建 261 座"绿色小水电示范电站"。

【生态流量泄放评估】 2022 年 5 月，省水利厅会同省生态环境厅印发《关于做好小水电站生态流量泄放评估工作的通知》（浙水农电〔2022〕15 号），由县级水行政主管部门会同同级生态环境部门统一组织开展，省级、市级水行政主管部门会同同级生态环境部门做好评估抽查工作。全省 2840 座水电站完成生态流量泄放情况评估工作，市级抽查水电站 506 座，抽查比例为 17.8%；省级抽查水电站 150 座，抽查比例为 5.3%。全省 2805 座水电站确定了生态流量核定值。通过按要求足额下泄生态流量及因地制宜实施生态堰坝、跌坎等生态修复辅助措施，消除厂坝间脱水河段 2829.42km，占原厂坝间脱水河段的 99.5%。建立和完善了重点监管名录，435 座小水电站纳入监管名录，其中位于省级河道、处于两省边界或纳入省级控制断面的 36 座水电站为省级生态流量重点监管小水电站。

【生态流量监管】 至年底，2669 座电站生态流量泄放信息接入"浙江省农村水电站管理数字化应用"监管平台，其中采用实时流量监测的有 908 座，采用动态视频监测的有 1035 座，静态图像监测的有 726 座。开展生态流量泄放及监管情况每月通报，2022 年度共下发整改问题 196 条，全部限期整改到位，实现闭环管理。

省水利厅编制印发《浙江省小水电站生态流量调度方案编制大纲（试行）》，优化水电站生态调度运行。全力推进监控监测设备提升，根据省政府办公厅《关于印发浙江省八大水系和近岸海域生态修复与生物多样性保护行动方案（2021—2025 年）的通知》，到 2025 年农村水电站生态流量实时监控率要达到 80% 的目标，至年底，全省实时监控率达到 50％以上。针对 2021 年长江经济带生态环境问题清单中涉及的水电站下泄生态流量问题进行现场指导，6 月底，台州市黄岩区柔极溪流域小水电站完成整改，并验收销号。

将小水电站生态基流保障纳入 2022 年度实行最严格水资源管理制度考核，根据小水电站生态流量实时监控率达标情况、生态流量达标泄放比例、生态流量泄放评估和生态流量监督检查工作完成情况综合赋分。指导各地将小水电生态流量监督管理工作纳入河湖长制工作范围和考核内容，把生态流量泄放"三率"、保障目标落实情况、监管情况作为重点绩效考评和最严格水资源管理考核内容，齐抓共管推进监督检查工作规范化、常态化，持续做好小水电生态流量泄放监管工作。

水 土 保 持

【概况】 2022 年，全省审批水土保持方案 4260 个，实现 9227 个在建项目监督检查全覆盖，完成 9380 个遥感扰动图斑现场核查和认定工作。治理水土流失面积 420.6km²，完成年度计划 350km² 治理任务的 120.2％，建设生态清洁小流域 25 条。全省水土流失面积减少至 7226.8km²，水土保持率达到 93.15％（按浙江省总面积计）。7 月，水利部办公厅印发全国水土保持规划实施情况 2021 年度评估结果，浙江省再获优秀等次。

【省政府办公厅通报水土保持目标责任制考核结果】 2022 年年初，省水利厅在市级自评的基础上，开展省对设区市的水土保持目标责任制考核，由省政府办公厅通报 2021 年度水土保持目标责任制考核结果，丽水市、衢州市、温州市、杭州市、台州市、绍兴市、湖州市、舟山市为考核优秀单位，其他为考核良好单位。各市对"一市一清单"整改意见落实了整改责任，提出了整改措施，逐一整改销号。

【水土流失动态监测】 2022 年，根据水利部办公厅《关于深入做好 2022 年度水土流失动态监测工作的通知》（办水保〔2022〕223 号）和水利部水土保持监测中心《2022 年度水土流失动态监测技术指南》（水保监〔2022〕50 号）的规定和要求，应用卫星遥感技术和实地调查分析，组织开展全省水土流失动态监测工作，全面分析全省和分市、县水土流失面积和强度。10 月 26 日，《浙江省 2022 年水土流失动态监测成果》通过省水利厅组织的审查验收；11 月 9 日，通过水利部太湖流域管理局组织的成果复核。11 月 15 日，《浙江省 2022 年度省级监测区域水土流失动态监测成果》上报水利部水土保持监测中心、太湖流域管理局。

【生产建设项目水土保持监测】 2022 年，按季度发布部批、省批生产建设项目水土保护监测情况报告，共发布监测信息通报 4 期，上报监测季报 992 份，列入重点监督检查项目 45 个。

【水土流失预防保护】 2022 年，以重要水源地、重要江河源头区、重要生态廊道区为重点，开展封育保护和生态修复。9月，省财政厅、省生态环境厅、省发展改革委、省水利厅印发《关于深化省内流域横向生态保护补偿机制的实施意见》（浙财资环〔2022〕55号），实现全省八大水系干流生态补偿全覆盖，促进江河源头区保护。推进林长制，持续实施千万亩森林质量精准提升工程。开展林草生态综合监测，建成公益林、天然林管理数字化应用系统。

【水土流失综合治理】 2022年，浙江省完成水土流失治理面积420.6km²，完成年度计划350km²治理任务的120.2％，水土流失面积减少79.8km²，水土保持率达到93.15％。组织对水土流失治理工程项目实施进行现场技术指导，全省建设生态清洁小流域25条，新增水土流失治理面积277km²，其中国家水土保持重点工程17项，中央财政补助资金3427万元，省级财政补助资金9650万元。

【国家水土保持重点工程监督检查】 2022年，组织对全省在建的17个国家水土保持重点工程、7个年度竣工验收的国家水土保持重点工程进行监督检查。利用无人机和移动终端等技术手段，结合现场检查，对实施措施进行现场复核，重点核实是否按照项目实施方案与下达投资计划实施，以及项目完成的工程量及质量。

【水土保持方案审批与验收】 2022年，全省共审批水土保持方案（报告书、报告表）4260个，落实人为水土流失防治责任面积690km²。规范生产建设项目水土保持设施自主验收程序与标准，严格自主验收报备管理及现场核查，全省水土保持设施验收报备项目2807个，定期开展水土保持方案编制质量抽查和验收报备项目核查。

【水土保持专项监督检查】 2022年7月19日，省水利厅印发《浙江省水利厅关于开展水土保持监督管理专项行动的通知》，强力推进生产建设项目水土保持监督检查，重点开展在建项目检查、未批项目排查、验收备案项目核查、重大生产活动现场检查和履职情况督查。省级以上审批的251个在建项目实现现场核查全覆盖。在传统现场检查、调查的基础上，采用遥感影像、无人机航拍及移动终端等现代化技术手段，准确获取生产建设项目的位置、扰动面积、建设状态、弃渣场位置数量和堆渣量等信息数据，对比水土保持方案确定的防治责任范围及措施布局，精准发现违法违规问题。2022年，全省各级水行政主管部门对9227个生产建设项目开展了水土保持监督检查。其中省级监督检查项目56个，对18个重点项目下发整改意见。

【生产建设项目水土保持卫星遥感监管行动】 2022年，全省共计开展卫星遥感监管4次（其中国家级1期、省级3期），建立常态化、全覆盖遥感监管机制。现场复核扰动图斑9380个，按时完成全部扰动图斑现场核查和认定工作，发现并查处未批先建、未批先弃、超防治责任范围等违法违规项目695个（其中开展省级遥感监管3次），现场复核扰动图斑5200个，发现并查处违法违规项目 306 个。

【水土保持"两单"信用监管】　2022年，根据水利部要求，省水利厅开展水土保持"两单"（生产建设项目水土保持信用监管"重点关注名单"和"黑名单"）信用监管，全省共计 25 家建设单位、编制单位被列入"重点关注名单"；没有单位被列入"黑名单"。

【水土保持信息化建设】　2022 年，省水利厅做好数据录入工作，在"全国水土保持监督管理系统"4.0 中完成年度审批的生产建设项目相关信息录入，做到应录尽录；生产建设项目水土保持卫星遥感监管图斑现场复核、疑似违法违规项目查处、整改等信息数据全部录入到位；按照《国家水土保持重点工程信息化监管技术规定》要求，将 2022 年度国家水土保持重点工程实施方案、省级计划、施工准备与进度等资料全部录入系统，实现了图斑精细化管理，实时跟踪建设进度。着力建设"智治＋服务"的数字水保，基本建成省、市、县三级贯通、业务协同、部门协作、数据共享、整体智治的"数字水保"应用体系。初步实现"项目监管全周期、遥感监管全链条、综合治理全量化、动态监测全覆盖、监测站网全智能、水保咨询全方位"，推动浙江省水土保持治理体系和治理能力现代化。

【国家水土保持示范创建】　2022 年，省水利厅根据《水利部关于开展国家水土保持示范创建工作的通知》（水保〔2021〕11 号）要求，在各地积极申报、

省级专家综合评审的基础上择优推荐报送水利部。经水利部组织评审认定，于 12 月 26 日正式公布 2022 年度国家水土保持示范名单。浙江省杭州市临安区、永康市、绍兴市越城区获评国家水土保持示范县，淳安县千岛鲁能胜地水土保持科技示范园获评国家水土保持科技示范园，开化县钱江源齐溪小流域、新建杭州经绍兴至台州铁路、82 省道（S325）延伸线黄岩北洋宁溪段公路工程获评国家水土保持示范工程。

【技术培训】　2022 年，省水利厅举办全省生产建设项目水土保持技术培训、全省生产建设项目水土保持遥感监管核查与认定查处技术视频培训、全省水土保持遥感监管系统视频培训。

【生产建设项目水土保持方案质量核查】　2022 年，根据《水利部水土保持司关于开展水土保持方案质量抽查工作的通知》（水保监督函〔2022〕2 号）要求，省水利厅组织开展浙江省生产建设项目水土保持方案质量抽查工作，抽查市县级审批的项目不少于 120 个。抽查是否存在基础资料明显不实、内容重大缺陷遗漏，是否存在拆分项目"以大报小"，是否存在拷贝抄袭、张冠李戴等明显错误，是否存在水土流失防治措施体系不完整且无效，是否存在水土保持措施工程量和投资明显不合理，是否存在取土场、弃渣场选址、土石方综合利用方案不合理、不可行等 6 个方面的问题。根据抽查，方案质量总体满足审批需求。

（麻勇进、曹鑫、陈小红、马昌臣）

水资源管理与节约保护

Water Resources Management and Conservation Protection

111～118 页

水资源管理

【概况】 2022 年，浙江省落实最严格水资源管理制度，不断强化水资源刚性约束，连续第 7 年获得实行最严格水资源管理制度国家考核优秀等次。组织完成浙江省对 11 个设区市 2021 年实行最严格水资源管理制度考核工作，丽水、金华、绍兴、湖州、杭州、宁波、衢州等 7 市考核成绩等次为优秀。制定各设区市"十四五"用水总量和强度双控目标，分解到年度、落实到县（市、区）。印发实施交溪、建溪、信江等 3 条跨省河流省内水量分配方案。全面启动全省取用水监测计量标准化建设，强化取用水监督管理。

【最严格水资源管理考核】 2022 年 2 月，根据《水利部关于印发 2021 年度实行最严格水资源管理制度考核控制目标的函》（水资管函〔2021〕196 号）要求，省水利厅对 2021 年度实行最严格水资源管理制度情况进行自查，向省政府报送自查报告。8 月，经国务院审定，浙江省考核结果为优秀。

按照浙江省水利厅等九部门《关于印发浙江省实行最严格水资源管理制度考核办法和"十三五"工作实施方案的通知》（浙水保〔2017〕29 号）、《浙江省水利厅关于开展 2021 年度实行最严格水资源管理制度考核工作的函》（浙水函〔2021〕913 号）要求，省考核工作组通过技术资料审核和现场核查，对设区市 2021 年度水资源管理目标完成情况、重点任务措施落实情况等进行综合评价，经省考核工作组审议，形成 2021 年度建议考核结果。6 月，考核结果经省政府审定，由省水利厅、省发展改革委、省经信厅、省财政厅、省自然资源厅、省生态环境厅、省建设厅、省农业农村厅等 8 个部门联合印发。其中，丽水、金华、绍兴、湖州、杭州、宁波、衢州等 7 市考核等次为优秀，台州、舟山、嘉兴、温州等 4 市考核等次为良好。11 月，省水利厅组织对 10 个设区市 30 个县（市、区）开展 2022 年水资源管理监督检查，重点检查了用水总量控制、取水许可监管、饮用水源保护、节水型社会建设、水资源费减征免征政策落实情况等，对 2021 年国家和省监督检查以及取用水专项整治行动发现问题较多的 10 个县（市、区）进行"回头看"检查整改。

【流域水量分配和水资源调度】 2022 年 9 月 29 日，编制交溪、建溪、信江等 3 条跨省河流省内水量分配方案，经省政府同意后，省水利厅印发《关于浙江省信江流域水量分配方案的通知》（浙水资〔2022〕19 号）、《关于浙江省建溪流域水量分配方案的通知》（浙水资〔2022〕20 号）、《关于浙江省交溪流域水量分配方案的通知》（浙水资〔2022〕21 号）。按照水利部要求，10 月 19 日，省水利厅印发《浙江省水利厅关于公布开展水资源调度的跨地市江河流域及重大调水工程名录（第一批）的通知》（浙水资〔2022〕13 号），组织编制了《钱塘江流域水资源调度方案》《瓯江流域水资源调度方案》。按照水利部太湖流域管理局要求，制定浙江省太湖、新安江流域水资源调度计划，配合做好调度工作。

【取用水监督管理】　2022 年，全省各级水利部门共新办与续办取水许可证3162 本，注销与吊销取水许可证 1529本。全省年终有效取水许可电子证照保有量 9524 本，其中河道外取水许可证6822 本，许可取水量 211.95 亿 m^3。

2022 年，全省国家级重点监控用水单位 50 家，省级 69 家，市级 615 家。对国家级重点监控用水单位 2022 年下达计划量和实际用水量进行统计上报，促进火力发电、钢铁、纺织、造纸、石化、化工、食品等 7 类高耗水行业和学校、宾馆、医院等用水单位的节水管理。9月，省水利厅印发《浙江省水利厅关于全面推进取用水监测计量标准化建设的通知》（浙水资〔2022〕14 号）和《浙江省取水计量监测设施建设技术导则》（浙水资〔2022〕15 号），按照"2023 年底实现大中型农业灌区渠首、千吨万人及以上供水工程、自备取水户在线监测全覆盖，取水口标准化建成率达 95％以上"目标，全省计划新建 1243 个在线监测计量点，改建 1326 个在线监测计量点，标准化建设任务总数 3391 个，累计总投资 15434 万元。至年底，全省非农取水在线监测率达 92％以上，取水设施面貌得到明显改善。开展全省取用水管理专项整治"回头看"和水资源管理和节约用水监督检查，结合自然资源、生态环保审计等发现的问题，督促指导市县落实问题整改。

【水资源费征收管理】　2022 年，全省征收水资源费 10.12 亿元，其中省本级0.82 亿元。全省范围内利用取水工程或者设施直接从江河、湖泊或者地下取用水资源的单位和个人所缴纳的水资源费，一律按规定标准的 80％征收；省级及以上节水型企业在此基础上按 50％～80％的折后标准征收，累计减征水资源费 2.42 亿元。9—12 月，组织开展全省取用水管理和水资源费征收专项核查，共抽查 144 余家重点取水户和 50 个论证项目，重点对取水户日常管理、水资源费征缴和建设项目水资源论证质量等情况进行核查。

【水资源利用改革创新】　2022 年 12 月22 日，在新安江流域水量分配基础上，淳安、建德两县（市）政府签订千岛湖用水权交易协议，助力当地水产业发展。9 月，省水利厅印发《浙江省水资源综合评价指标体系》（浙水资〔2022〕17号），开展 2021 年度各设区市水资源综合评价。同月，配合省财政厅等 4 部门出台《关于深化省内流域横向生态保护补偿机制的实施意见》（浙财资环〔2022〕55 号），明确了实施范围，制定了补偿指标、基准、标准等内容。

（周鹏程）

节 约 用 水

【概况】　2022 年，浙江省全面落实节水优先方针，实施国家节水行动，加快推进农业节水增效、工业节水减排、城乡节水降损和非常规水利用。完善政策制度，创新市场机制，进一步提升全省水资源集约节约利用水平。持续推进县域节水型社会达标建设，13个县（市、区）通过省级验收；12个县（市、区）通过水利部复核验收并被命名为国家级节水型社会建设达标县加以公布。开展节水标杆引领行动，打造节水标杆酒店、节水标杆校园、节水标杆企业和节水标杆小区。推进节水型高校、水利行业节水型单位、水效领跑者建设，实施合同节水管理试点，抓好节水型企业、公共机构节水型单位、节水型灌区、节水型小区、节水宣传教育基地等节水载体创建。规范执行计划用水管理。加大节水宣传力度，提升公众节水意识。

【实施节水行动】　2022年4月15日，省水利厅等12部门联合下发《关于印发〈浙江省2022年度节水行动计划〉的通知》（浙节水办〔2022〕4号），加快推进实施国家节水行动。5月20日，为确保高质量完成阶段目标任务，组织召开2022年度节水行动重点工作推进会，进一步加强各部门统筹协调，明确职责分工，加快节水重点工程建设。7月1日，省水资源管理和水土保持工作委员会办公室印发《关于协助做好2022年浙江省节水行动实施进展情况通报信息报送的函》（浙水委办函〔2022〕3号），执行节水行动任务进度"季度通报"制度。7月29日，省水资源管理和省水土保持工作委员会办公室印发《关于2022年1至6月浙江省节水行动重点任务实施进展情况的通报》（浙水委办〔2022〕4号）。9月19日，省水资源管理和省水土保持

工作委员会办公室印发《浙江省节水工作部门协调机制2022年度工作要点》（浙水委办〔2022〕6号），进一步明确部门职能分工和目标任务。11月8日，省水资源管理和省水土保持工作委员会办公室印发《关于2022年1至9月浙江省节水行动重点任务实施进展情况的通报》（浙水委办〔2022〕7号）。

同时，省水利厅结合2022年水资源管理和节约用水监督检查，开展实施情况专项督导，确保节水行动取得实效。以《浙江省节水行动实施方案》为统领，以节水数字化改革为支撑，协同其他厅局共同推进农业节水增效、工业节水减排、城乡节水降损和非常规水利用，不断完善政策制度、创新市场机制，各项年度目标任务圆满完成，水资源利用效率得到进一步提升。2022年，全省用水总量167.8亿 m^3，万元GDP用水量较2020年降低8.5%，万元工业增加值用水量较2020年降低14.1%，城市公共供水管网漏损率5.4%，城镇居民年人均生活用水量53.3 m^3，农田灌溉水有效利用系数提高到0.609。

【节水型社会建设】　2022年，省水利厅根据《浙江省县域节水型社会达标建设工作实施方案（2018—2022年）》，持续开展县域节水型社会达标建设。9月28日，省水利厅办公室印发《关于开展2022年县域节水型社会达标建设技术评估工作的通知》（浙水办资〔2022〕11号），组织部门和专家对申请达标县验收的县（市、区）开展技术评估，结合现场复核，确定13个县（市、区）通过省级验收。配合全国节约用水办公室和太

湖流域管理局完成县域节水型社会达标建设复核工作，12月29日，水利部以2022年第19号公告公布第五批节水型社会建设达标县名单，浙江省杭州市临安区、建德市、温州市鹿城区、温州市龙湾区、温州市瓯海区、苍南县、兰溪市、武义县、天台县、青田县、缙云县、遂昌县等12个县（市、区）入选。全省达到国标的县（市、区）数量累计达到64个，覆盖率71.1%，提前并超额完成《国家节水行动方案》中提出的"到2022年，南方30%以上县（市、区）级行政区达到节水型社会标准"的目标。

省水利厅、省发展改革委、省建设厅、省经信厅、省自然资源厅、省生态环境厅联合开展典型地区再生水利用配置试点工作，经省政府同意，遴选推荐宁波市、长兴县、平湖市、绍兴市柯桥区、义乌市、玉环市为试点城市，完成实施方案批复。10月10日，浙江省6个试点城市由水利部、国家发展改革委、住房城乡建设部、工信部、自然资源部、生态环境部联合公布确定。组织开展2021年度节约用水管理年报编制工作，4月2日，《浙江省节约用水管理年报（2021年）》报送至全国节约用水办公室。

【节水标杆评选】　2022年，根据《关于开展节水标杆引领行动的通知》（浙水资〔2020〕15号），省水利厅会同省经信厅、省教育厅、省建设厅、省文化和旅游厅、省机关事务局、省节水办继续加大推进力度，在全省重点用水领域开展节水标杆引领行动，将年度创建任务纳入2022年全省"五水共治"（河长制）工作要点和重点任务清单，目标任务逐级分解到市县。

7月4日，省节水办下发《关于做好2022年度节水标杆单位申报工作的函》（浙节水办函〔2022〕3号），指导各地分步骤、按程序开展节水标杆单位申报工作。经自主申报、市县推荐、省级核定、现场核查、专家评审、部门遴选、网络公示，最终遴选出329个具备引领示范和典型带动效应的浙江省2022年度节水标杆单位。

省经信厅、省发展改革委、省水利厅联合开展节水标杆园区建设，于11月11日公布浙江杭州青山湖科技城、浙江南浔经济开发区、浙江龙游经济开发区、丽水经济技术开发区等4个园区为2022年浙江省节水标杆园区，有效期5年。

12月30日，由省水利厅、省经信厅、省教育厅、省建设厅、省文化和旅游厅、省机关事务局、省节水办联合印发《关于公布浙江省2022年度节水标杆单位名单的通知》（浙水资〔2022〕30号），确定全省2022年度节水标杆酒店43个、节水标杆校园46个（其中节水型高校15个）、节水标杆小区98个、节水标杆企业142个，节水标杆单位称号自发布之日起有效期为3年。

【水效领跑者建设】　2022年，省水利厅会同省发展改革委、省市场监管局联合开展2022年度国家用水产品水效领跑者遴选推荐工作，西马智能科技股份有限公司、浙江星星便洁宝有限公司、杭州老板电器股份有限公司、宁波方太厨具有限公司等4家企业6个型号的用水产品入选国家水效领跑者。9月26日，省市场监管局、省发展改革委、省水利厅联合印发《关于公布 2022 年度浙江省洗碗机产品水效领跑者名单的通知》（浙市监计〔2022〕26 号），宁波方太厨具有限公司、杭州老板电器股份有限公司 2 家企业 9 个型号的洗碗机产品获省级水效领跑者称号。

【节水型载体创建】 2022 年，省水利厅、省节水办联合省经信厅、省建设厅、省机关事务局持续推进节水型载体建设，全省新创建省级节水型灌区 5 个、节水型企业 202 家、节水型单位 231 家、节水型小区 327 个。组织开展省直公共机构节水型单位建设，第二批 32 家省级公共机构节水型单位通过复核并保留称号，30 家单位达到浙江省省级公共机构节水型单位建设标准（第七批）。全面推进水利行业节水型单位建设，全省水利行业 106 个单位完成建设任务并通过验收，其中独立物业管理单位 78 个，非独立物业管理单位 28 个。

【节水机制创新】 2022 年 5 月 16 日，省水利厅、中国人民银行杭州中心支行、省节水办联合印发《关于开展"节水贷"融资服务工作的通知》（浙水资〔2022〕7 号），充分发挥金融要素在提高水资源集约节约利用水平中的作用，引导金融机构加大对实体经济绿色低碳发展的支持，激发市场内生节水动力，助力国家节水行动。征集合同节水典型案例，开展调研座谈，总结提炼成功经验，召开年度浙江省合同节水工作交流会，指导实施合同节水管理项目。至年底，全省累计实施合同节水管理项目 68

项，吸引社会资本 10854 万元，实现合同节水项目数量和投资金额双增长。

11 月 10 日，省水利厅、省大数据局联合印发《关于加强公共供水企业取供水数据治理归集工作的通知》（浙水资〔2022〕24 号），开展公共供水管网取用水数据归集、治理创新，聚焦取、供、用核心环节，明确 7 项归集任务，细化治理归集约束，加强公共供水企业取供水数据治理、归集和共享、利用，全力夯实水资源管理和节水工作基础、提升治水精细化管理、科学化决策水平。

【迭代浙水节约应用】 2022 年，全省聚焦水资源供需态势不清、刚性约束不强、节水动力不足等问题，围绕实施国家节水行动和建立水资源刚性约束制度要求，通过集成跨部门涉水数据及取用水事务，建立区域水资源综合评价及用水双控监测预警、企业超许可取水监测预警及用水效率评价等模型，构建水资源态势、取用水在线、浙企在节水三大应用场景，着力打造水资源监测"一张网"、用水"一本账"、管水"一盘棋"、节水"一张榜"，创新推出"节水贷"金融助企服务，全面助力"节水优先"在浙江落地生根见效。

【节水宣传教育】 2022 年 1 月 12 日，为强化节水宣传教育和示范引领，省水利厅、省节水办印发《关于开展浙江省 2021 年度"节水行动十佳实践案例"征集活动的通知》（浙节水办〔2022〕1 号），组织各地做好实践案例推荐申报工作。经地方申报、初步筛选、专家评审、网络投票、综合评定等程序，4 月 16

日，省水利厅、省节水办印发《关于公布浙江省 2021 年度"节水行动十佳实践案例"名单的通知》（浙节水办〔2022〕3 号），评选出 10 个"节水行动十佳实践案例"和 15 个"节水行动优秀实践案例"。印发《浙江省 2021 年度节水行动实践案例汇编》。组织开展"节水中国 你我同行"联合行动，"浙里节水　全民规范"《公民节约用水行为规范》主题宣传活动、"节水大使"遴选活动、节水进村社、节水进校园、节水进企业"三进"活动，开设"抓节水、保供水、促发展——党政领导话节水"系列专题，举办"节水达人 show"短视频大赛等，为浙江省建设节水型社会营造良好的舆论宣传氛围。

及时报送节水新闻稿件和宣传素材，313 件稿件被全国节水信息专报、中国水利报、全国节水办官网、全国节水办官微采用，在《全国节约用水办公室关于 2022 年度节水信息采用情况的通报》中，省水利厅采编量位列全国第三。根据《浙江省节水宣传教育基地建设标准》，组织各地多渠道筹措资金，开展省级节水宣传教育基地建设。12 月 21 日，省节水办、省水利厅印发《关于公布第四批浙江省节水宣传教育基地名单的通知》（浙节水办〔2022〕13 号），确定宁海县节水宣传教育基地等 9 个展馆、基地为"第四批浙江省节水宣传教育基地"。组织各地利用已建成的节水宣传教育基地，发挥宣传窗口和主阵地作用，引导全社会形成节约用水的良好风尚和自觉行动。

【计划用水管理】　2022 年，全省共有 9618 家取水户纳入取水计划管理工作，下达取水计划总量为 2415.70 亿 m^3。其中向 888 家公共供水取水户下达取水计划量 87.34 亿 m^3，实际取水量 70.49 亿 m^3；向 4505 家工业企业自备水源取水户下达取水计划量 13.20 亿 m^3，实际取水量 8.93 亿 m^3。

（曹红蕾）

水 资 源 保 护

【概况】　2022 年，浙江省加强饮用水水源地管理，完成 79 个县级以上集中式饮用水水源地年度安全保障达标评估。编制并印发实施《浙江省重要饮用水水源地安全评估工作指南》。加强地下水监测站点的自动监测和维护管理。经省政府同意，印发《浙江省地下水管控指标》，确定省市县三级地下水用水总量指标。

【饮用水水源地管理】　2022 年 3 月，经地方自评、现场抽查、资料评审等环节，完成 79 个饮用水水源地安全保障达标年度评估工作，省水利厅会同省生态环境厅印发《关于公布 2021 年度县级以上集中式饮用水水源地安全保障达标评估结果的通知》（浙水资〔2022〕3 号），其中 77 个水源地评估等级为优，2 个水源地评估等级为良。

11 月，省水利厅印发《浙江省水利厅办公室关于开展 2022 年度县级以上集中式饮用水水源地安全保障达标评估的通知》（浙水办资〔2022〕18 号），制定浙江省重要饮用水水源地安全保障评估技术指南，开展 2022 年度县级以上集中式饮用水水源地安全保障达标评估工作。

【生态流量管控】　2022 年，省水利厅完成省级 13 条重要河湖、21 个控制断面生态流量复核，建立生态流量监测评价月度通报制度，定期发布《浙江省重点河湖主要控制断面生态流量监测信息》，评价成果在浙里办软件"九龙联动治水"应用的浙水节约和浙水美丽平台中公布。全省 33 座大型水库生态流量控制要求纳入控运计划。12 月，选择分水江、鳌江、合溪、西苕溪、马金溪等 5 个典型河湖开展已建水利水电工程生态流量核定与保障先行先试，并上报水利部。

【地下水管理】　2022 年，制定浙江省地下水管控指标，确定省、市、县三级地下水用水总量、地下水水位控制指标，以及地下水管理目标。2 月，经省政府同意后印发实施。按照《水利部办公厅关于做好 2022 年国家地下水监测工程运行维护和地下水水质监测工作的通知》（办水文〔2022〕79 号）要求，督促各地落实管护责任、经费、人员，做好全省 155 个地下水水位自动监测站及 2 个水位、水质自动监测站管理维护。全省地下水监测信息到报率达 99.84％。155 个站点人工校测实现全覆盖，累计校测 1040 站次。按照水利部和太湖流域管理局工作要求，协助完成 77 个地下水监测站水质监测工作。

（高尚）

河湖管理与保护

Management and Protection of Rivers and Lakes

119～127 页

河（湖）长制

【概况】　2022年，浙江省市县三级全面建立联席会议制度，发布总河长令168个。制定《浙江省全面推行河湖长制工作联席会议工作规则》，促进18个省级成员单位同向发力。制定印发《河湖长履职评价积分规则》等制度，完成河湖健康评价186条（个），全省37个县（市、区）建立跨界河流联防联控机制。建立省、市、县、乡、村5级河湖长信息更新机制，5万名河湖长名录线上线下同步更新；印发公示牌设置规则和基本样式，全省4.3万块公示牌更新。举办"河长再出发，建设江南水乡幸福新高地"专题活动，开展省级"最美河湖长""最美河湖卫士"等评比活动。全省组织开展河湖长能力培训2万余人次。

【河湖管理数字化】　2022年，浙江省上线运行"河长在线""河湖健康""大众护水"等场景，提升河湖长制工作的实战实效。完成河湖水域空间数据治理、河湖库采砂疏浚管理、美丽河湖建设和涉河涉堤建设项目批后监管等模块的建设。全面完成省委全面深化改革委员会办公室要求的水域监管"一件事"应用试点建设，通过跨部门跨层级联动协同，实现牵头部门（水利）与各责任部门（自然资源和规划、环保、建设、交通、农业执法）、乡镇（街道）之间的功能贯通、机制贯通和数据贯通。

"美丽河湖"建设

【概况】　2022年，全省建成"美丽河湖"142条（个），总长1278.3km，贯通滨水绿道1275km（新建362km），打造滨水公园、水文化节点、亲水平台等417个，新增绿化面积160万m²，新增水域面积近7.3万m²，河湖沿线新开设农家乐、民宿314处，完成投资约15.1亿元。全年完成中小河流治理675km，完成率135%，超额完成年度民生实事任务。

【"美丽河湖"建设服务指导】　2022年，省政府民生实事年度目标计划新增美丽河湖100条，省水利厅联合省治水办（省河长办）下达年度建设计划147条，省水利厅、省河长办组织成立4个省级复核工作组赴11个设区市开展民生实事项目服务指导，按现场抽验数量不低于计划数的30%原则，现场抽检"美丽河湖"55条（个），同步在浙里办软件"九龙联动治水"应用河湖库保护平台上线"美丽河湖"模块，在线核查144条（个）"美丽河湖"验收材料，通过省级复核142条（个），确保高质量完成民生实事任务。

【"美丽河湖"验收复核工作】　2022年11月，在市级验收的基础上，省水利厅、省河长办组织开展省级现场复核。根据《浙江省美丽河湖建设评价标准（试行）》，严格遵照美丽河湖建设质量要求，最终公告142条（个）省级美丽河湖（其中河流122条、湖泊17个、水库3个）。

【"美丽河湖"建设成效】 2022年，全省完成"美丽河湖"建设142条（个），见表1，总长1278.3km，贯通滨水绿道1275km（新建362km），打造滨水公园、水文化节点、亲水平台等417个，新增绿化面积160万m²，新增水域面积近7.3万m²，河湖沿线新开设农家乐、民宿314处，完成投资约15.1亿元。85个县（市、区）、200个乡镇（街道）、908个村庄（社区）、300万人口直接受益。金华梅溪水利风景区、丽水龙泉欧江源—龙泉溪水利风景区、湖州市德清

洛舍漾水利风景区等3个景区入围国家水利风景区。建德新安江—富春江水利风景区、信安湖水利风景区入选红色基因水利风景区名录，建德新安江—富春江水利风景区入选第二批国家水利风景区高质量发展典型案例重点推荐名单。《宿建德江》（建德新安江—富春江水利风景区）、《江河安澜荡漾美好生活》（海宁钱江潮韵度假村水利风景区）分别获得第四届"守护幸福河湖"短视频征集活动"60秒看水美中国"专题活动一等奖、三等奖。

表1　2022年省级"美丽河湖"名录

序号	所在市	县（市、区）	河（湖）名称	河湖类型	建设规模/(km/km²)
1	杭州市	上城区	丰收湖—九沙河水系	河流	7.10
2		西湖区	铜鉴湖	湖泊	4.35
3		拱墅区	亚运公园片区	河流	10.30
4		滨江区	永久河片区	河流	9.13
5		萧山区	楼塔溪—永兴河	河流	9.10
6		余杭区	澄清港（下坥村—澄清闸站）	河流	6.91
7			大世漾	湖泊	0.16
8		富阳区	北支江	河流	12.50
9		临安区	南溪（碧淙桥—南苕溪汇入口）	河流	10.00
10			南苕溪（里畈水库—青山水库）	河流	21.54
11		钱塘区	下沙高教园片区	河流	10.00
12		临平区	北塔漾	湖泊	0.41
13			西太漾	湖泊	0.27
14		桐庐县	富春江（建德交界处—周家村；富春江三桥—富阳交界处）	河流	21.50
15			江南古村落水系	河流	5.20
16		淳安县	梓桐源	河流	23.70
17		建德市	兰江（大洋章家—严东关）	河流	23.50
18			寿昌江（寿昌段）	河流	10.90
19			清渚溪（钦堂段）	河流	9.40
20			寿昌江（航头段）	河流	8.30

续表

序号	所在市	县 (市、区)	河(湖)名称	河湖类型	建设规模 /(km/km²)
21	宁波市	海曙区	月湖	湖泊	0.10
22		江北区	江北大河水系	河流	14.20
23		鄞州区	东江(东江闸—大荻闸)	河流	6.20
24			咸祥河(金鸡碶—横山碶)	河流	13.50
25		镇海区	箭港河水系	河流	5.20
26		北仑区	沿山大河(璎珞村—算山碶)	河流	13.70
27			三眼桥江片河 (东环北路—王家洋闸)	河流	7.64
28		高新区	甬新河、老杨木碶河、新杨 木碶河(通途路—甬江)	河流	0.77
29		奉化区	剡江(畸山—萧王庙)	河流	6.00
30		余姚市	隐溪河(含森林溪、云溪河)	河流	11.58
31			最良江(含老最良江、竹山江)	河流	7.00
32		慈溪市	四灶浦(三北大街北—六塘横江)	河流	1.92
33			中部三塘横江	河流	9.92
34		宁海县	五市溪	河流	5.30
35			双湖溪(甽水溪)	河流	7.80
36		象山县	泗洲头溪	河流	6.20
37	温州市	鹿城区	共青湖	湖泊	0.11
38		龙湾区	中横河(空港二路—永裕路)	河流	5.07
39			环城河—东门浦	河流	5.80
40		瓯海区	龙舟湖	湖泊	0.19
41		龙港市	月湖水网	湖泊	0.10
42		永嘉县	小楠溪(永嘉书院—大楠溪)	河流	5.60
43		泰顺县	东溪	河流	10.00
44		乐清市	四都溪	河流	5.50
45			中央绿轴城区水网	河流	5.30
46		平阳县	鳌江(顺溪段)—只音溪	河流	5.90
47			万全镇周垟村河网	河流	5.20
48		瑞安市	飞云江(高楼段)	河流	7.10
49		苍南县	莒溪(高山村—桥墩水库)	河流	8.00
50		瓯江口产业集聚区	瓯锦河(雁鸣路—雁宵路)	河流	5.33

续表

序号	所在市	县 (市、区)	河(湖)名称	河湖类型	建设规模 /(km/km²)
51	湖州市	吴兴区	潞村水系	河流	11.00
52			下沈港(老虎潭水库—埭溪大桥)	河流	6.00
53		南浔区	前口漾水系	湖泊	0.15
54			月明塘	河流	6.90
55		德清县	南湖漾	湖泊	0.13
56			齐眉山漾	湖泊	0.34
57			凤栖湖	湖泊	0.13
58		长兴县	人塘河水系	河流	6.00
59			大荡漾水系	湖泊	0.73
60			长湖北线(古龙村—童桥村)	河流	12.00
61			长兴港(家之窗—太湖口段)	河流	7.31
62			泗安塘(中泗安村—杨吴村)	河流	36.40
63		安吉县	景溪(罗家费水库—老石坎水库)	河流	5.40
64		湖州南太湖新区	七里亭港	河流	5.00
65	嘉兴市	南湖区	许车浜水系	河流	5.20
66		秀洲区	西千亩荡	湖泊	0.83
67		海宁市	亭子桥港水系	河流	10.60
68			秤钩港水系	河流	5.00
69		平湖市	杉青港连片水系	河流	6.50
70		嘉善县	沉香荡	湖泊	0.78
71			北鹤水系	河流	3.72
72		桐乡市	上塔庙港水系	河流	8.90
73		海盐县	白洋河(西塘桥段、秦山段)	河流	14.40
74			雪水港水系	河流	10.50
75			圆弧桥港、荷花池、东风桥港水系	河流	7.10
76	绍兴市	越城区	东浦古镇段河道(大树江、鹅池江)	河流	7.50
77			洋泾湖	湖泊	0.49
78		柯桥区	瓜渚湖直江 (瓜渚湖—滨海大河)	河流	9.60

序号	所在市	县 (市、区)	河(湖)名称	河湖类型	建设规模 /(km/km²)
79	绍兴市	柯桥区	曹娥江柯桥区段 (新三江闸—曹娥江大闸)	河流	11.50
80		上虞区	丰惠街河	河流	6.60
81			朱巷河	河流	5.70
82			十八里河	河流	6.30
83			石井水库	水库	0.42
84		诸暨市	珍珠湖	湖泊	0.11
85			征天水库	水库	0.88
86			浦阳江上游段 (安华水库—范蠡桥)	河流	22.75
87			马剑溪	河流	21.00
88		嵊州市	澄潭江(田东村—新市电站)	河流	13.20
89		新昌县	桃源江	河流	11.60
90			石门水库	水库	0.19
91			合溪江	河流	18.40
92	金华市	婺城区	金华江 (环城西路桥—兰溪交界)	河流	11.00
93		金东区	八仙溪(235 国道—330 国道)	河流	5.00
94		兰溪市	兰江(天下江南景区—617 县道)	河流	22.30
95		东阳市	南江画水段 (南下线桥—东义交界)	河流	17.20
96		义乌市	吴溪(光明村—义乌江汇入口)	河流	8.00
97			梅溪(深塘坞村—长堰水库)	河流	5.00
98			洪巡溪(北站大道—义蒲交界)	河流	7.00
99		永康市	酥溪(城东路—英村)	河流	8.50
100		浦江县	东溪(仙华路—江滨中路)	河流	6.40
101			蜈蚣溪(黄大溪—210 省道)	河流	17.20
102		武义县	菊溪	河流	22.20
103		磐安县	始丰溪(茶潭水库—方前村)	河流	10.00

序号	所在市	县 (市、区)	河(湖)名称	河湖类型	建设规模 /(km/km²)
104	衢州市	柯城区	乌溪江(307县道—白沙南路)	河流	18.00
105		柯城区	常山港(沟溪—衢江汇合口)	河流	15.50
106		衢江区	衢江高家段	河流	9.30
107		衢江区	胜塘源	河流	11.60
108		衢江区	下山溪(虹峰村—衢江)	河流	15.10
109		江山市	江山港上余四都段	河流	14.20
110		江山市	丰足溪	河流	11.60
111		龙游县	灵山港(塔山—石角大桥)	河流	10.20
112		常山县	常山港阁底段	河流	10.00
113		开化县	龙山溪华埠段	河流	11.50
114	舟山市	岱山县	长西河道水系	河流	2.07
115		岱山县	岱南标准河道	河流	2.08
116	台州市	椒江区	永宁河(栅浦闸—高闸浦)	河流	8.40
117		黄岩区	东官河	河流	10.00
118		路桥区	新桥浦	河流	6.70
119		玉环市	西塘河	河流	5.16
120		三门县	珠游溪	河流	10.00
121		临海市	义城港	河流	13.85
122		天台县	始丰溪(石门水库—浙酉大桥)	河流	12.50
123		天台县	大淡溪	河流	11.30
124		温岭市	坞根大塘	河流	10.00
125		仙居县	永安溪(永安溪大桥—石牛大桥)	河流	25.00
126		仙居县	十七都坑	河流	11.00
127		台州湾新区	长浦河	河流	5.50
128	丽水市	莲都区	小安溪(枫树圩电站—大溪)	河流	6.80
129		莲都区	仙渡溪	河流	7.90
130		龙泉市	竹垟溪	河流	10.10
131		青田县	瓯江(五里亭电站—外雄电站)	河流	12.00
132		缙云县	好溪(桥埠头大桥—东渡大庭)	河流	24.40
133		缙云县	樟溪	河流	14.53

续表

序号	所在市	县（市、区）	河（湖）名称	河湖类型	建设规模/(km/km²)
134	丽水市	遂昌县	湖山源上游段	河流	8.50
135		松阳县	安民溪（李坑村—小港）	河流	20.20
136			竹溪源（大竹溪村—松阴溪）	河流	5.00
137			小港黄南段	河流	7.30
138			松阴溪（松州大桥—吕潭村）	河流	14.40
139		云和县	龙泉溪（石塘水库—规溪村）	河流	7.00
140		庆元县	小安溪（东村—安溪村）	河流	6.00
141			安溪（松源溪—安溪村）	河流	16.50
142		景宁畲族自治县	梅岐坑	河流	14.50

【中小河流治理成效】 2022 年，全省中小河流治理工作纳入省政府民生实事内容，计划综合治理 500km，涉及项目 119 个。全年完成河道治理长度 675km，完成率 135%，投资 27 亿元，新建加固堤防护岸长度 602km、绿化面积 78 万 m²，新增亲水便民设施 293 个，受益村庄 537 个，保护人口 94.3 万人，保护耕地面积 2.22hm²。通过综合治理有效改善河湖生态环境，助推乡村振兴和产业发展。

（唐建涛、杜涛炜、李庆盂）

河湖水域岸线管理保护

【概况】 2022 年，省水利厅依照《水利部关于加强河湖水域岸线空间管控的指导意见》《水利部公安部关于加强河湖安全保护工作的意见》，践行习近平总书记治水重要论述精神，深入推进河湖"清四乱"（指乱占、乱采、乱堆、乱建）常态化规范化，严格管控河湖水域岸线，强化涉河建设项目和活动管理，全面清理整治破坏水域岸线违法违规问题，加大河湖保护治理力度，以保障水域空间布局合理与功能健康永续。

【河湖空间管控】 2022 年，省水利厅完成对流域面积 50km² 以上 856 条河流（总长度为 2.2 万 km）和常年水面面积 1km² 以上 57 个湖泊管理范围线的复核和调整，纠正不以干堤而以民堤（或圩堤等）划定河湖管理范围、不按相关法律法规规定将洲滩划出河湖管理范围等划界问题。运用智能模型监测和处理全省水域变化遥感影像图斑 4858 处，按照水域类型、行政区划等分类统计分析水域变化，以"一市一单"形式通报各市水域变化数据。全省水域面积全年实际增加 21.75 万 m²，涉水活动数量较 2021 年度有所减少，占补趋向平衡。

【河湖"清四乱"】 2022年，省水利厅制定河湖"清四乱"暗访督查方案，完善监测监控体系，通过自查、暗访、卫星遥感、无人机航拍等方式，发现四乱问题2446个，整改完成率98.1%。开展省级现场监督检查河湖/点位644条（个），发现问题195个，全部督促整改完毕。做好省级涉河涉堤建设项目审批和监管，审查审批项目10个，批后监管项目82个。处置水利部暗访发现的钱塘江3号、4号盘头历史遗留重大乱建问题，拆除违建面积4.6万 m^2。

【河道疏浚采砂管理】 2022年，省水利厅印发《浙江省水利厅关于深入贯彻落实中央和省委经济工作会议精神进一步加强河湖库疏浚砂石综合利用工作的通知》（浙水河湖〔2022〕3号），促进河湖库砂石综合利用，助推扩大有效投资。在全省范围内启用电子采砂许可证；完成为期一年的非法采砂整治专项行动，查处非法采砂行为144起，移送行政处罚案件81起、刑事案件3起，河湖库疏浚采砂秩序持续向好，河湖库健康得到进一步保护。抽查复核全省6个市9个县（市、区）疏浚及采砂项目23个。

【河湖管理数字化应用】 2022年，在浙里办软件"九龙联动治水"应用"河湖库保护"业务平台上线"河湖库采砂疏浚管理"模块，全面掌握全省砂石资源储量、疏浚采砂项目规划计划、项目实施及过程监管、砂石资源收益及处置等情况，系统提升河湖库疏浚采砂业务的管理水平。全省收集采砂疏浚相关规划25项，年度计划（含应急计划）85项，疏浚采砂项目107项，涉及砂石总量约2370万t。钱塘江流域防洪平台水域遥感上线涉水项目管理功能，系统收录省级审批项目资料109项，市、县级审批项目批文信息等6000余项。

（王恺、安剑春、陈海鹏）

水利工程运行管理

Hydraulic Engineering Operation Management

水利工程安全运行

【概况】　2022 年，浙江省各级水行政主管部门及水利工程管理单位聚焦"党建统领、业务为本、数字变革"三位一体统筹发展，深入推进系统治理和"三化"改革，深化标准化管理，着力提升管理效能，全力应对梅雨洪水、第 11 号台风"轩岚诺"、第 12 号台风"梅花"和持续干旱少雨天气，确保了水库无一垮坝，主要江河堤防、标准海塘及水闸、泵站无一决口，牢牢守住了水利工程安全底线，并促进水利工程充分发挥了防洪排涝、灌溉供水、生态休闲等功能。

【安全责任制落实】　2022 年 2 月，省水利厅印发《浙江省水利厅关于全面落实 2022 年度水库大坝等水利工程安全管理责任人的通知》（浙水运管〔2022〕2 号），要求明确并及时公布水库大坝、水闸、泵站、堤防、引调水工程等水利工程安全管理责任人。对有管理单位的水利工程明确政府行政责任人、水行政主管部门责任人、主管部门（产权人）责任人、管理单位责任人、技术责任人和巡查责任人；对无管理单位的水利工程明确政府行政责任人、水行政主管部门责任人、主管部门（产权人）责任人、技术责任人和巡查责任人。水利工程安全管理责任人由工程所在地水行政主管部门督促工程主管部门（产权人）按隶属关系进行落实，并按监督管理权限分级公布。

4 月，省水利厅印发《关于公布2022 年全省大中型水库大坝等水利工程安全管理责任人和蓄滞洪区防汛责任人的通知》（浙水运管〔2022〕4 号），公布大中型水库大坝（含水电站大坝）、大型水闸、大型泵站、二级以上堤防（含海塘）安全管理责任人。市、县级水行政主管部门根据管理权限公布其他水利工程安全管理责任人。所有责任人录入"工程运管"应用，实行动态管理，其中水库防汛"三个责任人"（行政责任人、技术责任人、巡查责任人）同步录入全国水库运行管理信息系统，并组织新任水库"三个责任人"完成全国水库运行管理平台上 16 门课程学习。省水利厅组织对 8000 余名责任人进行视频培训，培训内容包括水库系统治理（除险加固）、隐患排查整改、安全鉴定管理、水雨情测报、大坝安全监测等业务知识。在防御梅雨洪涝和"轩岚诺""梅花"台风期间，省水利厅每日抽查水库山塘责任人履职情况，保证责任人到岗到位。配合水利部建安中心为浙江省举办水库运行管理视频培训，邀请全国知名专家讲授水库安全管理、日常管护、防汛调度等方面知识。

【水利工程安全度汛】　2022 年 4 月，省水利厅召开全省水旱灾害防御工作视频会议，传达全国水旱灾害防御工作会议、水利工程运行管理工作会议和水库安全度汛会议精神和省领导批示精神，分析水利工程安全度汛形势，部署水库安全度汛重点工作。汛前，组织开展以水库为重点的水利工程检查和安全风险隐患排查整治，共排查水库 4277 座、水闸 2348 座、堤塘 2887 条（段），发现

653 个水利工程存在 1026 个问题。

5月，省水利厅组织开展水库泄洪设施专项排查，发现泄洪设施阻塞、侵占问题 39 个。对检查发现的安全隐患问题纳入"工程运管"应用，实行闭环管理，及时整改到位。对水利部及太湖流域管理局检查发现的问题，及时跟踪督办，实行限期销号。调整充实水库山塘安全度汛工作专班人员，按照三类坝水库主汛期原则上一律空库运行的要求，逐库核实三类坝水库空库运行条件和有关措施落实情况，并报水利部备案。梅雨、台风期间每日抽查水库山塘责任人履职情况和三类坝水库空库运行情况，督促各地开展风险隐患排查整改。针对兰溪市官山垅水库上游坝坡浅层滑动事件，省水利厅第一时间组织专家赴现场调查处置，约谈了官山垅水库"三个责任人"，并将此问题列入省水利厅"七张清单"闭环管理。

12月，根据水利部《关于强化水库漫坝险情和垮坝事件调查处理工作的意见》（水运管〔2022〕393 号），省水利厅印发《贯彻落实水利部关于强化水库漫坝险情和垮坝事件调查处理工作的意见的通知》（浙水运管〔2022〕15 号），对水库安全管理责任、水库工程建设质量管理、水库运行管护、培训与教育和漫坝垮坝事件调查处理提出了明确的要求。

【水库大坝注册登记】　按照水利部《水库大坝注册登记办法》等有关规定和《关于开展水库大坝注册登记和复查换证工作的通知》要求，督促各地做好国家电网系统外的新建水库大坝注册登记

和登记事项发生改变的水库大坝变更登记，水库大坝及配套设施全部完工并验收合格后 3 个月内办理注册登记或变更注册事项登记。18 座国家电网系统水库由国家能源局大坝安全监察中心注册登记。至年底，全省（含国电系统）在册水库大坝 4271 座，其中，大型 34 座，中型 163 座，小型 4074 座。全省在册水库大坝分市数量，见表1。

表1　2022 年全省在册
水库大坝分市数量

规模市名称	大型	中型	小型	合计
杭州	4	14	613	631
宁波	6	26	364	396
温州	1	18	308	327
湖州	4	7	144	155
绍兴	6	13	533	552
金华	2	27	768	797
衢州	5	11	449	465
舟山	0	1	208	209
台州	4	14	329	347
丽水	2	32	358	392
合计	34	163	4074	4271

【水利工程安全鉴定】　按照水库等水利工程安全鉴定常态化要求，落实分解 2022 年水利工程安全鉴定计划 500 项，并纳入水利争先创优和综合考核。全年完成水利工程安全鉴定 989 个，其中水库 381 座，大中型水闸 45 座。省水利厅组织完成钦寸、里石门、安华等 3 座水库和姚江大闸、大嵩江闸等水闸的安全鉴定技术审查，并组织专业机构对市、

县（市、区）负责审查、审定的中小型水利工程安全鉴定成果进行复核。

【水库系统治理】　根据《国务院关于"十四五"水库除险加固实施方案的批复》（国函〔2021〕139号）和水利部、国家发展改革委、财政部印发的《"十四五"水库除险加固实施方案》（水运管〔2022〕16号），8月17日，经省政府同意，省水利厅、省发展改革委、省财政厅联合印发《浙江省水库除险加固（系统治理）实施方案（2022—2025年》（浙水运管〔2022〕10号）。方案就加快病险水库除险加固、水库监测设施建设与配套设施改造提升和健全水库运行管护长效机制提出了明确要求，计划到2025年年底，实现水库安全鉴定、除险加固、运行管护常态化管理，基本构建责任主体明确、工程安全生态、管理智慧高效的小型水库治理体系，省域水库治理现代化走在全国前列。省水利厅组织专业机构为10个市（除嘉兴市）23个县（市、区）提供水库系统治理技术服务，指导水库安全鉴定、除险加固、配套设施改造提升和降等报废等工作。

2022年，全省完成水利工程安全鉴定989个，超年度计划97%，其中水库381座，巩固了安全鉴定常态化成果；完成水库除险加固231座，超年度计划15%，2021年6月底前鉴定的三类坝水库存量除险加固全部开工或降等报废；完成水库配套设施改造提升406座，超年度计划35%；完成水库降等报废15座。

【水利工程控制运用】　省水利厅及时组织编制水库等水利工程2022年度控制运用计划，省级完成32座大型（陈蔡水库除险加固，四明湖水库自溃坝改造，按在建工程管理）、跨市安华水库和4座跨设区市大中型闸站（上浦闸改造提升，按在建工程管理）的控运计划核准。优化汛前、入汛至入梅、梅汛期和梅台过渡期、出汛前的水位控制，增加生态流量控制要求；其他水利工程由市、县（市、区）水行政主管部门完成核准。针对青山水库、横山水库等6座大型水库正在实施防洪能力提升工程的情况，组织专家赴水库现场逐库研究，根据建设内容和施工安排，制定"一库一策"，指导控运计划或度汛方案编制。

依托"工程运管"应用和"智慧水库""海塘防潮"智能模块，在2022年防御梅雨和"轩岚诺""梅花"台风中，密切监视雨情、水（潮）情、工情，动态分析水库拦洪能力和海塘防御能力，滚动研判水利工程安全风险，及时发送提示单。据统计，在防御梅雨和台风洪水期间，大中型水库预泄12.49亿 m^3，拦蓄33.07亿 m^3，沿海平原河网排水19.55亿 m^3，保证了汛情总体可控。针对梅汛期及出梅后降雨明显偏少的情况，大中型水库发挥了显著保供水作用，浙东引水工程向绍兴、宁波、舟山供水1.89亿 m^3，调度乌溪江引水工程向下游供水1.02亿 m^3，有力保障了重点区域和重要城市供水安全。对水库、水闸、泵站控制运用情况进行线上、线下监督，动态掌握水库蓄水和放水情况，及时提醒严格执行控制运用计划，避免发生违规超蓄或放水现象。全省大中型水库、水闸、泵站管理单位严格执行经批准的调度方案和控制运用计划。

【水库降等报废】　2022年，省水利厅加强水库降等报废监管，组织开展水库降等报废指导服务，督促各地严格执行《水库降等报废管理办法》等制度，规范水库降等报废工作程序，确保水库安全。全年共有9座小型水库降等、6座小型水库报废，见表2。

表2　2022年全省水库降等报废名单

序号	工程名称	市	县（市、区）	工程规模	处置类型
1	月塘水库	杭州市	建德市	小（2）型	降等
2	花叉水库	宁波市	宁海县	小（2）型	降等
3	小坑边水库	温州市	文成县	小（2）型	降等
4	丰收水库	绍兴市	嵊州市	小（2）型	降等
5	蒲池塘水库	金华市	浦江县	小（2）型	降等
6	隔山水库	金华市	东阳市	小（2）型	降等
7	龙皇堂水库	台州市	温岭市	小（2）型	降等
8	中畚水库	舟山市	定海区	小（2）型	降等
9	白坦水库	丽水市	景宁县	小（2）型	降等
10	生牛坞水库	杭州市	临安区	小（2）型	报废
11	丰产水库	杭州市	建德市	小（2）型	报废
12	沿源水库	绍兴市	新昌县	小（2）型	报废
13	鲶鱼山水库	绍兴市	上虞区	小（2）型	报废
14	流岸水库	金华市	磐安县	小（2）型	报废
15	清水源水库	丽水市	遂昌县	小（1）型	报废

（柳卓）

深化水利工程标准化管理

【概况】　根据《水利部关于印发〈关于推进水利工程标准化管理的指导意见〉〈水利工程标准化管理评价办法〉及其评价标准的通知》（水运管〔2022〕130号）、《水利部办公厅关于做好水利工程标准化管理有关工作的通知》（办运管〔2022〕129号）和《浙江省发展改革委浙江省水利厅关于印发〈浙江省水安全保障"十四五"规划〉的通知》（浙发改规划〔2021〕127号）等要求，结合浙江实际，深化水利工程标准化管理。

【制度标准体系】　2022年，省水利厅组织完成《海塘工程基础数据规范》《水库工程基础数据规范》等2项标准制定，开展《水闸工程基础数据规范》《泵站工程基础数据规范》《堤防工程基础数据规范》《大中型水库管理规程》《大中型水闸管理规程》等5项标准立项申报；研究起草了《浙江省大中型水库工程标准化管理评价标准》《浙江省小型水库工程标准化管理评价标准》《浙江省大中型水闸工程标准化管理评价标准》《浙江省大中型泵站工程标准化管理评价标准》《浙江省堤防工程标准化管理评价标准》《浙江省海塘工程标准化管理评价标准》等6项标准化管理评价标准；调研起草《浙江省沿海防潮二道防线编制技术要求》。

至年底，水利工程管理地方标准有11项，分别为《大中型水库管理规程》（DB33/T 2013—2018）、《小型水库管理规程》（DB33/T 2214—2019）、《山塘运行管理规程》（DB33/T 2083—2017）、《堤防工程管理规程》（DB33/T 2201—2019）、《海塘工程管理规程》（DB33/T 596—2019）、《大中型水闸运行管理规程》（DB33/T 2109—2018）、《泵站运行管理规程》（DB33/T 2248—2020）、《农村供水工程运行管理规程》（DB33/T 2264—2020）、《农村水电站管理规范》（DB33/T 2008—2016）、《水文测站运行管理规程》（DB33/T 2084—2017）、《水利工程标识牌设置规范》（DB33/T 2196—2019）；由省水利厅颁发试行的水利工程管理标准有2项，分别为《大中型灌区运行管理规程（试行）》和《圩区运行管理规程（试行）》。

【标准化管理创建】　2022年，省水利厅印发《浙江省深化水利工程标准化管理实施方案》（浙水运管〔2022〕11号）。对标对表水利部标准，巩固完善标准化管理创建成果，指导已完工的新建、改建、扩建和除险加固工程开展标准化管理创建，省水利厅完成新建的龙游县高坪桥水库、仙居县盂溪水库等2座中型水库标准化管理创建省级验收以及杭州市闲林水库、长兴县合溪水库和金华市沙畈水库等3座大中型水库省级标准化管理工程评价（认定）。杭州市闲林水库、长兴县合溪水库和金华市沙畈水库等3座大中型水库申报水利部标准化管理评价，并成为首批通过水利部标准化管理评价的工程。

【维修养护】　2022年，水利部、财政部首次安排浙江省小型水库维修养护中央补助资金，补助资金7633万元，涉及小型水库2861座。大力推行水利工程物业化管理，10464个水利工程实行物业化管理，签订物业管理合同1591个，合同总金额11.72亿元，其中维修养护等物业管理核心业务9.3亿元。

【物业管理企业】　至年底，全省承担水利工程物业管理的单位有811家，其中合同金额1000万元以上的有18家，其中前三位的为浙江江能建设有限公司、浙江钱塘江海塘物业管理有限公司、浙江鑫煌环境工程有限公司，物业管理合同额分别为1.18亿元、0.33亿元、0.3亿元。

【典型经验推广】 2022 年 3 月，水利部印发《关于推进水利工程标准化管理的指导意见》，在全国推广浙江省标准化管理实践经验；水利部运管司在《人民日报》、新华网、央视新闻、《中国水利》等多家中央媒体（客户端）上报道浙江省水库除险加固和运行管护经验。省水利厅在全国水利工程运行管理工作会议、水库除险加固推进会等会议上作典型交流发言，水利部领导讲话中多次点名表扬浙江省水利工程运行管理工作。

水利工程管理体制改革

【概况】 2022 年，省水利厅践行"节水优先、空间均衡、系统治理、两手发力"治水思路，聚焦水利工程系统治理，以"三化"改革为动力，深化水利工程管理体制改革，明晰工程产权，落实管护资金，建立长效管理机制，取得明显实效。

【水利工程确权登记】 至年底，全省开展水利工程确权登记，颁发各类证书 8358 本，其中不动产权证书 360 本、国有土地使用证（海域使用权证）398 本、政府授权水利等部门颁发设施所有权证 6282 本、水利等部门颁发设施所有权证 1141 本。按工程类型，颁发不动产权证书前三位的是水库、水闸、泵站，分别为 245 项、44 项、40 项；按设区市划分，颁发不动产权证书前三位是绍兴市、台州市、温州市，分别为 98 项、68

项、39 项。

【水利工程管理与保护范围划定】 2022 年，按照水利部《"十四五"水利工程管理与保护范围划定实施方案》要求（水运管〔2022〕41 号）"各省级水行政主管部门制定省级工作方案和分年度实施计划"，省水利厅印发了《浙江省水利工程管理与保护范围划定实施方案及分年度计划（2022—2024 年）》（浙水运管〔2022〕8 号）。至年底，全年完成 5 座水库、5 座水闸、552km 堤防的管理和保护范围划定，分别占年度计划 4 座水库、5 座水闸、516km 堤防的 125％、100％、106％。

【小型水库专业化管护】 2022 年，根据水利部、国家发展改革委、财政部印发的《"十四五"水库除险加固实施方案》（水运管〔2022〕16 号）要求，2022 年底前小型水库全面实行专业化管护。浙江省小型水库共 4084 座，其中，小（1）型水库 727 座、小（2）型水库 3357 座。小型水库按有无管理单位分，有管理单位的小型水库 804 座，无管理单位小型水库 3280 座。无管理单位小型水库按规模进行划分。无管理单位的 3280 座小型水库中，小（1）型 403 座、小（2）型 2877 座。至年底，浙江省推行县级统管、区域集中、政府购买服务、以大带小等小型水库专业化管护模式，无管理单位小型水库 100％实行专业化管护。

【改革典型案例】 绍兴市水利工程不动产权登记率先取得突破。为有效破解水利工程产权化改革推进慢、推进难的问题，绍兴市在全省率先出台水利工程不动产权登记的政策，绍兴市自然资源和规划局、绍兴市水利局研究制定了《关于推进绍兴市水利工程不动产权登记工作的指导意见》（以下简称《指导意见》）；推动汤浦水库完成不动产登记，并取得全省首本包括水库大坝枢纽建筑物所有权及所依附国有土地使用权的大型水库不动产登记证书，形成了一套较为可行的水利工程不动产登记做法和经验。至年底，全市规模以上水利工程产权登记率 58.6%，其中 106 座水利工程（大型水库 1 座、小型水库 81 座，其他水利工程 24 座）取得了不动产权登记证书。

1. 突破产权化制度约束。绍兴市将水利工程"三化"改革列入市年度重点工作清单，市委、市政府主要领导多次组织会商协调，市级层面组建协调工作组，加强政策业务指导，县级层面组建落实工作组，强化属地主体责任，联动推进水利工程不动产权登记工作。同时，市水利局主动向市政府争取，将水利工程产权化改革工作纳入市长交办任务，建立专班抓、周推进、月汇报的工作机制，及时发现、协调、解决工作推进中存在的难点问题。

为解决该市水利工程不动产权登记存在的工程建设验收资料不全、程序不到位、土地权属无来源依据等历史遗留问题，市水利局会同市自然资源和规划局对越城区、诸暨市和新昌县等地的 60 余个乡（镇、街道）开展专题调研，收集剖析工作中存在的难点问题。以问题为导向，召开专家论证会，重点研究解决了"1987 年以前建成的水利工程所使用的集体土地权属无来源依据，水利工程范围内涉及林地、耕地，办理材料缺失"等问题，以《中华人民共和国民法典》《不动产登记暂行条例》《不动产登记暂行条例实施细则》等法律法规、政策文件为依据，紧扣水利工程产权化改革痛点、难点，合法合规地逐一提出解决方案，归纳形成了一套可操作的水利工程不动产权登记办理流程。

以市政府交办清单为契机，在广泛调研、全面梳理、深刻剖析的基础上，基于全市水利工程产权化改革现状，市水利局联合市自然资源和规划局起草形成《指导意见》，并两次面向相关行业和社会公众征求意见，修订 18 稿后正式印发。《指导意见》从水利工程不动产权登记的基本原则、工作目标和范围、登记权利类型、登记流程、部门职责、保障措施等方面提出明确意见，成为全省首个出台的水利工程不动产权登记政策，从制度体系上破解了水利工程不动产登记的堵点，为加快水利工程不动产权登记提供了政策依据。

2. 协同建立产权化工作机制。依托省水利厅"工程运管"应用，全面摸排，建档立卡，厘清全市 961 座规模以上水利工程基本信息及安全状况。依据水利部和财政部《关于深化小型水利工程管理体制改革的指导意见》，按照"谁投资、谁所有、谁受益、谁负担"的原则，对水利工程按投资兴建的对象不同进行了分类，进一步明确了不同类型水利工程的权利归属。依据《不动产登记暂行条例实施细则》，按照水利工程所附属土地性质的不同，分别对国有土地和集体土地上水利工程确权的权利人、权利类型等提出明确的规定，进一步提升了水利工程不动产权登记的可操作性。

遵循产权保护和维护政府公信力的准则，按照问题导向、目标导向，尊重历史、照顾现实，缺什么补什么、谁审批谁负责的总体原则，从地籍调查及权属确定、不动产登记申请、不动产核准登记颁证等方面对水利工程不动产登记工作提出了明确的规定，推进办理事项清单化、办事流程简便化。同时，《指导意见》明确了各相关政府部门职责分工，通过强化部门协同，确保政策措施落地落实，加快推动全市水利工程不动产权登记工作。如诸暨市赵家镇柴塘坞水库，通过现场踏勘、资料查阅及走访座谈等方式认定土地权属来源及演变情况，由相应集体经济组织出具具结书作为依据，解决工程建设相关审批资料缺失的问题，较常规办证周期缩短一个多月，从根本上解决了水利工程确权办证难、手续材料缺、流程复杂等难题。

2022年以来，全市摸排厘清引调水工程、防洪（潮）工程、治涝工程、灌溉工程、水库工程及水文基础设施工程等6大类681项水利基础设施存量资产现状，完成水利基础设施会计核算和资产入账，为下一步盘活资产打下良好基础。依托绍兴市水管理平台，实现规模以上水利工程一张图管理，通过信息化手段，构建线上线下监管新模式。持续健全水利工程监测感知体系，积极探索使用自动化、智能化监测感知设备，提升水利工程数字化水平，全市拥有1000余个高清红外监控和高位视频监控等可视化及水雨情监控装备，24小时监控重点水利工程运行状况，"零死角"收集工情信息。同时积极试点探索汤浦水库、钦寸水库等数字水利工程建设，构建智能决策分析模块，提升水利工程智慧化管理水平。

3. 创新融资，依托产权化提能增效。绍兴市现有水库554座，山塘3109座，堤防海塘等218段，水利工程数量均位居全省前列。该市高度重视水利工程安全管理工作，把水库山塘除险加固等作为民生实事来抓。"十三五"以来，累计完成水库除险加固170余座次、山塘整治860余座次；完成曹娥江、浦阳江综合治理工程，累计完成干支流堤防加固150km、河道整治200km，水库山塘堤防安全运行水平不断提高。2022年起，安全鉴定已实现常态化管理，存量三类坝水库除险加固已全部开工建设，全面实现应鉴必鉴、该治全治，为产权化登记筑牢基础。

以水库系统治理和水利工程管理体制机制改革为契机，绍兴市先后印发《绍兴市水库山塘系统治理实施方案》《绍兴市深化水利工程标准化管理实施方案》，全面推进水利工程系统治理，深化水利工程标准化管理，积极构建功能定位适宜、产权归属清晰、责任主体明确、工程安全生态、管理智慧高效的水利工程治理体系。如诸暨市陶朱街道创新开展小型水库"三权分置"试点，在实施除险加固和系统治理的基础上，将小型水库所有权、管理权、经营权三权分置，一方面通过将水库渔业资源生态化经营等方式，增加村集体经营性收入；另一方面通过明确管理模式、规范管理行为等方式，确保水库正常运行，实现水库安全、高效、良性运行管理。

绍兴市创新思路，拓展以汤浦水库为典型的水利工程融资新模式。在汤浦水库完成不动产登记并取得不动产登记证书的前提下，围绕进一步盘活存量资产扩大有效投资的思路，推进汤浦水库发行公募 REITs 工作，通过盘活资产、回收资金作为曹娥江防洪控制性工程镜岭水库的建设资本金，不仅进一步筑实水利工程项目资金"蓄水池"，也为全市水利工程创新融资提供新思路。

（吕天伟）

水利行业监督

Water Conservancy Industry Supervision

139～147 页

综 合 监 管

【概况】　2022 年，省水利厅聚焦"党建统领、业务为本、数字赋能"，依法依规履行监督管理职责，推动全省水利工作高质量发展。省水利厅水利监督工作获水利部监督司致信表扬，水利监督工作做法入选水利部《监督月报》（2022年第 8 期）典型案例。

【各级监督检查】　2022 年，省水利厅严格执行中央、浙江省关于规范督查检查的有关文件，统筹监督检查事项并缩减为 19 项，印发《浙江省水利厅 2022年督查检查计划》，明确检查内容、检查方式和责任部门等。省水利厅全年派出督察专家 4503 人次，检查项目（对象）2700 个，发现问题 6771 个。坚持按照闭环管理推进问题整改工作，水利部、太湖流域管理局和省水利厅各类检查发现的问题均于当年完成整改或落实整改措施。

【水利工程稽察】　2022 年，省水利厅组织稽察工作组 11 批次、稽察专家350 人次，历时近 150 天，按计划完成50 个在建工程项目稽察，累计发现工程建设质量与安全等方面各类问题1517 个。针对发现的问题，稽察组按照"每市一单"下发整改通知书 11 份，要求限期完成整改。组织专家对 2019年以来水利建设项目稽察发现的问题进行了梳理，按照前期与设计、建设管理、计划管理、资金使用与管理、质量管理和安全管理六类进行了归类，汇总提炼出稽察典型案例 40 例。针对每例典型问题，分析了问题产生的原因，列举了违反或不满足的法规标准，提出了相应的对策措施，下发全省水行政主管部门和各参建主体。

【水利强监管改革成效】　2022 年 2 月16 日，省水利厅开展水利强监管改革试点考评工作，永康市、苍南县、长兴县、定海区、缙云县等 5 个县（市、区）获评优秀等次。通过浙江水利网站、微信公众号推出"水利强监管"专题，总结提炼试点经验，聚焦水利强监管改革成效，分享各试点县的创新举措、典型做法，并同步向水利部监督司网站推送。2022 年，湖州市和金华市试点开展省水利监督样板市、样板县建设。

【"互联网＋监管"】　2022 年，省水利厅调整水行政主管部门随机抽查事项清单，随机抽查事项 9 项（较 2021 年增加4 项）。做好行政执法监管工作，全省水利系统开展执法检查 22708 次，其中双随机检查 3469 次，应用信用规则率达91.5％，跨部门监管率 42.4％，"掌上执法"比例达 99.8％，告知承诺核查率、投诉举报处置率、风险预警处置率、监管数据及时率、准确率均达 100％。

（叶勇）

专 项 监 督

【概况】　2022 年，省水利厅切实抓好各项督查工作。加强农村饮用水达标提标工程建设，加大工程质量检查和监管力度，开展以水库为重点的水利工程检查和安全风险隐患排查整治，持续推进水旱灾害防御、水资源管理和节约用水督查工作，开展安全生产督查和水利资金使用督查。

【农村饮用水达标提标工程建设督查】
2022年，省水利厅继续以"三服务"为载体，省水利厅领导带领农村水电水保处、农村饮用水达标提标行动领导小组办公室及相关技术人员，赴杭州、绍兴、衢州、台州等地开展暗访督导，查看统管单位机制建立和工程实际运行情况，走访入户查民情、听民意。

围绕"四大体系"（指标体系、工作体系、政策体系、评价体系）工作要求，以数字化改革为牵引，继续对农村饮用水"从源头到龙头"全链条、全过程建设与管理的检查，推进农村规模化建设，深化县级统管，保障"城乡同质化供水"长期实现。暗访全省有农村饮水管理任务的市、县（市、区）每月开展的"四不两直"（指不发通知、不打招呼、不听汇报、不用陪同接待、直奔基层、直插现场），以视频、图片、水样检测、入户调查等方式，直达一线实地检查水源地保护、水样飞检、县级统管落实、监管体系建设、数字化改革等工作。全年省级开展暗访7轮次，派出专家112人次，暗访工程504个，检测水样280个；市级同步开展明察暗访，累计出动833人次，暗访工程1761个。开展全省农村供水县级统管落实情况设区市检查，查看县（市、区）农村供水县级

统管机制以及乡镇水厂统管落实情况，全年交叉检查农村供水县级统管单位40个，乡镇水厂165处。

（曹鑫）

【水利工程质量监管】 2022年，省水利厅加大工程质量检查和监管力度，完成在建重大工程检查80项、面上工程质量抽检80项、工程建设质量动态评估22项，对15家设计单位设计质量进行专项检查，结合"双随机、一公开"对13家水利工程质量检测企业进行抽查，对发现的各类问题实行清单式管理、闭环销号，切实提升工程建设质量。

（陈云娥）

【水利工程运行督查】 汛前，全省水利系统开展以水库为重点的水利工程检查和安全风险隐患排查整治，共排查水库4277座、水闸2348座、堤塘2887条（段），发现653个水利工程存在1026个问题。5月，省水利厅组织开展水库泄洪设施专项排查，发现泄洪设施阻塞、侵占问题39个。

汛期，省水利厅组织专业机构开展水库安全度汛和运行管理检查指导，检查水库273座，其中大型水库28座、中型水库23座、小型水库222座。重点检查水库工程实体安全运行状况、溢洪道畅通情况、"三个责任人"履职、"四预"措施落实情况等。检查发现的安全隐患问题纳入"工程运管"，实行闭环管理，要求及时整改到位；水利部及太湖局检查发现的问题，动态跟踪督办，实行限期销号制度。

梅雨、台风期间，省水利厅每日抽

查水库山塘责任人履职情况和三类坝水库空库运行情况，督促各地开展风险隐患排查整改。调整充实水库山塘安全度汛工作专班人员，按照三类坝水库主汛期"原则上一律空库运行"的要求，逐库核实三类坝水库空库运行条件和有关措施落实情况，报水利部备案。

（柳卓）

【水旱灾害防御督查】 2022 年，省水利厅按照水旱灾害防御工作要求，结合水利部、省防指有关防汛防台汛前检查和隐患排查的工作部署，组织开展水旱灾害防御汛前大检查，持续推进水旱灾害防御风险隐患排查整治、防洪调度和汛限水位执行督查检查等，切实抓好水利系统水旱灾害防御督查工作，确保主要江河、湖库、山塘及涉水工程防洪安全。2022 年，全省水库无一垮坝，重要堤防、海塘无一决口。

2 月 16 日，省水利厅印发《关于开展 2022 年度水旱灾害防御汛前大检查的通知》（浙水灾防〔2022〕10 号），组织各地按照单位自查、县级检查、市级抽查的形式，对防汛准备工作、工程安全度汛、水毁工程修复、监测预警体系、水电站等水利设施风险隐患点、上级部门暗访督查相关问题整改情况、省防指有关"烟花"台风复盘评估报告任务落实情况和《河南郑州"7·20"特大暴雨灾害调查报告》学习落实等情况进行全面排查，建立问题清单。各地水利系统严格落实自查检查主体责任，抓早抓紧抓实汛前检查各项工作。全省水利系统派出检查人员 7.51 万人次，检查工程 4.6 万处，发现隐患点 1084 处，其中防

汛准备类隐患 598 处，工程安全类隐患 394 处，监测预警类隐患 9 处，其他隐患 83 处。

3 月，省水利厅结合水利"三服务"活动，省水利厅组织开展水旱灾害防御汛前督查、妨碍河道行洪突出问题排查整治督查、安全生产督查服务活动。由厅领导带队，分组对全省 11 个市的重点区域、重点工程进行重点督查，以点带面推动风险隐患问题全面整改，对于重大隐患问题及时做好省级督办。

根据《水利部、国家能源局关于全面开展水电站等水利设施风险隐患排查整治工作的通知》（水监督〔2022〕50 号）和《水利部办公厅关于切实做好 2022 年度水库安全度汛工作的通知》（办运管〔2022〕59 号）有关要求，2022 年 5 月，省水利厅制定《2022 年度水库防洪调度和汛限水位执行监督检查工作方案》，组织各市于 5—9 月期间，对 12 座大型水库、重点中型水库（水电站）的防洪调度和汛限水位执行情况进行实地督查，查找水库防洪调度工作中存在的主要问题，督促各地全面做好水库防洪调度和汛限水位执行工作，调查发现问题 8 个。9 月，水利部太湖流域管理局对杭州、宁波、绍兴 3 个市所辖的 25 座大中型水库展开督查工作，发现问题 7 个。省水利厅高度重视水库防洪调度和汛限水位执行中存在的问题，省水利厅领导多次在全省会议上强调防洪调度无小事，要求各地务必要高度重视，组织水库管理单位学习贯彻有关规定，发现问题及时整改，切实做好水库防洪调度、汛限水位执行工作。截至 9 月底，

存在问题全部完成整改。

2022年，根据水利部部署要求，省水利厅于2—4月及7—9月分两次对全省25个县（市、区）水行政主管部门山洪风险隐患专项排查整治情况进行督查，发现的44个问题已全部解决或已落实整改。

（胡明华）

【水资源管理和节约用水督查】 2022年11月，省水利厅组织开展水资源管理和节约用水监督检查，共检查10个设区市30个县（市、区）的100个取水项目、20个饮用水水源地、80个重点用水单位和12个节水宣传教育基地，重点检查用水总量控制、取水许可监管、饮用水源保护、节水型社会建设、水资源费减征免征政策落实情况等。省水利厅对2021年国家和省监督检查以及取用水专项整治行动中发现问题较多的10个县（市、区）进行了"回头看"。各市、县（市、区）针对问题，全面自查自纠，落实整改。

从检查情况来看，各地取用水管理日渐规范，非法取水行为有效控制，水资源管理基础逐步夯实，水资源集约安全利用持续推进；县级以上饮用水水源地实行安全保障达标建设，公布日供水200t以上农村饮用水水源地名录并划定水源保护范围；节约用水管理逐步深入，计划用水制度积极落实，严格执行用水定额，节水型载体覆盖率普遍较高，节水教育基地覆盖率进一步提高，用水总量得到有效控制，用水效率明显提升。但也存在一些问题，主要有：取用水监管不到位，部分县（市、区）未

按用水定额核定下达取水计划，过期取水许可未及时注销，取水变更审批不规范等；取水计量统计不规范、部分取水计量安装不规范、在线监测数据不准确、量设施未定期率定、部分取水户未及时填报用水统计直报系统等现象；饮用水水源地达标建设不规范，部分水源地地理界标和警示标识设立不够规范、部分防护栏被破坏等；节水管理不到位，部分县（市、区）未按定额核定用水计划量，节水评价工作不规范等。

针对检查出现的问题，提出整改措施：严格取用水监管，规范取水许可审批、验收、发证、延续等全过程，规范取水计量安装，按要求开展计量设施率定；充分利用取水许可台账、水资源监控等手段，梳理取水许可有关问题，强化问题整改"回头看"；全面落实用水统计调查制度，做好用水统计调查名录库更新维护；严格水资源论证审查，从严把控水资源论证报告质量关。规范水源地警示标志建设，严格落实水源地巡查制度。严格落实地方计划用水管理实施办法，加强计划用水管理制度执行；继续抓好节水面上工作，把好规划和建设项目节水评价关，进一步规范节水评价登记制度；突出节水标杆和省级节水教育基地示范宣传作用，强化节水标杆申报单位的技术指导和材料初审，持续高标准打造节水载体和教育基地，做好行业节水示范引领。

（孙宗洋）

【水利资金使用情况专项核查】 2022年，省水利厅对山塘整治工程和小型水库除险加固工程2个项目的建设管理及

资金使用情况进行专项核查。

1. 山塘整治工程项目。2022年，省水利厅对全省26个县（市、区）2019—2021年山塘整治工程项目建设管理及资金使用情况进行专项核查，主要结合自查报告，查阅有关项目档案资料、勘察项目现场，不断规范水利资金使用。

（1）任务计划及完成情况。省水利厅下达的26个县（市、区）2019—2021年山塘整治项目任务629个，实际开展山塘整治项目696个，已完工验收670个。

（2）资金筹集与使用情况。26个县（市、区）2019—2021年山塘整治项目概算总投资74024.99万元，截至2022年7月31日，实际安排资金70553.74万元，其中，省级资金23205.98万元、地方资金47347.76万元；实际拨付至建设单位资金50791.00万元，其中，省级资金22709.35万元、地方资金28081.65万元。

（3）核查结果。26个县（市、区）均重视2019—2021年度山塘整治工程项目，基本能够按照《浙江省山塘综合整治技术导则》的要求开展山塘整治工程项目。通过实施山塘整治工程，山塘病险情况得到有效治理，提升了区域内防洪安全及灌溉用水保障能力；部分山塘通过治理成为饮水工程、生态工程等，有力促进了新农村和生态农村建设。核查发现，项目存在各类问题103个，主要集中在建设任务完成，工程程序执行及实施过程管理，资金分配、拨付及支付等方面。山塘整治工程项目建设管理以及资金拨付使用等全过程管理体系、管理水平仍有待进一步完善或提升。

2. 小型水库除险加固工程项目。2022年，省水利厅对全省26个县（市、区）2019—2021年小型水库除险加固工程项目建设管理及资金使用情况进行专项核查。主要结合自查报告，查阅有关项目档案资料、勘察项目现场，不断规范水利资金使用。

（1）任务计划及完成情况。省水利厅下达的26个县（市、区）2019—2021年小型水库除险加固工程任务共332个。经核查，26个县（市、区）实际已实施或拟实施项目数334个，已完工验收298个。

（2）资金筹集与使用情况。26个县（市、区）2019—2021年小型水库除险加固工程项目计划投资总额195639.06万元。截至2022年7月31日，实际安排资金187461.46万元，其中，中央资金8526.00万元、省级资金60292.71万元、地方资金118642.75万元。

（3）核查结果。26个县（市、区）均较为重视2019—2021年度小型水库除险加固工程项目，基本能够按照《小型病险水库除险加固项目管理办法》《小型水库雨水情测报和大坝安全监测设施建设与运行管理办法》等实施小型水库除险加固工程项目。各县（市、区）遵循"人民至上、除险保安，有病必治、动态清零，系统治理、稳进提质，因地制宜、改革创新"原则，开展小型水库除险加固工程项目。通过实施小型水库除险加固工程，充分发挥了水库防洪减灾作用，有力保障了人民群众的生命财产安全，有力保障了供水安全，显著改善了生态环境，促进了新农村和生态农村建设。

核查发现，项目存在各类问题 102 个，主要集中在建设任务完成、工程程序执行及实施过程管理，资金分配、拨付及支付等方面。小型水库除险加固工程建设以及资金拨付使用等全过程管理体系、管理水平仍有待进一步完善或提升。

（杜鹏飞、金晶）

水利安全生产

【概况】 2022 年，省、市、县三级水行政主管部门强化安全生产监管，成立安全生产领导小组，落实安全生产监管部门，落实各级安全生产责任制，开展安全生产大检查及"回头看"、水电站等水利设施风险隐患排查专项行动、水利行业安全生产专项整治三年行动巩固提升、水利工程安全生产巡查、"防风险保稳定"护航党的二十大专项行动等多项督查检查。全年水利生产安全事故零发生，安全生产形势保持持续平稳，省水利厅在省安全生产委员会组织的安全生产考核中获得优秀，且排名第五，第一、三、四季度水利安全生产季度评价为全国第一。

【安全监督机构】 截至 2022 年，省、市、县三级水行政主管部门均成立安全生产领导小组，落实安全生产监管部门，其中设立安全监督机构的 10 个，合署办公（挂牌）机构 18 个，明确专职安全管理员的 21 个，明确兼职安全管理员的 70 个。全省水行政主管部门从事安全生产监督工作人员 297 人。

【安全工作部署】 2022 年 2 月 11 日，省水利厅党组召开第 3 次会议，研究 2021 年度安全生产评价考核情况及 2022 年重点工作安排。2 月 25 日，省水利厅召开全省水利监督暨安全生产工作视频会议，部署水利安全生产重点工作任务，并与 10 家厅属单位签订 2022 年度安全生产目标管理责任书。4 月 15 日，省水利厅召开安全生产委员会会议和水旱灾害防御工作领导小组会议，传达学习贯彻近期安全生产有关会议精神。4 月 19 日，省水利厅党组专题研究进一步强化水利安全生产责任坚决防范遏制重特大事故的意见，学习贯彻国务院安委会加强安全生产工作 15 条措施及省 25 条具体举措，印发《关于进一步强化水利安全生产责任坚决防范遏制重特大事故的意见》（即"省水利厅 22 条"）；4 月 25 日，省水利厅党组召开第 8 次会议，研究水利系统安全生产工作情况。6 月 10 日，省水利厅党组召开水利风险防范形势分析会，介绍水利安全生产风险分析及防范对策措施。7 月 25 日，省水利厅召开全省水利安全生产暨除险保安百日攻坚视频会议，传达国务院安委会及省安委会电视电话会议精神，部署水利除险保安百日攻坚工作。9 月 23 日，省水利厅参加全国水利安全生产视频会议，学习传达习近平总书记关于安全生产重要指示精神，国务院总理李克强、国务院副总理胡春华关于安全生产批示精神和全国安全生产电视电话会议精神。9 月 27 日，省水利厅召开全省水利"防风险　保稳定"护航党的二十大专题视频会议，传达全国安全生产电视电话会议、全国水利安全生产专题会议、省委除险保安工作座谈会、省政府安全生产电视电话会议精神，部署水利护航党的二十大工作任务。12月15日，省水利厅召开岁末年初安全生产工作会议，传达学习习近平总书记对河南安阳"11·21"火灾事故作出的重要指示精神、全省岁末年初安全生产和消防安全工作推进会精神，研究部署岁末年初水利安全生产工作。

【安全专项整治】　2022年2月23日，省水利厅印发《关于做好水电站等水利设施风险隐患排查整治工作的通知》，开展水电站、在建水利工程、运行工程等3个领域的风险隐患排查，排查各类隐患问题1026个。厅领导带队督导各地安全生产，检查36个县次，抽查项目167个，发现问题隐患154处，均及时督促落实整改。

4月12日，省水利厅印发《关于推进水利行业安全生产专项整治三年行动巩固提升的通知》，持续推进两大专题和六项重点领域专项整治。推进施工企业安全生产标准化建设，建立浙江省水利施工企业安全生产标准化评审专家库，开发上线水利安全生产标准化管理应用。省水利厅开展安全生产双重预防机制示范工程建设，在各市和厅属单位遴选24个项目开展示范创建，截至11月，全部项目完成市级验收，三年专项整治收官。

4月12日，省水利厅印发《关于开展水利安全生产大检查的通知》，全面组织自查自纠和抽查督导。检查范围包括各类水利生产经营单位和各级水行政主管部门，重点是水利工程建设、水利工程运行、危险化学品管理、水文监测、水利工程勘测设计、水利科研与检验和水利工程安全度汛、水利行业人员密集场所、水利旅游、水利后勤保障等领域。6月，省水利厅结合水利民生实事开展督导，厅级领导带队分11组，分别对各市和有关县（市、区）开展水利民生实事、安全生产等综合督导服务，检查各类项目414个，发现各类问题和隐患247个，均完成整改销号。

9月27日至10月底，省水利厅开展水利行业"防风险　保稳定"专项行动，派出4个省级督导组分别督导4个重点地区，检查项目16个，发现问题31个，均已督促落实整改。

10月13—19日，水利部委托长江水利委员会对全省开展水利工程建设安全生产巡查及水利安全生产大检查"回头看"督导，巡查组高度评价浙江省水利安全生产工作。

【安全宣教培训】　2022年5月，省水利厅印发《关于在全省水利系统开展2022年"安全生产月"活动的通知》，以"遵守安全生产法、当好第一责任人"为主题，全面开展安全生产月活动。6月1日，省水利厅联合杭州市林水局共同主办2022年浙江省暨杭州市水利"安全生产月"活动启动仪式，发布全省水利安全生产宣传片，印发《习近平总书记关于安全生产重要论述》。组织"一把手"谈安全，向浙江水利网推送"一把手"谈安全文章35篇。联合水利部监督司举办安全生产风险"六项机制"专题培训，线上线下2000余人参加培训。6月10—30日，全省水利行业484家单位24564人参加全国水利安全生产知识网络竞赛答题，其中浙江同济科技职业技术学院、浙江水利水电学院、浙江省水利河口研究院（浙江省海洋规划设计研究院）、浙江省水利水电勘测设计院有限责任公司等4家单位获得由水利部颁发的"优秀集体奖"，省水利厅获"优秀组织奖"。

【"三类人员"考核管理】 2022年，省水利厅组织3批次三类人员安全考核工作，共有3112人报名。全年共完成"三类人员"延期审核申请材料5498件，及时处理完成三类人员政务网审批办件4058件，占省水利厅政务办件量93.0%，处理水利三类人员信访办件47件，及时回应和解决企业关心问题。

【安全考核评价】 2022年12月8日，省水利厅印发《关于开展2022年度安全生产目标管理责任制评价工作的通知》，组织6个考评组，因受疫情防控影响，采用线上评价方式，结合季度安全评价、安全生产巡查及日常管理情况进行综合赋分。宁波市水利局、衢州市水利局、湖州市水利局、台州市水利局、杭州市林业水利局、温州市水利局考核评定为优秀，嘉兴市水利局、丽水市水利局、绍兴市水利局、金华市水利局、舟山市水利局考核评定为良好。浙江省水利水电技术咨询中心、浙江同济科技职业学院（浙江省水利水电干部学校）、中国水利博物馆、浙江省钱塘江流域中心（浙江省钱塘江管理局）、浙江省水文管理中心考核评定为优秀，浙江省水利水电勘测设计院有限责任公司、浙江省水利河口研究院（浙江省海洋规划设计研究院）、浙江省水利科技推广服务中心、浙江省水利防汛技术中心（浙江省水利防汛机动抢险总队）、浙江水利水电学院考核评定为良好。

12月19日，省安委会第11巡查考核组代表省政府考核省水利厅2022年度水利安全生产工作。全省18个列入省安委会考核的省级部门，省水利厅排名第五，获得优秀等次。

（郑明平）

水　利　科　技

Hydraulic Science and Technology

149～177 页

科 技 管 理

【概况】　2022年，浙江水利科技主动服务"海塘安澜千亿工程"建设，组织21项"海塘安澜工程带科研专题"项目列入省水利科技计划项目。评选2022年度浙江省水利科技创新奖24项，遴选21个项目列入2023年省自然基金水利联合基金资助计划。2022年度全省水利系统发表论文474篇，出版专著、译著5部，专利授权239项。遴选29项技术（产品）列入《2022年度浙江省水利新技术推广指导目录》。省水利厅赴天台县开展"送科技下乡"活动。

【科技项目管理】　2022年，省水利厅加强科技项目顶层设计和项目储备，积极争取科技项目立项。获得国家重点研发计划课题1项；国家自然科学基金项目6项；水利部重大项目2项、推广示范项目2项；省重点研发计划项目2项，省部级以上重大、重点水利科技项目立项质量、数量都创新高，见表1。浙江省科学技术厅浙江省自然科学基金委员会下达2023年度浙江省基础公益研究计划项目，"水利联合基金"获得资助项目21个（表2），其中重点项目12项，探索项目9项，资助金额共450万元。组织2022年省水利科技计划项目立项，共遴选96个项目为2022年度省水利科技计划项目，其中重大项目11项，重点项目25项，一般项目60项，"海塘安澜工程带科研专题"21项，见表3。

表1　2022年度浙江省水利厅省部级以上重大、重点水利科技项目立项

序号	项目名称	立项编号	负责人	单　位	项目类别
1	活力海岸岸线利用与生态保护的协同作用机制	2022YFC3106202	曾剑	浙江省水利河口研究院（浙江省海洋规划设计研究院）	国家重点研发计划课题
2	软硬配体协同萃取分离三价镅锔离子微观机理的理论和实验研究	22276175	黄品文	浙江水利水电学院基础教学部	国家自然科学基金面上项目
3	人工浮岛植被根系区特性对水动力及溶质运移影响的机理及模型研究	42207099	柏宇	浙江水利水电学院水利与环境工程学院	国家自然科学基金青年基金

续表

序号	项目名称	立项编号	负责人	单　位	项目类别
4	基于三维荧光的湖库水源地有色可溶性有机物组分遥感反演研究	42201423	苗松	浙江水利水电学院测绘与市政工程学院	国家自然科学基金青年基金
5	城市化下闸控平原水系连通综合测度与防洪适应性阈值研究	42201128	陆苗	浙江水利水电学院测绘与市政工程学院	国家自然科学基金青年基金
6	高速流体机械关键零部件低合金钢耐空蚀材料增材制造技术和抗空蚀特性的研究	52211530451	郭晓梅	浙江水利水电学院机械与汽车工程学院	国家自然科学基金国基合作与交流项目
7	钱塘江涌潮能量变化规律及机制研究	42276176	潘存鸿	浙江省水利河口研究院（浙江省海洋规划设计研究院）	国家自然科学基金面上项目
8	浙江省典型滨海河网水环境提质增效与健康重建关键技术和示范应用	2023C03134	胡国建	浙江省水利河口研究院（浙江省海洋规划设计研究院）	省"领雁"研发攻关计划项目
9	滨海城镇洪涝复合灾害预警预报与协同决策关键技术及示范应用	2023C03188	曾剑	浙江省水利河口研究院（浙江省海洋规划设计研究院）	省重大社会公益计划项目
10	河道风浪过程及堤防设计应用研究	SKS－2022024	黄世昌	浙江省水利河口研究院（浙江省海洋规划设计研究院）	水利部重大项目
11	面向水稻规模化种植的高效灌排装备及数字孪生灌排管理系统关键技术研究	SKS－2022053	项春	浙江水利水电学院	水利部重大项目
12	小流域水量水质联合调控技术示范应用	SF－202212	傅雷	浙江省水利河口研究院（浙江省海洋规划设计研究院）	水利部水利技术示范项目
13	浙江省数字水库专题技术交流会	SF－TJ－202211	陈韻俊	浙江省水利科技推广服务中心	水利部科技推广推介项目

表 2　2023 年度浙江省自然科学基金"水利联合基金"资助计划项目

序号	项 目 名 称	立项编号	负责人	依 托 单 位
1	变化环境下钱塘江河口水沙变异及滩槽演变模式研究	LZJWZ23E090006	潘存鸿	浙江省水利河口研究院（浙江省海洋规划设计研究院）
2	杭州湾滨海河网抗生素及抗性基因演变机制与调控技术研究	LZJWZ23E090007	金倩楠	浙江省水利河口研究院（浙江省海洋规划设计研究院）
3	治江缩窄工程影响下钱塘江河口水沙-地貌过程变异及机制	LZJWZ23E090003	谢东风	浙江省水利河口研究院（浙江省海洋规划设计研究院）
4	强人类胁迫下钱塘江水沙过程变异机理及沙坎动态响应研究	LZJWZ23E090008	程文龙	浙江省水利河口研究院（浙江省海洋规划设计研究院）
5	生态型海塘前沿台风浪行为及其对潮滩的塑造	LZJWZ23E090004	黄世昌	浙江省水利河口研究院（浙江省海洋规划设计研究院）
6	海堤前沿植被带波浪传播机制及其淤泥质海床冲淤响应	LZJWZ23E090005	邵杰	浙江省水利河口研究院（浙江省海洋规划设计研究院）
7	工业用水伴生碳排放的多尺度影响机制及调控研究	LZJWY23E090008	苏飞	浙江省水利河口研究院（浙江省海洋规划设计研究院）
8	基于水-碳伴生过程的"节水-减污-降碳"协同增效关键技术研究	LZJWY23E090009	桂子涵	浙江省水利河口研究院（浙江省海洋规划设计研究院）
9	人工牡蛎礁生态海岸防护结构水动力性能研究	LZJWZ23E090002	赵海涛	浙江水利水电学院
10	投加调理剩余污泥促进连续流好氧颗粒污泥快速形成和稳定的机理研究	LZJWZ23E080001	徐栋	浙江水利水电学院
11	数字孪生泵站（群）防洪排涝智能调度关键技术研究	LZJWZ23E090001	徐欧官	浙江水利水电学院
12	连续流好氧颗粒污泥快速稳定化机理研究及应用探索	LZJWZ23E080002	严爱兰	浙江水利水电学院
13	平原河网区曲线台阶堰的水力特性及结构优化研究	LZJWY23E090002	周宇	浙江水利水电学院

续表

序号	项 目 名 称	立项编号	负责人	依 托 单 位
14	水资源集约安全利用对区域水-能-碳关联过程的影响研究	LZJWY23E090004	朱华	浙江水利水电学院
15	基于平原水网结构与连通的工程调控下防洪潜力与水体污染防控研究	LZJWY23E090003	陆苗	浙江水利水电学院
16	闸坝联控对平原河网水质及有害藻华的调节作用	LZJWY23E090007	程军蕊	宁波大学
17	平原河网闸坝防洪潜力与水环境污染调控机制研究	LZJWY23E090005	冯美丽	宁波诺丁汉大学
18	沿海平原高速水路智能调控关键技术研究	LZJWZ23E090009	马一祎	浙江大学
19	变化环境下河口水沙多时空尺度演变机理与治理技术研究	LZJWZ23E090010	夏春晨	浙江工业大学
20	平原河网区水利设施联合调度对水动力水质的影响及其调度优化研究	LZJWY23E090006	王永桂	中国地质大学（武汉）浙江研究院
21	耐磨蚀（TiZrNbTaMo）Nx高熵氮化物涂层的设计制备及其失效机理	LZJWY23E090001	杨葳	中国科学院宁波材料技术与工程研究所

表 3　2022 年度浙江省水利厅科技计划项目

研究领域	项目编号	项目名称	计划类别	承担单位	计划完成时间	项目负责人
防灾减灾	RA2201	浙江省暴雨洪水规律研究及组件应用	重大	浙江水文新技术开发经营公司	2024 年 6 月	孙英军
	RA2202	多因子耦合河口水位影响预报及风险预判研究	重大	浙江省水文管理中心	2024 年 12 月	邱超
	RA2203	涌潮物理模拟及数字化监测技术研发	重大	浙江省水利河口研究院（浙江省海洋规划设计研究院）	2024 年 12 月	陈刚

续表

研究领域	项目编号	项目名称	计划类别	承担单位	计划完成时间	项目负责人
防灾减灾	RA2204	基于数字孪生的水库群联合预报调度关键技术研究（以分水江流域为例）	重大	杭州市水利发展规划研究中心（杭州市林业水利事务保障中心）	2023 年 12 月	徐志刚
	RB2201	大型排涝闸下水沙响应机制及工程应用	重点	浙江省水利河口研究院（浙江省海洋规划设计研究院）	2024 年 12 月	韩晓维
	RB2202	基于地理信息的流域暴雨洪水模型智能构建技术研究	重点	浙江省水利河口研究院（浙江省海洋规划设计研究院）	2024 年 12 月	孟祥永
	RB2203	浙江省水旱灾害防御演练融合技术研究与示范	重点	浙江省水利防汛技术中心	2023 年 12 月	汪胜中
	RB2204	水工程群联合智能调度方法关键技术研究——以飞云江流域为例	重点	温州市水利局	2023 年 12 月	王玉铜
	RC2201	机器学习在椒江流域气象水文干旱预警中的应用研究	一般	浙江水利水电学院	2024 年 12 月	陈浩
	RC2202	植被护岸与孤立波相互作用的机制研究	一般	浙江省水利河口研究院（浙江省海洋规划设计研究院）	2024 年 12 月	张骏
	RC2203	杭嘉湖平原河网排涝流态区划与优化布局关键技术研究	一般	嘉兴市杭嘉湖南排工程管理服务中心	2023 年 12 月	刘喜元
	RC2204	时差法水文流量实时监测研究与应用	一般	浙江省水文管理中心	2024 年 12 月	黄士稳
	RC2205	多维雷达结合瞬变电磁法在海塘隐患探测上的应用研究	一般	浙江省钱塘江流域中心	2023 年 12 月	余延芬
	RC2206	基于分级设防的中小河流堤防安全适应性技术研究	一般	浙江广川工程咨询有限公司	2024 年 12 月	梁清宇

续表

研究领域	项目编号	项目名称	计划类别	承担单位	计划完成时间	项目负责人
防灾减灾	RC2207	不同分辨率雨量自动监测设备适用性研究	一般	浙江省水文管理中心	2024 年 12 月	丁奕
	RC2208	坝体黏土防渗体质量提升研究	一般	浙江省水利水电勘测设计院有限责任公司	2023 年 12 月	童丽芬
	RC2209	杭嘉湖区域太湖防洪调度水位研究	一般	浙江省水利水电技术咨询中心	2023 年 12 月	陈宁
	RC2210	气候变化下浙中水资源通道径流预测及水库群联调研究	一般	浙江省水利水电勘测设计院有限责任公司	2023 年 12 月	刘甜
	RC2211	基于数字孪生闸泵站工程防洪排涝预演的运行态势研究	一般	浙江滴石信息技术有限公司	2023 年 12 月	沈冰
	RC2212	数字孪生曹娥江流域库群防洪调度智能决策技术研究	一般	浙江省水利水电勘测设计院有限责任公司	2023 年 12 月	王文杰
	RC2213	基于多元信息融合的小流域山洪预报预警关键技术研究	一般	桐庐县森林防火与水旱灾害防御中心	2024 年 12 月	徐晓军
	RC2214	基于未来降雨预测驱动的中长期水文预报方法研究	一般	杭州市余杭区水文水资源监测站	2024 年 12 月	罗小亮
	RC2215	基于数字孪生的城市洪涝灾害预警及风险管控关键技术研究（以滨江区为例）	一般	杭州市滨江区水设施运行保障中心	2024 年 12 月	赵梦琦
	RC2216	"数字孪生"常山港（柯城段）	一般	浙江九州治水科技股份有限公司	2024 年 12 月	李四发
	RC2217	山间盆地城市内涝防治标准匹配研究	一般	浙江省水利河口研究院（浙江省海洋规划设计研究院）	2024 年 12 月	周雁潭

续表

研究领域	项目编号	项目名称	计划类别	承担单位	计划完成时间	项目负责人
水资源（水能资源）开发利用与节约保护	RB2205	耦合监测-预报-调度的典型山丘区生态流量保障体系研究	重点	浙江省水文管理中心	2024 年 6 月	王贝
	RB2206	浙江省水资源开发利用分区管控研究	重点	浙江水利水电学院	2024 年 12 月	黄冬菁
	RB2207	灌（区）光（伏）储（能）综合利用中小型抽水蓄能研究	重点	缙云县水务投资有限公司	2024 年 6 月	姚唐春
	RB2208	硝酸盐污水循环利用技术及关键材料研究	重点	浙江水利水电学院	2024 年 12 月	顾珊
	RB2209	松阳县水网水资源调度研究	重点	松阳县水利局	2024 年 12 月	包家顺
	RB2210	长距离隧洞有压输水工程水质稳定性评估及保护对策研究	重点	浙江省水利水电勘测设计院有限责任公司	2024 年 12 月	牛俊文
	RB2211	基于神经网络的钱塘江河口盐度预报技术研究	重点	浙江同济科技职业学院	2024 年 12 月	李若华
	RB2212	区域水资源动态评价关键技术研究及应用	重点	浙江省水文管理中心	2024 年 12 月	王蓓卿
	RC2218	进化算法在供水管网水力模型校核中的应用研究	一般	浙江同济科技职业学院	2024 年 12 月	王丽伟
	RC2219	杭嘉湖平原典型区地下水位时空演变规律与控制因素研究	一般	平湖市水文站（平湖市水旱灾害防御站）	2023 年 12 月	陈宇峰
	RC2220	抽水蓄能发电电动机温度场仿真计算及热应力分析研究	一般	浙江水利水电学院	2024 年 12 月	朱传辉

续表

研究领域	项目编号	项目名称	计划类别	承担单位	计划完成时间	项目负责人
水资源（水能资源）开发利用与节约保护	RC2221	双碳目标下浙江小水电效能评估及优化调度研究	一般	浙江水利水电学院	2023 年 12 月	张怡
	RC2222	浙江省出入太湖河流水量水质及污染物通量变化规律研究	一般	浙江省水文管理中心	2024 年 6 月	何锡君
水土保持、水生态与水环境保护	RA2205	山区性河流堰坝群生态响应机制及调控技术研究	重大	浙江省水利河口研究院（浙江省海洋规划设计研究院）	2024 年 12 月	王斌
	RA2206	基于生物多样性保护的河湖海岸治理关键技术研究	重大	浙江省水利河口研究院（浙江省海洋规划设计研究院）	2025 年 12 月	朱法君
	RC2223	尾水受纳河道中蓝藻和绿藻生长风险研究	一般	浙江省水利河口研究院（浙江省海洋规划设计研究院）	2023 年 12 月	万杨
	RC2224	基于稳定同位素 MixSIAR 混合模型的平原河道污染源解析	一般	浙江省水利河口研究院（浙江省海洋规划设计研究院）	2023 年 12 月	姚鹏城
	RC2225	典型沉水植物群落重建对浮游植物群落的作用机制研究	一般	浙江省水利河口研究院（浙江省海洋规划设计研究院）	2023 年 12 月	胡静雯
	RC2226	基于水化学和同位素的潜流动态变化规律研究	一般	浙江水利水电学院	2024 年 12 月	谢正兰
	RC2227	河流水污染追踪溯源方法及移动智能装备研发	一般	浙江同济科技职业学院	2024 年 12 月	黄霄宇
	RC2228	城市滨水区河湖水体生态修复关键技术研究及应用示范	一般	杭州市富阳区水利水电工程质量安全服务保障中心	2024 年 6 月	匡义
	RC2229	宁波市"三江"干流多要素综合监测及分析研究	一般	宁波市水利发展规划研究中心	2023 年 12 月	王颖

续表

研究领域	项目编号	项目名称	计划类别	承担单位	计划完成时间	项目负责人
水利工程勘测、设计与施工	RB2213	复杂地质条件下大型桁架箱型深基坑支护关键技术研究	重点	浙江省水利水电勘测设计院有限责任公司	2024 年 6 月	张瑞
	RB2214	均质土坝加高面板堆石坝安全控制关键技术研究	重点	浙江省水利河口研究院（浙江省海洋规划设计研究院）	2024 年 12 月	邓成发
	RC2230	海洋桩-土界面循环弱化特性及评价方法	一般	浙江同济科技职业学院	2024 年 12 月	刘珊
	RC2231	麻泾港枢纽工程水力过渡过程研究	一般	嘉兴市水利局	2023 年 12 月	朱建忠
	RC2232	浙江水网建设安全控制与绿色低碳运行技术研究	一般	浙江省水利水电勘测设计院有限责任公司	2024 年 12 月	赖勇
滩涂资源保护、利用与河口治理	RB2215	台风作用下砂质岸滩地貌过程及生态减灾措施	重点	浙江省水利河口研究院（浙江省海洋规划设计研究院）	2023 年 12 月	黄君宝
	RC2233	潮流界建闸闸下淤积预测及减缓措施研究	一般	浙江同济科技职业学院	2024 年 12 月	张舒羽
信息技术与自动化	RB2216	基于北斗三号通信技术的分布式水文智能感知系统研究	重点	浙江省水文管理中心	2024 年 6 月	陈浙梁
	RC2234	基于水文遥测通信数字现地通信安全网关的研究及应用	一般	浙江省水文管理中心	2023 年 12 月	徐斌
	RC2235	突出"测控监管"数字化功能的样点灌区研究与应用	一般	杭州市河道与农村水利管理服务中心（杭州市水利水电工程质量安全管理服务中心）	2023 年 12 月	叶利伟

续表

研究领域	项目编号	项目名称	计划类别	承担单位	计划完成时间	项目负责人
信息技术与自动化	RC2236	基于 AI 智能识别技术的水域变化监测研究及应用	一般	浙江省钱塘江流域中心	2023 年 12 月	王恺
	RC2237	县域水利数字文化馆建设研究——以苍南县为例	一般	浙江同济科技职业学院	2024 年 12 月	郑蓓
	RC2238	水利网络安全态势感知关键技术研究与实践	一般	浙江省水利信息宣传中心	2023 年 12 月	骆小龙
	RC2239	数字孪生技术在陶家路江排涝泵站的工程应用研究	一般	余姚市水利局	2023 年 12 月	孙爱军
	RC2240	数字孪生甬江洪潮预报关键技术研究及应用	一般	宁波市水文站	2023 年 12 月	周宏杰
水利管理与其他	RA2207	高质量现代化浙江水网评价关键技术研究及应用	重大	浙江省水利河口研究院（浙江省海洋规划设计研究院）	2024 年 12 月	顾希俊
	RA2208	古海塘遗存（文物）抢救性保护与研究	重大	中国水利博物馆	2024 年 12 月	陈永明
	RB2217	长距离输水工程高性能混凝土制备与裂缝控制关键技术研究	重点	浙江省水利河口研究院（浙江省海洋规划设计研究院）	2024 年 12 月	王良
	RB2218	U 型薄壳渡槽健康状态评估与预期寿命研究	重点	义乌市水务局	2024 年 12 月	邵志平
	RC2241	混凝土表层全生命周期防护与修复新材料研究及应用	一般	浙江省水利科技推广服务中心	2023 年 12 月	柯鳃

续表

研究领域	项目编号	项目名称	计划类别	承担单位	计划完成时间	项目负责人
水利管理与其他	RC2242	"两个先行"要求下农村供水工程健康影响评价的应用推广研究	一般	浙江省疾病预防控制中心	2024 年 12 月	陈志健
	RC2243	水稻种植节水节能灌溉装备和技术研究	一般	浙江水利水电学院	2023 年 12 月	钱亨
	RC2244	非概率不确定因素影响下大坝结构动态可靠性分析研究	一般	浙江水利水电学院	2024 年 12 月	张晶梅
	RC2245	水利项目多元化市场化融资模式关键技术研究	一般	浙江省水利河口研究院（浙江省海洋规划设计研究院）	2024 年 12 月	严杰
	RC2246	浙江省海塘安澜工程用海关键问题及对策研究	一般	浙江省水利河口研究院（浙江省海洋规划设计研究院）	2024 年 12 月	孙毛明
	RC2247	水利工程工程量清单及招标控制价质量评价体系研究	一般	浙江同济科技职业学院	2024 年 12 月	耿祥
	RC2248	大坝安全监测感知体系故障诊断关键技术研究与应用	一般	浙江广川工程咨询有限公司	2024 年 12 月	徐金英
	RC2249	水利领域生态环境损害赔偿改革实施路径研究	一般	浙江省水利发展规划研究中心	2023 年 12 月	刘志伟
海塘安澜专项	RA2209	高标准宽堤顶海塘强越浪冲蚀和防护研究	重大	玉环市农业农村和水利局	2025 年 12 月	吴华安
	RA2210	钱塘江古海塘安全监测与健康预警关键技术与应用	重大	浙江省钱塘江流域中心	2023 年 12 月	周红卫

续表

研究领域	项目编号	项目名称	计划类别	承担单位	计划完成时间	项目负责人
海塘安澜专项	RA2211	海塘安澜工程软基沉降机理及控制标准研究	重大	温州东启建设发展有限公司	2025 年 12 月	汪明元
	RB2219	透空框架海塘越浪量及波浪力计算方法研究	重点	岱山县水利局	2024 年 12 月	修海峰
	RB2220	浙江省海塘多孔隙生态护面研究	重点	龙港市农业农村局	2024 年 6 月	林忠柱
	RB2221	全生命周期数字孪生海塘关键技术研究及系统研发	重点	温州东启建设发展有限公司	2024 年 12 月	杨鸽
	RB2222	飞云江河口特征水位精细化及洪潮遭遇研究	重点	瑞安市水利局	2024 年 6 月	陈政琳
	RB2223	四脚空心块生态化改造及水动力研究	重点	宁波市雄镇投资集团有限公司	2023 年 12 月	梅书山
	RB2224	强潮河口区滩地植被演化特征及物种遴选研究	重点	海宁市水利局	2024 年 12 月	钱盛杰
	RB2225	生态海塘塘前滩地植被适宜性及群落构建技术研究	重点	乐清市交通水利投资集团有限公司	2024 年 12 月	倪博
	RC2250	海塘多样性生物通道研究	一般	海宁市水利局	2024 年 12 月	汤亦平
	RC2251	海堤平行隧道绿色建造和变形控制关键技术研究	一般	海宁市水利建设管理有限责任公司	2024 年 12 月	范小东
	RC2252	台风影响下钱塘江河口海塘风浪分析与风险研判	一般	浙江省钱塘江流域中心	2023 年 12 月	王建华

续表

研究领域	项目编号	项目名称	计划类别	承担单位	计划完成时间	项目负责人
海塘安澜专项	RC2253	定海区海塘旱闸运行模式及优化措施研究	一般	舟山市定海区水利局	2023 年 12 月	李哲
	RC2254	路堤结合海塘的结构设计、安全监测与运行管理研究	一般	杭州市西湖区钱塘江江堤管理服务中心	2023 年 12 月	梁佳春
	RC2255	洪潮交互段海塘坡脚滩地治理技术及植被措施适宜性研究	一般	浙江省钱塘江流域中心	2023 年 12 月	胡海忠
	RC2256	未来城市海塘安澜融合关键技术研究	一般	杭州市钱江新城建设开发有限公司	2024 年 12 月	傅翼
	RC2257	舟山本岛海域设计潮位及其影响因素研究	一般	舟山市定海区水利局	2024 年 12 月	龚浩哲
	RC2258	数字海塘感知体系建设标准研究	一般	温州市瓯飞经济开发投资有限公司	2023 年 12 月	林坚忠
	RC2259	硬质护面块体生态化改善措施及效果评价研究	一般	温岭市水利工程开发有限公司	2024 年 12 月	林玲
	RC2260	数字海塘全生命周期分布式监测预警技术及示范应用研究	一般	平阳县水利局	2024 年 12 月	周敏捷

【水利科技获奖成果】 2022 年度浙江省水利科技创新奖共评选出水利科技创新奖 24 项，其中一等奖 3 项，二等奖 7 项，三等奖 14 项，2022 年度浙江省水利科技创新奖获奖项目见表 4。

2022 年度水利科技统计共发表论文 474 篇，其中国际期刊论文 132 篇，科学引文索引（Science Citation Index，SCI）、工程索引（The Engineering Index，EI）收录论文 136 篇，国际会议论文 44 篇；出版专著、译著 5 部；专利授权 239 项，其中发明专利 72 项，软件著作权 207 项。

表 4　2022 年度浙江省水利科技创新奖获奖项目

序号	成果名称	主要完成单位	主要完成人
一等奖（共 3 项）			
1	基础设施工程数字孪生平台及全生命周期应用	中国电建集团华东勘测设计研究院有限公司、浙江华东工程数字技术有限公司	蒋海峰、王国光、张业星、陈沉、魏志云、斯铁冬、陈佑、张帅、唐松强、商黑旦、李小州、王开乐、石芳芳
2	大型水利枢纽水泵研发与泵站智慧系统关键技术研究与应用	浙江省水利水电建设控股发展公司、利欧集团湖南泵业有限公司、欣皓信息技术有限公司、河海大学	陈韵俊、唐毅、郑源、陈兰川、王腾伟、孙超、胡敏杰、张烨栋、王齐领、朱泉荣、汪勇、杨春霞
3	高抗汽蚀高速诱导轮离心泵关键技术及应用	浙江水利水电学院、浙江理工大学	郭晓梅、李晓俊、钱亨、朱祖超、周昌全、谢荣盛、丁明明
二等奖（共 7 项）			
1	大型抽水蓄能电站输水发电系统水力设计及真机试验预测反演技术	中国电建集团华东勘测设计研究院有限公司	陈祥荣、张洋、章梦捷、李高会、吴旭敏、陈丽芬、王东锋、陈益民、姚敏杰、赵瑞存、陈晓江
2	南方稻田以水控氮机理与水位调控关键技术研究	浙江省水利河口研究院（浙江省海洋规划设计研究院）	肖梦华、郑世宗、贾怡、王磊、黄万勇、张亚东、卢成、夏跃冬、陈苏春、王伟、肖万川
3	小流域洪水预报关键技术及预警机制研究	浙江同川工程技术有限公司、浙江省水文管理中心、河海大学、浙江安澜工程技术有限公司、安吉县水利局、衢州市水利局	邵学强、金新芽、罗堂松、石朋、姚岳来、顾锦、吴越枫、向小华、胡兴华、杜雁鹏、郑畅
4	大型海绵型居住区水质净化关键技术的探索与实践	浙江水利水电学院、杭州市城市土地发展有限公司、杭州市拱宸桥地区旧城改造工程指挥部	陈宏刚、刘学应、徐国梁、孙雪、姜理宏、蒋乐斌、黄钦阳、周静霞、吴敏军、陈芃、裘慧萍
5	浙江省沿海平原实时洪水预报关键技术研究	浙江省水利水电勘测设计院有限责任公司	张晓波、揭梦璇、周焕、陈成、王文杰、骆建雄、闪丽洁、张真奇、张瑶兰、唐许能

续表

序号	成果名称	主要完成单位	主要完成人
6	萧绍宁地区水量水质及防洪排涝耦合调控研究	浙江省水利水电勘测设计院有限责任公司	周芬、田传冲、左晓霞、俞军锋、李博通、张健、马海波、王丽婷、宁智文、戴欢
7	海岛地区地下水库储水技术研究与应用示范	舟山市水利勘测设计院有限公司、浙江省水利河口研究院（浙江省海洋规划设计研究院）、舟山市原水管理中心、浙江海洋大学、嵊泗县水利局、舟山市普陀区东极镇东极村股份经济合作社	翁益松、金倩楠、姬雨雨、滑磊、尤爱菊、可建伟、姚丰丰、徐梦茜、翁佳卉、孙会玲、高华喜
三等奖（共14项）			
1	浙江省100m级面板堆石坝应力变形分析	浙江省水利河口研究院（浙江省海洋规划设计研究院）、浙江同济科技职业学院	方春晖、王雪、郑敏生、施齐欢、吉顺文、苏玉杰、何耀辉
2	节水型精准灌溉技术与装备研发	宁波市水务设施运行管理中心、宁波财经学院、宁波爱润灌汛农业科技有限公司	刘天、朱新国、郑振浩、周科陶、陈若男、张育斌、蒋晓明、贾维兵
3	曹娥江河口大闸生态环境影响研究	浙江省水利水电勘测设计院有限责任公司	徐小燕、蓝雪春、彭庆卫、邵雄飞、朱春波、完颜晟、程新闻、潘虹、杨伟军
4	海岛地区水资源高效利用关键技术研究——以浙江省舟山地区为例	岱山县水利局、浙江中水工程技术有限公司、浙江大学	修海峰、林瑞润、陈浩、张沙平、郭玉雪、许月萍、翁小波、胡煜彬、于欣廷
5	钱塘江治理——从治理技术到科技文明	浙江水利水电学院、浙江省水利河口研究院（浙江省海洋规划设计研究院）、浙江省水利科技推广服务中心	李海静、孙德勇、裴瑶、张坚樑、王维汉、周俊、邹松文、朱美虹、王申
6	跨区域串联闸泵联合调度关键技术研究【基于姚江二通道（慈江）工程】	宁波市河道管理中心、宁波市水利水电规划设计研究院有限公司	王吉勇、廖铭新、张芳、徐浩、季树勋、余方顺、胡剑、谢敏、冯文

续表

序号	成果名称	主要完成单位	主要完成人
7	瓯飞一期工程软基堤闸连接段变形分析与研究	温州市瓯飞经济开发投资有限公司、浙江广川工程咨询有限公司	金芳义、张守楠、汤明礼、周昌臣、马瑞群、谢龙、王子晴、吴炎、林坚忠
8	浙江省水利工程建设标准化管理研究	浙江省水利水电技术咨询中心	章志明、桂单明、张李朋、杨刚、张伟、程伟伦
9	水体底泥原位修复新材料研发与应用	中国水利水电第十二工程局有限公司	郑翔、杨宁、郭永新、吕兴坤、蒋毅、李莹莹、夏德春、徐敏、袁孟楼
10	基于精细化集成和筛选技术的雨洪耦合预报调度系统	绍兴市汤浦水库有限公司、河海大学、浙江省气象服务中心	施练东、陈辉、方勇、施准备、李小萍、包为民、司伟、朱占云
11	温州瓯江口海堤高程安全标准研究	浙江省水利水电工程质量与安全管理中心、温州市瓯江口开发建设投资集团有限公司、华北水利水电大学	叶飞、林哲、王雪环、黄建超、倪立周、蓝姝佳、刘新阳、王鹏涛、倪立建
12	浙江省"三不"水电站评价标准研究	浙江省水利发展规划研究中心、浙江省水资源水电管理中心（浙江省水土保持监测中心）	刘俊威、王晓飞、方子杰、王挺、黄晓亚、伍彦熹、周璐瑶
13	浙江省区域水资源承载能力指标体系研究	浙江省水利河口研究院（浙江省海洋规划设计研究院）	许开平、尤爱菊、李进兴、王自明、陈洁
14	瓯飞一期围垦工程水闸软基真空预压处理分析与研究	温州市瓯飞经济开发投资有限公司、浙江广川工程咨询有限公司	金海胜、姚永新、马瑞群、金芳义、周昌臣、徐向明、徐力、谢龙、方笑笑

【水利科技服务】 2022年，根据省政协"送科技下乡"工作部署，省水利厅赴天台县开展"送科技下乡"活动，捐赠防汛物资、开展技术培训、进行实地指导、予以项目支持。活动当天，天台县、乡、村200多人参加水文测验、山洪灾害防御专题培训，省水利厅向天台县捐赠水利防汛物资和水利科普手册

等，进一步充实天台县水利防汛物资储备，提高防汛应急抢险能力。

【水利科技推广】 2022年，省水利厅共择优遴选出29项技术（产品）列入《2022年度浙江省水利新技术推广指导目录》，见表5；2022年度29项技术（产品）简介见表6。以"以奖代补"方

式支持 20 个县（市、区）实施水利科技推广管理任务，开展基于 InSAR 的水库沉降监测新技术试点应用。搭建水利科技宣传与交流平台，召开浙江省数字水库专题技术交流会。围绕节水保供、堤坝除险加固、河湖生态治理为主题，采用钉钉网络直播，举办 3 次"水利科技云讲堂"线上技术交流会和科普活动。

表5　2022 年度浙江省水利新技术推广指导目录一览表

序号	技术（产品）名称	持有单位名称	证书编号
1	涂层表面耐气蚀性能快速检测装置及应用	水利部产品质量标准研究所、水利部杭州机械设计研究所、南京先欧仪器制造有限公司	ZST2022001
2	水工建筑物表面位移机器视觉在线监测技术	上海同禾工程科技股份有限公司、浙江广川工程咨询有限公司	ZST2022002
3	水电站新型双小车六分体桥式起重机	杭州江河机电装备工程有限公司	ZST2022003
4	双值闸门开度仪	浙江水利水电学院、阅水科技有限公司、绍兴河悦机电设备有限公司	ZST2022004
5	五丰生态桩	嘉兴五丰生态环境科技股份有限公司	ZST2022005
6	QGWZ 型全贯流潜水轴流泵	天津甘泉集团有限公司	ZST2022006
7	水利工程质量检测结果分析系统 V2.0	浙江省水利河口研究院（浙江省海洋规划设计研究院）	ZST2022007
8	一体化泵闸	格兰富水泵（上海）有限公司	ZST2022008
9	微创可视钻芯法探测技术	杭州河口水利科技有限公司	ZST2022009
10	流速流量智慧感知系统	中国水利水电科学研究院、武汉新烽光电股份有限公司	ZST2022010
11	基于集团管控的水务设备全生命周期管理系统	钱江水利开发股份有限公司	ZST2022011
12	物理模型高精度地形测量系统	浙江省水利河口研究院（浙江省海洋规划设计研究院）	ZST2022012
13	基于智能算法的水库洪水自动预报调度系统	浙江省水利河口研究院（浙江省海洋规划设计研究院）	ZST2022013
14	小水电智能化无人控制系统	福建省力得自动化设备有限公司、国际小水电中心	ZST2022014
15	大坝健康管理数字孪生平台	浙江远算科技有限公司	ZST2022015

续表

序号	技术（产品）名称	持有单位名称	证书编号
16	圩（灌）区自动化运行系统	浙江河海中控信息科技有限公司	ZST2022016
17	平原河网超浅水水下地形地貌全覆盖测量技术	浙江星天海洋科学技术股份有限公司	ZST2022017
18	水利视频 AI 通用组件系统	杭州定川信息技术有限公司	ZST2022018
19	水电站安全巡检云系统	浙江禹贡信息科技有限公司	ZST2022019
20	声学全断面时差法流量在线监测系统	浙江天禹信息科技有限公司	ZST2022020
21	太阳能一体化闸门自动化控制系统	浙江禹控科技有限公司	ZST2022021
22	水质综合毒性在线感知系统	中国水利水电科学研究院、中国科学院重庆绿色智能技术研究院、武汉新烽光电股份有限公司	ZST2022022
23	水源地水库水生态智能监测新技术	水利部中国科学院水工程生态研究所	ZST2022023
24	生物生态耦合的农村生活污水智能模块化处理技术	长江水利委员会长江科学院	ZST2022024
25	智能水面无人保洁船	杭州华鲲云起信息技术有限公司	ZST2022025
26	浸没式超滤净水处理技术	水艺环保集团股份有限公司	ZST2022026
27	装配式一体化设备水厂	浙江联池水务设备股份有限公司	ZST2022027
28	自由式超滤净水技术及集成设备	浙江开创环保科技股份有限公司、浙江长兴兴是膜技术有限公司、杭州求是膜技术有限公司	ZST2022028
29	微动力 PTFE 浸没式超滤膜净水设备	浙江钱江水利供水有限公司、湖南京昌生物科技有限公司	ZST2022029

表 6　2022 年度 29 项技术（产品）简介

序号	技术（产品）名称	技术（产品）主要内容	适用范围
1	涂层表面耐气蚀性能快速检测装置及应用	该装置由超声波振动系统和恒温油浴容器系统等组成，基于水力机械气蚀损伤机理，采用超声波等技术，可改进水力机械气蚀环境模拟效果，缩短抗气蚀材料的开发周期。主要性能特点：超声波振幅范围宽，峰值高，可更准确模拟气蚀损伤情况；大幅降低测试设备占地和建设成本，缩短检测周期。恒温油浴装置可降低温度对气蚀性能检测结果的影响。超声波振幅：30（1±5%）～120（1±5%）μm；最大功率：3000W；设备占地约 3m^2；检测时间约 2d	适用于水利机械研发和制造中的耐气蚀检测

续表

序号	技术（产品）名称	技术（产品）主要内容	适用范围
2	水工建筑物表面位移机器视觉在线监测技术	该技术利用机器视觉摄像头采集位于水工建筑物表面标靶的图像信息，采用物联网技术、智能变形识别算法将视频和图像数据转化为位移数据，实现建筑物表面位移的实时高精度非接触远程自动在线监测。主要性能特点：一台设备可同时观测多个标靶，图像信息转为轻量位移数据信息；图像分割及亚像素测量，可进行微小形变高精度动态测量；边缘计算模式，代码轻量化，降低硬件要求。监测范围大于等于 20m；仪器分辨率：0.01mm；位移测量精度可达 0.1mm（距离 20m 情况下）	适用于水工建筑物表面位移监测
3	水电站新型双小车六分体桥式起重机	该设备采用"六分体"型式，由两根主梁、四根柔性端梁通过螺栓连接形成桥架框架结构，克服了大车轮压分布不均的而导致的啃轨现象。主要性能特点：扁平式端梁具有垂直柔度，使车轮均可充分接触轨道；同步抬吊系统可进行自动纠偏和超差保护；桥架结构各单元为独立结构，制造方便、装配精度高。满足刚度要求下自重减轻大于等于 11％；改进滑轮布置方案，吊钩上极限尺寸提高 1m；两小车自动同步抬吊精度小于等于 3mm	适用于水电站桥式起重设备的安装和改造
4	双值闸门开度仪	该技术通过收集启闭长度、闸门半径、角度等参数，经过特定算法计算，双值显示较为准确地确定弧形闸门开度与钢丝绳松弛长度，使弧形闸门的开度控制更加精准。主要性能特点：解决了老式开度仪开度显示不准、闸门零点定位困难的问题；可对启闭机钢丝绳松紧度准确控制；调度指令与闸门开度信息更一致，水库下泄流量计算更精确。闸门开度精度：1cm	适用于水利水电工程弧形闸门的启闭运行管理
5	五丰生态桩	该产品基于桩基原理，是集管桩、工字型构架、植物生长腔体等结构型式于一体的 D 形断面混凝土预制桩，可形成有生态景观功能的桩式护岸。主要性能特点：上部设有薄壁植物空腔和背水侧透气孔，适合植物生长和动物栖息；相邻两桩采用凹凸圆弧榫卯耦合，可适应岸线曲直形态变化；采用吊装施工，可水上作业，无须围堰，施工速度快。强度大于等于 C40；桩体宽度为 0.5m，长度可达 4m	适用于平原地区的河道护岸建设

续表

序号	技术（产品）名称	技术（产品）主要内容	适用范围
6	QGWZ 型全贯流潜水轴流泵	该产品将轴流泵叶轮置于三相交流异步电动机的转子内圈，由定子绕组产生的旋转磁场直接通过电磁场的能量转换，驱动带叶轮的转子旋转进行排水。主要性能特点：水流从转子内腔直进直出，流道顺畅，装置效率较高；电机在运行中产生的热量可被工作水流带走，冷却较为充分；结构紧凑，比传统潜水电泵节约用材 20％以上；可实现双向调头排水及泵闸一体化设计，减少土建工程量。名义口径：350～3600mm；扬程：0～12m；流量：0.2～30m³/s；功率：18.5～2400kW	适用于灌排水泵闸站建设
7	水利工程质量检测结果分析系统 V2.0	该系统以水利工程检测相关规范为基础，分类建立水利工程建设期、运行期质量健康诊断检测技术与评价方法，并构建其健康诊断检测综合评价办法。主要性能特点：解决工程检测领域手段单一、指标凌乱、结论零散等问题；通过检测技术、方法的创新，提高检测的效率和有效性，增强技术的可操作性，确保成果质量；开发基于 BIM 的水利工程质量检测信息平台，提高检测管理数字化水平	适用于水利工程建设、运行期的质量检测和健康诊断
8	一体化泵闸	该产品将潜水泵安装在闸门上，使水闸和泵站合二为一，可实现泵、闸的输水、排水功能。主要性能特点：采用后掠式自清洁叶片，具有无堵塞性能，可提高水力效率和杂物通过能力；可根据水位和水质自动控制，实现闸门启闭和泵站启停的自动运行；一闸最多可安装两台泵，无须设置泵房，占地少，土建工程量少。单渠道最大流量：10m³/s；最大闸门宽度：6.5m；最大闸门高度：8.9m；最大水泵口径：DN1400；水泵无水启动最大振动值：9.5μm；水泵运行噪声小于等于 80dB	适用于中低扬程的内河排涝、生态调水、黑臭河道整治等工程
9	微创可视钻芯法探测技术	该技术通过轻便钻机等设备，钻取混凝土、砌体等直径细小的芯样，直观地检查水上或水下混凝土、砌体等结构质量和结构隐患。主要性能特点：可在水上或水下任意方向钻孔，孔径细小，易避开钢筋，损伤轻微；探测孔"一孔多用"，可同时触探结构下部地基土情况，进行压（注）水试验等；设备小巧轻便，可单人操作。钻取芯样直径最细 1cm，钻深可达 8m，最大作业水深 10m；孔内摄像头最小直径 2.8cm，像素 1200 线；钻机重 30kg，底座面积小于等于 1.0m²	适用于水利工程的结构隐患探测及质量检测

序号	技术（产品）名称	技术（产品）主要内容	适用范围
10	流速流量智慧感知系统	该系统利用多普勒效应原理，采用投入式超声波流量监测系统，传感探头无须固定安装，结合分解测量与矢量合成技术，实现流速流量的在线监测。主要性能特点：采用分解测量与矢量合成技术，改变传统需要固定安装要求，避免因流量计入水姿态而影响监测结果；采用接触式测量，实时获取流体中的速度，避免表面波干扰；感知设备采用不锈钢机械结构，不易磨损，维护成本低。（流速）量程：0.02～5m/s；精度：±0.03cm/s；（水位）量程：0～30m；精度：±1cm。（流量）量程：0.001～1000m^3/s；精度：±3%	适用于平原地区缓流河道或灌渠的流量监测
11	基于集团管控的水务设备全生命周期管理系统	该系统基于物联网、NFC等技术，以矩阵式管理形式实现设备信息采集、巡检、维修、保养等数据分层级、分角色管理，提高水务设备的管理效率。主要性能特点：所有设备编码统一标准管理，可实现跨区水务设备全生命周期管理；水务设备NFC巡检应用加密算法，防止信息篡改；水务设备分布式管理成本模型的建立分析、精细化管理及损耗降低。漏检率可降低10%，误检率可降低10%	适用于供水水务设备管理
12	物理模型高精度地形测量系统	该系统以光电学技术，通过电机、控制器配合相关软件实现物理模型中沙、水、空气分界线的准确识别。主要性能特点：可在动水、高含沙量条件下高精度稳定工作，解决了传统测量需要中断实验排水测量的问题；地形重复测量精度较高，测量速度快，适用各种沙、粉、石子等材质的模型；可搭载波位、流速等多种传感器，设备轻便，搬运方便。地形重复测量精度：±0.1mm；平均测量速度：3s/点；适应模型流速范围：0～1m/s，含沙量范围：0～30kg/m^3；设备重约45kg	适用于物理模型地形测量及泥沙科学研究
13	基于智能算法的水库洪水自动预报调度系统	该系统通过收集和分析气象水文数据，采用人工智能算法对模型参数进行自动率定，可对洪水进行模拟计算，实现实时洪水预报和修正及调度计算。主要性能特点：基于大数据管理模式搭建标准数据库，明确洪水预报调度的数据格式；可分析洪水特性，确定预报方法和模式，从而选用适合的算法；基于滤波算法对洪水预报调度结果进行实时修正。该系统在开化齐溪水库应用，预报精度在90%以上，达甲级预报精度	适用于水库洪水预报调度计算

序号	技术（产品）名称	技术（产品）主要内容	适用范围
14	小水电智能化无人控制系统	该系统可根据来水量和电站运行环境，结合智能分析技术，自动调节 PID 参数（控制器比例系数、积分时间和微分时间等），实现发电全流程无人值守。主要性能特点：自动调节发电，可提升发电效率，降低人力成本。总线式板卡架构，即插即用；故障自动分析，自动排障，自动归复；双励磁、双网络等双向双重容灾，提高安全性。与传统设备相比体积缩小 80%，复杂度降低 60%；调压精度小于 0.5%；电压响应时间：上升小于 0.08s，下降小于 0.15s；频率变化 1%（0.5Hz），发电机电压变化小于等于 ±0.25%	适用于小型水电站运行管理
15	大坝健康管理数字孪生平台	该平台运用云计算、仿真建模分析、数据建模分析等技术，实时获取监测数据，并将其与建模分析数据有机结合，构建大坝自动化监测站网，帮助运维人员及时获取大坝预警信息，评估大坝安全状况。主要性能特点：采用仿真分析技术，依托实际监测数据建立大坝模型，三维渲染可视化，反映大坝整体安全状态；数据串联物理实体和虚拟实体，实时调整构建的数据模型；定量分析大坝监测参数趋势，形成安全评估方法。预测结果数据包括大坝水平径向位移、切向位移、沉降位移、温度以及应变等参数；大坝预测数据数量大于等于 1000 个；仿真计算时长小于等于 2h；GIS 模型加载时间小于等于 5s	适用于大坝的安全监测和管理
16	圩（灌）区自动化运行系统	该系统集成泵闸计算机监控系统、水位流量监测系统等立体感知体系，通过水资源调度模型、调度指挥平台，实现圩（灌）区工程的水文、水质等信息收集和闸站的自动化控制。主要性能特点：基于设施运行管理状态，结合工程安全智能诊断，实现远程自动化控制，提高工程管理效率；实时感知各节点数据，自动分析排查故障和隐患；水质监测采用紫外全谱快速扫描，无须化学试剂，维护少	适用于圩（灌）区的自动化管理

续表

序号	技术（产品）名称	技术（产品）主要内容	适用范围
17	平原河网超浅水水下地形地貌全覆盖测量技术	该技术采用便携式多波束测深设备，改变传统插花杆或单波束点测绘数据采集模式，实现平原河网的水下地形广覆盖、高效率、可视化的测量，为河道清淤、勘察设计、施工、验收等提供数据支撑。主要性能特点：可进行平原河网水下地形低功耗、连续测量，实现河网水下地形多维可视化；可进行超浅水域超宽范围的高效扫测；集成化、小型化、便携式水下测量，设备可由单人在小船、无人船上安装。设备最大功率仅60W；测深范围：0.2～150m；测深分辨率：0.75cm；内置航向精度：0.1°（2m基线）；内置姿态精度：0.1°；水平定位精度：2cm＋1ppm（RTK）/0.6m（SBAS）/1.2m（单点）	适用于平原地区河湖库塘的水下地形测量
18	水利视频 AI 通用组件系统	该系统通过水尺配置、图像识别、模型训练构建虚拟水尺和生态流量识别模型，实现无水尺水位识别以及对溢坝、泄洪等场景的流量识别。主要性能特点：水利场景 AI 训练和识别，及时预警水库垂钓、游泳等异常行为，提高水库管理效率；虚拟水尺技术，识别精度较高，自主识别流量泄放，降低环境干扰；分布式架构，采用通用视频 AI 组件，多部门多应用可调用。虚拟水尺综合误差小于等于1cm；经训练后，AI 识别准确率大于等于95％	适用于水库管理及水电站生态流量泄放监测
19	水电站安全巡检云系统	该系统采用近场通信、数据共享等技术，实现水电站的设施设备管理、异常处理、巡检检查等工作的规范化处理。主要性能特点：手机端 NFC 巡检设备，使巡检工作更便捷，提高巡检工作的规范性；数据云同步，可实现各终端的数据同步和统一；系统扩展性较高，可根据需求定制设置。最大响应时间小于等于5s；离线存储数据约1000条	适用于水电站设施设备的巡查维护和管理
20	声学全断面时差法流量在线监测系统	采用超声波时差法测流原理，通过安装于河道两岸的超声波信号装置，获得断面流速参数，经换算实现对河道实时流量的监测。主要性能特点：主从机自主组网进行无线通信，解决河道过线问题，安装便捷；北斗高精度授时，实现两侧主机信号纳秒级精度同步；信号换能器采用全向天线，设备安装无须精确对准，采用变频、扩频技术，测量宽度大。剖面测量范围：0.2～1000m；最大流速量程不小于±10m/s；测量精度：±1％；流速分辨率：1mm/s	适用于宽大河道流量在线监测

序号	技术（产品）名称	技术（产品）主要内容	适用范围
21	太阳能一体化闸门自动化控制系统	该系统结合太阳能供电和视频监控，利用物联网云平台、智能感控终端、电气自动化控制技术为一体化不锈钢闸门提供动力并进行远程自动控制。主要性能特点：灌溉闸门采用一体化不锈钢设计，太阳能供电驱动，建设成本较低；通过手机或 PC 远程可视化控制水闸开关，实现无人值守，维护较为简单；闸门具有防水性能，有上下限位开关限位和防堵转设计。静态值守模式下，工作电流小于等于 0.8mA，通信状态下，工作电流小于等于 150mA	适用于小型农业灌溉水闸管理
22	水质综合毒性在线感知系统	该感知系统由液体发光菌低温保藏装置、光电检测系统、进样装置和信号处理装置构成，以费氏弧菌为指示生物，对水质综合毒性进行监测。主要性能特点：水质综合毒性原位实时在线监测，仪器自动化控制，远程传输数据；优化费氏弧菌的成分配比，创新发光菌的制备和保存，提高了发光菌存活和发光强度的稳定性；可在野外长期自动运行，无须人工频繁更换发光细菌，维护费用低。抑制率检测范围：0～100％；检测时间小于等于 30min；菌体标准偏差小于等于 10％；更换周期大于等于 7d；现场仪器稳定运行时间大于等于 30d	适用于水库水源地水质综合毒性在线监测
23	水源地水库水生态智能监测新技术	该技术采用图像采集法创建浮游生物鉴定图谱库，构建生物量计算方法，搭建水生态数据智能采集平台，实现水生态监测的信息化和自动化。主要性能特点：将图像采集智能识别技术应用到藻类、浮游动物等监测，改变传统以人工采样、显微镜鉴定为主的监测手段；实现水生生物自动鉴定和水生态数据信息化采集；构建藻类等图谱库，实现藻类自动识别、快速检测，可进行早期水华藻类预警。可进行在线或巡航监测，在 30min 内完成传统方法 2d 的工作量	适用于水库水源地水生态实时监测及预警

续表

序号	技术（产品）名称	技术（产品）主要内容	适用范围
24	生物生态耦合的农村生活污水智能模块化处理技术	该技术耦合生物接触氧化法及生态潜流人工湿地等技术，污水经前端格栅和调节池等物理拦截，通过一体化设备生物处理后，进入潜流人工湿地进行吸附和降解等深度处理，达标后排放或回收利用。主要性能特点：设备基于改良生物接触氧化技术一体化集成，结构紧凑，构件模块化，安装便捷；根据进水水质情况，选择性控制处理模块，运行调控灵活，可延长使用寿命。处理能力/占地面积大于 $0.5t/m^2$；对污水中的 COD_{Cr}、BOD_5、TP、NH_3-N、SS 等主要污染物平均去除率大于 50%	适用于农村的生活污水处理及循环利用
25	智能水面无人保洁船	该设备集成了无人驾驶、多传感探头、5G 高速图像传输、高精度定位等技术，通过倒三角队形的"三船协同"模式，对河道进行保洁作业。主要性能特点：船体采用无人驾驶，由两个牵引臂小船与大船间进行三船协同进行保洁作业；结合图像、雷达信息采集及智能控制，在定位信号不佳的河段仍能实现避障和清洁作业；采用电池供电，预设路径后自动化作业，作业效率高。主船尺寸：$3m×1.6m×1.2m$（长宽高）；船体自重：450kg；最小工作水深：0.5m；工作航速：0.8m/s；最高航速：1.2m/s；续航时长：8~10h	适用于河湖等水域的清洁和漂浮物打捞
26	浸没式超滤净水处理技术	该技术以超低压浸没式 PVDF 中空纤维超滤膜元件与连续膜过滤技术相结合作为膜过滤的核心组件，可有效去除水中的铁锈、泥沙、微生物等有害物质。主要性能特点：超滤膜纤维亲水性好、膜通量高、抗污染性强；设备自动化控制程度较高，出水水质稳定，采用负压抽吸方式出水，能耗低；设备结构紧凑，占地面积小，可模块化安装。PVDF 超滤膜孔径为：$0.03\mu m$；典型跨膜压差在 $-50kPa$ 以内；出水浊度小于 0.2NTU，SS 小于 2mg/L；在跨膜压力 0.01~0.05MPa 下，通量可达 25~45L/($m^2·h$)	适用于农村饮用水工程水质净化

续表

序号	技术（产品）名称	技术（产品）主要内容	适用范围
27	装配式一体化设备水厂	该设备将净水构筑物进行模块化设计，采用不锈钢材质，集成微阻力管道混合、涡旋流混合反应等技术，构成一体化可装配的水厂。主要性能特点：微阻力管道混合技术以内外双腔螺旋混合结构进行多点分散加药，减少水头损失，降低能耗；采用瓦楞状板面结构的不锈钢滤头板，提高滤池配水配气的均匀性；可根据实际需求进行制水工艺模块化组合，相对传统净水构筑物，设备建设周期短，运行管理简便。单体处理规模：$200 \sim 75000 m^3/d$；出水浊度小于 0.2NTU；吨水占地面积：$0.015 \sim 0.020 m^2/(m^3/d)$；千吨水药耗：$3 \sim 12 kg/km^3$；自耗水率：2.5%	适用于城镇及联村供水工程的饮用水净化
28	自由式超滤净水技术及集成设备	该设备以自主研发的中空纤维超滤膜为核心过滤组件，通过膜两侧压差实现原水中污染物的过滤分离，可有效去除水中的颗粒物、微生物、胶体等。主要性能特点：膜组件中的超滤膜采用上端固定、下端自由分散的结构形式。冲洗时膜丝抖动空间大，表面污染物易剥离；自主研制大孔径脉冲曝气盘，提高了气擦洗的效果；采用重力自流进水，能耗低，高度集成化设计，结构紧凑。超滤膜孔隙率：62.91%；表面亲水性小于等于 $40°$；膜丝平均断裂拉伸强力大于等于 100N；纯水通量大于等于 $1.5 m^3/(m^2 \cdot h)$；产水浊度小于 0.5NTU	适用于农村饮用水工程水质净化
29	微动力 PTFE 浸没式超滤膜净水设备	该设备以 PTFE 聚四氟乙烯中空纤维膜作为核心净水组件，采用重力流过滤净水，次氯酸钠发生器消毒，出水达到国家标准要求。主要性能特点：PTFE 膜材质抗污染能力强，可减少反冲洗频次，节水节能；膜丝开孔率可达 90%，膜组件通量高，使用寿命长；设备集成浸没式超滤膜、投药泵、消毒设备、智控系统等，占地面积小，自动化运行，管理方便；设备产水采用重力流，无须消耗电能，制水成本低。膜组件的高通量为 $80 \sim 150 L/(m^2 \cdot h)$；膜丝抗拉强度大于 103N，断裂强度大于 110N；出水浊度小于 0.1NTU；膜丝使用年限大于 10 年	适用于农村饮用水工程水质净化

（陶洁）

水利信息化

【概况】　2022 年，省水利厅持续推进水利数字化工作。数字孪生曹娥江流域防洪应用、嘉兴数字水网应用、数字孪生大坝安全研判与智能管控关键技术与应用、椒（灵）江流域洪水预报调度一体化平台、数字孪生甬江流域防洪应用等 5 项成果入选数字孪生流域建设先行先试优秀（推荐）应用案例，走在全国前列。"水利大脑"入选全省数字化改革"最强大脑"。迭代上线的浙里办软件"九龙联动治水"应用入选浙江省数字政府优秀应用案例（第三批）。开展第二批水利数字化改革试点，《数字化改革》简报刊登省水利厅《省水利厅上线浙里"九龙联动治水"应用　推动全省水治理体系和治理能力现代化》及推荐的 7 个市县数字化应用成果。省水利厅获浙江省护网演习防守成效突出单位和 2022 年度浙江省网络与信息安全信息通报先进单位。

【数字化改革】　2022 年，省水利厅编制《浙里"九龙联动治水"应用建设方案》，迭代上线浙里办软件"九龙联动治水"应用，并入选数字政府优秀应用案例集（第三批），选取 16 个市县开展市（县）域试点建设，推动省市县三级数据、用户、业务贯通。

【数字孪生流域建设】　2022 年，浙江 9 项任务入选水利部数字孪生流域建设先行先试，编制《浙江省数字孪生流域建设先行先试统筹推进机制方案》，定期组织召开工作推进会和技术协调会。在水利部中期评估中获得优秀等次。

【工作部署与统筹】　2022 年，省水利厅制定《2022 年水利数字化改革年度工作要点》《关于进一步明确水利数字化改革有关任务市县协同事项的通知》《浙里"九龙联动治水"应用对地方双月综合评价规则》，明确省市县年度任务作战图和工作分工，建立考评机制夯实责任落地。全年承办数字化改革攻坚例会 33 次，编制数字化改革月度工作进展，建立水利数字化改革"赛马场"。统筹省水利厅系统电子政务项目，整合 31 项运维需求和 15 个建设需求，形成水利电子政务系统运行维护、水情自动采集系统运行维护、钱塘江流域中心信息化运行维护服务、钱塘江流域防洪减灾数字化平台运行维护、水资源管理和水土保持管理信息平台运维、浙江省水利工程质量安全监督信息化管理系统运行维护、水利关键信息基础设施固防及水利督查数字化应用运维项目等 7 个运维项目和水利部试点浙江水文北斗三号短报文应用调测及流域河湖水文映射工程、浙里办软件"九龙联动治水"应用、"水利大脑"建设、信息网络安全服务与加固等 4 个建设项目。

【网络安全】　2022 年，省水利厅印发《2022 年网络安全工作要点》《2022 年浙江省水利网络安全责任人名录》，设立省水利厅系统网络安全员岗位，制定厅机关处室网络安全工作责任清单，完善厅系统网络安全责任体系。完成 11

个省本级信息系统和 2 个水利关键信息基础设施定级备案、等级测评和安全整改建设，完成 6 个等保三级应用系统商用密码应用安全性评估工作。全年发布网络安全风险隐患预警信息 15 次，面向水利行业重要信息系统和政务云资源开展网络安全检测 11 次，发现 194 个信息系统中高危安全漏洞 257 个，漏洞整改完成率 100%。开展厅本级网络安全宣传周活动，全年举办网络安全培训班 3 次，提升厅系统网络安全员实操技能。

【攻防演练】 2022 年，省水利厅开展 2022 年全省水利行业网络安全攻防演练，组织全省水利行业做好公安部、水利部、省公安厅网络攻防实战演练协同防守，监测抵御网络攻击 21.7 万余次，督促整改演练发现的漏洞问题。

【专项检查】 2022 年，省水利厅围绕省委网信办 32 个"是否"和省大数据局 47 个风险项，组织开展网络和数据安全自查自纠 4 次，整改完成 19 个系统 69 个重点风险项，排查加固政务云主机 163 台、计算机终端 250 余台，审查核心运维人员 52 人，高危风险隐患清零。

【专项保障】 2022 年，省水利厅完成 149 天重点值守保障任务。组织全省水利行业 112 家单位 1360 名值守人员协同做好基础网络和重要系统运行保障、监测预警和应急处置工作，落实 7×24 小时值班值守和每日网络安全"零报告"制度，实现全年网络安全零事件。

（程哲远）

政 策 法 规

Policies and Regulations

水 利 改 革

【概况】　2022年，省水利厅制订年度调研课题计划，开展"浙江省水文化传播现状的调研"等课题调研，推进水利领域全面深化改革工作，加强水利政策研究，完善改革政策保障。

【水利改革创新】　2022年，省水利厅重点改革推进与改革试点推广并行。加速推进"三化"改革、水利投融资改革，创新推出"节水贷"金融助企服务，开展建设领域公权力大数据监管、安全生产"双重预防机制"示范创建。完善改革政策保障，出台水利落实稳经济政策措施、企业保证金缓缴政策、水资源和水土保持费减征、海塘安澜千亿工程要素保障等政策措施。

【"互联网＋政务服务"改革】　2022年，省水利厅开展"智能秒办"事项梳理，新增秒办事项1个（水利三类人员安全生产考核合格证书变更）、依申请政务服务事项5个〔二级造价工程师（水利工程）延续注册、初始注册、变更注册、注销注册和临时占用、拆除水利工程备案〕并完成系统改造。推广"一地创新、全省共享"办件方式，办结工单30余件；开展基层治理"一件事"梳理，"水域监管一件事"成功入选基层治理"一件事"；深入推进水利工程质量检测单位资格认定（乙级）、取水许可、河道管理范围内有关活动许可（采砂活动许可）等3项涉企经营许可事项"证照分离"改革。

【水利政策研究】　2022年，省水利厅出台《浙江水网建设规划》等重大政策，以联网、补网、强链为重点，着力打造"三纵八横十枢"水网总体格局。提出9个重点调研课题和47个专项调研课题计划，经全省交叉打分评选，从全省水利系统参评调研报告中选出优秀报告60篇，见表1。

表1　2022年全省水利系统优秀调研报告一览

奖项	名　称	单　位	参加人员
一等奖	浙江省水文化传播现状的调研	中国水利博物馆	陈永明、叶红蕾、王一鸣、薛哈妮
	山区性河流堰坝建设运行现状及生态改造需求调研	浙江省水利河口研究院（浙江省海洋规划设计研究院）	胡国建、王斌、尤爱菊、陈怡、徐海波、傅张俊、周鑫妍、李妙艳、郭自强
	关于浙江省水情教育基地资源的调研报告	浙江省水利信息宣传中心	李荣绩、郑盈盈、郭友平、徐鹤群、王超、蔡麒麟、钟若茜、徐硕
	行业类高校如何更紧密服务行业的体制机制研究	浙江水利水电学院	陈光亭、白福青、李世平、俞姝、滕川碧

奖项	名　　称	单　位	参 加 人 员
一等奖	运用系统思维开展流域治理研究（鳌江流域系统治理调研）	浙江省水利发展规划研究中心	方子杰、王挺、仇群伊、陈玮
	义乌市城市防涝现状及对策研究	义乌市水务局	邵志平、叶俊飞、周雁潭、刘立军、桂明、李勃
	加快水经济发展，拓宽生态价值实现通道	丽水市水利局	曾甄、吴建云、陈家豪、赖心会、蒋硕漱
	加强太湖溇港遗产保护利用对策研究	湖州市水利局	龚丁、陈旭华、沈晓金、王旭强
	探索推行分质供水　走深走实高水平共富	台州市水利局	郏茂盛、梁伟、林金、陈雨瑶
	东苕溪流域系统治理方案的研究	杭州市林水局	杨志祥、张丽虹、高海波、蒋建灵
二等奖	水利数字孪生技术调研	浙江省水利水电勘测设计院	叶垭兴、郭磊、舒全英、梅斌、王浩军、许继良、王青青、李琳、李灵超、程晨、侯毅
	浙江省水利工程质量检测能力调研	浙江省水利水电工程质量与安全管理中心	郁孟龙、葛瑛芳、佘春勇、傅国强、李欣燕
	深化河湖长制　建设幸福河湖	浙江省农村水利管理中心	朱晓源、苗海涛、万俊毅、胡漩璇、沈燕红
	近自然生态理论在浙江的思考与实践	浙江省水利水电勘测设计院	柴红锋、郑雄伟、许继良、王超、陈秀秀、郑芙蓉、朱佳丽、俞洪杰、陈凯炜
	钱塘江流域治理管理现代化调研	浙江省钱塘江流域中心	许志良、胡敏杰、郑巧西、张琪
	多目标融合型水利工程的建设与管理机制调研	浙江省水利河口研究院（浙江省海洋规划设计研究院）	黄海珍、金倩楠、金玉、刘立军、穆锦斌、李洁、徐思雨、周丹丹、史永忠、顾希俊、严杰
	水利推动山区26县跨越式高质量发展促进共同富裕路径研究	浙江省水利发展规划研究中心	刘俊威、孙伯永、郑斯尹、陈宇婷
	舟山域外引优质水方案调研	浙江省水利发展规划研究中心、省水利水电勘测设计院	王挺、夏玉立、周芬、魏婧、安贵阳、陈玮、仇群伊、方子杰

续表

奖项	名　称	单　位	参加人员
二等奖	高质量推进小型水库"三通八有"建设的对策研究	浙江省水库管理中心	俞飚、董华飞、彭妍、田浪静
	再生水利用现状及发展对策调研	浙江省水利河口研究院	杨才杰、彭振华、温进化、王士武、傅雷、周馨
	杭州市民间河长制开展情况的调研报告	杭州市林水局	黄健勇、叶利伟、何晓锋、陆一奇、吴桢
	绍兴市区多水源联合调度研究	绍兴市水利局	张建良、黄庆良、鱼建军
	关于加快推进宁波市再生水利用的调研报告	宁波市水利局	池飞、季树勋、王颖、虞静静
	椒江河口水利枢纽工程助推台州"二次城市化"发展战略研究	台州市水利局	陈旭初、柯红革、朱英杰、王晓栋、林遍行
	龙泉市水资源开发利用与发展的探析	龙泉市水利局	曾春一、林宗德、管为平、范炳森、管婧、郑子丹
	德清水利助推乡村振兴　走向共同富裕"德清样本"调研报告	德清县水利局	沈奇炜、丁云琴
	加强石梁溪流域项目谋划充分发挥寺桥水库综合效益	衢州市水利局	郑骞、柳丹霞、刘慧霞
	深入水利数字化改革　打造水库管理新格局——以东阳市数字孪生横锦水库应用为例	东阳市水务局	马刚、金耀文、王业雄、任文扬、徐哲康
	数字赋能姚江流域防洪风险研判及调度决策调研报告	余姚市水利局	黄佰坚、吴劲辉、鲁东辉、王灵敏、龚阳杰
	基于水灾害防御构建平原水网数字孪生的探索与实践	嘉兴市水利局	岳玉良、陈杭、柳涛
三等奖	基础设施 REITs 在浙江水利项目融资中运用前景分析	浙江省水利发展规划研究中心	孙伯永、刘志伟、王萍萍、郜宁静、杨溢、张喆瑜、黄晓亚
	数字孪生海塘调研报告	浙江省钱塘江流域中心	王建华、孙超、周肖璐、朱娴娴、叶方政、程欢、赵凡、吴海泉、金琛、徐夏婷

奖项	名　称	单　位	参加人员
三等奖	关于进一步加强杭州亚运会水安全保障工作的调研报告	浙江省水利发展规划研究中心	杨溢、黄晓亚、张喆瑜、刘志伟、王萍萍、郜宁静
	新发展阶段水利防汛物资储备与保障机制研究	浙江省水利防汛技术中心	周函、管志凯、张中顺、伊成良、冯蕾磊、陈晨、陈森美
	水利大数据应用场景调研	浙江省水利河口研究院（浙江省海洋规划设计研究院）	王杏会、殷腾箐、吴辉、宋立松、胡淑静、饶丹丹、杜耀燕、郑国、王璟、陈洁
	强化党建引领、推动学校党建工作提质创优的工作举措研究	浙江同济科技职业学院	江影、吴玲洪、杨昭敏、方灵丹
	浙江省水安全保障"十四五"规划项目实施情况调研报告	浙江省水利水电技术咨询中心	王卓林、张乐、陈云雀、程金标、杨柳
	洪水预警发布管理办法应用情况调研	浙江省水文管理中心	王淑英、邱超、刘福瑶、王浩、陈金浩、闵惠学、田玺泽、许波刘、秦巍、郦英
	浙江省小型水利工程文明标化工地创建调研	浙江省水利水电技术咨询中心	唐瑜莲、徐桑、王志平、罗卓磊、王碗琴
	新一轮浙江水文感知体系建设调研	浙江省水文管理中心	劳国民、曾国熙、黄士稳、顾卫明、曾成锦
	浙江省中小河流综合治理在水利高质量发展建设共同富裕示范区的作用与思考	浙江省钱塘江流域中心	辛方勇、王立文、李庆孟、朱佳瑜、何学成
	浙江省水利领域预算绩效管理调研	浙江省水利水电技术咨询中心	吴建新、章志明、李艳丽、吴国燕、陈刚、丁青云、王冬冬、杨刚、徐晨璇
	浙江省节水载体创建提升对策研究	浙江省水资源水电中心	王筱俊、舒畅、梁霄、马洁、周鹏程
	典型山洪灾害经验教训及对我省的启示	浙江省水利河口研究院（浙江省海洋规划设计研究院）	吴修广、王良、吴文华、周政杰、陈焕宝、池云飞、张新海、李翰泽、胡天瀚、栾勇、胡金春
	水利先进适用技术供需匹配情况调研	浙江省水利科技推广服务中心	梅放、徐昌栋、郝晓伟、卢梦飞、柯鳃、吴静、闫聪、陈星宇

奖项	名　　称	单　位	参 加 人 员
三等奖	合理开发利用水资源助推山区和民族地区共同富裕先行示范的路径探析	景宁县水利局	卢建民、蒋斌、刘妙灵、潘珅珅
	衢州市重大水利项目推动共同富裕的探索与研究	衢州市水利局	郑文建、陈斌、李翔
	江北区智慧水利建设现状分析与发展思考	江北区农业农村局	张侃、彭来忠、谭婕、李锦钊、王婷婷
	海塘安澜千亿工程智慧建设实践与思考	海宁市水利局	王伟锋、范小东、俞耿锋、顾丽娜、付祖南、曹迪凡
	关于嘉兴市南湖区美丽河湖迭代幸福河湖建设的几点思考	南湖区农业农村和水利局	沈立、朱炳润、徐群华、吴美勤、张晓佳、王仲琳、米全新
	科学应对极端强降水持续提升水旱灾害防御能力调研	丽水市水利局	张映辉、汪小阳、林超鑫、陶仲望、李操
	关于慈溪市河道清淤及淤泥处置情况的调研报告	慈溪市水利局	寿冠淮、王莉莉、徐佳
	兰溪市多水源联合优化调度研究调研报告	兰溪市水务局	潘丽芳、伍海兵、何卫中、吴兆廷、施宏、徐大年、徐何余、童蕊
	关于优化我县两大水库调度，提高水资源利用率的调研	安吉县水利局	张清卫、戴达华、戴泽胜、胡耀华、陶志忠
	嘉兴市优质水资源选择战略研究	嘉兴市水利局	朱黎雄、曹杰、邬家海
	永康市打造水保乡村助推乡村振兴的探索	永康市水务局	朱志豪、胡响明、贾梦思、徐祥
	路桥区灌区改造与高标田建设协同推进调研报告	路桥区农业农村和水利局	许浒、胡小敏、余红刚、赵建华
	关于玉环市再生水利用配置的思考	玉环市农业农村和水利局	王海滨、张玉、程诗聪
	关于加强江山市粮食安全水源保障促进粮食安全生产的调研报告	江山市水利局	姜孝荣、周春临、郑香英、余欣云、夏大伟、毛斌、郑小斌、吉陈丽、缪运、周海龙、徐亿忠、姜云彬、杨文远、陈建伟、汪健
	关于泰顺县农村水系治理情况的调研报告	泰顺县水利局	陶涛、夏智渊、夏继永、夏罗生

【水利改革创新典型经验评选】 2022年，省水利厅组织各地总结提炼具有开创性、可复制、可推广的年度地方改革创新经验，共收到地方报送的改革经验（线索）104条，经省水利厅评选，确定2022年地方水利改革典型案例10个、地方水利数字化改革典型案例10个，见表2。

表2　2022年度地方水利改革和数字化改革典型案例名单

类　别	地　区	案　例　名　称
地方水利改革典型案例	宁波市	全面推行水利工程项目安全生产责任保险
	温州市	探索实施农饮工程设施管护保险
	永嘉县	水利领域生态环境损害赔偿制度改革实践
	安吉县	赋石水库探索"一库带三村"共富机制
	德清县	一支队伍管水源实现联防联控执法闭环
	新昌县	整合小水电资产助力乡村共同富裕
	义乌市	深化"亩均论英雄"改革激发企业节水动力
	衢州市	首创"渠长制"服务灌区"最后一公里"
	松阳县	创设特许经营探索水利项目投融资新模式
	缙云县	探索农饮水县级统管新模式
地方水利数字化改革典型案例	浦江县	"水源安享"应用提升水源地安全风险识别和管控能力
	岱山县	借助数字化引擎提升海岛水资源调度和供水安全保障能力
	上虞区	"水利工程项目大数据监督"应用推动项目实现全流程规范化高效监管
	遂昌县	上线美丽河湖治理应用守护"水美岸清"幸福家园
	东阳市	"水库安全智管"提升水库风险管控能力和水资源治理水平
	余杭区	"数智防汛"应用全力兜牢防汛减灾安全底线
	长兴县	"智慧工地"系统推进水利工程高效建设管理
	义乌市	"义起智水"应用全面提高区域治水能力
	绍兴市	流域预报调度一体化应用让防汛调度"智起来"
	宁波市	数字孪生甬江先行先试开创协同共治新格局

依 法 行 政

【概况】 2022年，省水利厅配合省人大常委会修订出台《浙江省海塘建设管理条例》，制定规范性文件4个，加强重大行政决策管理，组织开展水利普法活动，进一步完善依法行政制度体系。

【法规体系建设】 2022年，《浙江省海塘建设管理条例》经省十三届人大常委会第三十七次会议修订通过，并于 2022 年 9 月 1 日起正式施行，为安全、生态、融合、共享的海塘建设管理提供法规制度层面依据。加强立法前期研究和项目储备，开展《浙江省农村供水管理办法》立法调研，《浙江省河湖水域管理条例》列入省人大常委会 2023 年立法计划调研论证项目。

【规范性文件管理】　2022 年，省水利厅法制审核行政规范性文件 9 件、政银合作协议 9 件、涉企政策性文件 8 件。省水利厅出台《浙江省水文情报预报管理办法》等 4 件行政规范性文件，向省司法厅备案，见表 3。按照省人大和省司法厅要求，开展涉及水能资源开发利用有关政府规章和规范性文件集中清理，停止执行《浙江省农村水电管理办法》第九条。

表 3　2022 年省水利厅印发的规范性文件目录

序号	文　件　名　称	文　号	统一编号
1	浙江省水利厅关于印发《浙江省水文情报预报管理办法》的通知	浙水灾防〔2022〕12 号	ZJSP18 - 2022 - 0001
2	浙江省水利厅关于印发《浙江省水利建设市场主体信用评价指引（2022 年）》的通知	浙水建〔2022〕5 号	ZJSP18 - 2022 - 0002
3	浙江省水利厅　浙江省财政厅关于印发《浙江省水利防汛物资储备管理办法》的通知	浙水灾防〔2022〕17 号	ZJSP18 - 2022 - 0003
4	浙江省水利厅　共青团浙江省委　浙江省科学技术协会关于印发《浙江省水情教育基地管理办法》的通知	浙水办〔2022〕21 号	ZJSP18 - 2022 - 0004

【重大行政决策】　2022 年，省水利厅重大行政决策事项为制定《浙江省水资源节约保护与利用总体规划》，预计完成时间为 2023 年，严格按照《浙江省重大行政决策程序规定》要求履行重大行政决策管理各项程序。

【政策法规论证答复】　2022 年，省水利厅参加《浙江省电力条例》等立法座谈会 4 次，完成《浙江省促进高质量发展建设共同富裕示范区条例》等省政府、省人大、省司法厅等的法规及政策性文件征求意见 49 件次。

【普法宣传】　2022 年，省水利厅制定法治宣传教育个性清单，落实法治宣传教育责任。组织"世界水日""中国水周"主题宣传活动，开展"复苏河湖生态环境，维护河湖健康生命"主题宣传、水情知识读本进校园系列活动。组织开展"喜迎二十大　普法进万家"主题活动，组建"我学我讲新思想·法治思想进万家"法治宣讲团。开展"互联网＋水法治"活动，制作全省水利系统普法标志和"浙水普法"表情包。组织参加《习近平法治思想学习纲要》《地下水管理条例》网络答题并获水利部普法办优秀组织奖。开展依法治水月月谈、"水宝说法"系列以案释法活动。浙江水利水电学院入选全省首批公民法治素养观测点，"以宪为心 以水育人 以法塑人——浙江水利水电学院依托行业优势开展水利普法教育"案例成功入选2022年度浙江省公民法治素养观测点"十大最佳实践案例"提名奖。

水 利 执 法

【概况】 2022年，省水利厅推进"大综合一体化"行政执法改革，水利领域处罚事项全部划转综合执法，组织开展防汛保安专项执法行动、水事矛盾纠纷排查化解等工作，举办全省水行政、综合行政执法业务骨干培训班，不断提升水行政执法水平。

【行政执法体制改革】 2022年，省水利厅贯彻"大综合一体化"行政执法改革精神，新增100项水行政处罚事项纳入《浙江省新增综合行政执法事项统一目录（2022年）》，水利领域处罚事项全部划转综合执法。组织梳理涉水高频、零办件事项分析和典型案例，规范精简行政执法事项，整合归并15项行政处罚、5项行政强制事项。5月7日，省水利厅印发《浙江省水行政轻微违法行为不予处罚事项清单》（浙水法〔2022〕8号）。

【防汛保安专项执法行动】 2022年，省水利厅联合省综合行政执法指导办开展防汛保安专项执法行动。聚焦防汛防台，集中开展4次水旱灾害防御大排查，整改风险隐患2061处，聚焦河道行洪，第一时间复核妨碍河道行洪突出问题疑似图斑5745个，排查整改问题291个。全年全省出动巡查检查人员3万多人次，巡查河道19.62万km，全覆盖排查水库4277座，全省综合行政执法部门查处各类妨碍河道行洪、破坏水利工程设施案件504件。

【执法人员培训教育】 2022年，省水利厅举办全省水行政、综合行政执法业务骨干培训班，线上、线下共548人参加培训，培训开设《习近平法治思想》《行政处罚法解读》《水行政管理与执法》《浙江省综合执法改革实践》《公平竞争审查制度理论与实践》等专题讲座。组织省水利厅领导和公务员参加年度法律知识考试，组织机关工作人员参加行政执法资格培训考试。

【行政复议和行政诉讼】 全年未发生行政复议和行政诉讼。

（郜宁静）

能 力 建 设

Capacity Building

189～209 页

组织人事

【概况】　2022年底，省水利厅系统干部职工共有6700余人，其中行政（参公）160人、事业2026人、企业2316人、离退休干部2200余人。其中，省管干部21人（除8名厅领导外，正厅2人、副厅11人）；正处领导干部（不含厅属高校，下同）52人（40岁以下1人），副处领导干部78人（40岁以下19人），40岁以下处级领导干部占比15.4%；二级巡视员4人、一级调研员12人、二级调研员13人、三级调研员11人、四级调研员26人。

【干部任免】　2022年，省委、省政府任免省水利厅系统干部13名。省水利厅系统交流提任干部7人，职级晋升30人，制度性交流2名，安置军队转业干部1名，基层遴选1名，双向挂职锻炼8名。

【厅领导任免】　2022年1月9日、1月15日，浙政干〔2022〕2号、浙组干任〔2022〕1号文通知，朱留沙任浙江省水利厅党组成员、副厅长。

2022年5月16日，浙委干〔2022〕128号文通知，李锐任浙江省水利厅党组书记；免去马林云的浙江省水利厅党组书记职务。

2022年7月26日、7月28日，浙政干〔2022〕31号、浙组干任〔2022〕24号文通知，免去蒋如华的浙江省水利厅党组成员、副厅长职务。

【其他省管干部任免】　2022年5月16日，浙委干〔2022〕131号文通知，包志炎任共青团浙江省委员会副书记。

2022年5月16日、5月29日，浙委干〔2022〕130号、浙政干〔2022〕22号文通知，钱天国任浙江水利水电学院党委委员、书记；陈光亭任浙江水利水电学院党委委员、副书记、院长；免去史永安的浙江水利水电学院党委书记、委员职务；免去华尔天的浙江水利水电学院院长、党委副书记、委员职务。

2022年8月9日，浙政干〔2022〕33号文通知，沈自力任浙江水利水电学院副院长；免去徐金寿、邹冰的浙江水利水电学院副院长职务。2022年8月12日，浙水党〔2022〕54号文通知，沈自力任浙江水利水电学院党委委员；免去徐金寿的浙江水利水电学院党委委员职务。

2022年10月15日，浙政干〔2022〕46号文通知，李政辉任浙江水利水电学院副院长。2022年10月19日，浙水党〔2022〕75号文通知，李政辉任浙江水利水电学院党委委员。

【厅管干部任免】　2022年3月7日，浙水党〔2022〕12号文通知，免去周素芳的浙江省钱塘江流域中心三级调研员职级；免去梁民阳的浙江省钱塘江流域中心四级调研员职级。

2022年3月7日，浙水党〔2022〕17号文通知，陈书锋任浙江省水库管理中心一级调研员；骆晓明、龚真真任浙江省水库管理中心四级调研员；王正红、胡飞宝、高瞻任浙江省农村水利管理中心四级调研员。

2022年3月17日，浙水党〔2022〕13号文通知，免去孙丽君的浙江省水利厅政策法规处（执法指导处）二级调研员职级。

2022年4月19日，浙水党〔2022〕22号文通知，免去钱敏儿的浙江省水利厅科技处二级调研员职级。

2022年6月17日，浙水党〔2022〕39号文通知，免去陈黎的浙江省水利厅财务审计处三级调研员职级。

2022年8月12日，浙水党〔2022〕52号文通知，免去包志炎的浙江省水利厅科技处处长职务；免去沈自力的浙江同济科技职业学院党委委员、副院长职务。

2022年9月28日，浙水党〔2022〕68号文通知，朱绍英任浙江省水利厅科技处处长（试用期一年）；周函任浙江省水利防汛技术中心（省水利防汛机动抢险总队）主任（队长）（试用期一年），免去其浙江省水利厅人事教育处副处长职务；赵强任浙江省水利厅人事教育处副处长（试用期一年）；王云南任浙江省水利厅水资源管理处（省节约用水办公室）一级调研员；王卫标任浙江省水利厅建设处一级调研员；赵友敏任浙江省水利厅农村水利水电与水土保持处一级调研员；马哲敏任浙江省水利厅办公室二级调研员；杨世兵任浙江省水利厅监督处二级调研员；周成良任浙江省水利厅财务审计处二级调研员；何雷霆任浙江省水利厅运行管理处三级调研员，免去其浙江省水利厅运行管理处副处长职务；赵志华任浙江省水利厅人事教育处三级调研员；沈仁英任浙江省水利厅水资源管理处（省节约用水办公室）三级调研员；陶建基任浙江省水利厅河湖管理处三级调研员；张义剑任浙江省水利厅农村水利水电与水土保持处三级调研员；胡明华任浙江省水利厅水旱灾害防御处三级调研员；黄臻任浙江省水利厅政策法规处（执法指导处）四级调研员；吕天伟、柳卓任浙江省水利厅运行管理处四级调研员；程哲远任浙江省水利厅科技处四级调研员；金晶任浙江省水利厅财务审计处四级调研员；郭明图任浙江省水利厅直属机关党委四级调研员；王宁、楼琦任浙江省水库管理中心二级调研员；纪生花任浙江省水库管理中心四级调研员；葛培荣任浙江省农村水利管理中心二级调研员；王正红任浙江省农村水利管理中心三级调研员；支向军任浙江省农村水利管理中心四级调研员；免去陈森美的浙江省水利防汛技术中心（省水利防汛机动抢险总队）主任（队长）职务。

2022年9月28日，浙水党〔2022〕74号文通知，赵法元任浙江省水利厅运行管理处二级巡视员，免去其浙江省水利厅运行管理处处长职务。

2022年10月14日，浙水党〔2022〕70号文通知，免去章香雅的浙江省钱塘江流域中心副主任职务。

2022年11月18日，浙水党〔2022〕83号文通知，胡啸峰任浙江省水利厅科技处副处长（试用期一年）；免去张扬军的浙江省水利厅建设处副处长职务。

【工作专班设立】　2022年3月17日，浙水人〔2022〕7号文通知，成立省河长制办公室工作专班，专班设在省农村水利管理中心。

2022年3月17日，浙水人〔2022〕8号文通知，成立水利民生实事工作专班，专班设在省水库管理中心。

水利队伍建设

【概况】　至年底，全省水利行业从业人员94819人。其中，水利系统内人员16907人，同比减少1.3%。在水利系统内人员中，公务员（参公人员）2097人，占比12.4%；事业人员11201人，占比66.3%；国有企业人员3609人，占比21.3%。35岁及以下5201人，占比30.8%；36～45岁4357人，占比25.8%；46～54岁4940人，占比29.2%，55岁及以上2409人，占比14.2%，平均年龄43岁。水利系统内专业技术人员10823人，平均年龄40岁，占比64.0%；技能人员1442人，平均年龄51岁，占比8.5%。获得省部级以上荣誉称号的高层次专业技术人才、高技能人才共337人次，其中2022年新增高层次专业技术人才、高技能人才11人次。

【教育培训】　2022年，省水利厅系统聚焦习近平总书记"节水优先、空间均衡、系统治理、两手发力"治水思路、高质量发展建设共同富裕示范区，围绕水安全保障"十四五"规划、最严格水资源管理、海塘安澜工程建设、水利工程"三化"改革等重点内容，举办线上

线下培训60期，培训19506人次；通过"浙江水利人员在线学习系统""水利云课堂"，线上培训7841人次，安全生产网校平台学习人数22000余人次。2022年浙江省水利系统各专业领域继续教育登记证书获证情况见表1。

表1　2022年浙江省水利系统各专业领域继续教育登记证书获证情况

业务领域	获证数/个
职业技能培训	1657
运行管理	2530
农村水利	282
水资源管理	491
农村水电	112
水文管理	396
监督	358
人事教育	141
质量安全	387
水行政执法指导	460
河湖管理	233
党务	257
水旱灾害防御	653
信息宣传	580
水土保持	185
智慧水利	70

【院校教育】　2022年，浙江水利水电学院拥有国家精品资源共享课7门，省级课程思政教学团队2个，国家级教学成果二等奖1项，省级教学成果奖14项。工程造价专业列2022软科中国大学专业排名全国第32位、浙江省第1位。获2022年

度水利部大禹水利科学技术普及奖1项、浙江省水利科技创新奖一、二、三等奖各1项。拥有浙江省工程研究中心2个，浙江省重点实验室1个，省"一带一路"联合实验室1个，浙江省新型高校智库1个，国家水情教育基地1个，水利部强监管人才培养基地1个，省级软科学基地2个，省级国际科研合作基地1个，浙江省水文化研究教育中心1个，浙江省高校高水平创新团队1个，省级实验教学示范中心3个，省级校外实践基地建设项目2个，浙江省非物质文化遗产传承教学基地1个，中国科学技术协会"厚植家国情怀，传承水利精神"水利科学家学风传承示范基地1个，获评"全国节水型高校典型案例"。学校拥有杭州钱塘、湖州南浔两个校区，占地面积180.1hm²，总建筑面积75.1万m²。2022年招生5088人，其中本科生4438人，招收联合培养研究生60人。2022届毕业生3198名，初次就业率为94.31%，本科毕业生读研率为12.72%。

2022年，同济学院录取新生3715人，招生计划完成率99.9%，报到率98.82%。成人教育招生540人。共有毕业生3626人，毕业生就业率98.07%，居全省同类院校前列。该校2022年引进新教师66人，其中博士9名、正高1名、副高3名。落实"新进青年博士科研能力提升助推计划"，完成首批博士入室遴选，柔性引进学术带头人2名，引育"浙江工匠"2名，新增"双师素质"教师108名。作为核心成员、参与成员获批国家级职业教育"双师型"教师培训基地2个。该校学生获全国职业院校技能大赛高职组"水处理技术"赛项二等奖、"工程测量"赛项三等奖，全国"互联网＋"大学生创新创业大赛铜奖。该校教师获水利部"我学我讲新思想"水利青年理论宣讲比赛全国十佳、首届全国水利高职院校辅导员能力大赛一等奖、浙江省高校辅导员素质能力大赛三等奖、浙江省高校思政微课大赛一等奖，获2022年省直机关青年理论宣讲暨微型党课比赛特等奖、省第十三届微型党课大赛二等奖，首次成功立项教育部人文社会科学教学研究项目，建筑工程技术（智能建造）专业团队立项浙江省首批职业教育教师教学创新团队。2022年，该校完成各类培训、考试（鉴定）20400余人次，成功入选首批省属社会评价组织、省示范性职工培训基地、省示范性继续教育（社会培训）基地和省社区教育示范基地。

【专业技术职务工作】 2022年4月15日，省水利厅印发《浙江省水利厅 浙江省人力资源和社会保障厅关于公布马晓萍等342人具有高级工程师职务任职资格的通知》（浙水人〔2022〕9号），342人通过评审，取得高级工程师职务任职资格。

7月16日，2022年度全省水利专业高级工程师职务任职资格评价业务考试在浙江水利水电学院举行，共1715人报名，实际参考人数1390人。考试最高分88.5分，最低分31.5分，平均分63.05分。考试成绩合格线为60分，合格人数893人。

10月22日，2022年度省级单位水利专业工程师职务任职资格评价业务考试在浙江同济科技职业学院举行，共126人报名，实际参考人数116人。考试最高分90.5分，最低分47分，平均分73.8分，60分（含）以上人数112人。考试成绩合格线为60分，合格人数112人。

11月8日，印发《浙江省水利厅浙江省人力资源和社会保障厅关于公布王鑫等52人具有正高级工程师职务任职资格的通知》（浙水人〔2022〕24号），

52人通过评审，取得正高级工程师职务任职资格。

12月2日，印发《浙江省水利厅关于公布王帅磊等80名同志具有水利专业工程师职务任职资格的通知》（浙水人〔2022〕25号）、《浙江省水利厅关于郭晓峰等43名同志初定中级专业技术职务任职资格的通知》（浙水人〔2022〕27号）。2022年全省各行政区水利系统专业技术人员职务结构见表2。

表2 2022年全省各行政区水利系统专业技术人员职务结构

行政区	专业技术人员总量/人	正高级		副高级		中 级		初 级		副高及以上比例/%	副高及以上占比排名
		人数	比例/%	人数	比例/%	人数	比例/%	人数	比例/%		
杭州	579	17	2.94	150	25.91	283	48.88	129	22.28	28.85	2
宁波	818	4	0.69	202	34.89	359	62.00	253	43.70	35.58	1
温州	771	3	0.52	135	23.32	326	56.30	307	53.02	23.84	5
湖州	343	1	0.17	52	8.98	198	34.20	92	15.89	9.15	10
嘉兴	442	2	0.35	102	17.62	224	38.69	114	19.69	17.97	8
绍兴	623	5	0.86	105	18.13	291	50.26	222	38.34	18.99	6
金华	881	3	0.52	142	24.53	397	68.57	339	58.55	25.05	4
衢州	542	6	1.04	104	17.96	254	43.87	178	30.74	19.00	6
舟山	78	1	0.17	20	3.45	37	6.39	20	3.45	3.62	11
台州	721	3	0.52	144	24.87	369	63.73	205	35.41	25.39	3
丽水	487	1	0.17	92	15.89	234	40.41	160	27.63	16.06	9

【专家和技能人才】 2022年，浙江省水利河口研究院（浙江省海洋规划设计研究院）郑世宗获评省有突出贡献中青年专家荣誉称号；杭州市水库管理服务中心金樊、赵雪雯，杭州市水文水资源监测中心聂阳，慈溪市水利局沈海军，温州市水文管理中心郑大成，金华市水

产技术推广站贺文芳获评"浙江青年工匠"；宁波原水集团有限公司皎口水库分公司谢东辉、浙江省水文管理中心邵加健、浙江同济科技职业学院黄俞淇获评"浙江工匠"。浙江省水文管理中心胡永成工作室获评浙江省高技能人才（劳模）创新工作室。2022年全省各行政区水利系统

技能工人技能等级结构见表3。

表3　2022年全省各行政区水利系统技能工人技能等级结构

| 行政区 | 技能人才队伍总量/人 | 高级技师 | | 技　师 | | 高级工 | | 中级工 | | 初级工 | | 技师及以上比例/% |
		人数	比例/%	人数	比例/%	人数	比例/%	人数	比例/%	人数	比例/%	
杭州	105	0	0.0	61	58.1	39	37.1	5	4.8	0	0.0	58.1
宁波	136	2	1.5	68	50.0	42	30.9	17	12.5	7	5.1	51.5
温州	121	0	0.0	13	10.7	17	14.1	15	12.4	76	62.8	10.7
湖州	80	0	0.0	31	38.8	42	52.5	3	3.7	4	5.0	38.8
嘉兴	69	13	18.8	35	50.7	10	14.5	7	10.2	4	5.8	69.6
绍兴	207	1	0.5	89	43.0	41	19.8	25	12.1	51	24.6	43.5
金华	347	7	2.0	81	23.3	167	48.1	38	11.0	54	15.6	25.4
衢州	119	11	9.2	57	47.9	39	32.8	10	8.4	2	1.7	57.1
舟山	5	0		3	60.0	1	20.0	0	0.0	1	20.0	60.0
台州	112	1	0.9	33	29.5	31	27.7	25	22.3	22	19.6	30.4
丽水	73	3	4.1	13	17.8	32	43.8	21	28.8	4	5.5	21.9

【老干部服务】　2022年，省水利厅上门慰问离退休干部100人次，经常性电话慰问百余人次；办理6名到龄干部的退休手续，协助料理3名老干部后事。协助30余名离休干部安装应急呼叫器，加强关心关爱，保障老干部身心健康、生活安全。1月，省水利厅党组书记、厅长马林云通过书面慰问方式，向厅系统全体离退休干部通报水利工作，致以新春问候。4月，根据老干部局要求报送利用社区资源做好离退休干部服务工作意见，落实情况调查。组织厅级领导参加老干部局组织通报会，传达全国两会精神。5月，省水利厅组织厅系统老干部参加水利部"喜迎二十大"书法绘画比赛，选送作品25件，获优秀奖8项，省水利厅荣获优秀组织奖。6月，举办"光荣在党50年"慰问活动，厅领导到厅系统老党员家中慰问，关心关爱退休党员生活。为厅机关104名老党员送上党的二十大、省第十五次党代会学习资料。7月，开展暑期"送清凉"上门慰问活动，共慰问离退休干部50余人次。8月，为171名退休人员报名体检并寄送体检报告、蛋糕券、统保卡。9月，结合"快乐生活，孝亲敬老"活动，厅党组为厅机关离退休老干部寄送重阳节慰问。10月，厅机关为7名退休干部举办荣誉退休仪式，制作纪念短片，送上温暖祝福。11月，开展12名离退休干部关爱帮扶活动。12月，开展老干部支部换届等工作，确保支部生活正常开展，离退休党员"退休不褪色"。

（陈炜）

财　务　管　理

【概况】　2022年，浙江水利财务审计工作围绕水利中心工作，坚持"党建统领、业务为本、数字变革"三位一体统筹发展，对标"两个先行"奋斗目标，以"闯"的精神、"干"的作风、"创"的劲头，为实现"浙水安澜"提供有力支撑和保障。省水利厅获评2022年度省级部门财政管理绩效综合评价先进单位，连续6年获评省级部门财政管理绩效综合评价先进单位。

【预决算单位】　2022年，省水利厅所属独立核算预算单位共16家。其中，行政单位1家，参照公务员管理的事业单位2家，公益一类事业单位8家，公益二类事业单位5家，决算单位数量与预算一致。至年底，省水利厅本级及所属预算单位实有人数2214人，其中在职人员2194人（含行政编制人员100人，参照公务员法管理人员60人，事业编制人员2034人），离休人员20人。

【部门预算】　2022年，省水利厅部门收入全年预算数238528.27万元。其中，一般公共预算财政拨款收入146657.15万元，占61.5%；事业收入64656.85万元，占27.1%；经营收入11265.78万元，占4.7%；其他收入6820.62万元，占2.8%；使用非财政拨款结余128.22万元，占0.1%；年初结转和结余8999.66万元，占3.8%。省水利厅2022年部门支出全年预算数238528.27

万元。其中，基本支出109959.87万元（含人员经费支出84053.78万元，日常公用经费支出25906.09万元），占46.1%；项目支出116781.31万元，占49.0%；经营支出11570.25万元，占4.8%；年末结转和结余216.84万元，占0.1%。

2022年，省水利厅部门财政拨款收入全年预算数152313.71万元。其中，一般公共预算财政拨款收入146657.15万元，占96.3%；年初财政拨款结转和结余5656.56万元（一般公共预算财政拨款结转和结余5656.56万元），占3.7%。省水利厅部门财政拨款支出全年预算数152313.71万元。其中，基本支出73982.05万元（含人员经费支出56230.70万元，日常公用经费支出17751.35万元），占48.6%；项目支出78331.66万元，占51.4%。

【部门决算】　2022年，省水利厅部门决算总收入233167.95万元。其中，2022年收入224040.07万元，占96.1%；使用非财政拨款结余128.22万元，占0.1%；年初结转和结余8999.66万元，占3.8%。全年累计支出233167.95万元。其中，2022年支出216452.35万元，占92.8%；结余分配7178.45万元，占3.1%；年末结转结余9537.14万元，占4.1%。

2022年，省水利厅部门财政拨款总收入152313.71万元。其中，2022年一般公共预算财政拨款收入146657.15万元，占96.3%；年初结转结余5656.56万元（含一般公共预算结转结余5656.56万元），占3.7%；全年累计支出152313.71万元。其中，2022年支出

147138.58 万元，占 96.6%；年末结转结余 5175.13 万元，占 3.4%。

【收入情况】 2022 年，省水利厅部门决算本年度收入合计 224040.07 万元。其中，一般公共预算财政拨款收入 146657.15 万元，事业收入 61950.11 万元，经营收入 8682.32 万元，其他收入 6750.49 万元，比 2021 年增加 28638.98 万元，增长 14.7%。

【支出情况】 2022 年，省水利厅部门决算本年度支出合计 216452.35 万元。其中，基本支出 104615.83 万元，项目支出 104401.85 万元，经营支出 7434.67 万元，比 2021 年增加 19268.61 万元，增长 9.8%。

基本支出 104615.83 万元，占本年支出的 48.3%，比 2021 年增加 13708.19 万元，增长 15.1%。其中，人员经费支出 82639.20 万元，占基本支出 79.0%，比 2021 年增加 13787.6 万元，增长 20.0%；日常公用经费支出 21976.64 万元，占基本支出 21.0%，比 2021 年减少 79.40 万元，下降 0.4%。

项目支出 104401.85 万元，占本年支出的 48.2%，比 2021 年增加 4668.45 万元，增长 4.7%。其中，基本建设类项目支出 38017.98 万元，占项目支出 36.4%，比 2021 年增加 9296.80 万元，增长 32.4%。

经营支出 7434.67 万元，占本年支出的 3.5%，比 2021 年增加 891.97 万元，增长 13.6%。

【年初结转结余】 经结余调整，2022 年初，省水利厅结转和结余资金合计 8999.66 万元。其中，基本支出结余 2276.33 万元，项目支出结转和结余 6723.33 万元，经营结余 0.00 万元。

经结余调整，2022 年初，省水利厅财政拨款结转结余资金合计 5656.56 万元。其中，基本支出结转 2113.64 万元，项目支出结转和结余 3542.93 万元。

【收支结余】 2022 年，省水利厅决算收支结余 16587.37 万元。其中，基本支出结转 3709.27 万元，项目支出结转和结余 11630.45 万元，经营结余 1247.65 万元；使用非财政拨款结余 128.22 万元；结余分配 7178.45 万元。其中，交纳企业所得税 2453.09 万元，提取专用结余 1568.82 万元，事业单位转入非财政拨款结余 3156.54 万元。

【年末结转结余】 2022 年末，省水利厅结转和结余资金合计 9537.14 万元。其中，基本支出结转 1998.31 万元，项目支出结转和结余 7538.83 万元，经营结余 0.00 万元。

2022 年末，省水利厅财政拨款结转和结余资金合计 5175.13 万元。其中，基本支出结转 1781.48 万元，项目支出结转和结余 3393.65 万元。

【资产、负债、净资产】 至年底，省水利厅直属行政事业单位资产总计 678405.97 万元，比 2021 年增加 116429.17 万元，增长 20.7%；负债总计 31829.36 万元，比 2021 年增加 2096.64 万元，增长 7.1%；净资产总计 646576.61 万元，比 2021 年度增加

114332.53 万元，增长 21.5%。

【预决算管理】 2022 年，省水利厅全面聚焦预算全流程管理，深层次挖掘部门预算潜力，统筹水利建设刚性需求，集中财力保障重点工作任务，有效争取财政资金支持。2022 年部门预算草案获省人代会全票通过，争取一般公共预算资金安排 13.11 亿元，全年核定一般公共预算资金安排 14.67 亿元。

巩固发展部门财政综合绩效管理成果。落实落细《浙江省省级部门财政管理绩效综合评价办法》新要求，加强 8 大方面 23 项具体考核指标梳理分析，稳步提升预算全流程、各环节业务工作质量，获评 2021 年省级部门财政管理绩效综合评价先进单位，排名省政府考评部门第二。

围绕 2023 年零基预算升级模式、健全过紧日子长效机制等省级预算改革主要措施，结合水利工作特点，研究制定部门预算编制指导思想、编制原则和具体要求，通过预算启动会、布置会、专项会审、数据审查等，全面强化政策宣贯，协调处理预算问题，2023 年收支预算 23.48 亿元，同比增长 7.9%，连续 3 年突破 20 亿元，其中一般公共预算 13.83 亿元，同比增长 5.6%，保障水利重点工作有效落实。

协同推进部门预算执行，全年开展预算执行通报 11 次、执行率预测分析 4 次、预算工作约谈 1 次，组织预算执行推进会、专项对接会等，持续跟进、重点跟踪部门预算执行情况，2022 年纳入财政执行考核资金总量为 15.03 亿元（含结转和结余资金），全年度执行 14.56 亿元，执行率 96.87%，再创新高。

加强对部门及厅属单位 2021 年决算、政府财务报告的编审管理，从核算端口、财务报表、非税收入、资产报表、政府采购、企业报表等多维度梳理核实数据，压实单位主体责任，高效衔接预决算，圆满完成决算、财报编报工作。

强化数据公开的系统化、模板化、规范化管理，按规定时间、内容、格式、形式等完成部门及厅属单位 2022 年预算、2021 年决算的数据审查和对外公开，接受财政部重点监督检查，检查报告中未有省水利厅需整改的事项，检查结果较好。

【财务能力建设】 2022 年，省水利厅全面夯实财务基础工作，扎实做好会计核算、资金调配、收支管控、政府采购、公款存放等基础工作，最大限度提高财务业务的准确性与规范性，从根源上保障财务管理精准高效。

坚持动态监控单位支付管理、采购管理、资产管理等业务。前置工作举措，提高审核力度，筑牢风险防范屏障，保障系统财务管理平稳高效、规范有序，厅主要领导经济责任审计、部门预算执行审计等重要审计涉及预算管理、财务管理、会计核算等方面未发现需要整改的问题。

加强财务核算管理。配合财政做好 2022 年水利系统账务处理顶层设计，巩固提升厅本级、水库中心、农水中心、信息宣传中心等单位的财务核算能力和头雁效应，以点带面，系统提高水利部门财务工作质量。

高效调配使用资金。坚持"以预算

定支出、无预算不支出"的工作要求，厉行节约、强化约束，2022年共计调配其他转运经费、结转结余预算资金等0.59亿元，保障2022年度抗旱物资紧急采购、水力学实验室设备购置、浙江省中小河流治理总体方案等重点急需项目建设及弥补基本支出、经营支出缺口，全面保障厅系统各单位资金需求。

全面加强非税收入管理。梳理统计月度、年度非税收入及返还市县资金清算情况，规范非税收支和票据管理，及时更新行政事业性收费目录及清单，2022年接受财政票据管理专项检查，检查结果较好。

持续规范政府采购管理。2022年完成政府采购执行建议书审批、审核2300余条，完成政府采购项目履约验收结果公告、2022年度预算单位采购贫困地区农副产品预留份额申报等工作。

认真落实公款竞争性存放。严肃公款竞争性存放管理，加强指导监督，及时完成厅机关新一轮公款竞争性存放，指导水资源水电中心、水文中心、钱塘江中心、同济学院等做好2022年公款竞争性存放。

【财务审计监管】　2022年，省水利厅全面落实财务风险防范和财经纪律宣贯，稳步推进财务风险防范工作。全力配合厅主要领导任期经济责任审计、自然资源资产任中审计、省级部门2021年度预算执行审计等10项国家审计。发挥牵头抓总统筹协调作用，强化与处室（单位）协同协调、与审计组沟通交流，防范化解业务分歧，审计工作高效开展、高质完成。

常态化开展内部审计及专项审计调查。制定2022年度内审计划，采用"线上＋线下"模式开展审计工作，2022年共组织完成财务收支审计、厅管干部经济责任审计、事业单位绩效工资审计、信息化项目专项审计、面上水利建设与发展专项资金核查等4大类36个具体审计项目。

牵头抓好审计问题整改。针对厅主要领导任期经济责任审计等外部审计及2021年内部审计发现问题事项，落实"七张问题清单"管理，抓好审计整改"后半篇文章"，其中完成2021内审问题整改76个，问题整改率100％。

加强内控体系建设。规范单位内部控制，组织厅属单位完成2021年度内控报告编报，进一步加大业务组织与指导服务力度，强化内部控制约束，规范单位运行。开展财务管理综合分析评价。依据预算、核算、决算、审计等客观数据，梳理厅系统各单位财务管理当中的薄弱环节，针对性提出客观意见建议38条，提高部门整体财务管理和风险防范能力。

开展财务廉政教育。召开财务廉政风险警示教育会，学习《政府会计准则制度解释5号》等文件，结合厅系统近年来审计、绩效评价等发现的一些问题，选取了近年来省内6个典型的财务违法违规案例进行剖析，以学促进、以案示警，教育引导广大财会人员进一步提高政治站位，从严从实抓好财务管理工作，杜绝财务违纪违规现象发生。

【财务改革创新】　2022年，省水利厅以预算、核算、采购、资产等为切入点，促进资金资源的高效使用，落实稳经济、促增长，推动财务业务变革创新，不断提高财务服务大局的工作能力。

落实稳经济举措。下发《关于贯彻落实稳经济要求有关财务措施的通知》，就全面推进部门预算执行、确保完成政府采购任务、从严落实财务工作举措等提出明确要求，推进招标、合同执行、中小企业预留份额等工作力度和进度。

落实小微企业等租金减免。根据省财政厅《关于促进服务业领域困难行业恢复发展　做好疫情期间省级国有房屋租金减免工作的通知》要求，开设"国有房屋租金减免"专栏，定期晾晒更新，真正将省委、省政府的关心关爱落到实处，2022年开展4轮租金减免工作，共计减免租金741.90万元，涉及承租户92户。

深化国企改革。组织完成省水电实业公司、浙江省灌排开发公司划转改制及浙江水文综合经营部、浙江金川宾馆等3家企业关闭注销，批复设立国有独资企业浙江培元检测科技有限公司，继续推进浙江水利水电工程建设管理中心、浙江省围垦造地开发公司等4家单位公司制改造，推动水利国企改革向纵深发展。

加强国资管理。2022年办理资产出租、处置、合同备案、收益上缴等事项208批次，组织完成厅属企业2021年度企业财务会计决算报表、国有资产统计报表、2021年度企业国有资产管理情况专项报告等3项工作，2021年度国有企业决算工作得到省财政厅通报表扬。

深化原水价格改革。围绕国家新政策导向下水利工程供水价格管理的主要政策变化、重点环节和改革方向开展调研，加强水利工程供水成本管理，部署开展全省大中型水库和重要引调水工程成本核算。

推进水利基础设施政府会计核算。开展水利基础设施核算全省摸底调研，创新建立"揭榜挂帅"机制，研究制定《浙江省水利基础设施重置成本参考标准（2022年）》《浙江省水利基础设施政府会计核算实施细则》等规范性文件，设计资产卡片，开展培训试点，保障水利基础设施政府会计核算政策落地落实。

【财务宣传服务】　2022年，省水利厅推进作风建设，统筹财务管理和财务服务，深入摸排财务领域突出问题。召开财务管理工作座谈会，总结2021年财务工作及特色、亮点，明确2022年工作思路和打算。组织财务政策交流研讨座谈会、内部审计条例学习会等，交流学习财务审计工作重点要点，宣贯《审计发现共性问题清单》，提升财务审计综合管理能力。

配合省财政厅2023年预算改革、资产管理、事业单位培训管理、企业分类处置等调研，为财政相关政策及工作建言献策，2023年预算改革多条意见获省财政厅采纳。

加强对厅属单位的指导服务，赴水文中心、浙江水院、钱塘江中心等厅属单位及有关厅属企业调研指导，主动上门送政策、送服务、送管理，帮助解决单位困难，规范单位财务运行，确保各项财务工作平稳有序。

加强财务宣传，挖掘财务热点和财

务重点。落实减负降费举措，加强与省减负办、省经信厅、省大数据局等单位的协调沟通，及时报送按现行标准80%收取的水资源费和水土保持补偿费等减负数据，加快实现减负降本政策数据系统推送，同时已完成两轮拖欠中小企业账款排查工作，2022年减负降本工作得到省减负办的肯定。

（胡艳、杜鹏飞、全晶、陈鸿清）

政 务 工 作

【概况】　2022年，省水利厅坚决贯彻省委省政府决策部署，政务工作聚焦抓统筹、当参谋、保运转，实现办文办会无差错、信访等事项全年无积案、后勤保障无缺位、服务基层无差评，确保了机关有序运转，各项任务高质量完成。

【政务服务】　2022年，共组织召开党组会30次、厅长办公会19次，主办协办全省水利工作会、"水利＋"现场会等会议近百个；登记收文6889件，核稿发文2300件，起草综合性文稿200余件、超过百万字，"三类文件"和重要会议严格控制在省两办规定红线内；编发领导参阅件99期，系统推广各县市的典型做法；报送政务信息101条，多次获国办录用和省领导批示；完成整理、分类、归档电子公文8393件，完成档案数字化扫描图幅12.6万页。在省级机关率先完成新OA系统改版，上线收文发文、督查督办等9大新功能，有效提升办公效率。落实省委部署，编制《习近平总书

记治水重要论述摘编》，历时3个月，系统梳理习近平总书记在浙江工作时期的治水重要指示、重大部署，到中央工作后提出的重要指示和批示要求，形成104个条目、10.9万字、上下两册的文献集。组织开展水利三服务"百千万"行动，厅领导亲自带队蹲点，百名处长联百县、联百项，累计服务42714人次，解决问题8415个，满意率100%。全力好疫情防控，有效筹措保障防疫物资发放，有序安排职工疗休养、干部分房和周转房租赁等各项后勤保障工作。

【协调督办】　2022年，省水利厅加大组织协调和督查督办力度，实现了省政府督查激励事项从3项、5个名额到4项、7个名额的突破。及时组织化解转送信访件763件，反馈依申请公开21件，办理人大建议、政协提案132件，办结率、满意率均达100%。在省直机关率先建立水利"七张问题清单"闭环管控机制，率先上线数字化应用，得到省直机关工委常务副书记陆发桃充分肯定。推动水网建设、全域建设幸福河湖等，写入省委、省政府主体报告，纳入重要发展战略。推动水利工作连续5年入选省政府民生实事，形成高位推动态势，2022年6项水利指标纳入省政府民生实事。对接省政府绩效考评体系，修改完善水利考评内容，建立重点工作清单、激励清单和负面清单指标58项，做到关键指标落地有盈余、一般指标有增长。持续实施水利争先创优行动，明确保安全、稳增长等四方面，水利投资、民生实事等28项关键指标，建立"月通报、季评价"机制，推动各地"比学赶

超"，助推所有年度任务提前一个月完成。聚焦保安全、惠民生等中心工作，开展争先创优典型案例遴选，共遴选出典型案例 76 个。

【政务公开】　2022 年，省水利厅紧紧围绕水利中心工作和群众关切，着力打造高质量公开平台，持续提升政务公开工作水平和实效，荣获全省政务公开成绩突出集体荣誉称号，是省级机关仅有获此殊荣的三家单位之一。着力构建立体式公开矩阵，管好用好政府网站主平台、主阵地，发挥微信、微博、头条号、澎湃号等政务新媒体优势，全年公开政府信息 8731 条，其中门户网站公开信息 7717 条，"浙江水利"微博、微信发布信息 1014 条。全年通过图片、图表、视频等多种样式开展政策解读 10 篇，召开新闻发布会 2 场，举办在线访谈 5 次，回应公众关注热点 7 次，公开主办的人大建议、政协提案办理答复件 22 件。水利政务新媒体的传播力与影响力不断扩大，水利微信公众号 8 次在"全国地方水利官方微信月度影响力榜单"排名前3。微信公众号集成政策解读、台风路径、潮汐预报等信息发布和办事服务功能，传递政声、服务民众。

规范高效开展依申请公开工作，建立从登记、签批、办理、答复、寄送、归档的依申请办理规范流程，在 OA 系统开发依申请公开办理应用，推进全过程留痕可追溯，确保及时高效完成依申请公开答复。对群众依申请需求较大、涉及公共利益的事项，积极将申请内容从依申请公开转为主动公开事项。全年共接收和答复信息公开申请 18 件，按时办结答复率 100%；因政府信息公开引起的行政复议和行政诉讼 0 件。

（柳贤武）

水 利 宣 传

【概况】　2022 年，全省水利宣传工作紧紧围绕中心、服务大局，牢牢把握正确舆论导向，精心策划组织宣传活动，为水利高质量发展营造良好的舆论氛围。省水利厅印发《2022 全省水利工作要点》，修订《2022 年全省水利"强宣传"工作计分办法》，优化设置指标，发布水利宣传工作进展情况通报 4 期，进一步构建上下互通、横向联合、齐抓共管的宣传工作格局。围绕水利重大主题组织新闻发布会和媒体采风活动，举办"3·22 世界水日"主题宣传活动，评审公布第六批浙江水利优秀新闻作品，各级水利部门在省级以上主流媒体发布稿件 981 篇。

【媒体宣传】　2022 年，省水利厅积极对接中央和省级主流媒体资源，不断扩大水利媒体"朋友圈"。召开水利宣传工作媒体恳谈会，邀请媒体记者为水利宣传把脉献计；联合浙江省记者协会，举办"第六届水利好新闻"评选；联合省政府新闻办"美丽浙江"平台，举办"浙水十年·见证安澜"短视频大赛，累计播放量达 4000 余万次，点击量突破35 万次；联动浙江之声《浙广早新闻》，生动宣传各地水利"大干项目、大干民生"的火热场景。紧紧围绕中心工作，精心策划重大主题报道，先后在中央电视台《新闻1＋1》、《浙江日报》头版头条、浙江卫视《浙江新闻联播》等重要节目、版面刊发，为水利高质量发展营造良好氛围。围绕"喜迎党的二十大召开"主题，在《中国水利报》刊发了《"浙"水十年见安澜》两个专版，在浙江水利网推出"水利'浙'十年"专题11篇，全面总结全省水利十年成效和11个地级市水利十年成效；围绕"学习贯彻党的二十大精神"主题，策划"我在重大水利工程现场"蹲点专题报道，通过体验采访、现场报道，展现浙江水利人只争朝夕兴水利、大干快上抓项目的热情和干劲；围绕防御"梅花"台风等主题，提前策划，快速反应，省级累计发布信息197条，《"锅底"余姚的破局之道》《浙江以超常之举打好梅花防御"硬仗"》等系列文章起到引导舆论作用；围绕"大干项目、大干民生"主题，及时跟进每一项工程的重大节点，把开化水库、清溪水库、西险大塘、杭州南排等重大工程的声音推介给中央电视台等各大媒体。

【厅领导出席新闻发布活动或接受媒体专访】 2022年，省水利厅围绕水旱灾害防御、水利数字化改革等重要工作，组织新闻发布会和接受媒体专访，公开发布权威信息，及时回应群众关切。

1月15日，省水利厅新闻发言人、副厅长李锐受邀参加浙江经视《有请发言人》节目录制，畅谈建设海塘安澜千亿工程、打造共同富裕风景线话题。

3月21日，在第三十届"世界水日"、第三十五届"中国水周"到来之际，省水利厅党组书记、厅长马林云在《浙江日报》发表署名文章《夯实水利基础 助力共同富裕》，号召全省水利系统干部职工切实把习近平总书记重要指示批示和党中央、省委省政府各项决策部署体现到谋划水利重大战略、制定水利重大政策、部署水利重大任务、推进水利重大工作的实践中去，奋力谱写"浙水安澜"新篇章，为高质量发展建设共同富裕示范区贡献水利力量。

5月7日，省水利厅举行"汛来问江河2022"新闻发布会，厅党组成员、总工程师施俊跃介绍了2022年以来全省水雨情，洪旱趋势预测情况、汛前准备情况，重点介绍入汛以来水利行业围绕"四张清单"做好备汛工作、水利工程建设和水利数字化改革相关工作情况。

8月7日，省水利厅党组书记李锐接受浙江之声特别策划《向人民报告》专访时表示，贯彻落实省第十五次党代会精神，省水利厅将加快重大水利工程建设，构建完善"浙江水网"，全域建设幸福河湖，为"两个先行"贡献水利担当。

8月19日，省水利厅党组成员、总工程师施俊跃参加由浙江在线新闻网站联合省政府办公厅推出的《"向群众报告"——浙江省数字政府建设进行时》系列访谈，畅谈水利数字化改革的谋划思路、成效，以及"水利大脑"建设计划。

8月22日，省水利厅举行水利抗旱保供水工作新闻发布会，厅党组成员、总工程师施俊跃介绍了全省旱情形势、水利抗旱保供水工作情况以及下一步工作安排。

10月12日，省水利厅新闻发言人、党组书记李锐参加由省人民政府新闻办公室主办，浙江电视台经济生活频道承办的《闪亮"浙"十年　迈步新征程》节目，与大家共话浙江这十年来，如何绘就浙水安澜的壮丽画卷。

【媒体采风】　2022年，省水利厅围绕入汛、民生实事等主题组织媒体采风活动，新华社、人民网、中国网、浙江发布、《浙江日报》、浙江在线等中央及省级媒体记者参加，推出了一批深度报道。

5月6日，省水利厅组织开展了"汛来问江河2022"媒体采风活动。新华社、中国网、浙江之声、浙江发布、钱江晚报等10余家主流媒体记者，共同走进萧山区亚运防洪大堤（萧山区海塘安澜工程）、杭州八堡排涝工程和余杭西险大塘等地，实地调研杭州的防汛"组合拳"，感受和报道水利工程在水旱灾害防御中发挥的重要作用。

9月8—9日，省水利厅组织开展了"'浙里平安'行　丈量水利民生刻度"媒体联合采访活动，新华社、《中国青年报》、人民网、《浙江日报》等10余家主流媒体，奔赴杭州、湖州两地，实地感受这些项目带来的民生效益。

【2022年"世界水日"宣传活动】　2022年3月22日是第三十届"世界水日"，3月22—28日是第三十五届"中国水周"。浙江省纪念2022年"世界水日""中国水周"的宣传主题是"河长再出发，建设江南水乡幸福新高地"。省水利厅、省河长办、共青团浙江省委、杭州市人民政府联合主办2022年"3·22世界水日"线上主题宣传活动，活动现场发布了浙江省2022年河湖长制"十件大事"，为全省河湖长制工作定下了年度"任务书"；启动上线了全省河湖长制数字化应用浙江"河长在线"；启动了"寻找最美河湖长"活动。

【"浙江水利"宣传阵地建设】　2022年，浙江水利网站围绕水利中心工作，策划推出"水利强监管""节水在行动""数字化改革看水利""一把手谈安全""学习贯彻党代会精神""大干项目""防台动态""水利浙十年""学习贯彻党的二十大精神"等9个专题，采编各类宣传稿件2300多条。加强门户网站信息内容的自查自纠，及时更正错别字，确保内部链接准确性以及各个栏目的更新频率，认真完成省大数据局和政务公开考核相关要求。浙江水利各政务新媒体平台共策划浙里抗旱、我在重大水利工程现场等宣传专题15个，创历年新高，刊发原创稿件2400余篇。浙江水利微信公众号入选2022年度"省级水利部门官方微信传播力TOP10"，排名第三。

【全省水利宣传业务培训】　11月28日至12月1日，全省水利宣传业务培训班顺利举办，各市、县（市、区）水利部门和省水利厅机关处室、厅属单位分管宣传工作负责人、业务部门负责人、宣传员等通过线上参加培训。本次培训邀请新华社、中央电视台、中国发展改革报社等新闻传播领域的知名专家、学者、媒体人进行授课，围绕短视频的创作和技巧、新闻发布会主题策划与案例分析等主题，将理论和实践紧密结合，帮助学员们更好地加深理解。

【第六届浙江水利优秀新闻作品】　2022年10月20日，省水利厅、省新闻工作者协会联合发文公布第六届浙江水利优秀新闻作品名单（表4）。浙江电视台经济生活频道《丰碑》红色水利微纪录片获特别奖，新华社《浙江投资千亿元保海塘安澜，"海上长城"筑牢安全线》、《中国水利报》《打造浙里"九龙联动治水"应用　浙江以数字化改革开创系统治水新模式》、人民网《浙江：防汛安上"硬件""软件"双保险》等33件作品分别获一、二、三等奖。

表4　第六届浙江水利优秀新闻作品名单

作品类别	奖项	标　题	作　者	媒　体
报刊作品	一等奖	浙江投资千亿元保海塘安澜，"海上长城"筑牢安全线	黄筱	新华社
		打造浙里"九龙联动治水"应用　浙江以数字化改革开创系统治水新模式	王鹏翔、滕红真等	中国水利报
	二等奖	千里海塘　为何重塑	金梁、徐子渊	浙江日报
		浙江安吉的"那山那水"：从共护到生金	王逸飞、钱晨菲	中国新闻社
		治山治水，"两山"底色更亮丽——来自浙江安吉县的水土保持实践	朱海洋	农民日报
		工程"组团"出击　风险精细管控——浙江坚决打赢防御台风"烟花"硬仗	张佳鑫等	中国水利报
		海塘安澜　浙江投资超千亿　十年后建成最美海塘　平湖到苍南一路畅通自驾或骑行　观海景吃海鲜	陈文龙	都市快报
		再生水如何"破圈"成为城市"第二水源"？	冯瑄、马毅妹	宁波日报
		"水美乡村"试点缘何"花落"柯城？	郑理致、郑晨、王思、胡文佳、聂歆芸	衢州日报
	三等奖	水美乡村建设之浙江嘉善篇——整治一条　河幸福一方人	何定明、李锐	农民日报
		还景于民　打造城市滨江公共空间　"工业锈带"变"生活秀带"	陈久忍、赵阳	浙江日报
		数字化平台助力浙江城乡供水普惠共享　"浙水好喝"，从源头管到龙头	朱承、孙良等	浙江日报

续表

作品类别	奖项	标　　题	作　者	媒　体
报刊作品	三等奖	让农田更节水，让农民更富裕，让农村更美丽	徐志刚、何晓锋、熊艳	杭州日报
		我市推进多项涉水改革并获上级肯定　跨部门"多评合一"引领水利审批	张睿	温州日报
		改造水利设施　保障粮食安全　德清累计完成45座机埠标准化提升改造	陆志松	湖州日报
		台州：构建现代水网　建设幸福水城	张妮婷、颜彤	台州日报
		"水利＋"筑就"英雄路"　五山水利工程（东海云廊）竹山段5月1日将闪亮登场	黄婷、叶武杰、陈炳群	今日定海
		率全省之先　丽水实现生态流量在线监管全覆盖	樊文滔、秦俊虹、王晶晶	处州晚报
广播电视作品	特别奖	《丰碑》红色水利微纪录片	余忆雯、李冬、胡潇予、黄岚等	浙江电视台经济生活频道
	一等奖	建设海塘安澜千亿工程　打造共同富裕风景线	王璟、陈欣、蒋盈盈、杨柳青、骆阳、李元炜	浙江电视台经济生活频道
	二等奖	全面推进数字化改革　慈溪："数字水利一张图"让治水更智能	马思远、王西	浙江卫视
		"水通八婺　利泽四方"系列片	姜睿、胡冬妮、范唯、章颖凌	金华广播电视总台
	三等奖	水润浙东　逐梦共富　"铜墙铁壁"挡"烟花"　水利"数字眼"筑牢防台安全线　浙东引水工程全线贯通　惠及浙东地区人民	李璟	浙江电视台新闻频道
		浙江推进重大水利工程建设　构建水安全屏障	蔡吉康	浙江之声
		新春走基层｜朱溪水库：向着隧洞贯通冲刺	蒋荣良、刘挺	台州新闻
新媒体作品	一等奖	浙江：防汛安上"硬件""软件"双保险	张帆	人民网
		发放服务码4.5万张　省水利厅多举措为民生注入幸福活水	陈雷、牟嘉	浙江在线

续表

作品类别	奖项	标　题	作　者	媒　体
新媒体作品	二等奖	浙里有宝之防汛重器看浙里	张源、朱承、来逸晨	浙江新闻客户端
		数字化看浙江：农业水利"一键通"	胡建杰	浙江新闻广播
		陈善佳：用心守护"大水缸"	杨丽	温州新闻网
	三等奖	浙江衢州试点推行灌区"渠长制"	王国成、吴红雨、滕菲、吕锦智、任佳慧	新华网
		最高补助 2000 万元！浙江新增 11 个试点县（市、区）	杨彧嘉	浙江发布
		2021 在温州寻找幸福河湖密码	胡珍、曹龙一	看温州 App
		第三十届"世界水日"MV·台州市水利局领衔唱响《节水中国》	叶玮麟、林金等	无限台州 App

（郭友平、徐鹤群）

水 文 化

【概况】　2022 年，松阳松古灌区入选世界灌溉工程遗产名录，成为浙江第 7 个世界灌溉工程遗产。全省完成重要水文化遗产调查工作，基本摸清水利遗产家底。坚持数字引领，推进"浙水文化"数字应用开发，公布第一批 13 个浙江水工程与水文化有机融合典型案例，发布《浙水遗韵》丛书，《浙江水利年鉴（2021）》荣获"浙江省精品年鉴"。

【推进"浙水文化"数字应用开发】　省水利厅对标省委、省政府"数字文化"跑道，推进"1139 体系架构"建设，至年底，建成浙江水文化遗产在线验收系统和水利工程与文化融合典型案例在线

评审系统；搭建水脉传承、水印惠民、水韵传播 3 条跑道，完成浙水遗产、浙水纪事、云展馆、融集锦、水旅通，浙水视宴、浙水铸魂等 7 个应用场景。上传浙江水文化遗产数据 5255 条、浙江水利史志 85 本、水利工程与文化融合典型案例 23 处、国家水利风景区 7 处、水文化宣传视频 450 个、浙江水利名人 15 位。

【省域重要水文化遗产调查】　2022 年底，浙江率先在全国完成省域重要水文化遗产调查工作。浙江省水利厅于 2021 年 4 月启动以县域为单元的省重要水文化遗产调查，经过近 2 年的努力，全省共摸排筛选出水文化遗产资源点位 1 万余个，重要遗产资源 5255 处，其中水利工程遗产资源 2777 处。

【松阳松古灌区入选世界灌溉工程遗产名录】　2022 年 10 月 6 日，在国际灌排委员会第 73 届执行理事会上，松阳县"松古灌区"入选 2022 年度（第九批）世界灌溉工程遗产名录，成为浙江第 7 个世界灌溉工程遗产。松古灌区起源于秦汉、发展于唐宋，至今仍泽被松阴溪两岸约 1.1 万 hm^2 农田，为当地茶叶、蔗糖、稻米等产业发展提供水支撑，是中小流域古代灌溉工程典范、当今灌溉工程遗产的"活态博物馆"。其主要特色在灌区起源早、灌溉体系完备、建管体系先进、历史信息来源翔实等方面。

【《浙水遗韵》出版发行】　2022 年 3 月 28 日，浙江水文化遗产丛书《浙水遗韵》在湖州安吉举行现场首发活动。水利部宣传教育中心、浙江省水利厅、湖州市人民政府和杭州出版集团有关嘉宾为中国水利博物馆、浙江图书馆、杭州图书馆等文化单位赠书，11 个设区市水利局有关负责人为青少年读者赠书。省水利厅自 2021 年组织开展全省重要水文化遗产调查，历时 2 年，在各地调查筛选出全省水文化遗产 10000 多项，并从中精选出 800 多项水文化遗产，集中编撰《浙水遗韵》丛书，分为《诗画杭州》《安澜宁波》《平水温州》《理水绍兴》《清丽湖州》《水印嘉兴》《水墨金华》《源起衢州》《水定舟山》《潮起台州》《山川丽水》等 11 册。《浙水遗韵》丛书全面系统地反映了各地水利工程遗产及其形成与沿革、地理环境、建筑特色、历史价值、科技价值、艺术价值、社会价值等。

【公布第一批水工程与水文化有机融合典型案例】　2022 年 1 月 13 日，浙江省水利厅发文公布第一批水工程与水文化有机融合典型案例。经县级申报、市级推荐、省级评审，杭州市三堡排涝工程、杭州市拱宸桥水文站、宁波市姚江大闸、泰顺县美丽河湖（玉溪段）、德清县蠡山漾示范河湖整治工程、嘉善县王凝圩区汾湖泵站、绍兴市曹娥江大闸、绍兴市鉴湖水环境整治工程、金华市梅溪流域综合治理工程、衢州市信安湖水文化主题公园、舟山市普陀区蚂蚁岛三八海塘、温岭市新金清闸、缙云县大洋水库等入选第一批水工程与水文化有机融合典型案例名单。

【《浙江水利年鉴（2021）》荣获"浙江省精品年鉴"】　2022 年 11 月，《浙江水利年鉴（2021）》被浙江省人民政府地方志办公室评为 2022 年度"浙江省精品年鉴"。《浙江水利年鉴（2021）》全面系统地记载了 2020 年度浙江水利工作的基本情况，收录水利工作的政策法规文件、统计数据及相关信息。共设综述、大事记、特载、水文水资源、水旱灾害防御、水利规划计划、水利工程建设等 21 个专栏，收录了 16 幅图片，共计 55 万字。于 2021 年 12 月由中国水利水电出版社出版发行。

【《浙江水文化》改版】　2022 年，《浙江水文化》进行改版，全面提升刊物的学术性、可读性和影响力，服务新时期水利高质量发展。刊物以水利系统干部职工、水利院校师生、相关研究机构专家学者和水文化爱好者为主要服务对象，聘请多名知名学者担任学术顾问，开设水政前沿、水文化遗产、水利史论坛、地方水利实践、水工程水文化融合、流域文化、治水人物研究等栏目，并调整刊物风格和基本规范。利用"浙江水文化"公众号定期推送刊发的文章，在浙江水利水电学院官网以及其他专业性学术网站推荐《浙江水文化》的目录、电子文本下载等服务内容。改版之后，刊物仍为季刊。

（柳贤武）

党 建 工 作

Party Building

211～214 页

党建工作

【概况】 2022 年,省水利厅高举习近平新时代中国特色社会主义思想伟大旗帜,深入学习宣传贯彻党的二十大和省第十五次党代会、省委十五届二次全会精神,对标省直机关工委提出的"走在全省基层党建的前列,走在全国机关党建的前列"目标要求,聚焦"党建统领、业务为本、数字变革"三位一体统筹发展思路,全面实施"红色根脉强基"工程,扎实推进清廉机关模范机关"双建争先"行动,深耕基层党组织标准化建设,持续推进水利党建全面进步、全面过硬,为推进浙江水利现代化先行提供坚强保障。

【党务工作】 2022 年,省水利厅深入学习贯彻习近平总书记关于治水重要论述及指示批示精神和中央、省委重要会议文件精神,切实把"两个确立"转化为"两个维护"的思想自觉、行动自觉。制订 2022 年厅党组理论学习中心组学习计划,全面落实"第一议题"制度,组织厅党组理论学习中心组和"第一议题"学习 24 次,厅主要领导带头研讨交流,带动厅系统各级党组织学习研讨全覆盖。建立并落实厅党组对厅属单位党委理论学习中心组巡听旁听制度,推动理论学习入脑入心、走深走实。8 月 15日至 9 月 14 日,举办处级干部学习贯彻省第十五次党代会精神线上专题培训,累计发放各类学习辅导书籍 2.4 万余册。

坚持把学习宣传贯彻党的二十大和省第十五次党代会精神作为年度党建工作的主题主线。组织收看党的二十大开幕会,第一时间收听总书记报告。组织 5 轮专题学习研讨,邀请省委党校副校长陈立旭作辅导讲座、省水利厅厅长马林云为全省水利系统作主题宣讲、省水利厅党组书记李锐到省水利水电勘测设计院有限责任公司宣讲,其他厅领导分别到分管处室联系单位或基层一线宣讲,带动各级党组织书记一线讲、水利名师示范讲、先锋人物现身讲、河湖长现场讲。2022 年 8 月以来组织"钱江潮"理论宣讲名师工作室宣讲服务,列出 20 个主题,为全省水利系统提供菜单式宣讲宣传,受到广泛好评。

深化推进清廉机关模范机关"双建争先"行动,推荐省水利厅农水水电水保处党支部、中国水博展览陈列处党支部入选省直机关百个"先锋支部"。开展水利"先锋支部"推荐评选活动,评出首批"水利先锋支部"15 个,树立党建标杆,较好地发挥示范引领作用。组织全国"工人先锋号""最美水利人"等评优推荐工作,激活机关党建争先创优活力。

5 月,省水利厅直属机关党委印发《2022 年直属单位党委党建工作考评实施方案》和《深化党支部标准化 2.0 建设强化分类指导实施方案》,围绕中心任务,优化指标体系,出台水利"双建争先"评价指数,细化 5 方面 30 项 47 个指标,明责任、严考核、抓落实,推进标准化建设全覆盖。落实党组织任期制度,完成厅属 3 个党委和 22 个党(总)支部换届选举,完成厅机关退休党组织优化调整，设置一个总支，下设城中、城东、城西三个支部。举办厅系统党务纪检干部综合培训班。做好党的二十大代表和省第十五次党代会代表推选工作。按期完成 520 名党员发展任务。

策划组建"钱江潮"理论宣讲团、承办水利部乒乓球比赛、水利系统干部职工思想动态调查研究等 10 项项目，实行揭榜挂帅，强化分类指导，推动创新探索。开展优秀党支部工作法案例评选，评出 27 个党支部工作法优秀案例。7 月，"党建进工地"做法被评为第十轮全省机关党建工作创新成果案例。开展党员干部思想状况动态调查研究，课题研究成果被评为全省机关党建优秀课题研究成果二等奖。

10 月，建成尤爱菊省党代表工作室，发挥省党代表辐射效应。创建省直机关"钱江潮"理论宣传名师工作室，发挥学习宣传贯彻党的二十大、省第十五次党代会精神生力军作用。推进首届浙江"最美水利人"推荐评选工作，深入挖掘和塑造行业最美群像，努力打造水利最美风景线。推动"党建进工地"创新做法由盆景变风景，在全省全面推开。持续推进唯实惟先机关作风建设，水利"七张问题清单"、"党建＋水利"三服务、农饮水抗旱保供等做法受到省直属机关工委领导的高度肯定，并在相关刊物发表。推进"浙水清廉"应用建设，参与水利工程公权大数据监督"透明工程"应用建设并不断迭代，推进"透明整改"应用建设。

根据《2022 年厅属单位党委党建工作考评实施方案》，按照考核结果，浙江同济科技职业学院、浙江省水文管理中心、浙江省水利水电勘测设计院有限责任公司、浙江省水利水电技术咨询中心等 4 个党委评为优秀等次，其余 5 个党委均为良好。根据《关于深化推进党支部标准化 2.0 建设加强分类指导工作的实施意见》，分厅机关处室党支部、厅直属单位党支部和设党委单位的党支部三类考核，按照考核结果，厅人事处、防御处、办公室、政法处、监督处等 5 个机关处室党支部评为优秀等次，其余 9 个机关处室党支部均为良好；浙江省水利信息宣传中心、浙江省农村水利管理中心、浙江省水利防汛技术中心等 3 个直属单位党支部评为优秀等次，其余 4 个直属党支部均为良好。

【纪检工作】 落细落实"五张责任清单"（党组书记第一责任人责任、党组主体责任、党组其他成员"一岗双责"、纪委专责监督责任、组织人事职能监督责任），召开全省水利系统党风廉政建设工作视频会议，部署年度"清廉水利"建设任务，省水利厅党组书记与各市水利局党政"一把手"签订党风廉政建设承诺书，与厅属各单位、厅机关各处室签订党风廉政建设责任书，层层压实全面从严治党主体责任。定期开展政治生态分析研判，定期分析研究党风廉政建设形势，实现一季一交流一督导一研判。持续推进每季度单位（处室）廉情分析会，与派驻纪检监察组每半年召开一次廉情会商会。

强化行业廉政风险防控，组织省市县三级水利部门共同观看警示教育片，强化震慑，常敲警钟。开展"七个一"

（召开一次警示教育大会、聆听一场专家辅导宣讲、实施一项铸魂强基行动、开展一遍廉政风险排查、组织一次"守关"研讨交流、进行一次廉政提醒谈话、参加一回党规党纪测试）系列警示教育活动，厅党组书记亲自动员部署，厅长带头参加所在党支部"守关"研讨，邀请派驻纪检监察组组长上警示教育课，邀请省纪委党风室主任作专题辅导报告，进一步增强广大党员干部职工遵规守纪的意识。

省水利厅领导带队先后完成省水文管理中心、信息宣传中心、规划发展研究中心的巡察，并联动检查3个厅机关处室，盯紧抓实问题整改落实，省水利厅巡察工作做法在省直机关纪检干部培训班上作交流。

省水利厅系统共有3964人开展廉政和失职渎职风险排查，排查重点部位3078处、梳理风险表现3005条、防控措施3625项。以钉钉子精神抓作风建设，开展正风肃纪检查8轮，坚决杜绝"四风"（形式主义、官僚主义、享乐主义、奢靡之风）现象反弹回潮。

【"浙水清廉"应用】　推进"浙水清廉"应用建设，参与水利工程公权大数据监督"透明工程"应用建设并不断迭代，筹划推进"透明整改"应用建设。

【精神文明建设】　5月，推荐杭州市拱宸桥水文站、金华市梅溪流域综合治理工程2个案例参加全国水利系统第四届水工程与水文化有机融合案例征集展示活动。8月，推荐曹娥江大闸运行管理中心参加全国水利基层文明单位宣传展示活动。厅领导带头参加"慈善一日捐"活动，厅系统3283名干部职工参加捐款，捐赠善款56.7万元。

【群团及统战工作】　结合春节、七一等重要节日，开展劳模、困难职工、一线高温慰问，推动疗休养、年休假、春秋游制度落实。省水利厅厅长马林云、厅党组书记李锐等厅领导上门颁发"光荣在党50年"纪念章，走访慰问功勋党员、老党员和困难党员，赓续光荣传统。安排50万元支持职工文体活动兴趣小组，下拨120万元补助厅属有关单位职工之家建设，保障职工合法权益。组织开展全国工人先锋号、浙江工匠、省直机关先进职工小家、劳模创新工作室、青年志愿服务大赛、省级共青团"两红两优"〔全省五四红旗团委（团支部）、全省优秀共青团员、全省优秀共青团干部〕等14项先进荣誉评选推荐活动。省水文管理中心胡永成工作室获评省级劳模创新工作室，厅乒乓球、足球代表队在省直机关厅（局）级比赛获得冠军。

深入学习宣讲贯彻党的二十大精神和省第十五次党代会精神以及习近平总书记在共青团成立100周年上重要讲话精神，发挥青年优势，灵活创新开展宣传宣讲活动，受到广泛好评。指导厅系统4家单位团组织换届，配齐建强基层团组织队伍力量。教育引导青年干部在防汛抗洪中发挥青年先锋作用。开展"浙里有我　共建幸福河湖"志愿服务行动。

做好统战工作，完成厅系统无党派人士信息更新登记，推荐9名无党派人士为"青苗计划"培养对象。

（吴伟芬、郭明图、王恺）

学 会 活 动

Learning Activities

215～228 页

浙江省水利学会

【学会简介】　浙江省水利学会（以下简称"省水利学会"）于1958年由浙江省水利厅、中国电建集团华东勘测设计研究院有限公司（原华东勘测设计研究院）、中国水利水电第十二工程局有限公司共同发起成立。省水利学会是由浙江省水利科学技术工作者和单位自愿结合组成的学术性、地方性非营利性社会团体，是省水利科学技术事业的重要社会力量。省水利学会依托浙江省水利厅，党建领导机关是中共浙江省科学技术协会科技社团委员会，接受业务主管单位省科学技术协会的领导和社团登记机关省民政厅的监督管理，并接受中国水利学会的业务指导。2022年，省水利学会领导机构为第十一届理事会，共有理事51人，其中常务理事17人，监事3人。至年底，省水利学会有单位会员133家，个人会员2366名。下设19个专业委员会，分别是水工建筑与施工技术专业委员会，地质与勘测专业委员会，河口海岸与泥沙专业委员会，水文、水资源与水环境专业委员会，水旱灾害防御专业委员会，农村水利专业委员会，水利信息技术专业委员会，滩涂湿地保护与利用专业委员会，水利科技推广专业委员会，工程造价专业委员会，水文化专业委员会，水利风景区专业委员会，水利科普专业委员会，水利工程管理专业委员会，水利规划与政策专业委员会，引调水工程管理专业委员会，海塘工程专业委员会，河道与水生态专

业委员会，涌潮研究专业委员会。全省11个地市均建立市级学会。

省水利学会的业务范围包括：开展学术交流和科学考察活动，组织重点学术课题和重大技术经济问题的探讨，编辑出版学术书刊、学会通讯；普及科技知识，推广先进技术经验，积极开展技术开发、技术推广和技术咨询活动，向有关部门提出合理化建议，接受委托开展项目评估与论证、项目管理与咨询、科技成果鉴定、技术职务资格评审等；开展国（境）内外学术交流活动，加强同国（境）内外水利科技技术团体和科技工作者的友好往来与合作，加强与兄弟学会的联系与交流；举荐科技人才，积极发展新会员，通过各种形式的技术培训，不断提高会员的学术与业务管理水平；积极开展为水利科技工作者服务的活动，反映会员的意见和要求，维护他们的合法权益；奖励在学会活动和科技活动中取得优异成绩的集体和个人。

【概况】　2022年，省水利学会持续强化能力建设，扎实推进学术交流、科学普及、人才举荐、科技奖励、决策咨询、组织建设等工作。围绕水利跨界融合，组织专家谋划13个重大科技问题及研究思路，发出《协同攻关水利重大科技问题，实施"工程带科研"倡议书》，得到广大科技人员的积极响应。联合多家单位承办"2022智慧水利建设高峰论坛"，依托"水利科技云讲堂"举办3场线上科普和学术交流会。开展5项水利科技成果评价，组织完成2022年省水利科技创新评选，共评出获奖成果24项，提名2项成果参评2021年度省科技奖。出版

《地方水利技术的应用与实践》第32辑、《浙江水利水电》4期，与省水科院联合主办《浙江水利科技》双月刊。2名会员被选举为浙江省科学技术协会第十一次代表大会代表，1名会员当选为浙江省科学技术协会第十一届委员会委员。

【学会建设】 组织召开省水利学会第十一届理事会2次，常务理事会1次，审议通过了关于届中变更负责人、专委会主任委员、企事业单位、个人入会等事宜。发展单位会员和个人会员，全年共吸纳上海熊猫机械（集团）有限公司浙江分公司等11家单位会员，22名个人会员，收取会费41.2万元。完成《浙江水利水电》准印证的换证和学会年检工作。

【学术交流】 围绕"科技创新，数智赋能，推进智慧水利新发展"主题，省水利学会联合多家单位承办了"2022智慧水利建设高峰论坛"，论坛采取"线下交流＋线上直播"的形式进行，王浩院士、夏军院士、潘德炉院士及有关水利信息化、智慧水利行业的与会专家紧紧围绕新时期智慧水利建设前沿技术、标准规范及发展趋势等进行了深入的交流和探讨。

面对疫情防控新形势，省水利学会继续推出"水利科技云讲堂"线上实时网络直播课堂，2022年围绕堤坝除险加固、河湖治理等主题举办云讲堂2期，参与线上学习和讨论800余人次。水利科技云讲堂是浙江省水利行业线上技术交流的主要平台之一，为水利先进适用技术在浙江省的推广应用提供了更加便捷的交流渠道。

为服务学会会员，拓展水利科技工作者视野，11月8—9日，省水利学会在杭州设分会场，组织广大会员集中收看了2022年中国水利学术大会（中国水利学会2022学术年会）。大会以"科技助力新阶段水利高质量发展"为主题，省水利学会理事长李锐出席集中收看，听取有关专家报告，学会理事单位、市级水利学会、县级水利学会50余名代表在杭集中收看。

12月1日，省水利学会联合浙江省水利科技推广服务中心主办浙江省数字水库专题技术交流会，会议设宁波分会场。百余名专家、技术代表到场参会，以主旨报告、专题报告、新技术新产品展示交流等形式分享行业新动态、探讨行业新趋势。

【科普宣传】 为纪念第三十届"世界水日"、第三十五届"中国水周"，省水利学会聚焦"文明的习惯—生活中的节约用水"主题，开展了世界水日宣传活动，以2020年浙江多地遭遇"50年一遇"季节性干旱为背景，围绕生活中为什么要节约用水、节水概念性常识以及如何在生活中节约用水等3方面内容进行了科普宣传，呼吁公众进一步提升惜水、爱水、护水意识，在用水器具、用水习惯等方面注意避免浪费和造成水污染，人人养成节约每一滴水的文明习惯，共同推进水资源可持续利用。此外，组织省水利学会专家编制了《抗旱科普手册》，普及干旱基本常识、节水保供知识。

科普专委会承办了全省节水抗旱保

供水暨《公民节约用水行为规范》主题宣传活动，线上线下1万余人参加。科普专委会选派李洪周老师参加水利全国水利科普讲解大赛，并荣获大赛三等奖。李洪周老师以"'浙'水情绵'智'汇长潭"为题，讲述了长潭水库建设过程中水利人利用新技术、新智慧守护台州市民饮用水安全的故事，充分展现了浙江水利工作者的风采，展示了浙江的治水成效。

【创新发展】　开展2022年省水利科技创新奖评选，经形式审查、评前公示、专业评审、会议评审、结果公示等流程，共评选出获奖项目24项，其中"基础设施工程数字孪生平台及全生命周期应用""大型水利枢纽水泵研发与泵站智慧系统关键技术研究与应用""高抗汽蚀高速诱导轮离心泵关键技术及应用"等3项成果获一等奖，"大型抽水蓄能电站输水发电系统水力设计及真机试验预测反演技术"等7项成果获二等奖，"浙江省100m级面板堆石坝应力变形分析"等14项成果获三等奖。

围绕浙江省水利改革发展重大科技需求和实际工作需要，组织会员调研水利先进适用技术落地应用和需求满足情况，总结供需精准对接成效，分析供需不匹配成因，研究提出加强水利先进适用技术精准服务基层需求的对策措施，编制完成调研报告，获2022年水利系统优秀调研报告三等奖。

发挥省水利学会专家优势，组织完成"大型海绵型居住区水质净化关键技术的探索与实践"等5项水利科技成果评价。

【能力提升】　开展"万名专家帮万企"活动，参与长三角助力创新联盟、资源环境联合体服务团等协同创新组织，组织专家服务浙江广川工程咨询有限公司等创新企业。组织10余家创新企业申报2022年省水利新技术推广目录。组织专家助推2家新技术企业开展技术试点，帮助提出技术改进建议。

省水利学会秘书长带队，组织专家为龙游高坪桥水库、新昌钦寸水库、杭州闲林水库开展水利科技服务，围绕水库固碳增汇、饮用水源水质监测与治理等提供技术支持。

【会员服务】　2022年，面向会员征集并遴选40篇论文，出版《地方水利技术的应用与实践（第32辑）》，宣传基层技术应用和实践经验。围绕全省水利工作动态，出版一年4期会员刊物《浙江水利水电》，宣传浙江省水利水电工作重要政策、科研成果及科普知识。与省水科院联合主办《浙江水利科技》双月刊，发表最新水利科技进展论文。

省水利学会推荐邱超、黄志珍、周芬为2022太湖流域水科技英才奖候选人，最终邱超成功入选；组织评审，推荐崔守臣为中国水利学会"最美科技工作者"候选人；推荐郭玉雪为中国水利学会第七届青年人才候选人。

【重点工作】　结合水利科技工作实际落实中国水利学会征集"2022水利领域重大科学问题、工程技术难题和产业技术问题"通知要求，梳理、提炼，研究提出"构建'流域防洪体系＋全域防灾分片分级体系'平原水灾害防治新体系"

等 13 个重大科技问题及研究思路，涵盖防灾减灾、水资源、水生态、水利工程建设管理、农村水利、水利投融资以及水治理等方面；发出《协同攻关水利重大科技问题，实施"工程带科研"倡议书》，得到市县科技人员的积极响应；组织召开市级水利学会秘书长座谈会，围绕 13 个重大科技问题进行交流研讨，结合"工程带科研"推动重大科技问题研究落地。

省水利学会联合省推广服务中心向省水利厅报送《高质量发展视域下的水利跨行业融合与创新发展思考》，推进跨界融合研究。学会副理事长陈韵俊在《中国水利报》专家观点栏目发表《打通综合效益转化通道　破解水利工程融资难题》《深刻理解新时代治水要求　不断提升水治理能力创新》署名文章，宣传新的治水理念和思路。

发挥专家智库优势，学会组织会员围绕浙江沿海及平原地区风浪开展专题研究，阐释风浪爬高与季节、河道形态、水位、堤防结构型式的四大关系，梳理观测点位和研究手段与四大关系的对应性，编制完成《浙江平原河道堤防风浪要素技术方案》。

（郝晓伟）

浙江省水力发电工程学会

【学会简介】　浙江省水力发电工程学会（以下简称"省水电学会"）成立于1983 年，是浙江省水电科学技术工作者自愿组成的学术性、地方性的非营利性的社会团体，也是全省水力发电科学技术事业的重要力量。省水电学会的业务主管单位为省科学技术协会，党建领导机关是省科学技术协会社团党委，接受中国水力发电工程学会的业务指导和社团登记管理机关省民政厅的监督管理。省水电学会挂靠在省水利厅，办事机构设在省水利水电勘测设计院。2021 年，省水电学会领导机构为第七届理事会，共有理事 46 人，其中常务理事 15 人。至年底，学会有单位会员 48 家，个人会员 1800 名。下设 4 个专业委员会，分别是绿色水电专业委员会、大坝安全监测专业委员会、水电站运行管理专业委员会、机电设备专业委员会。

省水电学会的业务范围包括：围绕全省水电开发的生产建设和运行管理中的问题，开展学术交流活动，组织重点学术课题攻关和重大技术经济问题的探讨及科学考察活动；及时总结、评价科研成果和先进生产管理经验；普及科学技术知识，推广科技成果和传播生产技术经验；积极开展中介业务，搞好科技咨询服务，向有关部门和单位提出合理化建议，接受委托进行工程项目评估、论证与咨询、科技成果鉴定、技术职务资格评审等；编辑刊印学术书刊和学术资料，出版学会通讯；开展技术培训和继续教育工作，通过各种形式努力提高会员的学术和业务水平，培养、发现和推荐水电科技人才；加强与省内外、国内外有关科学技术团体、科技工作者的友好往来与合作交流；积极开展为水电科技工作者服务的活动，反映会员的意见和要求，维护会员的合法权益；奖励在学会活动和科技活动中取得优异成绩的科技工作者；完成上级交办的其他业务。

【概况】 2022年，省水电学会组织召开第七届第6次理事会、2次常务理事会，举办学术交流会1场。在世界水日、中国水周等活动期间，参加省水利厅、省科协组织的科普活动，宣传水电法律法规。与省水利学会联合编辑出版发行《地方水利技术的应用与实践（第32辑）》论文集1辑、学会会刊《浙江水利水电》4期。做好省科协第十届委员会委员的联络工作，积极组织相关会员参加省科协十届六次全委会。完成第三届学会优秀论文奖评选工作。

【学会建设】 做好会员管理工作，通过省水电学会信息系统（一期），完善会员登记信息，通过信息化手段对个人会员信息进行管理。及时在省科协"数字科协"的"学会管理系统"中填报了学会信息和会员信息并实时更新。

受新型冠状肺炎疫情的影响，为了减轻会员单位负担，根据《中共浙江省委浙江省人民政府关于坚决打赢新冠肺炎疫情防控阻击战全力稳企业稳经济稳发展的若干意见》《浙江省水利厅关于做好当前水利疫情防控服务稳企业稳经济稳发展九项举措的通知》精神，学会于12月下发《浙江省水力发电工程学会关于免缴2022年度学会会费的通知》（浙水电学秘〔2022〕6号），免除全体会员单位2022年度会费，得到了会员的一致好评。

【学术交流】 为积极响应发展抽水蓄能电站设计技术的号召，提升专业设计人员的技术水平，10月，特邀中国电建集团中南勘测设计研究院有限公司机电总监张强，就抽水蓄能电站设计技术为会员开展教育培训，并组织技术交流会。通过本次培训和交流，会员们学习了中南院在抽水蓄能电站设计方面的宝贵经验，进一步了解了抽水蓄能电站设计的前沿进展与发展方向，为后续开展抽水蓄能电站设计工作积累了技术基础。

2022年，与省水利学会合作，面向会员开展论文征集，完成《地方水利技术的应用与实践》第32辑论文集的编辑、出版和发行工作，收录论文40篇。该论文集作为行业学术信息和成果的交流平台，总结和推广全省水力发电科技工作者工程建设、管理实践经验，受到全省水利水电科技工作者广泛欢迎。

【创新发展】 2022年，借助学会平台，省水利水电勘测设计院等会员单位配合省级和地方电力部门积极开展浙江省中型抽水蓄能电站选址研究，选址所在地包括萧山、余杭、缙云、青田、庆元、景宁、永嘉、武义、义乌等区县，并形成《萧山区道林山抽水蓄能电站工程项目选址报告》等多本技术报告供相关部门决策参考，为推动实现碳达峰、碳中和，发挥抽水蓄能电站的调峰填谷作用，集成优化现有水电资源，实现小水电的绿色转型提供技术支持。

【能力提升】 2022年，以世界水日、中国水周等公众活动日的大型活动为契机，支持省水电学会会员单位开展科普活动。参加省水利厅、省科协组织的科普活动，宣传水电法律法规，普及水电知识，取得较好的社会效果。学会专家参加省水利厅主办的"3·22世界水日"线上开展了以"河长再出发，建设江南水乡幸福新高地"为主题的宣讲活动。

【会员服务】　为提高全省水力发电科技学术水平，鼓励和推动水力发电科技创新，根据学会七届二次理事会议决定，按照学会《优秀论文奖奖励办法（暂行）》规定及经常务理事会审议批准的奖励名额的议案，学会对第三届浙江省水力发电工程学会优秀论文奖征集的论文进行评选。学会组织的专家评审组经过评选，共推荐18篇优秀论文获奖（一等奖3篇、二等奖6篇、三等奖9篇），经公示后，学会对18篇优秀论文予以奖励，见表1。

表1　第三届浙江省水力发电工程学会优秀论文奖获奖名单

序号	论　文　题　目	作　　者
一等奖（共3篇）		
1	*Consolidation theory for prefabricated vertical drains with elliptic cylindrical assumption*	黄朝煊、邓岳保、陈菲
2	白鹤滩水电站巨型地下洞室群关键岩石力学问题与工程对策研究	孟国涛、樊义林、江亚丽、何炜、潘益斌、李毅
3	粗粒料试验缩尺效应的分析研究	武利强、朱晟、章晓桦、陈文亮
二等奖（共6篇）		
4	*Investigation of non‑deformable and deformable landslides using meshfree method*（无网格法在无变形和可变形滑坡中的应用研究）	傅雷、Yee‑chung Jin
5	复杂水力系统过渡过程（著作）	侯靖、李高会、李新新、吴旭敏、陈益民
6	锚固力作用下的边坡临界滑动场法研究与应用	蒋泽锋、张戈、朱大勇、王军
7	*Three‑dimensional modelling of sediment transport under tidal bores in the Qiantang estuary，China*（钱塘江河口涌潮作用下泥沙输移的三维数值模拟）	汪求顺、潘存鸿
8	并联水库群联合防洪预报调度方式优化研究	周如瑞、卢迪
9	基于FLAC3D数值模拟的让压锚索边坡加固机理研究	朱安龙、张胤、戴妙林、徐建强
三等奖（共9篇）		
10	不规则实体堰坝流场及应力场耦合分析	丁少超、黄青
11	锦屏二级水电站小波动稳定性分析及对策研究	方杰、汪德楼、陈顺义
12	杭州市极值暴雨的统计建模与频率计算研究	高永胜、鲁帆、王雪

续表

序号	论 文 题 目	作 者
13	柏峰水库主坝混凝土防渗墙防渗处理效果分析	葛龙进、曾铿、胡允楚、黄婵、叶俊飞、吴民正
14	*Flood season partition and flood limit water level determination for cascade reservoirs downstream Jinshajiang River*	鞠彬、余玉聪、张发鸿、雷晓辉、尤烽烨
15	丽水市农村水电绿色发展的思考	沈春玲
16	风光水多能互补供电技术研究	徐伟、徐国君、陈艇、王学锋
17	UV - Fenton 法降解垃圾渗滤液中 COD 的动力学研究	殷芳芳、顾升波
18	浙江省水权交易现状及模式研究	章志明、丁青云、林文斌、陈宁

2022 年，出刊学会会刊《浙江水利水电》4 期，搭好信息桥，以报道水利行业热点关注、行业要闻、学术研讨等为主，同时，发布学会动态、专业培训等信息，刊登会员单位科技论文。该会刊向会员免费赠阅，为会员间学术交流和信息传递提供良好平台，促进学会与会员之间的联系和沟通。

【重点工作】 2022 年，省水电学会秘书处和各分支机构积极履行"服务科技工作者""服务创新驱动发展""服务全民科学素质提高""服务党和政府科学决策"4 个服务方向职责，以加强学术引领广泛凝聚人心，以深化学会治理增强服务效能，加快学会自身建设。加强学会党的建设，组织学习贯彻党的二十大精神，发挥学会的党工作小组领导作用，强化党对学会的政治引领。要求各会员单位通过"学习强国"等平台阅读学习党的二十大报告全文，做好习近平总书记"3·14"和"5·14"等重要讲话精神和省第十五次党代会精神的学习。

12 月，分别参加省科协举办的党建及业务培训和中国水力发电工程学会举办的学习贯彻党的二十大精神宣讲报告会。

增强与中国水力发电工程学会的联络，做好与中国水力发电工程学会的日常沟通联络等工作。4 月，参加 2022 年中国水力发电工程学会分支机构和省级水电学会秘书长工作会议，此次会议以线下线上相结合的形式召开，学会副秘书长及秘书处各部门负责人、37 家分支机构和 21 家省级水电学会有关负责人、秘书长和管理人员共 130 余人参会。学会党委书记、理事长张野以《学习贯彻党的十九届六中全会精神，以高质量党建引领保障学会高质量发展》为主题，从深刻认识全会的重大意义、深刻理解"两个确立"的决定性意义、以高质量党建引领保障学会高质量发展等三大方面，为学会系统广大党员干部讲授了一堂别开生面的专题党课。学会监事长袁柏松发表讲话，总结肯定了监事会成立以来对学会发展与内部治理加强监督及促进学会规范化建设所起到的积极作用。学会常务副理事长兼秘书长郑声安作题为《赋能新发展 构建新格局 奋力开创一流学会建设新局面》的秘书长工作报告，指出在各方的共同努力下，学会各方面均取得良好成绩。会议安排 9 个分支机构和 7 家省级水电学会代表进行大会交流，并开展了广泛交流讨论。

增强与省水利学会的联络。9 月，学会副理事长兼秘书长郑雄伟带领秘书处一行 6 人赴浙江省水利学会走访交流。会上，郑雄伟介绍了学会的基本情况和近年来工作情况，双方围绕学会工作的现状和难点开展交流，并重点就学会会员管理、学术活动、会费收取等方面进行了充分的交流。

（黄艳艳）

浙江省水土保持学会

【学会简介】　浙江省水土保持学会（以下简称"省水保学会"）于 2012 年 2 月由浙江省水利水电勘测设计院有限责任公司、浙江省水利河口研究院（浙江省海洋规划设计研究院）和中国电建集团华东勘测设计研究院有限公司共同发起成立，依托省水利厅开展服务，是由省内从事水土保持科学技术工作者、管理者和从事水土保持的企事业单位组成的全省性、学术性的非营利性社会团体法人，是浙江省水土保持事业的重要社会力量。

省水保学会是省科学技术协会所属省级学会，接受社团登记管理机关省民政厅的监督管理，接受中国水土保持学会的业务指导。学会秘书处设在省水资源水电管理中心（省水土保持监测中心），下设水土保持预防监督、规划设计、综合治理、监测、科普教育、数字化（遥感遥测）、城市平原河网区水土保持生态建设、工程绿化、生态碳汇等 9 个专业委员会，现有个人会员 1496 人，单位会员 166 家。

省水保学会的宗旨：坚持以邓小平理论、"三个代表"重要思想、科学发展观和习近平新时代中国特色社会主义思想为指导，深入贯彻习近平总书记系列重要讲话精神，遵守宪法、法律、法规和国家政策，践行社会主义核心价值观，遵守社会道德风尚，团结和动员广大水土保持科技工作者，认真贯彻党的方针政策，努力推进生态文明建设；坚持民主办会，倡导科学精神，恪守职业道德；加强与境内外水土保持相关科研团体的合作与交流，促进水土保持科学技术的创新、普及和推广，促进科技人才的成长，促进水土保持科技与市场的结合；实施环境与生态可持续发展战略，为构建资源节约和环境友好型社会作出贡献。

省水保学会的业务范围：组织水土保持学术交流活动和科技考察活动，开展与境内外水土保持相关科研团体、科技组织和个人的合作和交流；研究和推广水土保持先进技术，普及水土保持科技知识；编辑出版会刊和有关学术刊物、技术专著与科普读物及相关的音像制品，开展优秀科技项目、论文与书刊的评选活动；开展职业培训及相关从业人员业务培训工作，举办科技讲座及科技展览等相关活动；受有关部门的委托，进行水土保持技术资格评审，科技项目的评估与论证，科技文献编纂与技术标准的编审等工作。组织科技工作者参与水土保持科技政策、发展战略及有关政策法规的制定，为各级决策部门提出合理化建议；承担相关业务主管部门委托的工作；为会员和水土保持科技工作者服务，反映会员的正当要求，维护会员的合法权益，促进会员的职业道德建设、学科的学风建设，做好行业自律。

【概况】 2022 年是浙江省水土保持学会成立十周年，也是换届年（第三届）。省水保学会召开第三次会员代表大会，顺利完成学会换届选举工作；举办以"水土保持高质量发展"为主题的学术交流会；开展第三十届"世界水日"科普宣传；评选第三届优秀论文；开展全省水土保持方案编制质量抽查和全省生产建设项目监督性监测工作；举办全省遥感监管现场复核技术培训和水土保持监测培训；举办全省水土保持工作成效图片展；征集优秀论文并向《中国水土保持》推荐；开展首次先进集体和个人评选活动。

【学会建设】 2022 年 11 月 20 日，省水保学会组织召开第二届理事会第五次常务理事会议，审议换届大会系列材料、表彰方案、《浙江省水土保持学会优秀论文和优秀设计评选办法（修订稿）》及会员入会等事项。11 月 21 日，组织召开第三次会员代表大会，审议通过第二届理事会工作报告、财务报告、新修订的学会章程和会费标准及使用管理办法，选举产生学会第三届理事会和监事会。新产生的理事、监事分别召开第三届理事会第一次全体会议和第三届监事会第一次全体会议，选举产生学会第三届理事会理事长、副理事长、常务理事、第三届监事会监事长以及理事会功能型党支部。省水利厅党组成员、副厅长朱留沙兼任省水保学会第三届理事会理事长，省水资源水电管理中心（省水土保持监测中心）副主任郭秀琴兼任省水保学会法定代表人、第三届理事会副理事长及秘书长。2022 年学会新增单位会员 4 家，个人会员 32 人，年内新增会员达 2%。

【学术交流】 2022 年 11 月，省水保学会举办以"水土保持高质量发展"为主题的学术交流会，线上线下同步开展，120 余家会员单位 300 余人参会。交流会邀请水利部水土保持监测中心教授姜德文、北京林业大学教授齐实、浙江大学教授章孝灿作专题报告。报告紧扣时代主题，积极探索现代化建设新征程上提升水土保持能力、促进水土保持高质量发展的方法和途径。

【科普宣传】 2022 年 3 月 22 日，是第三十届"世界水日"，省水保学会联合省水利学会、省气象学会聚焦"文明的习惯——生活中的节约用水"主题，以 2020 年浙江多地遭遇"50 年一遇"季节性干旱为背景，围绕生活中为什么要节约用水、节水概念性常识以及如何在生活中节约用水等三方面内容进行科普宣传。

【创新发展】 2022 年 3—11 月，省水保学会修订了《浙江省水土保持学会优秀论文和优秀设计评选办法》。根据评选办法，组织开展第三届优秀论文评选活动。评选出优秀论文一等奖 1 篇，二等奖 2 篇，三等奖 6 篇，见表 2。

表 2　浙江省水土保持学会第三届优秀论文名单

序号	论 文 题 目	作 者
一等奖（共 1 篇）		
1	炭基肥和竹炭对土壤氮素淋失和微生物的影响	董达、王宇婕等
二等奖（共 2 篇）		
1	间伐和林分类型对森林凋落物储量和土壤持水性能的影响	简永旗、吴家森等
2	*Monitoring of soil erosion caused by construction projects using remote sensing images*	裘涛、陆芳春等
三等奖（共 6 篇）		
1	黄土丘陵区典型植被枯落物坡面分布及混入土壤对土壤性状的影响	王忠禹、王兵等
2	基于 U-Net 的高分辨率遥感图像土地利用信息提取	陈妮、应丰等
3	不同施肥对稻-菜种植模式氮磷吸收及径流流失的影响	张崑、徐坚等
4	基于 Google Earth 的一种浅沟侵蚀量的测算方法	郭子豪、高建恩等
5	基于植物根系释氧的人工湿地运行模式研究	陈梦银、刘伟等
6	浙江省《水土流失综合治理技术规范》解析	张锦娟、廖承彬等

4—11 月，省水保学会以"高水平美丽浙江建设人与自然和谐共生"为主题，举办全省水土保持工作成效图片展，真实生动展现近年来全省水土保持生态建设取得的成效，提升社会公众的水土保持意识，评选出优秀图片一等奖 5 组、二等奖 9 组、三等奖 12 组，获奖作品名单见表 3。

表 3　浙江省水土保持工作成效图片展获奖作品名单

序号	作 品 名 称	投稿单位	作者
一等奖			
1	绿水映花、诗画江南——桐庐县创建水土保持示范县	桐庐县林业水利局	
2	千里青山绿映红，云销雨霁碧水重——新昌县创建国家级水土保持示范县	新昌县水利水电局	
3	水土保持新发展、示范园区展新颜——德清县示范园新风貌	德清县水利局	
4	湿烟生碧，浩渺一湖水——闲林水库风貌	杭州市水库管理服务中心	

续表

序号	作品名称	投稿单位	作者
5	春天记忆，最美汶溪——汶溪生态小流域治理工程	宁海县水利局	胜志豪
二等奖			
1	清溪秋叶、万垄青田——长兴县创建水土保持示范县	长兴县水利局	
2	全面展示水土保持高质量发展新风貌——常山县水土保持科技示范园建设成效图片对比	常山县水土保持科学试验站	庄需印
3	台州"水缸"里的绿丝带——82省道（S325）延伸线黄岩北洋至宁溪段公路工程	浙江中冶勘测设计有限公司	杨阳
4	典型示范、科技支撑——安吉水土保持科技示范园区	安吉县水土保持管理站（安吉县水土保持科技园管理处）	
5	奇石屹绿水，芳华映青原——长兴县合溪北涧小流域水土流失治理项目	浙江广川工程咨询有限公司	刘详超
6	城建生态两手抓——新城万丈塘（中段）提升改造工程	浙江华安工程设计咨询有限公司	胡晓军
7	蜿蜒梯田绕云间、欲与青峰上云天——永嘉茗岙千年古梯田	浙江省水资源水电管理中心（浙江省水土保持监测中心）	聂国辉
8	建设绿色水利、促进人水和谐——扩大杭嘉湖南排杭州三堡排涝工程	杭州市南排工程建设管理处	
9	四季坡耕地——永康市	永康市水务局	
三等奖			
1	党建引领新风尚　绿色交通促发展——长春至深圳高速公路（G25）浙江建德至金华段工程	浙江广川工程咨询有限公司	石鑫
2	阡陌绕青田——珊溪水利枢纽水源地（文成）水土流失治理项目	文成县水利局	
3	开展渣场恢复、还青山绿水底色——新建湖杭铁路临时弃渣场恢复前后面貌	中国电建集团华东勘测设计研究院有限公司	卢明
4	保护水库水质，改善人居环境——凤凰水库双二库尾小流域水土流失综合治理项目	浙江省水利水电勘测设计院有限责任公司	蓝雪春
5	协同作战、执法亮剑——金华永康水土保持多部门联合执法行	金华市水利局、永康市水政、监察大队	

续表

序号	作　品　名　称	投稿单位	作者
6	旧貌换新颜——兰溪市水土保持监测站	兰溪市水土保持管理站	吴麟 陈云庚
7	晴空接碧草，俊树绕青山——三门核电恢复前后面貌以及三门核电整体绿化面貌展示	中国电建集团华东勘测设计研究院有限公司	卢明
8	美丽钱塘新画卷——钱塘区农业农村局	钱塘区农业农村局	
9	开发建设项目水土流失治理显成效——天然气管道作业带治理	浙江省水利水电勘测设计院有限责任公司	张根源
10	山脚下的"绿"窝窝——灵峰街道树兰健康谷房地产开发项目	浙江中冶勘测设计有限公司	张禹
11	构建水土保持"三位一体"监管体系——2021年度生产建设项目水土保持监督检查	中国电建集团华东勘测设计研究院有限公司	杨凯
12	保护与开发并举，效益与效果同行——杭温高铁表土剥离示范点	中国电建集团华东勘测设计研究院有限公司	费日朋

4—11月，省水保学会组织开展水土保持优秀论文征集活动，向《中国水土保持》《浙江水利科技》等杂志推荐论文约20篇。

8—11月，经请示省水利厅和省科协，省水保学会开展首次先进集体和个人评选活动。评选出绍兴市水土保持与小水电管理中心等28个先进集体、李国强等34名先进个人以及吴家森等4名突出贡献个人。

【能力提升】 2022年4—12月，省水保学会继续开展全省水土保持方案编制质量抽查和全省生产建设项目监督性监测工作。对市县级水行政主管部门2018—2021年度审批的12029项水土保持方案报告书和报告表，按照单位随机抽取约144项水土保持方案报告书和报告表组织专家进行质量评定。对全省在监测的540余个项目，按照约10%的比例，并结合监测单位业务承接情况，每年选取约50个项目进行监测质量评定。对质量相对较差的单位进行通报，对提高方案编制的质量和规范水土保持监测工作起到很好的促进作用。

【会员服务】 2022年7月，按照水利部生产建设项目遥感监管工作要求，省水保学会举办全省遥感监管现场复核技术培训，培训内容包括现场核查要点、信息系统App和电脑端操作以及成果要求等内容，为全省开展生产建设项目遥感监管工作提供了技术服务。

12月，省水保学会举办全省水土保持监测培训，精心选择行业内具有丰富理论和实践经验的专家作为师资，科学设置培训内容，使培训具有较强的针对性和实用性，全省水土保持行业180余名管理人员参加了培训。培训内容包括水土保持综合监管、水土保持工程设计规范、国家水土保持生态文明示范创建、全省水土保持相关政策宣贯（审批、监管、考核等）以及全省水利数字化改革——浙里办软件"九龙联动治水"等内容，实现了资源共享、跨界融合、协同创新的目的，对今后水土保持工作的开展具有指导作用。

配合中国水土保持学会组织开展生产建设项目水土保持方案编制及监测单位水平评价工作。一方面为单位会员提供星级评价咨询服务，指导完成星级证书申报的材料准备和网上填报工作；另一方面受中国水土保持学会的委托，完成水平评价证书的发放管理服务工作，落实工作责任，缩短办事时限，精简证明材料，提高服务效能。

为单位会员订阅《中国水土保持》杂志，增长科技知识，拓宽思维视野，掌握全国水土保持各项工作开展情况。组织单位会员和个人会员积极参与省科协资源环境学会联合体和乡村振兴学会联合体组织的各项活动，建言献策，为广大会员提供沟通交流的机会。

【重点工作】　通过浙江省水土保持管理信息平台的运行维护，从单位会员、个人会员、会费缴纳等方面完善水土保持学会工作模块，逐步实现全省水土保持中介服务的长效管理，充分发挥平台的信息公开和咨询作用，进一步规范在浙江省内开展生产建设项目水土保持方案编制、监测、验收评估单位的备案工作。

4—11月，省水保学会以"高水平美丽浙江建设人与自然和谐共生"为主题，举办全省水土保持工作成效图片展，真实生动地展现了近年来全省水土保持生态建设取得的成效，提升了社会公众的水土保持意识，评选出优秀图片一等奖 5 组、二等奖 9 组、三等奖 12 组。

（郭秀琴、陈国伟、钟壬琳）

地 方 水 利

Local Water Conservancy

229～303 页

杭 州 市

【杭州市林业水利局简介】 杭州市林业水利局（以下简称"杭州市林水局"）是主管杭州全市林业、水利工作的政府工作部门，其主要职责为：负责生活、生产经营和生态环境用水的统筹和保障；负责节约用水和水土保持工作；负责指导全市水资源保护和水文工作；负责指导农村水利工作；负责落实综合防灾减灾规划相关要求，组织编制洪水干旱灾害防治规划和防护标准并指导实施；负责指导水利设施、水域及其岸线的管理、保护与综合利用；负责制定水利工程建设与管理的有关制度并组织实施；负责组织开展水利行业质量监督工作；负责指导全市水利人才队伍建设。局机关在编人员 35 人，内设 9 个职能处室，分别是办公室、组织人事处、法规计财处、国土绿化处、森林湿地和自然保护地管理处、森林防火处、水利规划建设处、水资源管理与水土保持处、水旱灾害防御与运行管理处。局系统直属事业单位共有 7 家，在编人员 194 人，其中参公在编人员 20 人，事业在编人员 174 人。直属事业单位共 7 家，分别是杭州市森林和野生动物保护服务中心（参公单位）、杭州市水文水资源监测中心、杭州市河道与农村水利管理服务中心、杭州市林业科学研究院、杭州市水利发展规划研究中心、杭州市水库管理服务中心、杭州市南排工程建设管理服务中心。

【概况】 2022 年，杭州市林水局完成水利投资 68.2 亿元，完成率排全省第一。杭州市林水局荣获"全省水土保持目标责任制成绩突出集体"称号，杭州数字孪生钱塘江流域建设列入水利部先行先试试点，水土保持事中事后监管列入国家试点。杭州市农业水价综合改革典型经验做法在全国农业水价综合改革技术交流研讨会上作典型发言。杭州作为浙江省代表参加太湖流域片河湖长制工作会议，并在会议上分享"杭州经验"，《浙江杭州擦亮"共同富裕"底色，打造全域美丽河湖》入选《全面推行河长制湖长制典型案例汇编（2022）》，杭州市下好"五手棋"实现河湖长制迭代升级、临安区深化河湖长制"一江清水出临安"、上城区以"5＋X"全民河长制擦亮"共同富裕"生态底色、淳安县奏响河湖长制"三部曲"开创河湖管护新局面等 4 个优秀案例入选省河湖长制简报，全域开展幸福河湖建设经验做法由水利部简报刊登，在全国推广。杭州水利科普馆入选"2021—2025 年第一批全国科普教育基地""杭州市青少年科普教育基地"。

【水文水资源】

1. 雨情。2022 年，杭州市平均降水量 1456.6mm，较多年平均值偏少 7.1%。汛期全市面平均降雨量 672.5mm，比 2021 年偏少 48.2%，比常年雨量偏少 37.3%。入梅出梅偏早，梅雨期 16 天，较常年明显偏短。梅汛期出现 2 轮降雨过程，梅雨量 97.1mm，比常年梅雨量偏少 62.8%；出梅后至汛期结束，杭州市遭受"轩岚诺"和"梅花"台风影响。"轩岚诺"台风影响期间，全市平均降水量 18.0mm，其中钱塘区面雨量最大为 49.8mm，单站最大为钱塘东江闸站 141.3mm；"梅花"超强台风影响期间，全市平均面雨量 31.5mm，主城区面雨量最大为 65.4mm，单站最大降雨量为临安区郜岭平溪 144.0mm。

2. 水情。2022年，杭州市水情形势总体平稳。入梅前，6月5—7日，兰江流域发生超警戒水位洪水，兰溪站最高水位 28.01m（超警戒水位 0.01m），三河站最高水位 25.56m（超警戒水位 0.06m）；富春江水库最大下泄流量 7960m³/s。梅雨期间，寿昌江流域源口站最高水位 31.72m（超保证水位 0.22m）；兰江流域兰溪站最高水位 31.15m（超保证水位 0.15m），最大流量 12800m³/s；三河站最高水位 28.20m（超保证水位 1.70m），排历史第三位；4座大中型水库超汛限。台汛期，台风"轩岚诺""梅花"对杭州影响较小，全市主要江河水位均明显低于警戒水位，18座大中型水库水位均低于汛限水位，无水库泄洪。

3. 预警预报。2022年，杭州市林水局完成《杭州市 2022 年水雨情趋势预测》《2022 年钱塘江（杭州段）潮汐趋势分析》等中长期分析报告，对全市汛期及全年水雨情趋势进行预测，预测成果精度较高，与实际情况基本吻合。汛期开展东苕溪、分水江、钱塘江杭州段和主城区等主要江河湖库代表站洪水预报共 17 期，发布洪水预警 10 期，为水利工程调度提出科学建议，为全市水旱灾害防御提供决策依据。66 个省级报汛站共上报人工报文 8673 条，人工报汛及时率和准确率 100%，为洪水预报预警调度提供基础信息。向县级水利部门发送雨量预警通知单 223 份、预警短信 17647 条，预警及时率和准确率 100%。

4. 水资源。2022年，杭州市水资源总量 128.08 亿 m³。全市总供水量 29.27 亿 m³（不包括环境配水量），总用水量 29.27 亿 m³（不包括环境用水量），总耗水量 15.74 亿 m³，总退水量 9.19 亿 m³。万元工业增加值用水量 9.27m³、万元 GDP 用水量 15.32m³，较 2021 年分别下降 12.5% 和 5.2%；全市平均水资源利用率 22.9%。

【水旱灾害防御】 2022年，杭州市汛情总体平稳，但旱情形势严峻。汛期经历 2 场洪水及"轩岚诺""梅花" 2 个台风。强化监测预报预警，发布洪水预警 16 期、山洪灾害预警 114 期，发送预警短信 33.6 万条。"梅花"台风期间，首次对 4 个县区 56 个乡镇党政负责人启动山洪灾害预警叫应机制。持续开展隐患排查，组织开展水利隐患大排查 7 轮，全市累计派出工作组 404 组次，出动 4.1 万人次，检查工程 5.7 万处（次），排查风险 244 项并落实动态闭环整改。科学调度水利工程，发出调度令 356 份，水库累计调蓄洪水 21.82 亿 m³，平原河网排涝 6.5 亿 m³，防灾减灾成效明显。出梅后全市降雨明显偏少，8 月中下旬，桐庐、临安、萧山、市本级及淳安陆续发布水利旱情蓝色预警。全面部署抗旱保供，组织编制抗旱保供水预案 9 份、水源水库用水计划 14 份，发布旱情预警 5 次、工作提示单 14 份。聚焦农村饮水安全，累计启动备用水源 107 处，新增应急水源 376 处，限时供水 177 处，送水 1812 车次，投入抗旱资金 4081 万元。全市累计发送节水、限水短信 46 万余条，发放宣传单 1 万余份，累计播放供水（抗旱）提示公益广告 38 条。

【水利规划计划】　2022 年，杭州市林水局编制完成《杭州市解决防洪排涝薄弱环节实施计划（2022—2025）》《杭州云城防洪专项规划》《杭州市水资源节约保护与开发利用总体规划》，开展《苕溪上游分洪专题研究》，解决防洪排涝薄弱环节，防范化解洪涝重大风险。

【水利基本建设】　2022 年，杭州市全年完成水利建设投资 68.2 亿元，占省计划的 116%，其中重大项目投资完成 24.1 亿元，完成率 113%。省政府民生实事杭州水利 6 项任务全部完成，任务完成率 119.9%，其中：完成新开工提标加固海塘 24.37km，完成病险水库除险加固 32 座，完成山塘整治 90 座，改造完成农业灌溉机埠、堰坝水闸 229 座，改造农村供水管网 298km，完成中小河流综合治理 127.63km。

【重点水利工程建设】　2022 年，八堡排水泵站、西湖区铜鉴湖防洪排涝、钱塘区东湖调蓄湖、滨江区沿江区域提升 4 项工程完工；青山水库防洪能力提升工程主体工程完工，计划 2023 年汛前投入运行；富阳区北支江综合整治工程上闸完工见效，下闸计划 2023 年汛前基本完成；临安区双溪口水库混凝土大坝浇筑过半。15 项前期项目中，扩大杭嘉湖南排后续西部通道、余杭区西险大塘达标加固、海塘安澜（珊瑚沙海塘、三堡船闸段海塘、西湖区南北大塘、萧山区海塘、钱塘区萧围西线）、桐庐县富春江堤防提升、建德市寿昌江流域综合治理（二期）等 9 项工程开工；北岸五堡排涝泵站、三堡至乔司段海塘一期、富阳区南北渠分洪隧洞、临安区里畈水库加高扩容、建德市"三江"治理等项目前期工作有序推进。

【水资源管理与节约保护】　2022 年，杭州市持续深入落实最严格水资源管理制度，省水利厅下达的各项考核指标均超额完成，以水资源集约安全利用为有力支撑，保障经济社会高质量发展。6 月，桐庐县江南灌区续建配套与节水改造项目顺利通过省水利厅遴选。9 月，制定印发《杭州市林水局办公室关于开展水资源管理和节水对口监督检查的通知》（杭林水办〔2022〕49 号），对全市 2021 年以来公共供水企业（含乡镇水厂）、年取水量 100 万 m³（审批水量）以上自备取水户计量水量、监控水量和水资源费征收量、所有临时取水户的取水许可批复和水资源费征缴情况等进行现场核查。12 月，印发《杭州市"十四五"用水总量和强度双控目标》，分年度明确各区、县（市、区）用水总量和强度双控目标，发挥水资源刚性约束作用。按照水利部要求参照第三次全国国土调查耕地面积数据，完成全市灌溉面积调整。2022 年度农田灌溉水有效利用系数 0.611。

【河湖管理与保护】　美丽河湖建设。

2022 年，杭州市持续推进全域美丽河湖建设，创建浙江省美丽河湖 20 条（个），杭州市美丽河湖 44 条（段、个），水美乡镇 26 个。建德市完成幸福河湖试点县建设，完成投资 8.65 亿元；临安区启动幸福河湖试点县建设，编制印发《临安区"幸福河湖试点县"建设实施方案》，完成投资金额 3.174 亿元。全年共开展美丽河湖服务指导 59 次，出动 100 余人次。省级美丽河湖建设涉及沿线乡镇 29 个、行政村 174 个，受益人口 62.7 万余人。完成中小河流治理 127km，中小河流治理新建加固堤防护岸长度 120km，新增堰坝 87 个，新增亲水、便民设施 109 个，完成生态岸坡治理 40.5km。11 月，建德市列入 2023—2024 年全国水系连通和水美乡村建设试点县；12 月，新安江—富春江水利风景区入选国家水利风景区高质量发展典型案例，"浙江杭州擦亮共同富裕底色，打造全域美丽河湖"入选水利部《全面推行河长制湖长制典型案例汇编（2022）》。

河湖水域岸线管理保护。2022 年，杭州市以"河湖长制"为抓手，推进河湖水域岸线管理保护。公布全市市级重要水域名录 38 个，组织 13 个区、县（市）完成水域保护规划编制和审查，完成全市 137 处河湖管理范围划界存疑点位复核。完成水利部、省水利厅督查暗访与自查"四乱"问题，整改销号 157 项。完成水利部卫星遥感疑似问题图斑复核 930 处，妨碍河道行洪问题整改销号 24 项。河湖管理推行数字化建设，利用卫星遥感技术，开展全市水域监管平台建设，探索具有水域遥感监测分析、

水域监管问题库等功能的水域管理一张图。12 月，滨江区、建德市完成水域监管"一件事"改革试点，完成与省级水域监管"一件事"平台及基层治理"四平台"（综治工作、市场监管、综合执法、便民服务 4 个功能性工作平台和综合指挥室）的贯通，实现与各责任部门、乡镇（街道）之间跨部门跨层级的功能贯通、机制贯通和数据贯通。

钱塘江防潮。深化钱塘江防潮安全长效管理，严格落实潮前潮后各 1 小时巡防喊潮制度，全面推进钱塘江智慧防潮建设和管理。全年累计劝阻下堤下江 6.7 万余人次，救起落水人员 27 人，完成八月十八和中秋、国庆期间的防潮安保工作，未发生群死群伤责任事故。8 月 8 日，开展杭州市钱塘江水域管理暨防潮安全综合演练，进一步检验和提升钱塘江水域综合管理和应急救援处置能力。

【水利工程运行管理】　2022 年，杭州市压紧压实水利工程管理责任，公布 1375 个水利工程"安全管理责任人"；629 座水库，745 座泵站、闸站、水闸、三级以上堤防、海塘，汛前完成控运计划编制报批；水利工程安全度汛率 100%。完成水利工程安全鉴定 122 项（水库 40 项、堤塘泵闸 82 项）；完成水库配套设施提升改造 44 座，规模以上水利工程物业化管理覆盖率达 96%；规模以上水利工程产权登记率达 68%；省级以上管理平台水利工程数据准确率全年保持 100%。动态整治水利工程风险隐患。严格病库险库风险管控，55 座二类坝严格限蓄，22 座三类坝全部放空，加

固验收 1 座，动态销号 1 座。开展水利工程标准化管理市级督查 238 座，其中，14 座大中型水库全覆盖检查，抽查小型水库 64 座，堤塘泵闸 160 座，检查问题以"一县一单"形式下发整改。积极开展工程"三区三线"（指农业空间、生态空间、城镇空间及对应的永久基本农田保护红线、生态保护红线、城镇开发边界）划定和大型泵站确权划界。以区（县、市）属地为单位完成 12 份"三区三线"水利工程空间划定技术成果。根据修订的《浙江省水利工程安全管理条例》，杭州 7 座大型泵站开展确权划界，9—11 月划界文本陆续通过省水利厅技术审查、属地政府公示。完成水库除险加固 39 座，完成山塘综合整治 145 座。

【水利行业监督】　2022 年，杭州市林水局深入学习贯彻习近平总书记关于安全生产重要论述，秉持"三管三必须"（管业务必须管安全、管行业必须管安全、管生产经营必须管安全）的责任担当，统筹安全与发展，跑出水利建设"加速度"的同时，狠抓责任落实、强化风险防控、严格行业监管、夯实基础保障。以打赢安全生产专项整治三年行动收官战、除险保安"百日攻坚"整治行动等为主线，组织开展水利施工企业安全生产标准化和水利工程安全文明施工标准化工地创建，严格按照水利部指导意见实行风险差异化、精准化动态管控，每季度开展全市水利安全风险状况评价。全市 827 项水利工程辨识危险源 4583 处，并实现 100% 管控，圆满完成年度各项目标任务。2022 年安全零事故，省水利厅安全生产目标责任制考核

优秀等次。

【水利科技】　2022 年，杭州市林水局申报水利科技创新项目，全市列入省水利厅水利科技创新项目 8 项，其中杭州市水利发展规划研究中心申报的《基于数字孪生的水库群联合预报调度关键技术研究（以分水江流域为例）》列入重大计划类别。4 月，数字孪生分水江流域项目列入水利部数字孪生流域建设试点。

【政策法规】　2022 年，杭州市林水局开展干部学法用法活动，局党组理论学习中心组组织学习《党章》《信访工作条例》等法律法规 9 次。开展"世界水日""中国水周"等主题宣传活动，组织线上知识有奖竞答等各类活动 45 次，宣传受众 113 万人次。在电视、电台、地铁等媒体投放宣传共计 233 天次，发放宣传册 2000 余册。推广使用浙江省行政执法监管平台（"互联网＋监管"系统）应用，市本级 49 项水利行政检查事项全部完成，覆盖率 100%、掌上执法率 100%。完成"优化水利工程招投标手续""部分重点领域建立全流程事前事中事后监管机制（水土保持）"等 2 项营商环境创新试点城市改革任务。全年完成"最多跑一次"水利办件 105 件，其中行政许可 39 件、其他公共服务事项 66 件。

【杭州市水利科普宣传和水文化研究】2022 年，杭州水利科普馆共接待参观团组 98 批次 6000 余人。通过人民网、浙江新闻客户端、钱江晚报小时新闻等媒体发布水利科普宣传活动资讯，线上累计受益 120 余万人。以"水利科普助力

双减，童心筑梦绿色生活"为主旋律，全力打造"亲水之旅"品牌，累计开展研学活动 21 场。持续擦亮"水滴行 江河情"志愿服务品牌，结合世界水日、全国科普日等时间节点，开展科普宣传进社区、进校园活动，累计发放宣传资料 5000 余册，其中 3 月 22 日开展的"燃情亚运 河我同行"水利科普进校园活动在中央、省、市主流媒体广泛传播。聚焦杭州水文化研究，高质量完成杭州 13 个区、县（市）重要水文化遗产调查，编撰完成《浙水遗韵·诗画杭州》，编制完成《杭州市"十四五"水文化建设规划》，为弘扬和传承水文化奠定坚实基础。

【杭州市节水宣传基地运行】 2022 年，杭州市节水宣传基地累计接待访客 3000 余人次。基地以基层党支部党建品牌打造为依托，在省、市、属地及相关单位四个维度搭建"同心护水"联盟，充分发挥"杭州市节水宣传基地"和"大学生实践教育基地"的窗口宣传教育作用，开展护水行动，推动党建和业务的深度融合。与省水利厅开展"学重要讲话 保水库安澜"等主题教育，与属地开展"节水护水，点滴在心"等主题活动，为浙江水利水电学院、浙江同济科技职业学院等高等学校提供实践学习 900 人次。"国家水运工程检测设备计量站东海试验场杭州试验基地"落户闲林水库。

【节水行动】 2022 年，杭州市林水局编制印发《杭州市水资源节约保护和开发利用总体规划》。杭州水务集团管网漏损控制等 11 家单位案例入选省、市

"节水行动十佳实践案例"，另有 4 家单位案例入选省、市"节水行动优秀实践案例"，老板电器 2 个洗碗机产品获得水利"水效领跑者"称号，杭州青山湖科技园区获得"浙江省节水标杆园区"称号。组织"党政领导谈节水"活动，建德市委书记富永伟等领导撰文畅谈抓县、乡节水工作典型做法。开展"节水大使""节水达人 show"评选，3 名节水大使候选人、8 个节水短视频报省水利厅参评。

【农村饮用水情况】 2022 年，杭州市农村饮用水水质合格率达 97.5%，完成 8 座省级规范化水厂创建。全市完成省民生实事改造农村供水管网 298km，提升 12.55 万人饮水品质。淳安县王阜水厂等 8 个水厂荣获省农村供水规范化水厂。全力抗旱保供，做好应急措施，切实解决因夏秋连旱影响的山区居民的饮水困难问题，平稳过渡干旱季节。

【农业水价综合改革】 2022 年，杭州市创建全省农业水价综合改革"五个一百"优秀典型案例 64 处，市级示范 104 处。市本级（连续五年）和萧山区等 6 个区、县（市）获得省级考评优秀。全年完成农田水利灌溉工程更新升级 408 处。推动面上农田水利设施提质增效，促进农业节水减排，保障粮食安全生产，助推乡村振兴和共同富裕战略实施。临安区"创新'四化'改革 助力两个先行"成功入选全国 50 个农业水价综合改革典型案例。杭州市在全国水价改革技术研讨会上作典型发言。桐庐县横村镇孙家村股份经济合作社荣获全国农民用

水合作示范组织。

【河湖长制工作】 2022年，杭州市建立市县两级全面推行河湖长制工作联席会议制度，全年签发市、县两级总河长令29个，市级河湖长平均履职积分排名全省第一。坚持系统治理，按流域建立河湖长履职、述职机制，全面开展2422位河湖长和27位县级总河长述职工作。深化协作联动，完善"四长"（林长＋河湖长＋田长＋检察长）工作机制，与安徽省黄山市建立跨界联合河湖长制度。完成年度河湖治理保护六大任务。印发《杭州市河湖健康评价实施方案（2023—2027年）》，完成健康评价29条，数量全省第一。强化"数字赋能"，"全民护水"小程序入住"浙里办"，注册人数达到常住人口的5.25％，月平均活跃度10.47％。杭州作为浙江省代表参加太湖流域片河湖长制工作会议，并在会上分享"杭州经验"。强化宣传引导，市级民间河长竹书鸿入选全国"十大最美河湖卫士"，承办2022年省"3·22世界水日"主题宣传活动。

（袁秋月）

宁波市

【宁波市水利局简介】 宁波市水利局是主管宁波全市水利工作的市政府工作部门。主要职责是：负责保障水资源的合理开发利用；负责生活、生产经营和生态环境用水的统筹和保障；按规定制定水利工程建设与水利水务设施管理的有关制度并组织实施；负责指导水资源保护工作；负责全市排水行业监督管理，指导全市城镇排水和污水处理、再生水利用工作；负责指导市级污水处理厂建设；负责节约用水工作；负责指导水文工作；负责指导水利水务设施、水域及其岸线的管理、保护与综合利用；负责指导监督水利工程建设与水利水务设施的运行管理；负责水土保持工作；负责指导农村水利水务工作；负责指导水政监察和水行政执法；负责开展水利水务科技、教育和对外交流工作；负责落实综合防灾减灾规划相关要求，组织编制洪水干旱灾害防治规划和防护标准并指导实施。内设职能处室8个，分别为办公室、组织人事处、规划计划处、水资源管理处（挂市节约用水办公室牌子）、建设与安全监督处、河湖管理处（挂行政审批处牌子）、水旱灾害防御处、排水管理处，另设机关党委，行政编制36人。直属事业单位共8家，分别为宁波市水政监察执法保障服务中心、宁波市水文站、宁波市水务设施运行管理中心、宁波市水利工程质量安全管理中心、宁波市水资源信息管理中心、宁波市河道管理中心、宁波市水库管理中心、宁波市水利发展研究中心。

【概况】 2022年，宁波全市共完成水利投资153.2亿元，比2021年增长8.8％，其中重点工程完成投资120.4亿元，比2021年增长9.4％，水利投资总量连续6年位居全省首位。高规格召开全市水利高质量发展大会，并在副省级城市率先出台《关于加快推进水利高质量发展的实施意见》（甬党发〔2022〕51

号）。积极适应长三角一体化进程，与舟山签订了水资源合作协议，与绍兴签订了水利战略合作协议，起草了《省水利厅、宁波市政府推动水利高质量发展战略合作协议》。通过采取提前部署、境外引水（2.07 亿 m^3）、应急引水（送水）、稳住姚江水位等 4 项举措做好抗旱保供工作，确保了中心城区正常供水、农民饮用水无断供停水。面对第 12 号台风"梅花"，系统上下齐心协力防台，最终成功抵御了甬江流域超标准大洪水，取得了"水库、山塘无一出险，堤防、海塘无一决口，人员无一伤亡"的重大胜利。完成水库除险加固 49 座，病险山塘整治 91 座，推进小型水库"三通八有"（即道路通、电力通、通信通和有人员、有资金、有制度、有预案、有物资、有监测设施、有放空设施、有管理房）提升 117 座，美丽山塘创建 80 座，完成市级美丽河湖创建 27 条，完成供水管网更新改造 305km，灌溉机埠改造提升 583 处（座），完成新（改）建水文测站 462 处等省民生实事项目，各项数据均超额完成指标。数字孪生甬江流域和数字孪生周公宅—皎口梯级水库 2 个项目列入全国试点，在水利部中期评估中被评为优秀。成功创建成为全国首批典型地区再生水利用配置试点城市。

【水文水资源】 2022 年，宁波市降水量年内分布极不均衡，汛前、汛后降水量偏多，汛期先枯后丰，台风雨集中。全市面平均降水量 1647mm，比 2021 年少 27.5%，比多年平均值多 8.0%。汛期雨量 1032mm，基本与常年持平。从各月降水量来看，除了 4 月、6 月、7

月、8 月和 10 月较常年偏少外，其余月份均比常年偏多，其中 2 月、3 月分别偏多 54.8%、48.0%；与常年相比，6 月偏少 26.9%，7 月、8 月、10 月分别偏少 45.5%、53.6%、48.9%；因受"轩岚诺""梅花"连续两场台风影响，9 月份降水量达 458mm，为常年同期的 2.3 倍，位列历史同期极值第三位。

2022 年，全市水资源总量 94.20 亿 m^3，其中地表水资源量 89.07 亿 m^3，比 2021 年少 39.4%，比多年平均值多 13.3%。全市大中型水库年末蓄水总量为 8.138 亿 m^3，比年初减少 0.757 亿 m^3。其中，大型水库当年末蓄水总量为 3.943 亿 m^3，比年初减少 0.393 亿 m^3；中型水库当年末蓄水总量为 4.195 亿 m^3，比年初减少 0.364 亿 m^3。全年总供水量为 22.18 亿 m^3，较 2021 年增加 1.7%，其中地表水源供水量为 21.67 亿 m^3，占总供水量的 97.7%；污水处理回用量及雨水利用量为 0.50 亿 m^3（不包括直接用于河湖生态配水的再生水利用量），占总供水量的 2.2%；浅层地下水源供水量仅为 0.01 亿 m^3。全市县级以上（含县级）公共水厂 22 座，总供水能力 412.5 万 m^3/d。居民生活用水量为 5.37 亿 m^3，与 2021 年基本持平，其中城镇居民生活用水量为 4.29 亿 m^3，农村居民生活用水量为 1.08 亿 m^3；生产用水量为 16.21 亿 m^3，比 2021 年增加 2.0%，其中第一产业用水（包括农田灌溉用水、林牧渔用水和牲畜用水）6.87 亿 m^3，第二产业用水（包括工业用水和建筑业用水）6.87 亿 m^3，第三产业用水（包括商品贸易、餐饮住宿、交通运输、仓储、邮电通信、文教卫生、机关团体等各种服务行业）2.47 亿 m³；生态环境用水量 0.60 亿 m³。另外，全市实现河湖生态配水量（河道内用水）6.00 亿 m³，较 2021 年增加 9.7％。全市总耗水量 11.88 亿 m³，耗水率 53.6％，其中生活用水耗水量为 2.25 亿 m³，生产用水耗水量为 9.06 亿 m³，生态用水耗水量为 0.57 亿 m³。全市共有集中式生活污水处理厂 32 座，处理规模 262.7 万 m³/d，全年处理污水总量 8.44 亿 m³，比上年增加 8.8％。全市人均综合年用水量为 231m³，万元 GDP 用水量为 15.5m³，万元工业增加值用水量为 10.8m³，农田（包括水田、水浇地和菜地）灌溉水有效利用系数 0.621，亩均用水量为 291m³，城镇居民人均生活用水量为 56.5m³/a，农村居民人均生活用水量为 53.1m³/a。全市节约水资源量达到 0.75 亿 m³，其中通过建设节水灌溉工程、改善农业灌溉条件、农业水价综合改革等措施，农业节水 0.22 亿 m³；通过中水回用、企业节水技术改造等措施，全市重点工业企业节水 0.38 亿 m³；城市节水（包括居民生活和公共用水）0.15 亿 m³。

受 11 号台风"轩岚诺"和 12 号台风"梅花"影响，宁波部分地区出现了 2 次较为明显的汛情。尤其是"梅花"台风影响期间，全市各主要河网水位迅速上涨，19 条市级以上河道中共有 8 条超警戒水位，8 条超保证水位。其中，姚江干流余姚站最高水位 3.67m，超保证水位 1.07m，超历史最高水位 0.14m；姚江干流丈亭站最高水位 3.49m，超保证水位 0.99m，超历史最

高水位 0.04m；奉化江北渡站最高潮位 4.46m，增水（因持续一定时间的向岸风或其他气象因素的变化，造成在一段时间内沿岸局部水域水位超过单纯由天文原因引起的正常潮位）2.76m，超保证水位 1.06m，超历史最高水位 0.25m。

【水旱灾害防御】 2022 年，宁波市汛期面雨量 1032mm，基本与常年持平。汛期总特点是降雨时间分布极为不均，先枯后丰。梅雨不典型，梅雨期短（6 月 10—26 日），雨量 127mm，比常年偏少 53％，为近 15 年来最少。出梅后持续高温少雨，6—8 月累计雨量 338mm，为历史同期倒数第三。8 月底至 9 月初，全市出现轻到中度气象干旱，南部部分地区出现严重气象干旱；慈溪、象山等地区出现水源蓄水紧张态势。通过采取提前部署、境外引水（2.07 亿 m³）、应急引水（送水）、稳住姚江水位等 4 项举措做好抗旱保供水工作，确保了中心城区正常供水、农民饮用水无断供停水。

2022 年，第 12 号台风"梅花"正面袭击宁波，台风过程风暴潮洪"四碰头"（大风、暴雨、潮水、洪水）、甬江流域降雨集中、造峰雨强大，给宁波带来流域性大洪水（姚江流域近 50 年一遇，奉化江流域近 20 年一遇）。宁波市水利局坚持早部署早安排，科学精准调度预警，及时快速开展应急调度与排水退水，压紧压实风险管控责任，抵御甬江流域超标准大洪水，成功做到"水库、山塘无一出险，堤防、海塘无一决口，人员无一伤亡"。"梅花"台风防御成效得到省委书记袁家军和省委常委、宁波

市委书记彭佳学的批示肯定以及社会各界的认可。

【水利规划计划】 2022年，宁波市推动《甬江流域防洪治涝规划（2021—2035年）》的报审报批工作，并顺利通过省级技术审查。专题开展甬江流域防洪能力提升方案研究，重构流域防洪格局，优化重要区域排涝体系，相关研究成果纳入《甬江流域防洪排涝规划》。加快推进《宁波水网建设规划》编制工作，构建"市域一体、互济共保、集约高效、调控有序、绿色智能、融合创新"的现代化宁波水网，完成规划初稿。组织开展西枢纽片区防洪排涝安全专项规划编制，争取将专项规划成果纳入片区总体规划，构建有利于区域防洪排涝的新格局。

【水利基本建设】 2022年，宁波市水利投资完成153.2亿元，比2021年增长8.8%；面上工程完成32.9亿元，比2021年增长6.8%。实施长丰净化水厂再生水扩容工程，再生水每日生产规模由6万t提升至16万t。加快推进福明净化水厂再生水设施改造工程，年内实现10万t/d再生水回灌河道。全市累计完成更新升级泵站机埠堰坝水闸583座，其中，省民生实事317座，民生实事完成率达130.45%，完成数量位居全省第一，完成率位居全省第二。余姚市申报的《全面开展水价改革促民生保粮食安全》成功入选水利部农业水价综合改革典型案例。省水利厅公布的农业水价综合改革"五个一百"〔按照"以点带面、好中选优，放大示范效应，扩大改革成

效"的目标，全省将在泵站机埠、堰坝水闸、灌区灌片、农民用水管理主体、基层水利站所等5类工程（主体）中各创建100处示范点位〕优秀典型案例名单中，宁波市共有25座农业灌溉泵站机埠、1座堰坝水闸、4个改革灌区灌片、10个农民用水合作主体、13个改革示范村成功入选。制定出台《关于开展农村供水一体化管理改革工作的实施意见》，明确由城市供水企业对县域内农村供水工程实行统一专业化运行管护，通过改革来解决现有农村供水设施产权不清，管理不专业，运维费用难保障的问题。编制并印发《宁波市农村规模化供水"应通尽通"工作实施方案》，明确2022—2024年的建设目标和任务。

【重点水利工程建设】 2022年，宁波市重点水利工程建设完成投资120.4亿元，比2021年增长9.4%。其中续建项目65项，年度计划投资105亿元，至年底，完成102.0亿元，投资完成率97.1%。44个工程基本完成年度计划，投资完成率超过100%，其中镇海海塘安澜、慈溪新城河、余姚陶家路江、江北下梁闸泵站等12项重点水利工程投资完成率超过110%。新建项目47项，年度计划投资35亿元，至年底，开工37项，完成投资18.3亿元。清溪水库提前三个月开工建设，并入选"七张问题清单"（重大巡视问题、重大审计问题、重大督查问题、重大生态环保督察问题、重大安全生产问题、重大网络舆情问题和重大信访问题）省级示范榜。白溪、皎口、周公宅、横山、亭下、溪下等6座水库的预泄能力提升工程主汛期前投

入使用，新增预泄能力 400m³/s，在"梅花"防御中发挥关键性作用。鄞江堤防主汛期前实现封闭，改变了鄞江下游多年漫堤、易受洪涝侵袭的状况。海塘安澜工程新开工 103km，累计完工 81km，开工量和完成量均位列全省第一。针对三江核心片干流堤防高程不足的问题，主汛期前对 10.64km 堤防进行加高，全线按 4.13m 高程防洪封闭，并落实 4.63m 应急防御措施；三江河道沿岸新增 200m³/s 强排能力；葛岙水库主汛期前完成下闸蓄水；姚江上游西分工程顺利试通水。11 月 2 日，宁波市水库群东西线联通（一期）工程开工建设。

【水资源管理与节约保护】 2022 年，宁波市开展 2 轮市对县的最严格监督检查，完成 2021 年实行最严格水资源管理考核制度整改情况落实报告。印发《关于开展取用水管理标准化示范县试点建设工作的通知》（甬水资函〔2022〕4 号）《宁波市水利局 宁波市综合执法局关于开展全市地下水管理专项整治执法行动的通知》（甬水资〔2022〕4 号）。根据《浙江省水利厅 浙江省发展和改革委员会关于印发"十四五"用水总量和强度双控目标的通知》（浙水资〔2022〕23 号），2022 年宁波节约水资源量达到 0.75 亿 m³，全市万元地区生产总值用水量 15.5m³，万元工业增加值用水量 10.8m³，按可比价计算，分别比 2020 年下降 8.3％和 9.2％。深化水资源"四预"（预报、预警、预演、预案）方案，梳理需求，对现有的水资源应用系统进行梳理整合、数据治理，同步纳入"甬有碧水"数智治水改革方案，完

成数字孪生甬江流域二期项目建议书初稿。《宁波市水资源节约保护与利用总体规划》已报省水利厅。推动宁波、舟山两市水资源节约保护和利用总体规划的衔接，加强宁波、舟山一体化工作对接，编制宁波舟山一体化供水方案，跟进滩坑至葛岙引水、杭州湾南翼引水工程向宁波、舟山地区引水的方案。

指导海曙区、江北区、镇海区全力争创国家级县域节水型社会，成功开展全市供水、节水业务培训。成功创建节水标杆酒店 4 家、企业 18 家、小区 10 个、校园 3 个，创建两批 140 余家省级节水型单位（小区）。组织各地积极创建市本级亭下灌区、海曙区宁锋灌区等 6 个节水型灌区。其中，亭下灌区获得省级节水灌区称号。2021 年度宁波市 13 个县级以上集中式饮用水水源地经省水利厅考核全部获评优秀。

【河湖管理与保护】 2022 年，以"建设全域美丽的幸福河湖"和"推进流域治理管理"为主线，全力打造"安全河网、美丽河网、生态河网、法治河网、品质河网"5 大河网。开展直管闸泵专项改造和防洪防潮能力提升，重点解决了姚江大闸、界牌碶闸在防御超标准洪水中出现的江水倒灌问题。城区年度共引水 71530 万 m³（含建庄泵站 26037 万 m³），比 2021 年提升 21％，城区河网水环境不断改善。有序推进再生水回用河道，全年福明净化水厂回用陆家河再生水量 813 万 m³，长丰净化水厂回用再生水 2213 万 m³，分别较 2021 年增长 18％、1680％。形成省级、市级美丽河湖创建体系。制订"十四五"建设计划，

深化完善美丽河湖建设市级资金补助标准。创建完成市级美丽河湖 27 条,其中 16 条为省级美丽河湖,省级任务为 11 条,任务完成率 145.5%。推进区域河道美丽成片,验收通过美丽河湖片区 14 个,新开建片区 24 个,实际完成整治长度 103.7km。中小河流治理市级任务 30km,实际完成 49.3km,完成率 164.3%,其中水利部中小河流建设任务 32km、省政府民生实事任务 25km 全部完成。

【水利工程运行与管理】 2022 年,宁波市完成水库除险加固 49 座,水库配套设施改造提升 117 座,病险山塘整治 91 座。编制印发《宁波市水库山塘除险加固和安全运行治理实施计划(2022—2026 年)》(甬水防〔2022〕17 号)。全年完成安全鉴定水库 41 座、海塘 22 段、堤防 55 条、闸泵 87 座、山塘安全评定 1009 座,实现安全鉴定常态化。水利工程"三化"改革深入开展,牵头制定印发《宁波市深化水利工程标准化管理实施方案》(甬水利〔2022〕37 号),计划对已创建标准化管理的水利工程进行复核;至 2025 年,打造精品工程 75 处以上,省级标准化工程 15 处以上,部级标准化工程 5 处以上。至年底,全市水利工程已发产权证 1198 个,发证率 88%;全市水利工程物业管理覆盖率 100%;省运管平台数据准确率 100%,总体均处于全省前列。在建工程安全生产责任险推行举措在全国推广,与金融监管局、银保监局(中国银行保险监督管理委员会宁波监管局)合作,在全省率先制定《宁波市水利建设工程项目相关保险实施办法》,已累计有 73 项新开工水利项目投保,保障额度 16.8 亿元。

镇海澥浦闸站、海曙五江口闸站获"浙江省'钱江杯'优质工程"荣誉称号。北仑区干岙水库工程、奉化区鱼山与大欧泵站工程、鄞州区新杨木碶工程、镇海区新泓口水闸外移工程等 4 个工程获"甬江建设杯"优质工程荣誉称号。宁波至杭州湾引水工程、段塘泵引水净化工程获省水利厅"安标工程"荣誉称号;北仑区干岙水库获省建设厅"优良工地"荣誉称号。

【水利行业监督】 2022 年,宁波市各级水利部门组织开展各类监督检查共计 9147 次,问题整改 8717 个,问题整改率 95.3%;市本级组织开展各类监督检查共计 3179 次,问题整改 2947 个,整改率 92.7%。全市水利系统向综合行政执法部门移交水事违法案件 41 件,办结 25 件,共处罚款 74.64 万元。在水利部部署的河湖库非法采砂专项整治行动中,共出动人员 2382 人次,累计巡查河道 25048.8km,发现非法采砂行为线索 8 起,结案 5 起,罚款 20.9 万元。抓好"互联网+监管",人员账号开通率和激活率 100%,监管事项入驻率 100%。开展各类执法检查 1214 次,"双随机"(监管过程中随机抽取检查对象,随机选派执法检查人员)事项覆盖率 100%,"双随机"任务完成率 100%,举报投诉事件处置率 100%。修订印发《宁波市水利水电工程投标资格审查办法与评标办法》《宁波市水利局关于加强水利工程建设管理防范廉政风险的实施意见》《宁波市水利建设市场主体信用动态评价管理办法》《宁波市水利建设市场信用信息管理办法》。组建全市市场主体信用评价专家库，建立"有进有退、按绩评分、按等分级"的专家选聘和线上线下培训、考核、通报等管理机制。

【水利科技】 2022年，宁波市水利局共申报50个水利科技项目，其中工程带科研项目25项，所涉科研资金0.52亿元。经形式审查和专家评审，共确立49项科技项目列入宁波市2022年水利科技项目计划，其中16项为重点项目。全年共完成《智慧水利"一张图"市县两级共享及协同管理技术研究》《宁波市备用水源联网联调研究》《大口径供水管道割接方案研究》等25个水利科技项目验收，对《水利安全生产风险管控与隐患排查治理信息系统研究》《智慧水利"一张图"市县两级共享及协同管理技术研究》《宁波市备用水源联网联调研究》等9个科技项目进行成果评价。2项科技成果荣获2022年度浙江省水利科技创新奖三等奖，14个项目获宁波市水利科技创新成果奖。

【政策法规】 2022年，《宁波市供水和节约用水管理条例（草案）》通过宁波市人大二审并报浙江省人大，着重解决宁波市城乡供水一体化及节水事业中的突出问题。修订印发《宁波市水利水电工程投标资格审查办法与评标办法》《宁波市水利局关于加强水利工程建设管理防范廉政风险的实施意见》《宁波市水利建设市场主体信用动态评价管理办法》《宁波市水利建设市场信用信息管理办法》，更好地规范宁波市水利建设市场秩序，进一步使水利建设市场管理有规可循、有法可依。起草《宁波市排水与再生水实施细则》《宁波市节约用水奖励办法（暂行）》《宁波市定额用水管理暂行办法》，促进和鼓励节约用水、集约用水，提高水资源的利用效率。参加《浙江省海塘建设管理条例》《浙江省固体废物污染环境防治条例》《宁波市大运河世界文化遗产保护办法》等16件地方性法规规章意见征求座谈会或意见建议立法反馈。

【行业发展】 2022年，宁波市水利工作在习近平总书记"节水优先、空间均衡、系统治理、两手发力"治水思路的指引下，牢牢守住防洪安全、水利设施安全、干部安全三条底线，水利投资领跑全省，完成防台抗旱等各项工作，水利高质量发展开启了新篇章。

推进数字孪生流域建设。4月，水利部启动数字孪生流域建设先行先试，宁波市承担了数字孪生甬江、数字孪生周公宅—皎口梯级水库2项试点任务。宁波市水利局成立数字孪生流域建设领导小组、建设工作专班，推进先行先试工作顺利开展，在水利部中期评估中被评为优秀。

印发《关于加快推进水利高质量发展的实施意见》。6月27日，宁波市委市政府印发《关于加快推进水利高质量发展的实施意见》（甬党发〔2022〕51号），明确未来五年（2022—2026年），宁波市计划实施水利重点项目110个，总投资规模1350亿元，完成目标投资1000亿元，基本建成现代化的宁波水网。

宁波市水利高质量发展大会举行。6月28日，宁波市推进"两个先行"（在高质量发展中奋力推进中国特色社会主义共同富裕先行和省域现代化先行）、打造"六个之都"（全球智造创新之都、国际开放枢纽之都、东方滨海时尚之都、全国文明典范之都、城乡幸福共富之都、一流智慧善治之都）重大项目集中开工活动暨水利高质量发展大会举行。

宁波市入选全国首批典型地区再生水利用配置试点城市。10月10日，水利部、国家发展改革委、住房城乡建设部、工业和信息化部、自然资源部、生态环境部联合发文，明确宁波市为全国典型地区再生水利用配置试点城市。根据试点城市实施方案，宁波市将投入约161亿元实施一批具有战略性、带动性的再生水相关项目。试点期间将完成投资约136亿元，到2025年全市再生水利用率达到35%，再生水利用量70万t/d。

（陈晓芸）

温 州 市

【温州市水利局简介】 温州市水利局是主管温州全市水利工作的政府工作部门。主要职责是：负责保障水资源的合理开发利用；负责生活、生产经营和生态环境用水的统筹和保障；按规定制定水利工程建设与管理的有关制度并组织实施；指导水资源保护工作；负责节约用水工作；指导水文工作；指导水利设施、水域及其岸线的管理、保护与综合利用；指导监督水利工程建设与运行管理；负责水土保持工作；指导农村水利工作；开展水利科技、教育和对外交流工作；负责落实综合防灾减灾规划相关要求，组织编制洪水干旱灾害防治规划和防护标准并指导实施；完成市委、市政府交办的其他任务。温州市水利局承担了市委、市政府多个议事协调机构：市河长制办公室（市全面推行河湖长制工作联席会议办公室）、市水资源管理和水土保持工作委员会办公室、市节约用水办公室、市珊溪水利枢纽水源保护管理委员会办公室等。温州市水利局内设机构6个，分别是办公室、规划计划处、行政审批处、水资源与运行管理处、建设处（监督处）、人事处。直属副县级事业单位2家，分别是珊溪水利枢纽管理中心、温瑞平水系管理中心；科级事业单位7家，分别是温州市水政服务中心、市水文管理中心、市水利规划发展研究中心、市水利建设管理中心、市水利运行管理中心、市水旱灾害防御中心、市河湖管理中心）。至年底，温州市水利局核定事业编制237人（其中参公编制13人），实际在编在岗230人；局机关编制25名（其中工勤人员2名）。

【概况】 2022年，温州市完成水利投资87亿元，重大项目完成投资46.1亿元，完成年度计划的114%；中央投资完成1.9278亿元，水利管理业投资增速26.2%；平阳南湖分洪工程完工，卧旗、肖宅、下埠等泵站完成主体建设，瓯江引水、温瑞平原排涝、海塘安澜工程等一批重大水利工程实现关键节点目标。

温州市成功应对梅雨期 3 轮强降雨和"轩岚诺""梅花"连续 2 个台风，应对汛期多轮降雨、台风和 1956 年以来最严重的夏秋干旱。全面建立河湖长制工作联席会议制度，理顺河湖长制工作机构，持续推动河长履职扎实有效；整治涉河"四乱"点位 1581 处，创建省级美丽河湖 14 条、市级美丽河湖水上碧道 110.3km，扎实推进全域幸福河湖。温州市民生实事取得新成果，列入省市政府民生实事的海塘安澜开工任务、水库除险加固及山塘综合整治、农村供水管网提升改造等各项任务均提前 2 个月以上超额完成，发挥了水利工作在推动共同富裕道路上的基础性、保障性作用。温州市水利局在全省水利综合考核中名列第三；平阳县入选全国 2023—2024 年水系连通及水美乡村建设县名单；农饮水设施灾害及管养综合保险获评年度"全国基层治水十大经验"；数字孪生飞云江项目入选全国数字孪生流域建设试点；水利领域生态环境损害赔偿制度改革实践入选 2022 年度浙江省水利改革典型案例；荣获温州市 2022 年度全面从严治党主体责任考核优秀单位。

【水文水资源】

1. 雨情。2022 年，温州市平均降水量 1579.2mm，折合水量 190.89 亿 m³，比常年同期偏少 14.5%，比 2021 年少 29.1%，属偏枯水年。在空间上，降水量排名前三的分别为泰顺县（1981.9mm）、文成县（1720.4mm）、苍南县（1704.6mm），后三名分别为洞头区（1167.4mm）、龙湾区（1255.6mm）、乐清市（1372.8mm）。在时间上，降水主要集中在 2—6 月，降水量占全年的 64.0%。温州 6 月 10 日入梅，6 月 26 日出梅，梅雨期持续 16 日，比常年偏短 14 天；梅雨量 227.1mm，比多年平均梅雨量 280.8mm 偏少 19.1%。出梅后持续高温少雨，7—10 月，全市平均降水只有 225.9mm，较常年同期（824.9mm）偏少 72.6%，遭遇 1956 年以来最严重夏秋干旱。9 月，第 11 号台风"轩岚诺"和第 12 号台风"梅花"外围影响温州市，未带来有效降雨。11—12 月，在冷空气和人工增雨共同作用下，温州市平均降水 276.8mm，比多年同期偏多 141.5%，全市旱情得到缓解。

2. 水情。2022 年梅雨期，受强降雨影响，鳌江内河最高水位 3.07m（6 月 14 日），超过警戒水位 0.07m，其余平原河网水位均在警戒水位以下。瓯江和飞云江潮位最高均出现在梅雨期间的 6 月 15 日，温州站最高潮位 4.26m（蓝色警戒水位），灵昆站最高潮位 3.94m，瑞安站最高潮位 3.76m。鳌江最高潮位发生在中秋期间（9 月 11 日），鳌江站最高潮位 3.71m。本市三大流域代表站 10 月出现了历史罕见的低水位，10 月 2 日石柱水位 16.49m，为历史第二低水位。10 月 24 日埭头水位 10.56m，为历史最低水位。10 月 11 日当口水位 20.69m，并列为历史第一低水位。

3. 水资源。2022 年，温州市水资源总量为 106.23 亿 m³，比多年平均水资源总量偏少 22.9%，比 2021 年偏少 41.2%；人均拥有水资源量为 1098m³，比 2021 年少 41.4%。全市 20 座大中型水库年末蓄水总量为 11.42 亿 m³，平均蓄水率 66%，比 2021 年减少 1.61 亿 m³，其中珊溪水库蓄水量比 2021 年减少 1.07 亿 m³。全市总供水量 16.60 亿 m³，其中地表水源供水量为 16.40 亿 m³，地下水源供水量 0.02 亿 m³，其他水源供水量 0.18 亿 m³。2022 年全市总用水量 16.60 亿 m³，比 2021 年增加了 0.1 亿 m³。其中，农田灌溉用水量 5.53 亿 m³，林牧渔畜用水量 0.33 亿 m³，工业用水量 2.74 亿 m³，城镇公共用水量 2.13 亿 m³，居民生活用水量 4.64 亿 m³，生态与环境用水量 1.23 亿 m³。全市水资源利用率为 15.6%。全市全年耗水量为 9.67 亿 m³，平均耗水率为 58.2%。全市日退水量为 120.69 万 m³，年退水总量为 4.41 亿 m³，其中入河退水量为 2.42 亿 m³。

【水旱灾害防御】 2022 年 1—6 月，温州市平均降雨量 1076.5mm，比多年同期偏多 18.6%。10 月，全市面雨量仅 9.3mm，比常年同期 89.0mm 偏少 90%。10 月 2 日，楠溪江石柱水文站水位 16.49m，是 1956 年建站以来第二低水位；10 月 8 日，鳌江代表站出现历史新低水位；10 月 11 日，飞云江代表站出现历史新低水位。温州遭遇 1956 年以来最严重夏秋干旱。11—12 月，在冷空气和人工增雨共同作用下，温州市平均降水 276.8mm，比多年同期偏多 141.5%，全市旱情全面解除。

干旱期间，温州市水利部门加强水雨情日常监测，提前研判分析供水形势，及时向温州市委市政府报告旱情发展趋势，相继发布水利旱情蓝色、黄色预警，维持水利抗旱Ⅳ级响应 99 天，编制《旱情形势分析报告》10 期。牵头制定了《温州市抗旱保供水方案》；加强珊溪水库供水调度，严格执行"以水定电"抗旱调度，停止市区河网生态补水，最大限度发挥水利工程抗旱保供"压舱石"作用。在旱情最严重的 10 月下旬，珊溪水库保障供水天数共计 150 天以上；启动瓯江南北联网保供乐清片应急工程和平苍引水北山泵站改造；指导乐清做好淡溪、钟前、白石和黄坦坑水库阶段性水量调度；指导永嘉金溪、北溪和黄山溪水库向下游楠溪江补充水量，确保永嘉县城及主要城镇不断水。

2022 年是温州市农饮水设施灾害保险实施的第一年，旱情期间，启动农饮水干旱和台风指数保险，累计理赔超过 600 万元，用于乐清、永嘉、文成、泰顺等旱情严重地区建设应急供水，保障农饮水供水安全。农饮水设施灾害及管养综合保险是实现"共同富裕"的一项重要民生工程，对加强农村饮水安全保障、进一步提升城乡供水一体化保障水平，有较强的推广借鉴意义，《中国水利报》头版头条给予报道。

【水利规划计划】 2022 年 3 月，温州市完成《温州市水资源节约保护和利用总体规划》技术审查，7 月提交省水利厅复审。9 月，提请市政府印发《温州市"十四五"期间解决防洪排涝突出薄弱环节实施方案》；11 月，报批完成《江南垟平原水利综合规划（2020—2035 年）》。2022 年温州市本级水利建设与发展专项资金共安排 2.375 亿元，其中市级水利规划及课题研究 415 万元，水生态环境提升 4080 万元，防灾减灾能力提升 4951 万元，重点水利工程建设

11642 万元,水利工程管理 2662 万元。至年底,专项资金转移支付共 1.4 亿元,局本级各项目支出 4540 万元。全年争取省级资金 13.6 亿元,总额居全省第二,全面完成省级以上年度资金目标任务。

【水利基本建设】　2022 年,温州市各类项目总体有序推进,完成水利投资 87 亿元,其中中央投资完成 1.9278 亿元。水利管理业投资增速 26.2%。

【重点水利工程建设】　2022 年,温州市重点水利工程建设完成投资 46.1 亿元,完成年度计划的 114%。国家海洋经济发展示范区海塘安澜工程(浅滩二期生态堤)、洞头陆域引调水、温州南部新区南湖排涝调蓄等 11 项工程列入浙江省新开工计划的重大项目,并顺利开工建设;永嘉县菇溪分洪、龙港市海塘安澜工程(双龙汇龙段海塘)等 16 项工程完成可行性研究批复;乐清市银溪水库完成规模论证;平阳南湖分洪工程完工;卧旗、肖宅、下埠等泵站完成主体建设,新增强排能力 240m³/s。瓯江引水工程累计进场作业面 29 处,隧洞累计进尺 26.6km,持续推进温瑞平原西片排涝、龙湾区瓯江标准海塘提升改造(南口大桥—海滨围垦段)、乐柳虹平原排涝一期、温瑞平原南部排涝一期等工程。

【水资源管理与节约保护】　2022 年,温州市连续 4 年荣获"水土保持目标责任制"浙江省考核优秀等次,在省级节水型社会 100% 达标基础上,国家级县域节水型社会达标累计达到 10 个县市区。持续实施节水抗旱保供宣传教育,其中温州市节水宣讲团"百场六进"(进社区或小区、进学校或高校、进农村或文化礼堂、进企业、进机关、进广场)活动、"节水在身边"抖音短视频征集、"为未来节水"公开课比赛选送的多个作品获全国、全省奖项,开展节水单位媒体采风、典型节水案例展示等宣传活动。

2022 年,温州市水资源刚性约束不断强化。开展市、县两级水资源节约保护和利用总体规划编制,完善市域水资源保障网络。严格执行"三大江"(指瓯江、飞云江、鳌江)流域及交溪跨省河流水量分配方案,相关县(市、区)未超过用水总量控制指标,未出现需要限制或者暂停新增取水许可的情况。配合省水利厅完成《瓯江流域水资源调度方案》,制定印发《"三大江"流域跨县(市、区)水资源调度方案》,强化水资源统一调度,保障供水安全。开展 2021 年取用水管理专项整治行动"回头看",完成 724 个取水单位 941 个项目 3007 个取水口(设施)的核查登记工作。全面完成电子证照转换,全市 1383 个取水户全部建立电子台账,并及时做好日常更新维护。强化 2022 年度用水统计工作,完善统计名录 869 家。深入推进水资源集约安全利用试点建设,苍南深化工业园区水效评估监管,将水效标准、用水定额及节水要求纳入项目准入条件。乐清探索实现计量设施的标准化及计量精度校准规范化、简便化。县级水资源数字化改革不断推进,泰顺"三生"(指生活、生产、生态）用水管理、平阳"平水节约"管理等系统建成投用，以数字赋能水资源管理，提升取用水管理水平。

节水行动深度推进。围绕温州节水"三十二条"《温州市人民政府办公室关于印发温州市节水行动实施方案的通知》（温政办〔2020〕77号），全面完成农业节水增效、工业节水减排、城镇节水降损等各项目标任务。节水标杆单位累计达到100个，超计划完成《温州市节水行动方案》2022年阶段目标。制定、发布全国首个地市级公共机构水效领跑者地方标准，在浙江省率先开展公共机构水效领跑者遴选，温州市职业技术学院等三家单位成功获评。扎实推进节水载体创建，新增1个省级节水型灌区、4家水利行业节水机关、79家市级公共机构节水型单位、54家节水型企业。万元国内生产总值用水量20.68m³，万元工业增加值用水量10.12m³，人均用水量171.54m³，农田灌溉亩均用水量353.95m³，农田灌溉水有效利用系数达到0.603。

【河湖管理与保护】 2022年，温州市建立《温州市全面推行河湖长制工作联席会议制度》，制定出台《温州市河湖长制提醒、约谈、问责制度》（温河长制办〔2022〕6号）等系列文件。首创制定《市级总河长令发布规程》，健全完善河湖长制预警、提醒、督查、暗访、约谈工作机制，实现河湖问题发现、整改、验收、销号全过程闭环管理，全面压实政府、部门、河长的河湖管护责任；优化河湖长履职服务与管理，全年各级河

湖长累计巡查40.1万余次，发现并协调解决问题10.9万余个。完成《民间河长工作规范》地方标准制定和发布。创新推动"党建联盟·合力治水"试点工作，机关企事业单位、行业协会、沿河村社等共计524名党员参与27个党建联盟试点，发挥党组织及党员在河湖治理中的积极作用。持续推进河湖空间管控，复核水利部下发疑似碍洪问题715处，整改销号确属碍洪问题39处，整治涉河"四乱"问题点位1581处、非法占用河道岸线7.3km，清理建筑和生活垃圾1512.7t，拆除违法建筑4568.5m²，清理入河弃渣方量4.9万m³，保障河道行洪通畅。因水制宜探索"美丽河湖·水上碧道"模式，全域开展美丽河湖建设，完成建设省级美丽河湖14条（个），新增水上碧道110.295km；治理中小河流33.23km；建设水美乡镇18个，共完成投资41147.23万元。在全省率先开展飞云江流域河流生态健康评价体系研究，推进平阳县幸福河湖试点县建设。

【水利工程运行管理】 2022年，温州市办好农村水利民生实事，提前完成312.7km农村供水管网改造，提升9.85万农村居民"喝好水"幸福感，7座农村水厂获评省级规范化水厂。争取各级管护和救灾资金4800万元，建设应急水源434处、应急管网443km，水质合格率达96%，提升农饮水抗旱保供能力，成功应对2022年近70年以来最严重的夏秋干旱。高质量完成140座农业灌溉设施更新改造，成功创建1个省级节水灌区，多措施保障农业灌溉用水做法获温州市副市长批示肯定，获浙江省农业

水价综合改革工作绩效评价优秀，获评 52 个省级"五个一百"典型案例。

2022 年，温州市全面落实 2060 处水利工程安全管理和行业监管责任人，科学审批 637 个水库水闸泵站控运计划，率先修订《水利工程险情应急处置预案》，"三个重点环节"［指水雨情预测报、水库调度运用方案、水库大坝安全管理（防汛）应急预案］全面落实。完成 110 座水利工程安全鉴定，完成率 183%。完成 261 处水利工程安全风险隐患排查整治，增设修复防溺水安全警示牌和护栏 194 处。制定水库山塘系统治理"三张清单"（项目清单、任务清单、责任人清单）和工作手册，推进 20 座大中型水库洪水预报调度系统建设，开展全过程监管服务 500 余人次，高标准完成 111 座小型水库和 146 个重要山塘系统治理，在 2022 年浙江省水利工程运行管理工作座谈会上作经验做法典型发言。全市规模以上水利工程划界率 96%，产权化率达到 60%，物业化管理覆盖率达到 91%，超额完成水利工程"三化"改革省级任务。《泽雅水库分段式精细化调度》《水库风险早期识别和洪水预报预警》《电站水库三色管理》获评省级水库运行管理典型经验。

温州市进一步强化小水电站生态流量监督管理，全面完成 505 座小水电站生态流量泄放评估工作，实时监控率达 74%，超额完成任务。首创提出小水电"八有"（有人员、有经费、有两票、有三制、有安全鉴定、有检测试验、有标志标识、有应急管理）安全管理评价标准，完成 120 座 1000kW 以下小水电站标准化创建。76 家小水电企业开展国际碳排放交易，打造绿色小水电站生态样板。温州市小水电绿色转型升级经验做法入选全国典型案例，被省水利厅以简报形式刊发推广。

【水利行业监督】　2022 年，温州市印发水利督查检查工作计划，明确各单位监督工作职责和检查事项。水旱灾害防御强化市县联动、督查督战联动。指导乐清、永嘉等地全力应对夏秋连旱；水利工程建设综合运用飞检、第三方检测、考试进工地等监管手段，提升质量管理水平，高分通过水利部质量考核。水利工程运行紧扣农村供水和农业灌溉设施提升改造两项民生实事，联合温州市委办公室、农业农村局等部门开展专项督查；联合温州市治水办、温州市综合执法局印发《温州市深入推进河湖"清四乱"常态化规范化实施方案》（温水政发〔2022〕24 号），开展交通道路工程弃渣入河碍洪专项整治活动。珊溪水源保护整合行业管理和执法力量，开展安全排查和专项排查，整治污染物排放、非法捕捞、"三无"船舶（无船名船号、无船舶证书、无船籍港）、侵占水域等违法违规行为，维护正常水事秩序。

召开保障农民工工资支付"迎国考"工作推进暨业务培训会议，对全市 20 余项水利项目开展督导，防范欠薪六项制度覆盖率达到 100%，切实保障农民工权益。组织开展全市水利安全大检查、护航党的二十大、除险保安百日攻坚等活动，督促问题整改 286 个，2 项水利工程完成省级安全生产双重预防机制示范项目创建，120 家水利施工企业完成安全标准化自评，全国水利安全网络竞赛获浙江赛区第三、省级优秀组织奖。2022年度分别获得温州市政府安全生产考核优秀和浙江省水利厅安全生产考核优秀。全市水利安全生产形势平稳，连续10年未发生安全事故。

依托省水利厅"透明工程"数字化应用，强化全生命周期、全闭环管理，入库项目306个，总投资314.2亿元，规范13个项目的设计变更、29家企业招标投标行为，推动121项滞后工程（标段）建设。

完成洞头区陆域引调水一期工程、平苍引水工程北山泵站扩容改造工程、赵山渡引水工程渠系扩能保安工程、温瑞水系场桥水闸应急加固工程、温州市府东路过江通道工程（水利设施专篇）、鳌江南港流域江西垟平原排涝工程（三期）等6项工程初步设计审查。实施水利工程竣工验收"三张清单"（正常待验项目清单、重点历史遗留项目清单、小型项目验收清零目标清单）计划、"一项一策"和月通报管理，编制《温州市水利工程竣工验收指导手册》；45项重点水利工程完成竣工验收（其中17项为历史遗留项目），超额完成省水利厅计划，居全省第二。推进面上小型工程竣工验收，完成验收项目121项。

【水利科技】　2022年，温州市持续开展瓯江、飞云江和鳌江三大江治理基础性研究工作。完成2022年度瓯江地形测量及江心屿分流比测量等工作，编制完成年度技术测量报告、分析报告和瓯江河口简报，探究瓯江河口近期的水文情势变化、河势变化趋势、堤防安全、水

环境与生态河口建设等，分析存在的问题，为瓯江河口的保护和治理提供对策和建议，为重点项目开展前期工作提供技术支撑。

完成2022年度水利科技需求征集及2022年度水利科技计划项目申报和项目调查备案。根据《浙江省水利厅关于下达2022年度水利科技项目计划的通知》（浙水科〔2022〕9号），全省共计有96个项目立项，温州市共计8个项目被列入省水利厅科技项目，其中1项为防洪减灾类，7项为海塘安澜类。其中1个重大项目为《海塘安澜工程软基沉降机理及控制标准研究》；5个重点项目分别为《水工程群联合智能调度方法关键技术研究——以飞云江流域为例》《浙江省海塘多孔隙生态护面研究》《全生命周期数字孪生海塘关键技术研究及系统研发》《飞云江河口特征水位精细化及洪潮遭遇研究》《生态海塘塘前滩地植被适宜性及群落构建技术研究》；2个一般项目为《数字海塘感知体系建设标准研究》《数字海塘全生命周期分布式监测预警技术及示范应用研究》。

【政策法规】　2022年，温州市水利局开展集中学法18期次，内容覆盖27部法律法规，营造尊法、知法、守法、用法的良好氛围。全面梳理并编制温州水利政策法规与法治政府工作思路，编制温州水利"八五"普法规划、水利立法"十四五"规划，突出系统学法、高效普法、依法行政三大重点。不断推进科学、民主、依法决策，聘用法律顾问3名、公职律师1名，对4份行政规范性文件、25份行政经济合同进行合法性审查。深

入推进普法依法治理，制定年度法治宣传教育责任清单，利用"世界水日""中国水周"，组织开展水利法治宣传教育主题活动，制作并发布《中华人民共和国水法》《浙江省河道管理条例》等普法抖音短视频。深化水行政审批论证评估"多评合一"改革，积极采取多项便民举措，通过书面函审、线上视频审查等，有效消除疫情影响。实施行政许可事项清单管理制度，全面清理调整行政许可事项，事项进一步精简，流程更优，材料更简。

【行业发展】　2022 年，温州市水利局贯彻温州市委人才创新首位发展战略，谋划实施"真心引才、用心育才、暖心留才"计划，招录培育一大批高层次专业优秀人才，进一步改善水利干部队伍素质结构。先后 2 次面向全国"985""211"高等院校组织开展高层次水利人才选聘工作，共引进 12 名水利专业硕士研究生。更新充实水利讲师团师资力量，制定印发 2022 年度干部职工教育培训计划，组织开展水利专业技术人员继续教育培训，提高水利干部素质。每季度开展局系统干部职工平时考核工作，通过实施周记实、月小结、季考核方法，促进干部履职担当。

贯彻党中央、国务院关于强化河湖长制、建设幸福河湖的重大决策部署，争取温州市委编制办支持，促进市河长办公室与市治水办公室分离，改设在市水利局，从市治水办公室连人带编划入编制 6 人。结合水利中心工作调整，对数据中心、防御中心、建管中心、运管中心等 4 个事业单位人员职责编制等机构事项进行优化调整，整合组建成立河湖中心。完善水利中高级网络评审系统，调整水利职称评委会专家库成员 55 名，实行"背靠背"评审方法，确保评审过程更加科学公正。

2022 年，温州全市水利系统共有 2 人获评正高级工程师、26 人获评副高级工程师、82 人获评工程师。至年底，温州市水利局系统共有在编在岗干部 230 人，其中本科以上学历 207 人，占 90%；研究生学历 52 人，占 22.6%；工程师 41 人，占 17.8%；副高级工程师 59 人，占 25.6%；正高级工程师 3 人，占 1%。

【珊溪水源保护】　2022 年，温州市持续深入开展珊溪水源保护工作。利用卫星遥感技术，采取线上线下融合的管理模式，督促完成了水源地局部畜禽养殖污染整治。协调推动赵山渡水库 170 户、654 人全部搬离一级水源保护区。中央生态环境督察整改任务按期完成。持续开展联合执法，深化与公检法部门的协同，对跨区域偷鱼团伙进行了刑事立案，有力震慑了涉水违法犯罪行为，维护了库区水事秩序。发起"饮水思源·助力共富"主题活动，不断提高"亲近水源地爱心献库区"公益项目的影响力。策划举办水源保护标识征集、短视频推送等系列宣传活动，爱水护水氛围日益浓厚。对 36 个点位水质指标进行常态化监测、分析，珊溪水库水质稳定保持在 II 类以上，在遭遇 1956 年以来最严重夏秋高温干旱的情况下，为全市近 600 万人提供了质优量足的用水保障。

（吕品）

嘉 兴 市

【嘉兴市水利局简介】 嘉兴市水利局是主管全市水利工作的市政府工作部门。主要职责是：指导水文、水资源保护工作，负责保障水资源的合理开发利用；承担水情旱情监测预警工作，组织编制水旱灾害防治规划和防护标准并指导实施；制定水利工程建设与管理制度并组织实施；指导农村水利工作；指导水利设施、水域及其岸线的管理、保护与综合利用；负责节约用水与水土保持工作；指导监督水利工程建设、运行管理、水政监察和水行政执法；负责涉水违法事件的查处；指导协调水事纠纷处理与水利行业安全生产监督管理；开展水利科技、教育和对外交流工作。市水利局内设4个职能处室，分别为办公室、规划计划与建设处（监督处）、水资源水保处（市节约用水办公室）、人事教育处，另设机关党委。下属事业单位共10家，除嘉兴市杭嘉湖南排工程管理服务中心、嘉兴市水行政管理服务中心（参照公务员法管理的正科级事业单位）、嘉兴市河湖与农村水利管理服务中心（参照公务员法管理的正科级事业单位）以外，嘉兴市水利水电工程质量管理服务中心、嘉兴市水文站、嘉兴市杭嘉湖南排工程长山河枢纽管理所、嘉兴市杭嘉湖南排工程南台头枢纽管理所、嘉兴市杭嘉湖南排工程盐官枢纽管理所、嘉兴市杭嘉湖南排工程独山枢纽管理所、嘉兴市杭嘉湖南排工程桐乡河道管理站等7家均为公益一类科级事业单位。

【概况】 2022年，嘉兴市全年完成水利设施投资37.19亿元，比2021年增长14.6%，高于全市面上投资增速目标。水利全口径投资54.66亿元，完成省厅争先创优目标任务。列入全省海塘安澜千亿工程的61km问题海塘全部实现开工建设。科学调度南排等水利工程运行排涝，成功防御第11号台风"轩岚诺"和第12号台风"梅花"，得到了省委副书记、省长王浩及其他省市领导充分肯定。在全省率先出台加强用（取）水管理工作实施意见，在11个地市中率先成立制造业"两化"改造节水专项组，对水资源临界超载地区实施六大高耗水行业用（取）水限批，全年核减取水许可指标2528万 m^3。发放"节水贷"1000万元，达成意向1.6亿元。加快推进嘉兴中心河拓浚及河湖连通工程、扩大杭嘉湖南排南台头排涝后续工程等重大项目建设。全面完成新开工提标加固海塘等水利民生实事任务。建成省级美丽河湖11条。"数字孪生水网（杭嘉湖平原）"被列为水利部数字孪生流域建设先行先试项目，并在项目中期评估中入选优秀案例。嘉兴市域外配水工程（杭州方向）等3项工程获评全省水利工程最高奖项浙江省建设工程钱江杯（优质工程），占全省获奖个数总数的37.5%。在水利投资、水灾害防御、水资源节约集约利用、水环境治理、水利重大改革等方面取得了阶段性成果，在嘉兴市目标责任制考核中考核等次为二等奖，排名提升了17位，获进步奖。

【水文水资源】

1. 降水。2022年嘉兴市全年平均降

嘉 兴 市

水量 1260.9mm（折合水量 53.2462 亿 m³），较上年偏少 16.7%，较多年平均偏多 3.2%。属平水年。

2. 水资源。2022 年全市水资源总量 25.0086 亿 m³（按年末常住人口计算，全市人均水资源占有量 451m³），较上年水资源总量偏少 30.2%。其中地表水资源量 21.7116 亿 m³，地下水资源量 6.8091 亿 m³，地下水与地表水资源重复计算量 3.5121 亿 m³。

3. 供水量。全市年总供水量 18.5488 亿 m³，较上年减少 1.0%，其中本地地表水源供水 91.5%、跨流域调水 7.1%、非常规水利用 1.4%。

4. 用水量。全市年总用水量 18.5488 亿 m³，其中农田灌溉用水量 8.782 亿 m³，占 44.9%；林牧渔畜用水量 0.7819 亿 m³，占 4.2%；工业用水量 4.7199 亿 m³，占 25.4%；城镇公共用水量 1.4784 亿 m³，占 8.0%；居民生活用水量 2.7650 亿 m³，占 14.9%；生态环境用水量 0.4729 亿 m³，占 2.5%。

5. 用水指标。2022 年嘉兴市万元 GDP 用水量 27.5m³（当年价），万元工业增加值用水量 14.0m³（当年价）。

【水旱灾害防御】 2022 年，嘉兴市水利局印发《关于水旱灾害防御应急工作预案的通知》（嘉水〔2022〕21 号）、《关于调整水旱灾害防御工作领导小组成员名单的通知》（嘉水〔2022〕79 号）。

3 月，嘉兴市水利局开展水旱灾害防御汛前检查暨安全生产检查，累计出动检查人员 8661 人次，检查水利工程 6143 处，查出隐患 86 处，全部录入到省级钱塘江平台跟踪整改，整改完成率

100%。4 月，嘉兴市水利局开展水旱灾害防御隐患再排查再整治，累计投入检查人员 1650 人次，排查设施 320 处，发现隐患 16 处并全部完成整改。6 月 15 日，在南台头枢纽组织开展全市水利系统防汛防台应急演练。入汛后，及时开展预测预报预警，组织防汛会商 13 次，会同市水文站发布洪水预报 16 期，洪水预警 4 期；印发传真明电 19 份，向省水利厅、市防指报送水利防汛信息 35 期。编制完成《2022 年嘉兴站中长期水位预报》。

做好第 11 号台风"轩岚诺"、第 12 号台风"梅花"防御工作，科学调度嘉兴南排工程与嘉兴城防工程，印发调度通知单 69 份，杭嘉湖南排工程累计排水量 14.2 亿 m³。

【水利规划计划】 2022 年，嘉兴市水利局重点组织开展《嘉兴市城市防洪规划》《嘉兴市全域水系重构实施方案》等规划与方案的编制工作。开展太湖流域防洪规划修编、杭嘉湖防洪规划修编等重大规划的反馈衔接工作。

完成编报 2023 年嘉兴市本级政府投资项目计划及财政资金计划、2023 年中央预算内水利投资建议计划、2023—2025 年水利项目计划，细化完成市"551"重大项目 2022 年实施计划及扩大有效投资目标任务。制定《2022 年嘉兴市水利重大项目实施计划》，其中嘉兴中心河拓浚及河湖连通工程（一期）于 9 月 28 日开工建设，绿谷片防洪除涝口门控制工程于 11 月 5 日开工建设。

落实嘉兴市九水水环境生态修复工程（一期）工程专项债 3 亿元、海宁市

百里钱塘综合整治提升工程一期（盐仓段海塘）专项债 19 亿元等。

全市水利系统纳入"三区三线"省级重点项目清单 27 个，涉及稳定耕地 866.67hm²、生态红线 120hm²，争列项目数和稳定耕地面积均列全省前三。其中，扩大杭嘉湖南排后续东部通道南台头整治工程、麻泾港整治工程等 6 项重大水利项目均已纳入"三区三线"省级重点项目清单。

【水利基本建设】　2022 年，嘉兴市水利局制定《嘉兴市水利投资项目"百日攻坚"行动方案》。组建工作专班，对列入市"551"、省政府民生实事等重大水利项目和 10 个新建项目，实行专班化运作。组织开展"党建进工地"活动，编制完成《嘉兴市"党建进工地"活动方案》，嘉兴市九水水环境生态修复工程（一期）等 6 个项目参与第一批"党建进工地"活动试点工作，并分别成立临时党支部。

完成嘉兴市九水水环境生态修复工程（一期）、嘉兴市区城市防洪扩展工程（三期）（封闭工程）、嘉兴市域外配水工程（杭州方向）等 7 个项目开标监督工作，共计标段数 26 个，交易额 21.37 亿元。

开展竣工验收"三年存量清零"行动，9 月底全市提前完成全年工程竣工验收任务。嘉兴市域外配水工程（杭州方向）、海盐县东段围涂标准海塘一期工程和海宁市黄湾镇尖山圩区整治工程等 3 项工程获评浙江省建设工程钱江杯（优质工程），好评数量占全省的37.5%。海宁市百里钱塘综合整治提升工程一期（盐仓段）、扩大杭嘉湖南排南台头排涝后续工程等 4 项工程参评"省级安全文明标化工地"。全市共有 243 个项目录入"透明工程"系统，包括重大项目 15 个、小型项目 228 个，及时更新处理各类风险预警信息 200 条。

【重点水利工程建设】　2022 年，嘉兴市全力推进嘉善中心河、东部通道、海塘安澜工程等 15 项 22 个重大工程项目前期工作。海宁市百里钱塘综合整治二期（尖山塘海塘）先行段于 8 月 29 日开工，主体工程于 12 月 20 日正式开工；海盐县长山至杨柳山段海塘先行段工程于 9 月 30 日开工；嘉兴港区乍浦三期至山湾段海塘于 12 月 1 日开工；嘉兴独山煤炭中转码头海塘正进行初设编制；嘉兴港区汤山片海塘除险加固工程完成。列入省政府民生实事海塘安澜项目新开工任务 16km，实际新开工 16.8km，完成率 105%；完成问题海塘新开工任务 23.6km，完成率 100%。

【水资源管理与节约保护】　2022 年，嘉兴市严格用水总量和效率双控，实施用（取）水限批。从严下达 2025 年用水双控指标，计划到 2025 年，全市用水总量控制在 21 亿 m³ 以内，非常规水利用量不小于 4100 万 m³，单位 GDP 用水量和单位工业增加值用水量分别较 2020 年下降 16% 以上。出台《嘉兴市人民政府办公室关于进一步加强用（取）水管理工作的实施意见》《嘉兴市水资源超载及临界超载地区取水管理暂行办法》，建立水资源承载能力监测预警机制，发布《2021 年度全市水资源承载能力评价结果的通报》，对水资源超载（超控制指标）的平湖、海盐、桐乡三地的火电、钢铁、纺织、造纸、石油和化工等6大高耗水行业实施用（取）水限批。

组织编制《嘉兴市水资源节约保护和开发利用总体规划》，列入市级政府重大行政决策。印发《嘉兴市取用水管理专项整治行动"回头看"工作方案》，开展取水户、取水许可证登记数据集中治理工作。编制《全面推进取用水监测计量标准化建设实施方案》，分类实施提升改造和标准化建设，实现大中型农业灌区取水在线计量全覆盖，取水在线监测率和标准化取水设施建成率均达95%以上，取用水监测数据上报率、及时率、完整率达95%以上。审查论证新取水事项2起、承诺备案制申请施工和绿化取水事项5起，办理取水许可（注销）事项2家、延续取水评估事项1家。完成企业水平衡测试32家，对1个规划和12个建设项目开展节水评价审查。

1—9月，全市征收水资源费1.05亿元，水资源费减免征收1864万元，其中节水型企业和节水型标杆企业优惠447万元。新增年度省级节水型企业21家、省级节水型标杆企业11家。新增省级水利行业节水型单位4个。联合市财政局开展"节水贷"融资服务，全市"节水贷"融资服务发放金额1000万元。

明确全市工业水厂布局及供水范围，全面实施分质供水。全市共建有工业水厂7家，供水能力27.2m³/d，2021年已实现供水8005万m³。2022年投产嘉兴港区二期工业水厂（供水规模8万m³/d），新开工南湖区和平湖市独山港三期各1所工业水厂（供水规模5万m³/d），预计到2025年底全市建成工业水厂供水规模50万m³/d，工业水源分质供水率达50%以上。

全力扩大再生水利用。平湖市被水利部等6部委列为典型地区再生水利用配置试点。平湖市东片污水处理厂再生水项目实现再生水利用量3万m³/d，到2025年实现再生水利用量4.5万m³/d。海宁市马桥经编园区实施水资源循环利用项目，实现再生水利用量1.5万m³/d。两个项目投产后，全市将新增再生水利用量2000万m³/a。

加强节水宣传教育。以"世界水日""中国水周"等重要节日为契机开展节水深度宣传，组织申报省"节水行动十佳实践案例"活动，海宁市行政中心的"数字赋能，打造国家级公共机构水效领跑者"入选十佳案例；开展"节水达人show"短视频大赛、"节水大使"推荐选拔等活动。开展《公民节约用水行为规范》主题宣传教育和志愿服务活动12项。在各级各类媒体平台刊发水资源、节水相关宣传信息近50篇。创建节水宣传教育基地2个，累计建成4家。

【河湖管理与保护】 2022年，嘉兴市列入省政府民生实事项目的中小河流治理项目完成101.89km，完成率150%。创建省级美丽河湖11条，完成率137.5%；创建市级美丽河湖31条，完成率258%；创建水美乡镇21个，完成率300%，列全省第一；完成市碧水行动计划河湖清淤完成572万m³，完成率达127%。全市7个饮用水水源地安全保障达标评估均优秀，连续两年实现优秀率 100%。

大力建设幸福河湖试点。第一批列入全省幸福河湖建设试点县的嘉善县、海盐县于 2021 年开工建设，已完成试点建设任务并通过省水利厅评估验收；第二批列入的海宁市于 2022 年开工建设，已完成投资 9.78 亿元，完成率 87.7%。列入全国水系连通及水美乡村建设试点县的嘉善县通过近两年的建设，已完成全部工程建设任务，完成水利投资 7.14 亿元，获得水利部、财政部终期评估优秀。

提档升级抓好河湖长制。全市各县（市、区）均已建立河湖长制工作联席会议制度，共配备各级河湖长 6688 名，实现了水域全覆盖。签发市、县级总河长令 16 个。对 4 条（段）市级河道、6 条县级河道（湖泊）、1 条村级河道开展健康评价工作，河湖健康评价结果均在健康以上。"绿水币"注册人数超 21 万人，总计发现河湖问题 2768 个，问题解决率 100%。

持续开展河湖"清四乱"治理。全年共计排查上报"四乱"问题 132 个，整改完成率 100%，累计清理非法占用河道岸线 4.9km，清理建筑和生活垃圾 352t，拆除违法建筑 2298m²。179 个妨碍河道行洪遥感图斑复核与整改工作全部完成，35 个妨碍行洪问题已全部销号。

【水利工程运行管理】 2022 年，嘉兴市公布全市水利工程安全管理责任人名单，并开展水利工程除险保安专项检查暨年度运行管理检查工作。8—10 月，检查全市大中型水利工程 57 项、规模以上小型水利工程 97 项，发现问题 106

个，并全部完成整改。

全面落实水利工程管理责任制，印发 18 条堤防和 14 座水闸安全鉴定报告书，完成工程安全鉴定 70 项，完成率居全省第一。开展年度工程隐患排查并落实整改和"回头看"，明确工程管理职责和工程信息，整改和平台数据完成率均达 100%。深化水利工程标准化管理，持续推进水利工程"三化"改革，海宁百里钱塘综合整治提升工程一期（盐仓段）获全省第一本不动产权证书，编制完成《嘉兴市水利工程标准化管理实施方案》，完成水利部堤闸系统数据填报和复核。全市规模以上水利工程物业管理覆盖率 92%，为年度任务 115%，省级以上管理平台水利工程数据准确率 100%，各项指标均列全省前列。

【水利行业监督】 2022 年，嘉兴市水利局开展在建水利工程检查及指导服务、在建水利工程度汛风险隐患排查整治等专项检查。组织全市水利施工企业开展安全生产标准化自评工作，并在浙江省水利安全生产标准化管理应用系统上备案；完成辖区内水利施工企业安全生产标准化二三级评审工作，实行动态监管。

【水利科技】 2022 年，嘉兴市水利局积极争取数字孪生试点，《数字孪生水网（杭嘉湖平原）建设先行先试实施方案》先后通过省水利厅和太湖流域管理局组织的审查审核，正式纳入水利部数字孪生流域建设先行先试试点。

嘉兴市水灾害防御决策调度一体化应用持续迭代，构建流域、周边区域、嘉兴市本级、两区三市两县一体化统筹调度的跨区域、跨部门、跨层级的多跨水灾害防御应用场景。该应用在防御第11号台风"轩岚诺"和第12号台风"梅花"发挥实效，访问量总计达8700余次。

《市水利局打造水灾害防御决策调度一体化应用提升水灾害预测预报、风险预演和决策支持能力》刊发于市委改革办专报。《嘉兴市水灾害防御决策调度一体化平台研究》论文发表。省水利厅总工施俊跃和太湖局水文局局长孟庆宇分别对水灾害防御一体化应用和数字孪生水网建设做了批示肯定。

嘉兴市南排工程数字化运行管理系统持续迭代，建立四所一站试用机制。5月1日，独山枢纽正式纳入数字化运行管理。"智水一件事"应用纳入《嘉兴市加快推进数字政府建设实施方案》中"以数字政府建设助推经济社会发展"六大应用之一。

【水土保持】 2022年，嘉兴市水利局严格水土保持方案审批与验收备案管理。精简优化生产建设项目水土保持方案审批程序及流程，实现网上全程办理。全市审批水土保持方案报告603件，其中报告书161件、报告表113件、登记表329件，完成水土保持设施验收（备案）237项。

现场复核水利部下发疑似违法违规扰动图斑631个，认定违规扰动图斑56个，已全部完成整改。复核省级下发疑似违法违规扰动图斑3批共478个，认定违规扰动图斑64个，整改完成率100%。

开展2022年度生产建设项目水土保持监督检查专项行动。通过会议检查、书面检查、现场检查等形式，对212个在建项目水土保持落实情况进行了监督检查，对9个验收备案项目进行了核查，省、市、县三级联动对嘉兴市域外配水工程（杭州方向）等在建项目水土流失防治工作开展水土保持防治工作现场检查。对全市23个生产建设项目水土保持工作开展情况、7个县（市、区）水行政主管部门水土保持行业监管履职进行了交叉检查。

开展生产建设项目水土保持监督性监测。选取嘉善县杭州湾大桥北接线罗星互通平黎公路快速路及连接线工程PPP项目等25个项目开展监测；对已完成的水土保持监测成果进行复核，形成2022年度生产建设项目水土保持监测情况和监测单位监测工作质量评价成果，并予以通报。

推进生态清洁小流域试点建设。海宁市袁花片生态清洁小流域建设工程被列入年度省级面上水土流失治理项目，也是嘉兴首个生态清洁小流域建设试点。该项目治理面积19.5km²，完成投资545.45万元，完成率100%，于12月16日完成竣工验收。海盐县通元镇生态清洁小流域建设已申报2023年省级清洁生态小流域建设工程。

开展水土保持补偿费依法征缴工作。市县两级水行政主管部门对接同级税务部门，全面梳理、复核2022年以来已入库的符合水土保持补偿费退费条件和税务系统已接收但尚未入库的数据，配合做好水土保持补偿费退库工作。至

年底，全市共征收水土保持补偿费 2240
万元，减免金额达 188 万元。

(孙铭洁)

湖 州 市

【湖州市水利局简介】 湖州市水利局
是主管湖州全市水利工作的市政府工作
部门，主要职责是：拟订并组织实施水
资源、水利工程、水旱灾害等方面的规
划、计划，以及政策、制度和技术标准
等；组织实施最严格水资源管理制度，
实施水资源的统一监督管理；监督、指
导水利工程建设与运行管理；负责提出
水利固定资产投资规模、方向、具体安
排建议并组织指导实施；负责和指导水
域及其岸线的管理、保护与综合利用，
重要江河、水库、湖泊的治理、开发和
保护，以及河湖水生态保护与修复、河
湖生态流量水量管理和河湖水系连通等
工作；负责落实综合防灾减灾规划相关
要求，组织编制重要江河湖泊和重要水
工程的防御洪水抗御旱灾调度及应急水
量调度方案，并组织实施；负责指导水
文水资源监测、水文站网建设和管理，
发布水文水资源信息、情报预报和湖州
市水资源公报；负责指导水土保持工
作，组织实施水土流失的综合防治、监
测预报并定期公告；负责指导农村水利
改革创新和社会化服务体系建设；负
责、指导和监督系统内行政监察和行政
执法，负责重大涉水违法事件的查处，
协调、指导水事纠纷的处理；负责组织
开展水利科学研究、科技推广与引进，

以及涉外合作交流等工作；负责推进水
利信息化工作；负责指导系统内安全生
产监督管理工作。

湖州市水利局内设机构 6 个，分别
为：办公室、规划计划处、建设处（挂
监督处牌子）、水资源管理处（挂河湖管
理处、政务服务管理处牌子）、水旱灾害
防御处（挂运行管理处牌子）、农村水利
水电与水土保持处。下属事业单位 7 家，
分别为：湖州市太湖水利工程建设管理
中心、湖州市水情监测预警与调度中心、
湖州市河湖管理中心、湖州市农村水利
水电管理中心、湖州市水利工程质量与
安全管理中心、湖州市水文水源地管理
中心、湖州市直属水利工程运行管理所。
至年底，湖州市水利局有在编干部职工
126 人（其中公务员 17 人，参公 55 人，
事业单位 54 人）。

【概况】 2022 年，湖州全市水利系统
深入贯彻党的二十大精神和省第十五次
党代会精神，全身心投入"在湖州看见
美丽中国"实干争先主题实践，以"三
个年"（指"工程建设攻坚年""河湖长
制深化年""项目谋划突破年"）"四重"
（重大指标、重大项目、重大抓手、重大
任务）为主线，抢抓机遇、攻坚克难、
锐意进取，全年完成水利总投资 54 亿
元，投资规模再创历史新高。环湖大堤
后续、太嘉河后续、安吉两库引水三大
工程加快建设；开工建设苕溪后续、北
排后续、安吉县西苕溪流域综合治理
（一期）工程。精准研判、科学调度，成
功防御"梅花""轩岚诺"台风。有效应
对夏季高温旱情。实施河湖长制，发布
总河长令 2 次，集中整治"四乱"（乱

占、乱采、乱堆、乱建)和妨碍河道行洪突出问题,全面清理水葫芦、渔网鱼箔、沉船废船。病险水库除险加固、山塘整治、农业灌溉泵站机埠堰坝水闸提升改造、农村供水管网改造、中小河流综合治理等5项民生实事提前超额完成,太湖溇港、蠡山漾被《看见》栏目正面报道。深化水利改革,创建国家级试点项目2项、省级试点项目7项。《湖州市太湖溇港世界灌溉工程遗产保护条例》颁布实施,制定溇港保护专项规划。荣获最严格水资源管理制度考核、水土保持责任制考核"双优秀"。

【水文水资源】

1. 雨情。2022年,湖州全市平均降水量1339.3mm(折合水量77.95亿 m^3),较多年平均1388.9mm少3.6%,接近枯水年;较2021年1658.6mm少16.3%。其中,汛期全市平均降水量694.3mm,占全年降水量51.8%。6月10日入梅,6月26日出梅,梅雨期17天,平均梅雨量75.5mm,较常年梅雨量231.3mm少67.4%,单站最大降雨量为长兴县许家村站136.0mm。2022年,全市受台风影响较小。

2. 水情。2022年,汛期总体平稳,东苕溪代表站德清大闸3月中下旬发生一次超警戒水位洪水,最高洪水位3.81m,超警戒水位0.65m。东部平原河网代表站菱湖站3月中下旬、4月中旬发生2次超警戒水位洪水(新市、双林、南浔站同期亦然),最高洪水水位2.20m,超警戒水位0.34m;南浔站第3次超警戒水位发生在"梅花"台风期间。西苕溪及长兴平原河网未发生超警戒水位洪水。

3. 水资源。2022年,全市水资源总量34.49亿 m^3,较多年平均40.40亿 m^3 少14.6%,较2021年53.92亿 m^3 少36.0%。全市平均产水系数0.45,产水模数59.3万 m^3/km^2。人均拥有水资源量1011 m^3,亩均耕地拥有水资源量2740 m^3。全市境外流入水量40.49亿 m^3,区域内自产地表水量33.35亿 m^3。年初年末大中型水库蓄水变量 −0.41 m^3,耗水6.70亿 m^3,出境水量67.20亿 m^3。供水总量12.4446亿 m^3,其中地表水供水12.1040亿 m^3,地下水供水0.0008亿 m^3,中水回用0.3033亿 m^3,环境配水0.0365亿 m^3,供水量满足各行业用水需求。用水总量12.41亿 m^3,其中农林牧渔畜用水量6.84亿 m^3,工业用水量2.28亿 m^3,居民生活用水量1.69亿 m^3,城镇公共用水量1.18亿 m^3,生态用水量0.42亿 m^3。各行业耗水总量6.70亿 m^3,耗水率53.9%。城镇居民、城镇公共用水、工业用水年退水量2.48亿t,途中渗失后,年退水入河总量1.36亿t。

【水旱灾害防御】 2022年,湖州市梅雨不典型,主要遭遇了盛夏高温干旱以及"轩岚诺""梅花"台风等水旱灾害。汛前,以"三网一库一山洪"(监测预警网、指挥调度网、工程安全网、抢险专家库、小流域山洪灾害)为主要抓手,全面开展隐患排查并及时完成整改、责任更新落实、预案修订完善、水毁工程修复、宣传培训演练等各项度汛准备工作。汛期,严格执行24小时值班制度,密切监视雨情、水情、工情、旱情变化,及时开展水旱灾害预报预警。湖州市水利局全年向各地各有关部门发出强降雨预警单 219 份、山洪灾害预警单 7 份、旱情预警单 3 份、洪水预估报告 10 场次 100 站次；联合市气象台发出山洪预警短信 2828 条次，实施山洪橙、红预警叫应 114 人次。科学调度水库、水闸、城防等水利工程，发挥其防洪抗旱作用，特别是在盛夏抗旱期间，组织德清、安吉等县及时调度大中型水库停止发电，确保更多水库优质水用于居民生活用水。"梅花"台风防御期间，接到湖州市防汛抗旱指挥部"1 号令"后，湖州市水利局迅速对全市 1011 处山洪灾害危险区开展风险分析，制订人员转移方案，累计转移 5454 人，做到应转尽转、应转早转。组织市县乡村四级广泛开展水旱灾害防御业务培训及演练，其中市县两级累计开展培训 9 场，培训人员 1037 人次，开展演练 17 场，参加人员 1287 人次。

【水利规划计划】 2022 年，湖州市水利局完成水利总投资 54 亿元，投资计划完成率 108%；水利管理业投资 32.4 亿元，比 2021 年增长 14.4%。完成东苕溪（德清段）防洪能力提升工程可行性研究行业审查，待省发展改革委批复。保障重大水利工程建设、市直管水利工程运行管理和部分重点工作资金需求，累计争取省级及以上资金共计 10.82 亿元，其中中央资金 1.08 亿元，省级资金 9.74 亿元。另外，争取湖州市本级水利专项资金 2.74 亿元。完成省级专项资金 0.6120 亿元和市级水利专项资金 2.74 亿元的资金分解、下达和拨付等工作，

组织完成 2021 年省级水利专项资金绩效自我评价工作。

【水利基本建设】 2022 年，湖州市水利局推动农村水利基础设施提档升级，完成赋石灌区续建配套与节水改造项目，改善灌溉面积 5186.67hm²；推进郭西湾、羊满花等 14 片圩区建设，整治圩区 7466.7hm²。农村饮用水方面，持续深化农饮水长效运维管护，健全县级统管机制，建设标准化水厂，安吉县山川乡高坞里供水站、安吉县赋石水厂、安吉县上墅乡董岭村回峰岭供水站、安吉县孝丰镇夏阳村夏阳供水站、长兴县煤山镇六都供水站、长兴县煤山镇东风村供水站、安吉县天荒坪镇五鹤青吏供水站、长兴林城清泉水务有限公司（林城水厂）等 8 座水厂（站）入选 2022 年度浙江省"农村供水规范化水厂"。民生实事方面，2022 年，入选省政府民生实事的项目共有 5 项：完成病险水库除险加固 6 座；完成山塘整治 5 座；提升改造农业灌溉泵站机埠、堰坝水闸 170 座；改造农村供水管网 100km；完成中小河流综合治理 105km。其中病险水库除险加固、山塘整治、农业灌溉泵站机埠、堰坝水闸提升改造、中小河流综合治理等 4 项入选市级民生实事。2022 年全年共完成病险水库除险加固 8 座、山塘整治 8 座、农业灌溉泵站机埠、堰坝水闸提升改造 219 座、农村供水管网改造 134km、中小河流综合治理 135km，高质量建设美丽河湖 8 条，创建水美乡镇 8 个。

【重点水利工程建设】 2022 年，湖州

市重点水利工程完成投资 27.8 亿元，完成率 127%，浙江省内排名第二。其中，环湖大堤（浙江段）后续工程全面推进，完成干堤加固 6.4km，开工口门建筑物 91 座，跨河桥梁 14 座，完成投资 7.8 亿元，完成率 121%。安吉两库引水工程推进隧洞开挖 69.7km，管道埋设 9.1km，完成投资 5.2 亿元，完成率 125%。太嘉河及环湖河道整治后续工程 68km 河道整治基本建成，完成投资 2.2 亿元，完成率 110%。苕溪清水入湖河道整治后续工程（市直管和三县段）4 个业主段全面开工建设，完成投资 5.5 亿元，完成率 140%。西苕溪流域综合治理工程（一期）4 个子项全面开工建设，完成投资 4.2 亿元，完成率 278%。杭嘉湖北排通道后续工程（南浔段）阳安塘段率先开工建设，中心城防标等其他标段陆续完成招标进场施工，完成投资 3 亿元，完成率 100%。

【水资源管理与节约保护】　2022 年，湖州市水利局加强水资源管理，推进节水行动，创建完成省级节水标杆单位 29 家，完成率 200%，其中节水标杆酒店 2 家、节水标杆校园 4 所、节水标杆企业 13 家、节水标杆小区 10 个。严格水资源费征收规定并落实好减免缓缴政策，做到标准执行到位、应征必征到位，全市征收水资源费 5161 万元，助企纾困减免水资源费 1176 万元（其中市本级征收水资源费 1653 万元、为企业减免 285 万元）。加强水土保持监督管理，实施德清县田青坞、长兴县和平镇、安吉县后山坞和安吉县晓墅港 4 个水土流失综合治理项目，治理面积 26.75km²，征收水土

保持补偿费 2368 万元。大力推广"节水贷"，落实优惠贷款 10.07 亿元，为部分企业解决流动资金，为湖州长合区管网等项目提供助力。全市完成标杆创建的企业共 17 家，获得水资源费打 5 折的减免优惠政策。7 月，湖州市被评为浙江省 2021 年度水土保持目标责任制考核优秀单位；安吉县水利局被水利部评为全国水土保持工作先进集体；长兴县被确定为首批国家典型地区再生水利用配置试点城市。8 月，水利部检查组赴湖州进行落实最严格水资源管理制度考核检查，共检查 3 个县（市、区），45 个用水户。从检查组反馈的情况来看，湖州水资源与节约用水管理工作基础较扎实，问题整改较快，得到了省水利厅肯定。

【河湖管理与保护】　2022 年，湖州市水利局持续推进水域监管，强化河湖管护，率先推行联席会议制度，共召开河湖长制联席工作会议 2 次，发布总河长令 1 份，制定印发《联席会议工作规则》《联席会议办公室工作规则》《河湖长履职规范》等工作制度 6 项。深化河长履职，建立市、县、乡、村四级河长体系，落实四级河长 3598 名，全年履职巡河 26.21 万次，发现并整改问题 1191 个。开展"三清理一提升"（水葫芦、沉船、非法渔网鱼簖"三清理"和河长履职能力"一提升"工作）集中整治行动，清理水葫芦 29 万 t、渔网鱼簖 6.8 万条、沉船废船 256 艘。深化水域监管，全年发放河湖问题督查单 292 张，排查整治河湖"四乱"问题 379 个，清理"妨碍河道行洪突出问题" 55 个，整改销号率

100%。清理非法占用河道岸线 3.9km，清理建筑和生活垃圾 37.7t，拆除违法建筑 3163m²。利用遥感和无人机技术对全市范围内省、市、县级河道、水库、大中型湖泊进行动态监测，全年完成 600 余处水域变化图斑的复核。认真推动部门协同，会同市综合行政执法局开展防汛保安专项执法行动，深入开展各项检查执法工作，2022 年全市共出动检查车辆 1455 余台次，检查人员 4863 余人次，检查河道 27306km，全市共立案查处水事违法案件 6 件，现场制止水事违法行为 71 余起。

【水利工程运行管理】　2022 年，湖州市水利局全面落实水利工程安全管理责任，落实水利工程安全管理政府责任人、主管部门责任人、技术责任人、巡查责任人等，并在汛前进行公布，接受社会监督。定期开展对水利工程安全运行的督查检查，重点加强对水利工程安全隐患和运行管理违规行为的检查，列出问题清单，逐一整改销号。推进水利工程安全鉴定（认定）工作常态化，完成安全鉴定（认定）124 项，其中水库 8 项，水闸 62 项，泵站 9 项，闸站 30 项，堤防 15 项。持续开展水库除险加固与系统治理，完成水库除险加固 8 座，完成水库配套设施改造提升 38 座。完成水利工程管理"三化"改革试点任务，全市域完成"三化"改革试点县创建，全市规模以上水库、水闸等工程确权颁证率和物业化覆盖率达到 90% 以上，水管理平台纳入率和数据准确率达到 100%。深化水利工程标准化管理，长兴县合溪水库标准化管理顺利通过水利部评价。

【水利行业监督】　2022 年，湖州市水利局围绕民生实事、安全生产、水生态三大领域，对 14 项综合监督事项，27 项专业监督事项开展水利监督检查。全年完成综合监督 6 次，检查对象数量 135 个，发现问题 63 个；专业监督 937 次，检查对象数量 1046 个，发现并整改问题 244 个；日常监管 8732 次，检查对象数量 6178 个，发现并整改问题 550 个，成功争取全省水利监督样板市县创建。坚持问题导向，严格闭环管理，实现省级以上检查发现问题 100% 整改，整改情况经区县自查、市级复查 100% 覆盖。对 2021 年省水利厅稽察发现问题整改情况开展复查，完成整改率达 100%。制定并落实了 2022 年度全市水利工程质量与安全联动交叉检查方案，组织开展全市各区县联动交叉检查 5 次，参与检查近 70 人次。完成德清大闸、环湖大堤（浙江段）后续工程安全生产"双重预防机制"试点建设。创建省级水利安全文明标准化工地 6 个，市级水利安全文明标准化工地 21 个，水利施工现场面貌大幅改善。湖州市水利系统全年未发生安全生产事故，目标责任制考核获省、市"双优"。

【水利科技】　2022 年，湖州市水利局健全完善组织体系，完成水利学会换届。编制完成《湖州市水利发展"十四五"规划》《太湖溇港保护遗产利用专项规划》等一批水利规划，进一步拓宽工作思路。组织湖州市水利学会会员进行交流，加大人才培养力度，邀请省水利厅胡永成大师技能工作室专家进行授课、组织"处长课堂""水文讲堂"，召开全市水利建筑业高质量发展座谈会等学习教育交流活动，全年开展授课培训 10 余次，参与会员人数超 300 人次。提升水利科技咨询服务水平，完成《关于加强老虎潭水库水源保护思考》调研报告；发表《浅析世界灌溉工程遗产文化与水工程融合案例》《浅论太湖溇港的价值与现代意义》《毗山大沟围篱透水技术》等文章；12 月 9 日，在水利部太湖流域管理局组建的二省一市水文化协作委员会会议上作交流发言。

【政策法规】 2022 年，湖州市水利局向社会发布《太湖溇港遗产保护利用专项规划》，正式颁布《湖州市太湖溇港世界灌溉工程遗产保护条例》。严格落实《湖州市水利局法律顾问制度》《湖州市水利局公职律师管理办法（试行）》，与律师事务所签订法律顾问合同，发挥法律顾问、公职律师作用，全年在签订重大协议、法律事务咨询等有关工作中提供法律帮助 10 余次。3 月 1 日，制定出台《湖州市自备用水单位信用评价监管办法（试行）》，进一步规范自备取用水行为。加强水利普法宣传，结合世界水日、"八五"普法、宪法宣传日开展集中普法宣传 16 次，专题培训 3 次。全年无水事纠纷、无行政复议案件被纠错、无行政诉讼案件败诉情况。

【行业发展】 2022 年，湖州水利局深入推进数字化改革，承接省水利厅浙里办软件"九龙联动治水"应用湖州节点试点项目，完成全市 94 个自建业务应用统一集成至水平台，归集 1.9 亿条业务管理数据至 6 个水利数据仓，设置数据接口 607 个，共享数据达 57 万余次。"企业节水在线评价"应用已由省水利厅水资源处推荐于 12 月纳入浙江全省数字化改革重大改革（重大应用）"一本账 S_3"（以下简称"省一本账 S_3"），作为"浙水节约"协同单位。"浙水未来工地"应用由省水利厅建设处推荐同月纳入省一本账 S_3，作为"浙水清廉"协同单位，并于 8 月 30 日入选全省"一地创新、全省共享"一本账 S_0。〔注：来源自《浙江省数字化改革领导小组印发〈关于建立健全数字化改革"一地创新、全省共享"机制的实施方案〉的通知》（浙数改发〔2022〕1 号）〕。

湖州市水利局创建国家级试点项目 2 项、省级试点项目 5 项，其中环湖大堤后续工程获批水利部电子签章试点项目，长兴县入选国家典型地区再生水利用配置试点县。数字政府工作动态推送并录用 6 期，"浙水未来工地"等特色场景应用推进路演 3 次。8 月，在首届国家水利风景区高质量发展典型案例发布会上，太湖溇港风景区成功入选全国首批重点推介的 10 个标杆景区之一。深入推进水文化建设，11 月，完成《浙水遗韵·清丽湖州》初稿；西山漾获评国家级水利风景区荣誉称号。

【河湖长制】 2022 年，湖州市水利局全面推行河湖长制工作联席会议，6 月 27 日，在吴兴区织里镇义皋村启动《湖州市太湖溇港世界灌溉工程遗产保护条例》集中宣传周活动，活动的举办有利于用好用活溇港文化遗产，助力太湖溇港世界灌溉工程遗产保护工作规范化、常态化、长效化。7 月 19 日，湖州发布

2022 年第 1 号总河长令，推进湖州市河湖长制工作再上新台阶，持续改善河湖面貌和水生态环境。10 月 13 日，市委副书记、市长洪湖鹏以总河长身份巡查西苕溪，强调要持续完善河湖长制组织体系，狠抓河长制各项工作落实，为高水平建设生态文明典范城市打下扎实基础。

（覃苏爽）

绍 兴 市

【绍兴市水利局简介】 绍兴市水利局是主管全市水利工作的市政府工作部门。主要职责是：负责保障水资源的合理开发利用；负责生活、生产经营和生态环境用水的统筹和保障；按规定制定水利工程建设与管理的有关制度并组织实施；指导水资源保护工作；负责节约用水工作；指导水文工作；指导水利设施、水域及其岸线的管理、保护与综合利用；指导监督水利工程建设与运行管理；负责水土保持工作；指导农村水利工作；开展水利科技、教育和对外交流工作；负责落实综合防灾减灾规划相关要求，组织编制洪水干旱灾害防治规划和防护标准并指导实施；承担市"五水共治"［河（湖）长制］工作领导小组日常工作。市水利局内设机构 5 个，分别是办公室、规划计划处（河湖管理处）、建设安监处、水政水资源处（节约用水办公室、行政审批服务处）、水旱灾害防御处（运行管理处）。设工作专班 1 个，为绍兴市河（湖）长办。下属事业单位

7 个，分别是绍兴市曹娥江流域中心（挂绍兴市曹娥江大闸运行管理中心牌子）、绍兴舜江源省级自然保护区管理中心（绍兴市汤浦水库管理中心）、绍兴市防汛防旱应急保障中心、绍兴市水利工程管理中心、绍兴市水文管理中心、绍兴市水土保持与小水电管理中心、绍兴市水利水电工程质量安全管理中心。单位编制数 122 人，公务员 16 人，参公 6 人，事业 100 人。实际在编人员 107 人，教授级高工 3 人。

【概况】 2022 年，绍兴市完成水利投资 55.9 亿元，完成率 110.4%，较去年同期增长 28.2%。至年底，70 个市控及以上断面Ⅰ～Ⅲ类水比例保持 100%，曹娥江、浦阳江两大干流水质总体达到Ⅱ类水。全年累计完成农村供水管网更新改造 189km，新增受益人口 5.26 万人。水利民生实事 6 项任务提前一个月超额完成，完成率 146%，排名全省第一。创建省级美丽河湖 16 条，创建总量居全省第 2 位。绍兴市连续七年在全省实行最严格水资源管理制度考核中获优秀等次，获评"十四五"期末实行最严格水资源管理制度考核优秀地市、浙江省 2022 年度农业水价综合改革绩效考核评价优秀市、2022 年度农田灌溉水有效利用系数测算分析工作绩效考核评价优秀市。绍兴市水利局获评 2022 年度市委市政府目标责任制考核和全省水利工作综合绩效考评"双优秀"、全省水土保持目标责任制工作成绩突出集体。"数字孪生曹娥江流域防洪应用"项目获评水利部优秀应用案例。市曹娥江流域中心获水利部"第二届水利系统基层单位文明

创建案例"荣誉。

【水文水资源】

1. 雨情。2022 年，绍兴市面平均雨量 1415.5mm，比多年平均（1504.4mm）偏少 5.9%。汛期（4 月 15 日至 10 月 15 日）期间，全市面平均雨量 829.3mm，比多年平均（997.8mm）偏少 16.9%；汛前（1 月 1 日至 4 月 14 日）降雨量 428.3mm，比多年平均（349.8mm）偏多 22.4%；梅汛期，全市面平均雨量 110.2mm，比多年平均（253.6mm）偏少 56.5%。受第 11 号台风"轩岚诺"、第 12 号台风"梅花"接连影响，强降雨落区高度重合且雨量较大。

2. 水情。2022 年，绍兴市江河水势较为平稳，全市 15 个主要河道站均未超保证水位，其中有 2 个站在第 12 号台风"梅花"期间超警戒水位。梅雨期降雨量明显偏少，曹娥江、浦阳江、绍兴平原河网和水库水情较为平稳，均未出现超警戒水位。

第 11 号台风"轩岚诺"期间，曹娥江干流河道水势较平稳，没有产生暴涨暴落的洪水过程。曹娥江嵊州站于 9 月 4 日 23 时出现洪峰水位 12.02m，洪峰流量仅 201m^3/s；上虞东山站于 9 月 5 日 13 时 50 分出现洪峰水位 4.88m，9 月 5 日 12 时 45 分出现洪峰流量 1210m^3/s；曹娥江支流隐潭溪石塘庙站于 9 月 4 日 22 时 40 分出现最高水位 56.78m，超警戒水位 0.58m；下管溪下管新星站于 9 月 5 日 8 时 35 分出现最高水位 56.36m，超警戒水位 0.66m。受台风降雨影响，枫桥江水位上涨，但汛情平稳。浦阳江流域降雨不明显，未形成

洪水过程。枫桥江枫桥站于 9 月 4 日 19 时 05 分出现最高水位 9.25m，洪峰流量 81.6m^3/s，洪水涨落快，峰型尖瘦。台风期间，平原河网面雨量共计 116.9mm，绍兴平原河网绍兴站 9 月 6 日 20 时出现最高水位 3.93m。

第 12 号台风"梅花"期间，曹娥江干流未产生较大洪水，除上虞东山站和黄泽江超警戒水位以外，其他站点均在警戒水位以下。曹娥江嵊州站于 9 月 14 日 1 时出现最高水位 13.7m，14 日出现洪峰流量 1000m^3/s；上虞东山站于 9 月 15 日 3 时 25 分出现最高水位 8.53m，超警戒水位 0.03m，15 日 2 时 05 分出现洪峰流量 2750m^3/s；黄泽站于 9 月 14 日 20 时 35 分出现最高水位 27.77m，超警戒水位 0.27m，洪峰流量 499m^3/s。"梅花"台风降雨引起浦阳江、枫桥江水位上涨，但汛情平稳，诸暨站、湄池站均未超警戒水位。浦阳江诸暨（二）站于 9 月 14 日 3 时 45 分出现最高水位 8.40m，14 日 5 时 25 分出现洪峰流量 343m^3/s；太平桥站于 9 月 14 日 4 时 45 分出现最高水位 8.35m；枫桥江枫桥站于 9 月 13 日 20 时 35 分出现最高水位 9.16m，洪峰流量 68.5m^3/s。台风期间，绍兴平原绍兴站于 9 月 15 日 6 时 05 分出现最高水位 3.90m，9 月 14 日 14 时 10 分出现最低水位 3.67m。

3. 水资源。2022 年，绍兴市总水资源量 65.82 亿 m^3，比多年平均（63.02 亿 m^3）偏多 4.4%，比 2021 年偏少 35.3%。其中，地表水资源量 63.66 亿 m^3，占总水资源量的 96.7%，地下水与地表水资源不重复计算量 2.16 亿 m^3，占总

水资源量的 3.3％。全市 19 座大中型水库年末蓄水总量 5.51 亿 m^3，比 2021 年末增加 0.6％，占正常库容 64.4％。人均水资源量 1229.6m^3。全市总用水量 17.37 亿 m^3，比 2021 年减少 0.6％。万元 GDP 用水量（可比价）25.6m^3、万元工业增加值用水量（可比价）16.8m^3，较 2020 年下降 12.1％ 和 12.6％，用水效率提升。

【水旱灾害防御】　2022 年，绍兴市水利局修编《水旱灾害防御应急工作预案》《水旱灾害防御工作规则》，专题开展水旱灾害防御形势分析。调整水旱灾害防御工作领导小组，按权限对 8820 名各类水利工程安全管理责任人予以公布。

汛前，开展水旱灾害防御大检查，共派出 9204 人次，检查工程 3755 处，发现问题隐患 156 处。5 月上旬，为落实全国和全省防汛抗旱工作会议精神，全面开展水旱灾害防御风险隐患再排查再整治；7 月上中旬，开展水利防汛防台风险隐患集中大排查；8 月下旬，开展水旱灾害防御隐患排查整改。在这三次隐患排查行动中，全市水利系统累计派出 13343 人次，检查工程 6850 处，发现并完成整改问题 277 处。梅汛期和台风防御期间，全市水利系统加密巡查检查水库、山塘、重要堤防、水闸等水利工程，累计投入巡查检查 4.84 万人次，检查工程 3.19 万处（次）。利用"一县一单"和钱塘江流域防洪减灾数字化平台，对问题隐患进行线上线下动态监管，实行隐患闭环管理。充实调整市、县两级防汛抢险技术专家 131 名，

做好防汛抢险物资储备管理。举办 2022 年绍兴市水旱灾害防御业务线上培训班，200 余人参加培训。召开 2022 年应急抢险技术专家组座谈会，组织开展钦寸水库防洪调度桌面推演、全市小流域山洪防御应急演练。全年市县两级共组织各类培训 47 次，培训人数 4354 人，组织各类演练 35 场，参演人数 1891 人。

汛期，绍兴市水利局共启动、调整应急响应 12 次，其中在防御第 12 号台风"梅花"期间，提升应急响应至Ⅰ级；在防御第 11 号台风"轩岚诺"期间，提升应急响应至Ⅲ级。下发各类文件通知 18 个、调度令 8 份，召开水旱灾害防御工作视频会商会，研究部署梅雨强降雨、台风暴雨、高温干旱等防御工作 10 余次。梅汛期，曹娥江大闸、绍虞平原累计排水 2.79 亿 m^3 和 1.20 亿 m^3，19 座大中型水库累计预泄 6600 万 m^3。第 11 号台风"轩岚诺"期间，曹娥江大闸累计排水 1.9 亿 m^3，绍虞平原排水 7590 万 m^3，19 座大中型水库开展全拦调度，共拦蓄 9100 万 m^3，既确保了"两江"流域汛期平稳，又为后续抗旱保供打好了坚实基础。第 12 号台风"梅花"期间，曹娥江大闸累计排水 2.45 亿 m^3，绍虞平原排水 1.24 亿 m^3，诸暨陈蔡、石壁、安华、永宁及嵊州辽湾、坂头、剡源、前岩等部分拦蓄能力相对较小的大中型水库提前预泄，腾库拦洪，累计预泄近 2600 万 m^3，汤浦、长诏、钦寸等拦蓄能力较强的水库全力拦蓄，错峰调度，确保曹娥江嵊州站水位始终处于警戒水位以下。台风"梅花"期间，全

市 19 座大中型水库较台风前增蓄 1.41 亿 m³，彻底解除前期旱情。

在梅雨台风期间，全市共派出专家组 63 组次、151 人次，指导防汛工作。市水利局落实山洪防御责任，密切监视水雨情、工情，充分发挥山洪灾害防御数字化应用平台和群测群防体系作用，及时发布预警信息并叫应。全年汛期，市、县两级发布山洪灾害预警 49 期，全市触发山洪预警 2181 次，累计推送各类预警短信 7.3 万条次。

【水利规划计划】 2022 年，绍兴市印发实施《绍兴市曹娥江治理流域治理体系和治理能力现代化规划》，通过依法治理、系统治理、综合治理、科学治理，进一步健全流域现代化治理制度、建立流域现代化水网架构、提升流域现代化管理效能、激发水利现代化发展活力。编制并印发实施《绍兴市"十四五"期间解决防洪排涝突出薄弱环节实施方案》，明确"十四五"期间全市解决防洪排涝突出薄弱环节的工作目标、主要任务以及有关保障措施等。加快编制《绍兴水网建设规划》，修编《曹娥江流域防洪规划（2021—2035 年）》。

【水利基本建设】 2022 年，绍兴市完成水利投资 55.9 亿元。将水库系统治理列入市"三农"政策支持项目，对财政相对薄弱的县（市、区）和任务重、推进力度大的地区进行奖补，发挥财政资金撬动作用，2022 年兑换奖补 2800 万元。

持续巩固城乡同质饮水。聚焦农村供水薄弱环节，开展《绍兴市农村供水共富提质行动规划（2023—2025 年）》编制，改造农村供水管网 189.4km，新增受益人口 5.26 万人，水质达标率保持在 95% 以上，城乡同质化供水覆盖率稳定在 96% 以上。创建规范化水厂 3 座，健全农村供水县级统管机制，持续推动运行管理信息化、水费收缴常态化、应急处置专业化，实现千人以上供水工程实时在线监测全覆盖，巩固农饮水达标提标成果。

全力深化农村水利建设。深化农业水价综合改革，提升改造农业灌溉泵站机埠、堰坝水闸 335 座，其中 36 座水利工程入选全省"五个一百"优秀典型案例。越城区农业水价综合改革工作入选全国农业水价综合改革典型案例。加强灌区运行管理，完成灌区计量设施建设 80 处和信息化改造 80 处，农田灌溉水有效利用系数提升至 0.607。上浦闸灌区成功创建省级节水型灌区。

全面推进水库山塘系统治理。10 月印发《绍兴市水库山塘系统治理实施方案（2022—2025 年）》，根据除险加固清零要求，明确分年度实施计划，着力构建责任主体明确、工程安全生态、管理智慧高效的水库山塘治理体系。2022 年，完成病险水库除险加固 40 座，整治山塘 71 座，分年度推进水库山塘系统治理现代化，水库山塘管理效能明显提升。推进安全鉴定常态化，完成水利工程安全鉴定 65 座，山塘安全评定 3109 座。加快水库山塘分类处置，存量三类坝水库全部开工，完成水库配套设施改造提升 49 座，水库降等报废技术审查 2 座，创新开展水库溢洪道提升改造 12 座，创建美丽山塘 100 座。越城区创新开展翻板闸门式溢洪道提升改造工程实践，得到省水利厅肯定和推广。

推进水土流失治理。新增水土流失治理面积 49.64km²。绍兴市获 2021 年水土保持目标责任制考核优秀，市水利局获评全省水土保持目标责任制工作成绩突出集体，新昌县获评全国水土保持工作先进集体，越城区获评国家水土保持生态文明示范县，新建杭州经绍兴至台州铁路获评国家水土保持生态文明工程。加强小水电生态流量日常监管，逐站落实生态流量泄放。

【重点水利工程建设】   2022 年，绍兴市研究出台水利领域稳经济政策 11 条，全面提速水利建设。夏泽水库、曹娥江中上游标准江堤提标加固工程、新三江闸排涝配套河道拓浚工程（柯桥片）、上浦闸灌区现代化改造工程、安华水库扩容提升工程等 5 项重大水利项目完成项建受理。三溪水库、市本级和越城区海塘安澜工程、镜岭水库工程、杭州湾南翼平原排涝及配套工程等 5 项重大水利项目完成可研审查。上虞区海塘安澜工程、镜岭水库和安华水库扩容提升先行工程等 3 项重大水利项目开工建设。

1. 海塘安澜工程。2022 年，绍兴市计划在"十四五"期间在全省率先全面完成海塘安澜工程建设任务，已率先完成所有海塘安澜工程可研审查。柯桥区海塘安澜工程初设报批周期比常规缩减 20 日，采取施工图、施工 EPC 招标，加速推进项目前期，实现主体开工建设。上虞区海塘安澜工程从可研评估到财评报告审核办结仅用了 9 日，现已开工建设。市本级、越城区段海塘安澜工程完成可研审查。

2. 镜岭水库工程高位推动。镜岭水库工程是浙江省"十四五"期间单体投资最大、移民人口最多的水利工程。省水利厅成立镜岭水库工程技术咨询专家组。绍兴市委、市政府成立由市委书记、市长担任组长的工作领导小组，下设工程建设指挥部，全面统筹协调推进各项任务，用 6 个月时间完成项建书阶段任务，用 10 个月时间完成可行性研究报告，并通过省水利厅初审、报送水利部审查。12 月 7 日，开工建设先行段澄潭江上游分洪洞工程。

3. 安华水库工程。安华水库扩容提升工程计划总投资 88.2 亿元。省政府主要领导、分管领导先后实地调研，作出批示指示。省水利厅成立由厅主要领导担任组长的工作协调组，按照诸暨、浦江两地"共谋、共商、共建、共管、共富、共赢"思路，定期研究分析工程前期工作重难点问题，协调各方提出解决问题办法和措施，制订任务清单、责任清单、时间清单，加快推进项目前期。2022 年，已完成项建受理，可研报告编制中。诸暨市先行段清淤工程已开工建设。

【绍兴市曹娥江流域中心机构改革】   2022 年，中共绍兴市委机构编制委员会同意撤销绍兴市引水工程管理中心，编制及承担职责划入绍兴市曹娥江大闸运行管理中心。绍兴市曹娥江大闸运行管理中心更名为绍兴市曹娥江流域中心（挂绍兴市曹娥江大闸运行管理中心牌子）。承担曹娥江流域综合规划和水资源保护利用、防洪治涝、供水、水土保持、河道管理（含采砂）、曹娥江流域水量分配方案、年度水量调度计划及曹娥江流域外引（调）水的水量分配方案编制的技术管理、曹娥江流域内市直管水利工程的运行管理、曹娥江河长制的相关水利工作等。

【水资源管理与节约保护】 2022年，绍兴市12个市级相关部门联合印发《绍兴市节水行动2022年度实施计划》。完成45家节水型企业创建、94家企业清洁生产审核和24家省级节水标杆（其中酒店4家、校园4家、社区7家、企业9家）创建。深化水利行业节水机关建设，完成绍兴市水利局等23家水利行业节水型单位创建工作。绍兴市公用事业集团的"数字赋能，打造'智能'供水新模式"入选浙江省"节水行动十佳实践案例"；浙江乐高实业股份有限公司的"推进无水印染引领纺织行业绿色发展"案例获评浙江省"节水行动优秀实践案例"。

10月，绍兴市柯桥区被列入全国典型地区再生水利用配置试点城市，再生水利用主体工程已完工并投入试运行。绍兴市区多水源联合调度促进供水安全保障项目纳入全省第一批水资源集约安全利用专项试点名单，试点项目已通过省级验收。

全市共计征收水资源费9500万元，落实水资源费阶段性减免政策，减征水资源费2400万元。开展县级以上饮用水水源地安全保障达标建设，完成8个县级以上饮用水水源地安全保障达标评估

工作。

【河湖管理与保护】 2022年，绍兴市完成中小河流综合治理8.17km；新开工提标加固海塘13.58km，病险水库除险加固完工40座，山塘整治完工71座。夯实河湖管理基础，完成6个县（市、区）水域保护规划报告编制、政府报批及公示工作。

全力推进河湖治理。秉持"美丽河湖＋"理念，完成县级幸福河湖规划编制，建成水美乡镇18个，创建市级"美丽河湖"17条，其中入选省级美丽河湖16条，入选数量居全省第二。持续推进诸暨市全国水系连通和水美乡村试点县和越城区、上虞区两个全省第二批幸福河湖试点县建设。诸暨市通过全省首批幸福河湖试点县验收，美丽幸福河湖建设工作获得2021年省政府督查激励。强化河湖空间管控，完成县级水域保护规划编制，整改各类河湖"四乱"问题247个，销号率100％。

实施水质巩固提升行动。强化水质"黄、橙、红"三色预警，70个市控及以上断面Ⅰ～Ⅲ类水比例保持100％，曹娥江、浦阳江两大干流全线达到Ⅱ类水质。实施河湖蓝藻管控行动，以镇街为单位，购置专业打捞船、除藻剂等，发动各级河（湖）长，利用无人机技术，对重点区域、重点河湖开展为期2个月的集中巡检、打捞保洁。

【水利工程运行管理】 加强市本级水利工程运行管理，大闸工程全年运行140天，共完成调度166次，累计排水32.57亿 m³；引水工程全年运行296

天，累计引水量 1.58 亿 m³，确保防汛安全以及年度公祭大禹等重大活动期间市区水环境质量良好。

全市完成小水电标准化复评 12 座，小水电站生态流量及时率、完整率均保持 99% 以上，风险隐患排查问题整改率 100%。实施水利行业"防风险、保稳定"专项行动，全力打好安全生产三年专项行动收官战，推进查找、研判、预警、防范、处置、责任"六项机制"建设，完成 215 家水利施工企业安全生产标准化创建，实现全市水利安全生产零事故目标。紧盯水利工程建管风险，推广"透明工程"应用，共发出 373 条预警、7 条提醒，努力实现清廉建设与安全管理"同频共振"。压实质量终身责任，推行质监移动 App，全市开展质监活动 355 次，出具质监意见书 368 份。

【水利行业监督】 2022 年，绍兴市河长办会同市治水办、公安局联合印发《全市妨碍河道行洪排涝暨水环境整治"清河（湖）"行动方案》，组织联合执法活动 126 次，排查发现行洪问题 462 个，整改率 100%；清除施工围堰（便道）83 条、2.57 万 m²。组织开展"碧水"督查行动 4 轮，全面排查违法排污、黑臭水体反弹、河湖长履职不力等 10 方面问题，发现各类涉水问题 7631 个，整改完成率 99.3%。

深入推进水利工程管理"三化"改革，在全省率先出台《关于推进绍兴市水利工程不动产权登记工作的指导意见》，以点带面，大力推进水利工程确权登记。"以大带小"（指大型水库附

带管理小型水库）等专业化管护模式，强化示范引领，加快形成水利工程物业管理的良性循环。加快实施水库视频监控全覆盖和水库大坝安全监测自动化建设，实现重要水利工程数字化管理。

水利工程运行管理平稳有序。汛前分级落实水利工程安全管理责任人，完成大中型水库控运计划核定和复核上报。开展三轮水利工程风险隐患排查整改，累计发现并整改问题 173 处；指导推进水利部小型水库专项检查 6 个问题的整改落实；完成 3 座列入水利部水库除险加固工程共计 5 个问题的立整立改。编制印发《绍兴市深化水利工程标准化管理实施方案》，推进水利工程标准化管理常态长效。

深化"最多跑一次"改革，推进区域水影响评价"三合一"（指水保、洪评、取水许可三个合成一个）改革延伸扩面，完成政务服务 2.0 平台 94 个办事事项上线配置。开展水资源管理、取用水审批、涉河审批、水库山塘验收等水利"三服务"共计 997 人次，解决事件 820 余件，办结率和满意率均达到 100%。

【水利科技】 2022 年，绍兴市继续优化"天地一体化"监管模式，重点抓好水利部和省三期遥感图斑的应用，对发现的问题进行跟踪和督促整改，同步做好现场调查评估，做到生产建设项目违规问题早发现、早通报、早整改。加强水土保持监管，完成越城区水土保持率阈值研究，开展生产建设项目水土保持措施调查评估 508 个，复核

遥感图斑 696 个，完成不合规项目整改 9 个。

"数字孪生曹娥江"入选水利部数字孪生流域建设先行先试试点项目，防洪应用获评优秀应用案例。曹娥江流域预报调度一体化应用实现最小化上线试运行，在"轩岚诺""梅花"台风防御期间实战运用，获评市数字政府系统最佳应用，理论成果在市数字化改革简报刊发并得到市委主要领导批示肯定。市域版浙里办软件"九龙联动治水"应用试点实现业务场景贯通，上虞区"水利工程项目大数据监督"应用理论成果在省数字化改革简报刊发、小流域山洪灾害预报预警"一件事"应用作为市委改革办典型试点经验推广，越城区县域版浙里"九龙联动治水"试点"数智鉴水"应用、诸暨市小流域山洪灾害预警数字孪生试点应用、新昌县小流域山洪"御"应用取得实效。

全市建成各类水文测站 1117 个，覆盖"两江一网"（曹娥江、浦阳江、绍兴平原河网）、中小流域等重点区域，涵盖流量、水位等 7 种监测要素，构建水文全要素监测网络。全市 40 余条流域面积 $50km^2$ 以上河流水雨情监测覆盖率达到 92%以上，小（2）型以上水库水雨情监测覆盖率 100%。

【政策法规】 2022 年，绍兴市水利局配合市人大、市司法局完成《绍兴市"枫桥经验"传承发展条例》《绍兴市浙东唐诗之路文化保护利用条例》等地方性法规意见征询及调研座谈 20 次。

根据《曹娥江流域水利治理体系和治理能力现代化试点》总体要求，开展《绍兴市曹娥江流域管理办法》立法调研和草案起草，基本完成调研报告、立法指引、草案建议稿及起草说明，被建议列入 2023 年市政府规章预备项目。全年未收到行政复议和行政诉讼案件。

【水文化建设】 2022 年，首次全面系统挖掘梳理全域水文化遗产，编纂出版《浙水遗韵·理水绍兴》。推进水工程和水文化有机融合，开展《绍兴河湖水文化》研究宣传 21 期，完成《诸暨市水利志（2001—2020）》等编纂工作。

（孟宇婕、陈平安）

金 华 市

【金华市水利局简介】 金华市水利局是主管全市水利工作的市政府工作部门。主要职责是：负责保障水资源的合理开发利用；拟订水利发展规划和政策，起草有关涉水地方性规章草案，组织编制并监督实施重大水利规划；统筹和保障生活、生产经营和生态环境用水，组织实施最严格水资源管理制度，负责重大调水工程的水资源调度，指导开展水资源有偿使用、水利行业供水、农村供水等工作；按规定制定水利工程建设与管理的有关制度并组织实施，审核规划内和年度计划规模内水利固定资产投资项目；指导水资源保护工作，组织编制并实施水资源保护规划；负责节约用水工作，组织实施用水总量控制等管理制度，指导和推动节水型社会建设工作；负责水土保持工作，指导水文工作和水利信息化工作；指导水利设施、水域及其岸线的管理、保护与综合利用；组织实施有关涉河涉堤建设项目审批（含占用水域审批）并监督实施，指导、监督黄土丘陵、低丘红壤治理开发；指导监督水利工程建设与运行管理；负责水利行业生态环境保护工作，指导农村水利工作和农村水利改革创新和社会化服务体系建设、农村水能资源开发、小水电改造和水电农村电气化工作；指导水事务监管和水行政执法，负责水利行业安全生产监督管理；组织开展水利行业质量监督工作，拟订水利行业的技术标准、规程规范、定额并监督实施；负责落实综合防灾减灾规划相关要求，承担水情旱情监测预警工作、防御洪水应急抢险的技术支撑工作，承担洪泛区、防洪保护区的洪水影响评价工作，组织制定水旱灾害防御水利相关政策并监督实施；承办省水利厅、市委、市政府交办的其他事项。市水利局内设机构4个，分别是：办公室、法制与水资源水保处（市节约用水办公室、行政审批处）、规划计划与建设处、工程管理与监督处。下属事业单位9家，分别是：金华市河湖长制管理中心、金华市农村水利和水土保持管理中心、金华市水利规划建设和质量安全管理中心、金华市水文管理中心、金华市水旱灾害防御技术中心、金华市白沙溪流域管理中心、金华市梅溪流域管理中心、金华市金兰水库灌区管理中心、金华市九峰水库管理中心。至年底，金华市水利局在编职工266人，其中行政人员13人，事业人员253人（参公26人，事业227人）。

【概况】　2022年，金华市完成水利建设投资46.9亿元。全市数字化改革试点10个，其中水利部数字孪生建设试点3个。金华市小流域山洪预警及应急联动应用被省水利厅和省大数据发展管理局联合发文推广。金华市水利局启动水旱灾害防御应急响应5次，发布水旱灾害防御简报24期、山洪预警12期。全市发布干旱橙色预警2次，干旱黄色预警6次，干旱蓝色预警2次，先后开展研判会商8次，编制旱情分析报告12期，编制《金华市城市供水区水源干旱预警调度预案》。全市7座水厂入选浙江省农村供水规范化水厂名单。金兰灌区、源口水库灌区、通济桥水库灌区、东芝灌区4个灌区通过水利部节水型灌区复核。市本级沙畈水库入选全国首批水利工程标准化管理工程名单。梅溪水利风景区入选第二十批国家水利风景区。出版《浙水遗韵·水墨金华》地方水文化系列丛书分册。义乌市双江水利枢纽工程施工Ⅱ标、金华市安地灌区续建配套与节水改造项目（2021—2022年）施工Ⅵ标、义乌市江东街道南山坑水库除险加固（扩容）工程3个项目入选2022年度浙江省水利文明标化工地名单。兰溪市、义乌市、永康市、浦江县获评全省水利工作综合绩效考评优秀县。

【水文水资源】

1.雨情。2022年，金华市平均降水量1406.1mm，较2021年降水量偏少21.1%，较多年平均降水量少8.0%。根据金华、兰溪、义乌等15个代表站降水量分析，4月、7月、8月、9月、10月降水量比多年同期明显偏少。下半年降水量为全年降水量26.5%。6月降水量为全年最大，占全年降水量21.1%；10月降水量为全年最小，仅占全年降水量2.7%。金华市6月10日入梅，6月26日出梅，梅期16天，比常年（30天）少14天。梅雨量150.1mm，比常年平均梅雨量（327.2mm）偏少54.1%，比去年梅雨期（232.3mm）偏少35.4%。汛期，全市平均降水量728.7mm，比2021年（1308.8mm）偏少44.3%，比常年同期（1016.6mm）偏少28.3%。受第11号台风"轩岚诺"影响，9月2日8时至5日8时，全市面雨量29.0mm。受第12号台风"梅花"影响，9月12日8时至15日8时，全市平均雨量30.8mm。

2. 水情。2022年，汛期末全市主要江河水位比入汛时水位略有降低，全年仅兰溪站出现超保证水位，总体形势平稳。梅雨期间，受降雨和上游来水影响，兰江兰溪站于6月20日7时40分达到警戒水位；于21日0时05分达到保证水位，0时09分实测洪峰流量12800m³/s；于4时30分达到洪峰水位31.15m（超保证水位0.15m）。其余江河水位无超警戒水位。

3. 水资源。2022年，金华市水资源总量85.46亿m³，产水系数0.56，产水模数78.1万m³/km²，人均水资源量1199.09m³。全市29座大中型水库，年末蓄水总量5.37亿m³，较2021年年末减少1.34亿m³。全市总供水量15.94亿m³，较2021年增加0.23亿m³。金兰水库向金华市区供水0.93亿m³，安地水库向市区供水0.47亿m³。全市总用水量15.94亿m³，其中：农业用水量7.43亿m³，占总用水量46.6%；工业用水量2.86亿m³，占18.0%；生活用水量4.88亿m³，占30.6%；其他用水量0.77亿m³，占4.8%。全市总耗水量9.45亿m³，平均耗水率59.3%。年退水量3.64亿t。全市平均水资源利用率18.7%。

【水旱灾害防御】 2022年，金华市编制完成《金华市水利气象联合发布山洪灾害预警工作方案》《金华市水利局极端强降雨防御预案》《金华市水利工程险情处置预案》《金华市水利局应对"五停""五断"等极端情况工作指南》《金华市水利局2022年水旱灾害防御值班手册》《金华市山洪防御叫应机制》，修编完成《金华市水利局抗旱应急预案》《金华市水利局水旱灾害防御工作规则》。全市共有水利抢险队伍2支177人，业余队伍14支282人（其中2022年新建2支）；防汛物资储备仓库50个、防汛物资价值2445万元。组织开展水旱灾害防御演练5场，327人次参加。全市启动水旱灾害防御Ⅱ级响应1次、Ⅲ级响应11次、Ⅳ级响应57次，发送风险提示单及预警信息72万条次。市水利局启动水旱灾害防御Ⅲ级应急响应2次、Ⅳ级应急响应3次，发布水旱灾害防御简报24期、山洪预警12期。全年经历7轮集中降雨。"6.21"强降雨期间，兰溪站于6月21日0时9分实测洪峰最大流量12800m³/s（对应水位31.00m），4时30分出现洪水水位31.15m（对应流量

12600m³/s），为 1949 年以来流量第三、水位第七；全市大中型水库拦蓄洪水总量 8358 万 m³，其中金兰水库削峰率 64%，莘畈水库削峰率 88%，金山头水库削峰率 48.6%，源口水库削峰率 50%，成功防御"6·21"洪水。梅雨期间，全市 29 座大中型水库增加蓄水 0.27 亿 m³。10—12 月，全市面雨量较常年同期偏少七成，是 1954 年有统计资料以来最小的年份。全市发布干旱橙色预警 2 次，干旱黄色预警 6 次，干旱蓝色预警 2 次，先后 8 次开展研判会商，编制旱情分析报告 12 期，编制《金华市城市供水区水源干旱预警调度预案》。10 月，市区以及兰溪、永康、武义、磐安等乡镇采取降压和限供措施，确保全市城乡供水总体平稳，少数农村出现供水困难。

【水利规划计划】 2022 年，金华市开展《金华市水资源节约保护与开发利用总体规划》报批，完成《金华市水域保护规划》审查，完成各县（市、区）水资源总体规划和水域保护规划市级审核。启动《浙中水网建设规划》编制。完成全市未来五年（2023—2027 年）水利建设项目库编制。指导全市规划重大水利项目与国土空间"三区三线"划定衔接，其中 16 个项目纳入省级国土空间规划，涉及用地面积约 2800hm²，稳定耕地约 366.67hm²。

【水利基本建设】 2022 年，金华市水利局以"三服务"为抓手，推进重点水利建设，全年完成水利投资 46.9 亿元，计划投资完成率 106.6%。全市竣工验收水库除险加固、干堤加固、灌区节水配套等 51 个项目，年度任务完成率 131%。全市完成水库除险加固 88 座、山塘综合整治 458 座、干堤加固 13.65km、中小河流治理 45km，建设省级"美丽河湖"12 条。完成规范化水厂创建 7 座，农饮水管网改（扩）建 733.14km，51 个项目被评为省农业水价综合改革"五个一百"优秀典型案例。全市完成水利管理业投资 17.0479 亿元，比 2021 年增长 43.6%。全市共争取到上级水利专项补助资金 6.83 亿元，其中，中央补助资金 1.15 亿元，省级补助资金 5.68 亿元。全市共 12 个项目成功申请专项债券，需求总额 29.92 亿元，年内到位 12.74 亿元，到位资金量居全省第四位。全市 6 个项目（浦江 2 个项目打捆）申报农发行贷款，总投资 93.7 亿元，贷款需求 72.1 亿元，已获授信 18.2 亿元，已到位贷款 8.5 亿元。

【重点水利工程建设】 2022 年，金华市 34 个省、市重大项目计划完成年度投资 24.9 亿元，实际完成年度投资 27 亿元，年度投资计划完成率 108.4%。其中，6 项省级重大项目投资年度计划 8.65 亿元，实际完成投资 9.3 亿元，年度投资计划完成率 107.5%，其中金华市本级金华江治理二期工程完成年度投资 0.20 亿元，乌引灌区（金华片）"十四五"续建配套与现代化改造工程完成投资 0.45 亿元，金华市金东区金华江治理二期工程开工建设并完成投资 0.60 亿元，义乌市双江水利枢纽工程完成投资 5.9 亿元，义乌市义乌江美丽城防工程完成投资 0.15 亿元，磐安县流岸水库工程完成投资 2.0 亿元；11 项省级重大前期项目中，婺城区长湖水系综合整治工程、金义高教园区水系综合治理工程按照年度计划目标顺利转为实施类，兰溪市"三江"防洪安全提升工程、兰溪市赤溪游埠溪流域综合治理工程、东阳市石马潭水库工程、浦江县双溪水库工程、浦江县外胡水库扩容工程开展可研编制，金义新城区块水系综合治理工程项建已受理，永康市城市防洪工程前期规划开展修编，浙中城市群水资源配置工程前期工作正式启动。市区"三库三溪"整治项目一期工程于 10 月 29 日顺利实现开工，年内到位专项债券资金 4000 万元；项目二期工程完成可研报告编制及项目选址公示、社会稳定性风险评估两项主要前置专题。

6 月 8 日，市水利局作为成员单位协助金华市成功入选"十四五"全国第二批海绵城市建设示范市，未来三年将获 9 亿元中央资金补助。2022 年到位 2.2 亿元，其中，市区 7 个水利项目争取到中央补助资金 4440 万元。

【水资源管理与节约保护】　　2022 年，金华市落实水资源有偿使用制度，全市共征收水资源费 10509 万元。完成 9 个县（市、区）"十三五"期间实行最严格水资源管理制度情况考核工作。完成 38 个浙江省地表水重点水质站、12 个国家地下水监测工程（水利部分）监测站、3 个水生态监测断面的水质采样和监测，采集水样 450 多份，开展水质评价 12 次。共有有效取水许可证 862 本，其中取水量 5 万 m^3 以上的用水单位安装实时监控点 310 个。开展县级以上饮用水源地安全保障达标建设，2022 年度全市 9 个县级以上饮用水水源地安全保障达标评估等级为优秀的 7 个，良好的 2 个。

全面推进县域节水型社会达标建设工作，全市省级节水型社会建设达标率 100%，国家级节水型社会建设达标率 78%。兰溪、武义通过国家级节水型社会达标建设验收，婺城、金东通过国家级节水型社会达标建设省级验收。全域印发《节约用水奖励办法》。开展节水载体创建工作，创建省级节水型企业 25 家、节水型单位 27 个、节水型小区 19 个、省级水利行业节水机关 11 家。开展节水标杆引领行动，建设节水标杆酒店 2 个、节水标杆校园 3 个、节水标杆企业 19 个、节水标杆小区 7 个，浙江师范大学入选水利部节水型高校典型案例。2 个节水案例入选浙江省 2022 年节水行动十佳实践案例和优秀实践案例。义乌市成功申报水利部典型地区再生水利用配置试点项目。开展"节水贷"融资服务工作，审核通过"节水贷"申请企业 35 家，总计发放"节水贷"15.37 亿元。

【河湖管理与保护】　　2022 年，金华市共有市、县、乡、村四级河湖长 3119 名，实现全市河道、水库河湖长全覆盖。推动河长履职尽责，实现线上动态考评，四级河长开展巡河 9.79 万人次，上报问题 1.91 万个，办结率 99.9%。建立全面推行河湖长制联席会议制度，组建联席会议制度成员单位。提升河湖管理数字化水平，迭代升级河湖长制管理信息平台。拓宽社会监督渠道，推广社会公众护水"绿水币"制度，全市公众护水注册人数 38.6 万人。完成省级"美丽河湖"创建 12 条，水美乡镇 18 个。加强河湖水域岸线管理保护，市本级完成水域占用审批 6 起，占用面积 54705.38m²，通过河道、渠道拓宽或改移，山塘、水库、水塘扩挖等措施补偿水域面积和在市本级金华江治理二期工程新增水域进行等效替代。开展水利部"碍洪"问题排查整治 19 个，河湖"四乱"专项整治发现和整改问题 351 个。开展全市水利安全生产行政执法检查，查处案件 1 起，罚款金额 3.36 万元。

【水利工程运行管理】　2022 年，金华市根据《金华市水利工程名录管理办法（试行）》要求及 2021 年工程名录，对市域内建成并投入运行的山塘、堤防、水闸等 15 类工程进行新一轮复核增减，查清探明规模以上水利工程 4939 处。汛前，公布 4634 处水利工程安全管理"三个责任人"5010 名。主汛期前，组织"三个责任人"及水利工程运管培训 12 次，3532 人次参加。完成全市 21 座大中型水库及市本级 6 座小型水库控运计划的核准。完成水利工程安全鉴定 84 处，其中完成水库安全鉴定 54 处、堤防水闸等其他工程 30 处；完成水库降等报废 3 座。印发《金华市水库除险加固（系统治理）实施方案（2022—2025 年）》，完成水库系统治理 68 座。加强水电站安全运行管理和生态流量监管工作，完成水电站安全生产标准化复评 22 座，生态流量泄放实时监测比例提高至 57%，全市水电站生态流量泄放监测数据完整率、及时率、达标率均达到考核要求。持续推进水利工程"三化"改革三年行动计划，全市规模以上水库、水

闸、泵站、堤防、闸站等 5 类工程管理和保护范围划界率 99%，确权颁证率 63%，物业化管理覆盖率 90%。在地级市中率先出台《金华市深化水利工程标准化管理实施方案》，明确未来 3 年深化标准化管理工作创建任务。金华市本级沙畈水库高分通过水利部标准化管理工程评价。

【水利行业监督】　2022 年，金华市、永康市列入全省监督工作样板市、样板县创建试点名单。市本级沙畈水库、磐安县流岸水库大坝工程被列为全省"双重预防机制"建设示范工程。制定《金华市水利局监督工作规则》《安全生产工作规则》，并设立安全生产综合监管、办公场所及消防安全、水利工程建设安全、水利工程运行管理和水旱灾害防御安全、农村水利及水保水资源安全、水利执法与河湖水域管控等 6 个专业监管小组，局班子成员根据分工分别担任相关专业监管小组组长。

开展水旱灾害防御检查。汛前，全市水利系统共投入 14910 人次对 6425 处水利及涉水工程进行自查、检查、抽查、督查，发现各类风险隐患 398 处，并全部录入浙江省防洪减灾数字化平台实行闭环销号管理。4 月下旬，梳理《金华市 2022 年度防汛防台风险隐患整治"四张清单"》，并在《金华日报》上刊登，重点督导 40 个水利工程、45 处在建工程临时度汛措施落实情况。5 月，全面开展水旱灾害防御风险隐患再排查再整治工作，动态排查整改问题 32 个，并全部录入浙江省防洪减灾数字化平台实行闭环销号管理。

开展水利风险隐患排查。组织县级水利部门对全市304座电站进行逐座检查排查，市级对40座小水电站开展抽查，共发现问题145项，已完成整改143项，整改完成率98.6%，抽查情况录入"小水电风险隐患排查整治系统"。投入4833人次对1077处水利及涉水工程运行管理工作进行自查、检查、抽查，除当即整改问题外，还有187个问题（市级检查发现71个）已全部完成整改并录入浙江省防洪减灾数字化平台。检查79个在建水利工程项目，发现58处风险隐患并全部完成整改。

开展在建水利工程质量与安全监督检查。全市受监在建水利工程共276个317个标段，开展在建水利工程质量与安全检查1685次，出动3584人次，下发质量与安全监督意见581份。单位工程验收112个，完工验收项目106个，竣工验收项目46个，出具工程竣工验收质量监督报告45份。针对7家参建单位下发违规警告卡，涉及10人次。下发停工通知1份，约谈20家参建单位38人次，行政处罚施工单位2家。

开展水利工程安全巡查。委托第三方开展技术服务，对全市水利工程和水行政主管部门开展安全巡查及行政执法与处罚。对全市29座大中型水库开展防洪调度和汛限水位执行情况检查；对10个水行政主管部门安全生产工作情况进行检查；对10个水利工程进行运行管理督查；对16个在建工程、40个运行工程开展安全巡查，提升水行政主管部门抓好安全生产工作能力和水利工程安全管理水平。

开展"互联网＋监管"检查。制订"互联网＋监管"事项清单和"双随机抽查"方案，市县两级水行政主管部门通过"掌上执法"检查，全面开展"互联网＋监管"检查，监管事项覆盖率100%、信用规则覆盖率100%、监管事项入驻率100%、随机抽查完成率100%。

开展"安全生产月"活动。6月1日，以"遵守安全生产法，当好第一责任人"为主题，在磐安县流岸水库工地现场开展浙江省水利"安全生产月"活动分会场实战演练，并向全省实时直播，检验了防汛抢险队伍应急处置能力，提升了在建水利工程安全度汛的应急保障能力。通过制作安全展板、设立咨询台、悬挂宣传横幅、发放宣传资料、播放警示教育片、组织知识竞赛等方式，开展安全生产宣传活动，解答群众关心的水利安全生产问题，传播水利安全生产理念、思路、措施和行为规范，提高全社会关注水利安全、监督水利安全的自觉意识。

推进全省示范建设。制定全省水利监督工作样板市（金华市）、样板县（永康市）创建方案，全面规范开展各项监督检查活动。推进全省水利工程"双重预防机制"示范建设，金华市沙畈水库、磐安县流岸水库大坝工程在辨识危险源和风险隐患、分级管控风险等方面，形成了一套可在全市推广的实践成果。

做好水利水电施工企业的服务工作。开展3批次水利水电施工企业"三类人员"考核审查，共计765人次；制定《全市水利水电施工企业安全生产标准化创建方案》，对全市 138 家水利施工企业进行走访摸底，除 14 家不具备水利投标资格企业外，其他企业均已将创建方案和自评报告上传至全省水利施工企业安全生产标准化创建管理平台。

开展河湖水库水电站安全运行监管。落实全市水库山塘安全管理责任，发文公告并在当地主流媒体上公示全市 797 座水库"三个责任人"名单，检查堤防水闸工程 50 个，监督检查涉河涉堤建设项目 6 个（次）。

开展农村水利工程与水土保持监督检查。对全市在建水土保持审批项目开展现场监督检查，检查项目 832 个（其中市级检查项目 70 个）。开展在建山塘现场检查指导 54 座，山塘质量抽检 25 座，山塘综合整治实施方案抽查 36 座。组织开展山塘巡查人员履职情况电话抽查 2000 余座次，对巡查员信息更新不及时问题进行跟踪、督促整改。监督检查农村供水工程运行管理情况 51 处、大中型灌区运行管理情况 13 处。

【水利科技】　2022 年，金华市申报水利科技项目 3 个，分别是丘陵区作物节水减排降碳关键技术研究与灌溉模式构建、金华市梅溪流域水生态系统碳汇评估与提升策略研究、基于"四预"目标的数字孪生灌区关键技术研究与实践。金华市水利系统获得数字化改革试点 10 个，其中水利部数字孪生建设试点 3 个，分别为数字孪生钱塘江（兰江流域）、数字孪生金华横锦水库、数字孪生浙江安地灌区；入选省水利厅数字化改革试点单位 7 个，分别为永康市入选全省首批

小流域山洪灾害预警数字孪生应用建设推广单位，金华市水利局、义乌市水务局、浦江县水务局入选第二批全省水利数字化改革试点单位，义乌市水务局（第一批）、浦江县水务局（第一批）、永康市水务局（第二批）入选省水利厅水域监管"一件事"数字化改革试点单位；获评数字化优秀应用 7 项，分别是"数字孪生大坝安全研判与智能管控关键技术与应用"获得水利部 2022 年数字孪生流域建设先行先试应用推荐应用，兰溪"数字孪生兰江流域"、浦江"水源安享"获浙江省数字政府系统第三批优秀应用，"小流域山洪预警及应急联动"、义乌"节水在线"、永康"水土守望者"获浙江省第一批水利数字化改革试点优秀应用，浦江"水源安享"、东阳"水库安全智管"、义乌"义起智水"获 2022 年地方水利数字化改革典型案例，东阳"数字孪生横锦水库"、浦江"水源安享"获金华市数字化改革第四批双月"最佳应用"，义乌"数字水厂"获全国第五届"绽放杯"5G 应用征集大赛智慧工业专题赛"特色项目奖"，浦江"水源安享"应用算法模型获浙江省数据开放创新应用大赛优胜奖。

金华市"小流域山洪预警及应急联动应用"被省水利厅和省大数据发展管理局联合发文推广，省内被绍兴市诸暨、舟山市及定海区、丽水缙云、衢州开化等地申请复用，省外被内蒙古包头市借鉴。基于该应用完成的金华东部山区山洪灾害问题整改被省委"七张清单"专题门户网站列为示范案例。浦江县"水库型水源地供水安全风险智能识别与管

控技术"入选水利部 2022 年水利先进实用技术重点推广指导目录，"基于 AI 计算一体化系统的河湖（库）水生态风险智能识别与预警技术"入选水利部 2022 年度成熟适用水利科技成果推广清单。《浦江县上线"水源安享"应用　提升水源地安全风险识别和管控能力》在中共浙江省委全面深化改革委员会办公室《数字化改革》专刊（以下简称专刊）（15 期）上刊发；《东阳市上线"水库安全智管"应用　提升水库风险管控能力和水资源治理水平》在专刊（19 期）上刊发，获副省长刘忻批示；《兰溪市"兰江流域数字孪生"应用　提升防洪减灾预警处置能力》在专刊（27 期）上刊发。

【政策法规】　2022 年，金华市出台《金华市区节约用水奖励办法》；建立健全考核机制，水资源管理工作首次纳入市对县（市、区）年度综合考评。完成行政执法证件新证申领、换证活动。组织开展"世界水日"、"中国水周"、节水抗旱保供暨《公民节约用水行为规范》主题宣传、"节水达人 show"和"节水大使"评选等专题活动。

【行业发展】　2022 年，金华市加强水利专业技术人员和技能工人相关业务知识培训。组织智慧水利、提能力促作风、水旱灾害防御业务、水文资料整编技术、全市水文业务、山塘整治建设指导意见等主题培训。开展金华市专业技术人员继续教育平台学时登记服务管理，并将相关培训计入水利专业科目和水利行业公需科目继续教育学时。金华市水利系统新增正高级工程师 5 人，高级工

程师 28 人，工程师 108 人。

（毛米罗）

衢 州 市

【衢州市水利局简介】　衢州市水利局是主管全市水利工作的市政府工作部门。主要职责是：制订水利规划和政策；负责保障水资源的合理开发利用；负责生活、生产经营和生态环境用水的统筹和保障；按规定制定水利工程建设与管理的有关制度并组织实施；指导水资源保护工作；负责节约用水工作；指导水文工作；组织指导水利设施、水域及其岸线的管理、保护与综合利用；指导监督水利工程建设与运行管理；负责水土保持工作；指导农村水利工作；指导水政监察和水行政执法，负责重大涉水违法事件的查处，指导协调水事纠纷的处理；开展水利科技、教育和对外交流工作；负责落实综合防灾减灾规划相关要求，组织编制洪水干旱灾害防治规划和防护标准并指导实施；完成市委、市政府交办的其他任务。市水利局内设 4 个职能处室，分别是办公室、规划建设处、水政水资源处（挂行政审批服务处、市节约用水办公室牌子）和河湖运管处。共有在编人员 119 人。直属事业单位 8 家，分别是衢州市河湖管理中心、衢州市农村水利管理中心、衢州市水资源与水土保持管理中心、衢州市信安湖管理中心、衢州市水文与水旱灾害防御中心、衢州市水利服务保障中心、衢州市乌溪江引水工程管理中心、衢州市铜山源水库管

理中心。衢州市下辖 6 个县（市、区）均独立设置水利（林业水利）局。

【概况】 2022 年，衢州市水利局以重大水利项目为支撑，扎实推进美丽河湖建设、水利数字化改革等各项重点工作，超额完成水利民生实事任务。全年共获省、市级以上荣誉 30 项，创衢州水利历史最高水平。衢州市水利局获 2022 年度全省水利工作综合绩效考评优秀（位列全省第二），获评水利部全国水土保持工作先进集体，获评 2021 年度省政府最严格水资源管理制度考核、水土保持目标责任制考核"双优秀"，其中水土保持工作连续两年考核全省第二，持续 3 年获评优秀等次。

【水文与水资源】

1. 雨情。2022 年，衢州市平均降水量 1978.5mm，比 2021 年（2155.1mm）减少 8.2%，较多年平均（1837.8mm）偏多 7.7%。降水量时空分布不均，1 月、2 月、3 月、5 月、6 月、11 月、12 月降雨量比多年平均偏多，最大月平均降水量为 6 月 590.6mm，较多年平均值（326.2mm）偏多 81.1%；7—10 月，全市降水总量仅 158.5mm，较多年同期偏少 68.0%，7 月、8 月、9 月、10 月分别比多年同期偏少 65.4%、59.9%、91.0%、56.2%，最小月平均降水量为 9 月 9.7mm，较多年平均值（107.7mm）偏少 91.0%。衢州 6 月 10 日入梅，比常年（6 月 14 日）偏早，6 月 26 日出梅，比常年（7 月 6 日）偏早，梅期 16 天，比常年（22 天）偏短 6 天。全市平均梅雨量 368.5mm，较常年梅雨量（449.8mm）偏少 18%，但梅雨量仍居全省首位。梅雨期间出现 3 轮强降雨过程（6 月 9—10 日、6 月 12—13 日、6 月 18—20 日），其中 6 月 18—20 日全市出现连续性、区域性大暴雨过程，平均雨量 239mm；开化下庄村雨量最大，为 448.4mm。

2. 水情。2022 年，全市共发生 3 场较大洪水，共发生超警戒水位 8 站次，超保证水位 2 站次。衢江流域内最大洪水发生在 6 月 20 日，衢州站于 6 月 20 日 22 时 30 分出现最高水位 64.58m，超保证水位 0.88m，实测流量 8100m³/s，为新中国成立以来实测最大流量。开化站于 6 月 20 日 10 时 20 分出现最高水位 124.87m，超警戒水位 1.37m，实测流量 2035m³/s。常山（三）站于 6 月 20 日 15 时 45 分出现最高水位 85.41m，超保证水位 1.41m，实测流量 5380m³/s，为 2006 年建站以来最大流量。龙游站于 6 月 20 日 23 时 20 分出现最高水位 43.32m，超警戒水位 0.62m。江山港流域内最大洪水发生在 6 月 20 日，江山（二）站于 6 月 20 日 20 时 05 分出现最高水位 94.99m，超警戒水位 0.49m，实测流量 2280m³/s。

3. 水资源。2022 年，衢州市水资源总量 114.31 亿 m³，产水系数 0.65，产水模数 129.2 万 m³/km²。全市 15 座大中型水库，2022 年年末总蓄水量 15.5017 亿 m³，比 2021 年年末减少 1.8%。全市总供水量 11.0798 亿 m³，比 2021 年增加 0.7156 亿 m³，其中地表水源供水量 10.8410 亿 m³，占 97.8%。全市用水总量 11.0798 亿 m³，平均水资源利用率 10.9%，其中农田灌溉用水量

6.0339 亿 m³，占用水总量的 54.5％。万元 GDP 用水量 55.3m³，万元工业增加值用水量 30.9m³。

【水旱灾害防御】　2022 年，衢州市受梅汛影响水利经济直接损失达 1.63 亿元。全市发送预警短信共计 86.92 万条，下发水库及水利枢纽调度令 55 份。强降雨期间，15 座大中型水库总拦洪水量 4.4 亿 m³，特别是 6 月 20 日湖南镇水库在上游入库流量较大的情况下停止发电 6 小时，沐尘水库、高坪桥水库等均停止泄洪发电，为金华、杭州等下游地区错峰调度、防洪减灾发挥了重要作用。

出梅后，受持续晴热高温少雨天气影响，全市各地出现不同程度旱情，衢州市、开化县、龙游县、常山县先后发布水利干旱蓝色预警，全市作物受旱面积 1.95 万 km²，影响供水人口 1.71 万人。衢州市早研判、早预警，突出抓好农饮水安全，调度乌引工程向下游供水共 1.34 亿 m³（向龙游供水 5300 万 m³、向金华供水 2200 万 m³）。市水利局向柯城区、龙游县多个旱情严重乡镇派发水泵 22 台，保障全市居民生活基本用水不受影响。

【水利规划计划】　2022 年，衢州市水利局编制印发 2022 年度水利建设计划及加快推进 2022 年度重大水利建设工作方案，开展"大干民生、大干项目"攻坚年活动。全市 2022 年计划投资 55.2 亿元，其中重大水利工程计划投资 29.14 亿元。编制完成 2023 年衢州市本级中央预算内水利投资计划、政府投资计划及预算。争取到重大项目前期研究经费 841.2 万元，重点保障湖南镇水库防洪能力提升工程、钱塘江干流防洪提升工程（市本级信安湖段）、衢北水网研究研究等 6 个项目。完成《衢北水网研究》专题研究报告，继续推进《衢州市城市防洪专项规划（2021—2035）》《钱塘江干流防洪提升工程（市本级信安湖段）》等规划及前期研究工作，启动开展"衢州水网"前期研究工作。

【水利工程建设】　2022 年，衢州市计划完成水利投资 55.2 亿元，实际完成水利投资 58.8 亿元，完成率 106.4％。其中，衢州市重大水利工程计划投资 29.14 亿元，实际完成投资 30.8 亿元，完成率 105.8％。全市重点推进重大水利工程 30 项，其中建设类项目 14 项，前期类项目 16 项。加快推进市本级衢江治理二期、衢州市西片区水系综合整治、乌溪江引水工程灌区（衢州片）"十四五"续建配套与现代化改造项目、柯城区常山港治理、柯城区寺桥水库、江山市江山港流域综合治理、常山县芳村溪流域综合治理、开化水库、龙游县灵山港综合治理工程、衢江区芝溪流域综合治理工程等 10 项主体工程建设。新开工建设乌溪江西干渠灌区引调水工程（一期）、铜山源水库灌区"十四五"续建配套与现代化改造工程、柯城区水系连通及水美乡村建设试点县、钱塘江源头重点流域水生态治理工程（龙游县）幸福水岸龙南片区一期等 4 项工程。重点推进衢州市湖南镇水库防洪能力提升工程、龙游县佛乡水库工程、常山县龙潭水库工程、江山市张村水库工程等 16 项工程前期工作。

【水资源管理与节约保护】 2022 年，衢州市完成水资源节约保护和利用"十四五"总体规划编制复审。通过加强水资源消耗总量和强度双控，万元 GDP 用水量较 2021 年保持稳定，万元工业增加值用水量较 2021 年呈继续下降趋势。完成县级以上集中式饮用水水源地安全保障达标建设和自评估工作，2022 年评估结果全部优秀。强化节水支持，落地全省首批"节水贷"业务。衢江区、龙游县通过 2022 年国家级县域节水型社会创建省级评估。4 家水利单位完成水利行业节水型单位建设，3 家酒店、3 个校园、10 个小区、11 家企业获评"省级节水标杆"荣誉称号。衢州市红领巾节水教育基地获评第四批浙江省节水教育基地。龙游经济开发区获评省级节水标杆园区、工业和信息化部工业废水循环利用试点园区（全国共 2 个）。《衢州有礼，节水有你》节水宣传短视频获评水利部第三届"节水在身边"短视频优秀奖。市水利局、团市委、市节水办共同举办的衢州市红领巾节水教育园首秀活动获评水利部"节水中国 你我同行"联合行动优秀活动。

【河湖管理与保护】 2022 年，衢州市完成钱塘江（杭州八堡—衢州双港口）三级航道整治工程、智慧岛景观桥等 11 个涉河项目审批，保障市重点工程建设顺利推进。参加亭川雨水泵站等各类涉河项目方案会，反馈涉河管理和防洪影响等意见 50 余条。完成 6 个县（市、区）水域保护规划政府批复，强化河湖空间管控力度。整改水利部下发的"碍洪"问题 29 个、"四乱"问题 403 个，

鉴定堤防安全 21 条。龙游县、常山县、开化县成为"水域监管一件事"试点单位，全市"水域监管一件事"覆盖率达 100%。乌溪江（黄坛口水库大坝—衢江汇合口）、常山港（沟溪—衢江汇合口）、衢江高家段、胜塘源、下山溪（虹峰村—衢江）、灵山港（塔山—石角大桥）、江山港上余四都段、丰足溪、常山港阁底段、龙山溪华埠段等 10 条美丽河湖通过省级抽查复核，均获评 2022 年浙江省级"美丽河湖"。至年底，全市建成美丽河湖 51 条，累计创建长度 520.25km，其中省级美丽河湖 44 条。灵山港幸福河湖建设项目入选全国首批幸福河湖建设试点项目（全国共 7 个，浙江省唯一），获中央奖补资金 7373 万元。

【水利工程运行管理】 2022 年，衢州市探索小型水库管理体制改革，推动水库资源资产化、资本化，建立"以大带小""国资公司代管""物业公司代管"等县级统管模式，吸引社会力量参与水库管理，多渠道筹集管护经费。深化推广龙游县水库管理体制改革等经验，将水库作为生态资源在"两山银行"进行储蓄、抵押和经营权竞拍，促进水库资源"两山转化"，水库收益分红惠及农村群众，助力共同富裕。

【水利行业监督】 2022 年，衢州市受理监督铜山源水库灌区"十四五"续建配套与现代化改造工程等 25 个项目，其中新开工项目 12 个，续建项目 13 个，高峰期质监项目 22 个。完成衢州市本级鸡鸣护岸防护工程等 4 个工程验收。开展在建水利工程"三色管理"季度考评，

检查项目 39 个（次）、检查单位 70 家（次），累计发出绿牌（好）5 次、黄牌（一般）51 次、红牌（差）14 次。浙江省质量强省工作领导小组办公室在 2021 年度衢州市政府质量工作考核反馈意见中对"三色管理"工作予以充分肯定。常山县、江山市、衢江区 2022 年全省面上项目质量抽检得分，分别位列全省第 3 名、第 8 名和第 15 名，创下衢州市在该项工作中历史最好成绩。龙游县高坪桥水库工程、铜山源水库灌区节水改造与续建配套项目（2016—2020）2 个项目获得 2022 年度"钱江杯"优质工程奖（浙江省工程领域最高奖）。

【涉水依法行政】 2022 年，衢州市水利局在美丽河湖建设、河道违建、"清四乱"、打击河道非法采砂等专项工作中，将检查重点向管理纵深拓展。5 月，与市公安局联合开展节约用水行政检查；9 月，与市综合执法局联合开展水工程运行检查。结合"碍洪"排查整治行动、河湖"清四乱"专项整治行动，与综合执法部门对省市级重要水域开展联合执法行动，出动人员 300 余人次，涉及 30 个事项行政检查。全年无行政处罚案件。共受理行政许可件 179 件，办理为民服务事项 248 件，群众满意率 100％。

2022 年，衢州市水利局党委通过理论学习中心组集体学习法治政府建设相关内容 6 次。组织全局干部职工学习《习近平法治思想学习纲要》4 次，组织参加年度学法用法考试，通过率 100％。组织各类学法用法培训会、学习会、专题讲座 8 次，开设宪法、水利相关法律法规宣讲课 6 次。组织 2022 年衢州市水行政执法业务培训班，参训人数 49 人。

发布《衢州市水利局"双随机"抽查监管办法》和《2022 年度衢州市水利局"双随机一公开"抽查工作计划》。全市水利系统开展"互联网＋监管"即时检查 29 次。"互联网＋监管"平台认领省监管事项 48 项，其中含关联国家事项数 31 项；制定检查实施清单 48 个，零对象申报达 12 项，执法人员全员入库；行政监管事项覆盖 34 项（覆盖率 100％），其中关联的国家事项覆盖 31 项（覆盖率 100％）。全市水利系统开展执法检查次数 414 次，掌上执法率 100％，"双随机、一公开"抽查事项 7 个，设置随机抽查任务 47 个，抽查事项覆盖率 100％，抽查任务完成率 100％，抽查计划公示率 100％。

【河（湖）长制管理】 2022 年 5 月，衢州市建立全面推行河湖长制工作联席会议制度。联席会议办公室与市河长制办公室合署，设在市水利局。衢州市通过重塑河湖长机制、压实河湖长履职责任、创新治理模式、坚持项目引领等方式，持续深化落实河湖长制。全市国、省控等五类断面水质连续三年达到Ⅱ类水以上，监测断面水质连续 6 个月跻身全国 339 个地级市前十，连续 9 个月位列全省第一。

【水土保持】 2022 年，衢州市审批水土保持项目 469 个，其中市本级 117 个。人为水土流失防治责任面积 26.97km²。开展监督检查 8 次，监督检查项目 442 个。新增治理水土流失面积 77km²。完成水土保持重点工程，包括衢江区周家片生态清洁小流域水土流失综合治理项目、龙游县天池片生态清洁小流域水土流失综合治理项目、江山市横渡等6条生态清洁小流域水土流失综合治理项目和苗青头等5条生态清洁小流域水土流失综合治理项目；开化县曹门片区生态清洁小流域水土流失综合治理项目、三里亭片区生态清洁小流域水土流失综合治理项目和张湾片小流域水土流失综合治理项目，总治理面积64.34km²。开化县钱江源齐溪小流域成功创建全国水土保持示范工程。6月和10月，水利部副部长陆桂华、水利部太湖流域管理局党组成员、副局长朱月明先后赴衢州江山市、开化县调研水土保持工作，对衢州市水土保持工作予以肯定。

（胡文佳）

舟 山 市

【舟山市水利局简介】 舟山市水利局是主管全市水利工作的市政府工作部门。主要职责是：负责保障水资源的合理开发利用；负责统筹和保障生活、生产经营和生态环境用水；负责制定水利工程建设与管理的有关制度并组织实施；负责指导水资源保护工作；负责节约用水工作；指导水文工作；指导水利设施、水域及其岸线的管理、保护与综合利用；指导监督水利工程建设与运行管理；负责水土保持工作；指导农村水利工作；负责、指导水政监察和水行政执法，负责重大涉水违法事件的查处，

指导协调水事纠纷的处理；开展水利科技、教育和对外交流工作；负责落实综合防灾减灾规划相关要求，组织编制洪水干旱灾害防治规划和防护标准并指导实施等。2022年，舟山市水利局内设机构5个，分别为办公室（政策法规处）、水资源管理处（市节约用水办公室）、规划建设处、运行管理处（水旱灾害防御处）、监督处（行政许可服务处）；下属事业单位4家，分别为市河湖管理中心、市农村水利管理站、市水利工程建设管理中心、市水利防汛技术和信息中心（市水文站）。至年底，舟山市水利局有在编在岗人员59人，其中行政人员20人、事业人员39人。

【概况】 2022年，舟山市水利投资持续保持高增长，全市共完成水利投资29.6亿元，年度投资完成率110.4%，排名全省第三，较2021年大幅提升7位；水安全保障能力显著提升，舟山域外引优质水纳入浙东水资源配置通道浙江沿海水库链连通工程，并争取引水指标5000万m³，深入实施饮用水综合提升行动，37个海岛实现了供水一体化，自来水覆盖率达到99.9%；6项省民生实事项目提前超额完成，完成率126%；防洪排涝能力提升三年行动（2020—2022年）计划超额完成，累计完工项目120个，完成投资19.04亿元，"五山水利"工程入选全省水利工程建设典型案例；成功防御第11号台风"轩岚诺"和第12号台风"梅花"袭击，实现水利工程零险情和人员零伤亡；水环境质量持续改善，设立各级河（湖）长838名，全年累计巡河巡湖13000余人次，完成

省级"美丽河湖"创建 2 条、"水美乡镇" 2 个、中小河流综合治理 6.5km、河湖健康评价 11 条；水利数字化改革取得新突破，区域旱情预警及调度应用入选全省第一批水利数字化改革优秀应用和"一地创新，全省共享"一本账应用，定海区台风智防被列入第二批全省水利数字化改革试点。

【水文水资源】

1. 雨情。2022 年，舟山市平均降水量 1366.7mm，折合水量为 19.8995 亿 m³，比多年平均增加 5.4%，比上年少 31.9%。全市降水量年内分配不均匀，以 7 个站作为代表进行降水量资料统计，1—3 月降水量 337.1mm，4—6 月降水量 363.9mm，7—9 月降水量 403.9mm，10—12 月降水量 192.2mm，分别占全年降水量的 26%、28.1%、31.1% 和 14.8%。降水量最大月份为 9 月，平均降水量 326.8mm，最小月份为 10 月，平均降水量 23.8mm，分别占全年降水量的 25.2% 和 1.8%。年降水量的地域分布不均，总体来说由西南向东北部递减，舟山定海站为高值区，年降水量为 1498.4mm，嵊泗站为低值区，年降水量为 1000.9mm，地域差值 497.5mm。

2. 水资源。2022 年，舟山市水资源总量 8.7271 亿 m³，其中地表水资源量 8.7271 亿 m³，地下水资源量 1.8506 亿 m³，地表水资源量与地下水资源量重复计算量 1.8506 亿 m³，产水系数 0.44，产水模数 59.9 万 m³/km²。全市人均水资源量 745.9m³；全市 1 座中型水库（虹桥水库）2022 年年末蓄水总量 686 万 m³，较 2021 年年末增加 46 万 m³；

全市总供水量 29425 万 m³；除去浙石化海水淡化量，全市总供水量为 17437 万 m³；全市总用水量 29425 万 m³，其中农田灌溉用水量 1901 万 m³、林牧渔畜用水量 495 万 m³、工业用水量 18198 万 m³、城镇公共用水 2660 万 m³、居民生活用水量 5394 万 m³、生态与环境用水量 777 万 m³；除去浙石化海水淡化量，全市总用水量 17437 万 m³，其中农田灌溉用水量 1901 万 m³、林牧渔畜用水量 495 万 m³、工业用水量 6210 万 m³、城镇公共用水 2660 万 m³、居民生活用水量 5394 万 m³、生态与环境用水量 777 万 m³。

【水旱灾害防御】 2022 年，舟山市连续开展风险隐患排查整治工作 4 次（汛前检查、水利安全生产暨风险隐患再排查再整治、贯彻落实习近平总书记重要指示精神迅速开展水旱灾害防御隐患排查整改、防风险保稳定护航党的二十大风险隐患大检查），重点检查安全生产、预案方案修编、山洪灾害风险、水利工程度汛安全隐患、物资储备情况和监测预报预警等情况。全市各级水利部门出动检查人数 12830 余人次，检查工程 3834 处，发现风险隐患 180 个，发现的问题已全部整改完成或落实相应的安全措施，确保水利工程安全度汛。全市共启动或调整水旱灾害防御各级应急响应 16 次，其中一级响应 1 次，二级响应 3 次。完善山洪灾害防御应急联动机制，深化山洪灾害群测群防体系，全面建立乡包村、村包组、干部党员包群众的"包保"责任制。动态核定更新风险区管理清单，全市共有山洪灾害重要村落 97 个，划定高风险区 62 个、低风险区 59

个，涉及风险区人员 701 人，数据全面录入省山洪防御数字化平台。

2022 年，第 11 号台风"轩岚诺"和第 12 号台风"梅花"影响期间，舟山市发布山洪灾害预警 6 期，发送小流域山洪预警短信 1 万余条，共转移小流域山洪危险区域人员 1305 人；全市水利系统储备 7 万余条袋类、土工布 5000m²、大流量排水泵 10 台、钢管 5t 等防汛抢险物资，总价值约 450 万元。调整充实市级防汛抢险和洪水调度专家 20 余人，做好水利工程应急抢险技术支撑。

2022 年，舟山市完成改建水位站 53 个，改建雨量站 1 个，新建虹桥水库库下流量站 1 个；完成临城水文站引桥、观测房及设备等提升改造。加强水文测站 86 套设备的运行维护管理，督促维护公司做好汛前、汛中及汛后的常规维护保养，全年开展 4 次日常维护和设备维修更换，以及应急响应期间设备故障应急处置等工作，水文遥测设备正常运行率 95% 以上。完成对 9 座集中式饮用水水源地监测点位的采样和水质检测，完成对临城河、虹桥水库、白泉河 3 个监测点位的浮游动物数量的采样和监测。9 月份完成对芦东水库、沙田岙水库加测工作，完成定海国家地下水监测站的采样和水质检测及评价。

【水利规划计划】　2022 年，舟山市委托省水利勘测设计院有限责任公司开展"舟山水网"规划编制，完成送审稿并组织专家审查。委托舟山市水利勘测设计院有限公司开展《舟山本岛水利综合规划》编制，完成送审稿并组织专家审查。积极推进海塘安澜工程等重大水利项目前期工作，推进舟山市海洋集聚区海塘安澜工程、普陀区海塘安澜工程（东港海塘）、岑港水库扩容工程和普陀区岛际引水连通工程等重大项目前期工作，开展舟山本岛库库联网联调方案、岑港水库扩容方案和甬舟供水一体化方案研究。

【水利基本建设】　2022 年，舟山市完成重大水利项目投资 20.6 亿元，年度投资计划完成率 109.6%。其中海塘安澜工程完成投资 11.1 亿元，新开工海塘安澜工程 10 项 60.2km，年度任务计划完成率 182%。列入水利部病险水库除险加固任务的翁浦湾水库在年底如期开工。全年纳入水利管理业统计的水利项目有 96 个，完成投资 16.5 亿元，较 2021 年同期增长 39.9%。

【重点水利工程建设】

1. 城区防洪排涝项目。2022 年，舟山市实施城区防洪排涝项目 31 个，其中新开工项目 15 个，完工 29 个。城区防洪排涝三年行动计划超额完成。三年共实施项目 122 个，完工项目 120 个，完成投资 19.04 亿元，其中。定海实施 73 个，完工 72 个，完成投资 13.6 亿元；普陀实施 28 个，完工 28 个，完成投资 3.8 亿元；新城实施 17 个，完工 16 个，完成投资 1.3 亿元；普朱实施 4 个，完工 4 个，完成投资 0.35 亿元。9 月 21—22 日，全省加快水利基础设施建设暨"水利＋"现场会在定海召开，作为浙江省水利工程建设典型案例，"五山水利工程"向全省呈现了定海以"水利＋"实现"共富"新思路。

2. 海塘安澜工程。2022 年，实施海塘安澜工程 96.3km，完成投资 11.1 亿元。其中新开工海塘建设长度列入省政府民生实事项目，新开工海塘 10 项 60.2km，分别为定海海塘安澜工程（本岛西北片海塘）、定海区海塘安澜工程（金塘片海塘）、定海区海塘安澜工程（洋螺、锡杖等海塘）、定海区海塘安澜工程（金塘片海塘—大鹏海塘及大小樟树岙塘）4 项 29.34km，岱山县海塘安澜工程（城防海塘）、岱山县海塘安澜工程（秀山、长涂片海塘）2 项 23.04km，嵊泗县海塘安澜工程（菜园、南岙）1 项 2.5km，舟山市本级海塘安澜工程（新城片长峙海塘）1 项 3.47km，舟山市海塘加固工程—普朱片项目（连心海塘）、舟山市本级海塘安澜工程（普朱片海塘）2 项 1.85km。

3. 饮用水综合提升工程。

（1）舟山本岛水源提升利用综合工程。长春岭及团结水库输水管道工程包括输水管道和附属构筑物及新建加压泵站一座，工程设计合理使用年限为 50 年，输水管道和加压泵站设计合理使用年限为 50 年。输水管道起点为长春岭水库，终点为干览镇龙头周村处拟建的岛北输水管道提升工程，输水管道全长 2.30km。至年底，已完成加压泵站基础钻孔灌注桩（20 根）钻孔及混凝土浇筑，取水段隧洞完成全部扩孔。岛北输水管道提升工程建设主要内容为改建原岛北引水工程输水管道 0.36km、新建马岙泵站至临城水厂输水管道 12km 和白泉岭水库至临城水厂输水管道 2.23km，新建浮船式泵站一座，浮船内设 2 台水泵，水泵额定流量 0.141m³/s。

至年底，已完成钢管敷设 3.1km，定向钻牵引敷设 0.97km。

（2）朱家尖—白沙岛—柴山岛海底输水管道联网工程。该工程起于朱家尖佛学院，往东沿香月线，穿过月岙村在村内小岙 1 号岙口入海，向东北延伸后折向东南方向，于柴山岛北侧现状柴山至珞珈山及拟建朱家尖至柴山海底电缆登陆点登陆，沿盘山小路往岛南现状码头东侧海滩入海，正南偏东敷设至白沙岛小沙头北侧登陆，沿快艇码头敷设至白沙渔港小沙头经济合作社止，线路全长 11.66km，新建增压泵房 2 座，设置增压设备 2 套，朱家尖、白沙各 1 套，其中过海管全长 4.98km，投资概算 5273.3 万元。至年底，柴山陆上段管道铺设已基本完成，开展海上段前期工作，完成投资 1831 万元。

（3）嵊泗县大陆引水工程。嵊泗县大陆（小洋山）引水工程起点为洋山港东海大道能源路交界处，终点为嵊泗县马关水厂内，项目总投资 4.8 亿元。工程引水管线总长 34.035km，其中能源路至薄刀嘴陆上管线长度 2.625km，薄刀嘴岛定向钻管线 2.0km，跨海管线长 28.5km，泗礁岛定向钻管线长 0.91km，并于薄刀嘴岛建设一处含 5000m³ 蓄水池的调压泵站。至年底，主要完成陆上段能源路至薄刀嘴岛陆上输水管道铺设，完成薄刀嘴岛定向钻管线施工作业，完成投资 2 亿元。

4. 海水淡化工程。菜园镇海水淡化厂建设工程位于嵊泗县菜园镇小关岙水库旁。2021 年 8 月开工，项目总投资约 17293.56 万元。新建海水淡化厂 1 座，分期建设，土建按照远期 3 万 t/d 规模一次性建设，设备近期 1 万 t/d 规模配备，总建筑面积 8113.5m²。主要建设主厂房、综合楼以及沉淀池、滤池、海水清水池、中间产水池、后矿化池、清水池、取水泵房、供水泵房、药品仓库及厂区道路、管线、绿化等，并购置安装 5000t/d 规模海水淡化设备 2 套，建设智慧水务系统。至年底，工程土建部分已全部完工，大型制水设备也安装到位。

5. 农田水利工程建设。2022 年，舟山市全面推进渔农村供水民生实事工程，全市列入省民生实事项目的渔农村供水管网改造 80km，实际完成 108.96km，完成率为 136.2%。通过渔农村供水工程的建设，全市城乡同质化供水覆盖率已达 96.5%。全力推进数字化供水改造和规范化水厂创建工作，截至年底，全市已完成 22 座千吨万人以上水厂及 8 座千人水厂接入数字化平台，完成嵊泗基湖水厂和普陀朱家尖水厂 2 座规范化水厂创建工作并通过省水利厅验收。全市共整治山塘 8 座，完成山塘安全鉴定 256 座，完成美丽山塘建设 10 座。完成 15 座田间泵站、4 个灌区、4 个农民用水主体创建，实现农业水价综合改革全覆盖，获得农业水价综合改革省级考核优秀。

【水资源管理与节约保护】　2022 年，舟山市落实最严格水资源管理制度，完成省对舟山市 2022 年度实行最严格水资源管理制度考核，完成自查报告和台账资料上报。全年全市用水总量 2.9425 亿 m³（含舟山绿色石化海水淡化用水量），其中工业和生活用水量 2.6252 亿 m³

（含舟山绿色石化海水淡化用水量）。全市用水总量得到控制、用水效率进一步提高。2022 年底全市取水许可总量 14588 万 m³，计划下达总量 12317 万 m³，其中市本级 6832 万 m³。按照《浙江省取水许可和水资源费征收管理办法》，规范征收水资源费；落实《浙江省人民政府办公厅关于继续实施惠企政策促进经济稳中求进的若干意见》，对取水户全年的水资源费按规定标准的 80% 征收。全市年征收水资源费 1205.32 万元，其中市本级征收 794.35 万元。编制完成《2021 年度水资源公报》《2021 年度水资源管理年报》和《节约用水管理年报》。全年舟山市完成虹桥、岑港、洞岙—陈岙、应家湾—芦东—沙田岙、小高亭和长弄堂 9 座水库的 2022 年度安全保障达标建设自评估工作；完成 11 个本岛乡镇（街道）原水水质考核工作；完成 2022 年度监测工作，饮用水水源水库水质达标率 100%。完成新建供水管网 30km，完成率 136.4%，完成改造供水管网 24 km，完成率 113.3%。2022 年 4 月 27 日，舟山市水利局等 13 部门联合印发《舟山市节水行动 2022 年度实施计划》，推进实施国家节水行动。全市完成 4 个节水标杆酒店、3 个节水标杆校园、2 个节水标杆小区、8 个节水标杆企业创建；完成改造节水器具 3000 套，创建完成 5 家省级节水型企业、6 家省级节水型小区、7 家省级节水型单位。

【河湖管理与保护】　2022 年，舟山市完成河道综合治理 6.5km，实施项目为定海区舟山群岛水系（流域）综合治理工程（二期）——金塘穆岙片中小河流治理工程、普陀区舟山群岛水系六横岛中小流域（双塘片）综合治理工程、普陀区城西区域水系整治项目。通过护岸提升、清淤疏浚等，提高行洪排涝能力，提升水质，美化环境。创建完成岱山县长西河道水系、岱南标准河道 2 项"美丽河湖"工程；创建完成定海区金塘镇、盐仓街道 2 个"水美乡镇"。市本级及四县（区）分别组织开展并完成水域保护规划工作；做好河道"清四乱"工作，结合特别、专项检查等，加强河道的日常巡查工作，发现"四乱"问题的，按照"一事一清单"要求，及时解决，至年底，河湖"清四乱"问题数 15 个，及时、动态清零、销号。

【水利工程运行管理】　2022 年，舟山市落实"三个责任人""三项重要措施"，完成水利部、省水利厅检查发现的问题整改。按照水库、水闸工程管理规范要求，完成 1 座中型水库、7 座小型水库的控制运行方案审查审批，确保重要水利工程管理规范，运行有序。全年舟山市完成 32 座（条）水利工程的安全鉴定，实现超期鉴定海塘全部销号，超额完成省水利厅下达的目标任务。

【水利行业监管】　2022 年，舟山市组织开展在建工程的稽察和复查等大检查行动 6 轮，共发现隐患 246 个，通过实施限时整改和整改情况进行"回头看"等措施，累计完成 32 项工程的竣工验收，完成年度目标的 114%，确保问题隐患整改到位、水利工程安全度汛。做好施工企业农民工工资保证金清退工作，尚未退换保证金的 4 家施工企业都

已办理保证金退还手续，已退还 3 家合计金额 360 万元，剩余 1 家 120 万元待明年财政专项资金到位。对 2020 年以来市本级水利招投标项目进行一次总体的回头看，共计排查 26 个项目均未发现问题；2022 年，全市公开招投标项目 125 项，投资共计 34.5 亿元，其中市本级招标项目 16 项，投资共计 9.5827 亿元。积极推进"透明工程"治理端的应用，500 万以上项目"应入尽入"原则的基础上，将所有民生实事项目纳入平台数字化管理，项目入库率 83.2%，入库项目数 179 个，预警处置个数 70 个，处置率 100%。推进政务服务网、浙里办 App 上线的政务服务事项和公共服务事项标准化，动态调整政务服务网相关事项处理，参与外线施工联合审批并完善联合审批系统，建立预约制度。提交事项减材料工单、出台《舟山市水利局关于进一步优化取水许可事项"证照分离"改革的通知》（舟水发〔2022〕85 号）。对办理建筑许可（涉水审批）、证照分离等二级指标进行优化、提升。"线下会议＋线上视频"结合办、减征水土保持费用、延缓水资源费征收（2022 年为企业减免水保费和水资源费共 3422893.23 元），进一步提升审批服务、助企纾困。至年底，舟山市本级完成水利审批办件量 169 件，其中窗口直接办理事项 118 件，受理办结局内部流转事项 41 件。另外，海洋产业集聚区水保登记 8 件。对 4 家施工单位进行警示约谈，一个重大隐患挂牌整改，一个项目进行安全行政执法，罚款 8.5 万元。44 个水利项目创建市县两级标化工地，43 家企业完成标

化企业自评工作，14 家企业要求创建二三级安全标化企业，8 家企业通过标化企业评审。

【水利科技】 2022 年，舟山市开展海岛地区地下水库储水技术研究应用和海岛地区水资源高效利用关键技术研究 2 项水利科技项目研究。海岛地区地下水库储水技术研究应用：在国内首次对坑道型地下水库储水进行长期观测和系统分析，论证储水具有优良的品质和稳定性，创新提出旅游海岛季节用水量预测方法，构建地表—地下水资源联合调蓄及优化配置模式，是至年底国内对坑道型地下水库最为系统的研究成果。海岛地区水资源高效利用关键技术研究：本项研究深入分析了海岛地区水资源配置现状及存在问题，以舟山地区为对象，建立舟山地区的短期和中长期水文预报模型，实现海岛地区水资源的精准预测预报，并通过建立不同时间尺度的水资源优化配置模型，为舟山市的水资源调度提供数据支持和调度方案依据，为海岛地区水资源的精准预测预报和高效利用提供借鉴。

【政策法规】 2022 年，舟山市组织开展饮用水水源地"禁泳、禁钓、禁网"专项联合执法行动，劝离饮用水水源地游泳、钓鱼者 15 人。加强日常巡查，累计出动 210 人次，62 车次，巡查河道 130.937km，水库 81.064km²，重点巡查对象 20 个，实地巡查 12 座海塘、42 座水库、10 座山塘、56 条河道、8 座闸门；日常巡查中现场劝阻处理 28 次。坚持对重大行政决策进行合法性审查，制

定公布《舟山市水利局 2022 年度重大行政决策事项目录》。共办理行政许可案件 77 件，行政处罚案件 3 件，组织行政执法案卷集中评审 1 次。完成行政执法资格证件的清理工作，行政执法证持证率为 90.7%。全面推行行政执法公示制度，行政处罚事项 126 项、行政强制事项 17 项，行政检查事项 83 项以及其他行政确认、行政征收等均公布在浙江省政务服务网。完成水土流失治理面积 1.23km²，完成年度任务的 123%。审批生产建设项目 161 个，生产建设项目水土保持设施验收 64 个，征收水土保持补偿费 735.9 万元。开展水土保持天地一体化工作，对全市 148 个项目进行监督检查，提前完成 210 个图斑点位现场复核工作，补办水土保持手续 2 项。

【省民生实事项目】 2022 年，舟山市省民生实事项目完成率 126.48%。新开工海塘安澜工程 60.2km，完成率 130.8%；完成病险水库加固 8 座，完成率 133%；整治病险山塘 8 座，完成率 114%；完成中小河流治理 5.1km，完成率 127.5%；完成管网改造 108.96km，完成率 136.19%；提升改造农业灌溉泵站机埠 7 座，完成率 116.67%。

【水利数字化改革】 2022 年，舟山市推进应用场景建设和功能迭代升级，完成与省水利厅浙里办软件"九龙联动治水"应用 6 大核心业务模块功能数据贯通工作，梳理完善六大核心业务及八项子场景，建立与省级水利数据仓的数据交换通道，已回流省级数据至本级数据

仓 25 万余条，本级向省水利数据仓归集实时水质数据 10 万余条、实时流量数据 8 万余条、工业监测点日水量数据 9 万余条，以及山洪灾害防御、水利工程信息等其他 15 万余条数据。推进自建应用建设，水旱灾害防御数字化平台主要围绕水灾害防御核心业务，开发建设模型支撑、孪生场景及会商大屏三大应用，汇聚水情雨情、洪水风险、山洪预警、水库泄洪、会商汇报等专题，并预留开发接口，为其他涉水业务建设完成后接入浙里办软件"九龙联动治水"应用打造基础，已完成招标并开工建设。数字孪生海岛水利项目重点谋划了"海岛水灾害防御""海岛水资源保障""海岛水事务协同"等三大专题场景，已完成初步方案编制。数字孪生海岛水利项目分别被列入市本级政府投资信息化项目和市数字化改革重点应用清单。

【河湖长制工作】 2022 年，舟山市建立市县两级全面推行河湖长制工作联席会议制度；印发《联席会议成员单位职责》《联席会议工作规则》等。落实"一月一通报"制度，定期评估和通报河湖长提档升级、履职情况。签发 2022 年舟山市第 1、2 号总河长令，组织总河长现场巡河调研，18 名市委市政府领导出任市级河湖长全年应巡周期 72 次，累计巡河 172 次。将 77 名总河长、839 名河湖长、73 个河长联系单位纳入"河长在线"管理平台，完成全市 2418 段河湖数据匹配、空间落图、中心点标汇、上下关联等工作。聘任"民间河长"5218 人，组成"舟山市志愿者团队"，下设 23 支分队，分布于院校、社区、企业，

在信息收集、观念引导、多元监督等方面发挥着重要作用。组织 40 余名"民间河长"实地参观部分"美丽河湖""品质河道"和美丽乡村。继续推行"绿水币"制度，公众号注册人数高峰时达 5.23 万人，活跃度高峰时达 47.8%，累计巡河 15.6 万余人次，发放"绿水币"227.94 万枚。

（戴奕群）

台 州 市

【台州市水利局简介】 台州市水利局是主管台州市水利工作的市政府工作部门。主要职责是：保障水资源的合理开发利用，统筹和保障生活、生产经营和生态环境用水；组织实施水利工程建设与管理，提出水利固定资产投资规模、方向、具体安排建议并组织指导实施；指导水资源保护工作；负责节约用水工作；指导水文工作；指导水利设施、水域及其岸线的管理、保护与综合利用；指导监督水利工程建设；指导监督水利工程运行管理、保护与综合利用；负责水土保持工作；指导农村水利工作；开展水利科技、教育和对外交流工作；负责落实综合防灾减灾规划相关要求，组织编制洪水干旱灾害防治规划和防护标准并指导实施。台州市水利局内设机构 6 个，分别是办公室（人事教育处）、规划计划科技处、行政审批处（水政水资源水保处、台州市节约用水办公室）、建设与监督处、河湖与水利工程管理处、直属机关党委；下属事业单位 8 家，分

别是台州市防汛防旱事务中心（台州市流域水系事业发展中心）、台州市农村水利与水保中心、台州市河湖水政事务中心、台州市水利工程质量与安全事务中心、台州市水情宣传中心、台州市综合水利设施调控中心、台州市水文站、台州市水利发展规划研究中心。至年底，台州市水利局有在编在岗人员121人，其中行政人员15人、事业人员106人（参公编制23人、事业编制83人）。

【概况】　2022年，台州市水利系统以满足人民群众对水安全可靠、水资源优质、水生态健康、水城市宜居、水管理智控的需求为根本目的，坚持系统治理、统筹发展、协同推进、变革重塑，全面开展安水、兴水、碧水、美水、知水"五大行动"，加快构建综合立体、安全美丽的台州现代水网，全域打造独具魅力、人水和谐的幸福水城。坚持项目为王，椒江河口水利枢纽工程、温岭市九龙汇调蓄工程等一批重大项目前期加快推进；椒江江南城西段海塘、临海尤汛分洪等多个重大项目实现新开工，开工数创历史新高；方溪水库等重点水利工程建设加快推进；临海市洪池区块排洪应急工程等47个项目完成竣工验收，验收完成率全省第一。5月，台州市在2020年度全省水土保持目标责任制考核中，连续第4年获优秀等次；6月，台州市临海市水库系统治理（除险加固）工作获浙江省政府督查激励；10月，台州市玉环市入选全国首批典型地区再生水利用配置试点城市；12月，台州市入榜全国首批区域再生水循环利用试点城市，台州市水利局被水利部评为"全国水土保持工作先进集体"，82省道（S325）延伸线黄岩北洋至宁溪段公路、新建杭州经绍兴至台州铁路2项工程荣获"国家水土保持示范工程"。

【水文水资源】
1. 雨情。2022年，全市面平均降雨量1369.3mm，较常年偏少18.1%，其中梅汛期雨量503.5mm，较多年平均偏少10.3%；台汛期雨量294.0mm，不到常年一半，第11号台风"轩岚诺"影响期间全市降雨量51.3mm，第12号台风"梅花"影响期间全市降雨量84.5mm。全年有7个月降雨偏少，5个月偏多，其中5月份降雨量最多为198.3mm，较往年偏多15%；10月份降雨量最少为17.2mm，较往年偏少近80%。全市9个县（市、区）降雨量均偏少且空间分布不均，其中降雨最多为仙居县1562.1mm，较往年偏少10%；最少为椒江区1074.5mm，较往年偏少27%。全市最大降雨量站点为仙居道人辽水库站，降雨量2146.0mm。

2. 水情。2022年椒（灵）江流域未发生流域性洪水，平原河网短暂出现过超警戒水位。出梅后，台州市大范围长时间的高温少雨，导致出现较为严重的旱情，江河水位大部分时间在中低水位运行，8月，9个县（市、区）相继发布水利旱情蓝色预警；10月13日，台州市椒江区、黄岩区、路桥区、台州湾新区水利旱情预警由蓝色预警提升至黄色预警；11月4日，台州市温岭市、玉环市、仙居县水利旱情预警由蓝色预警提升至黄色预警。1—3月，水库水位上涨，4月后水库水位持续下降，15座大中型水库正常蓄水率从 4 月初 83.3％降至年底 42.8％，水库蓄水大幅度减少，年末长潭水库蓄水率仅有 35.5％。11 月底至 12 月初出现几次明显降雨，江河水位特别是平原河网水位有所回升，全市旱情得到缓解。

3. 水资源。2022 年，台州市水资源总量为 71.48 亿 m^3，较 2021 年减少 49.7％，较多年平均值减少 21.4％；产水系数为 0.52，产水模数为 76.0 万 m^3/km^2；4 座大型水库、10 座中型水库（有供水功能）2022 年末蓄水总量为 4.37 亿 m^3，较 2021 年末减少 3.79 亿 m^3；总供水量与总用水量均为 14.15 亿 m^3，较 2021 年增加 0.21 亿 m^3，平均水资源利用率为 19.8％；耗水量为 8.15 亿 m^3，平均耗水率为 57.6％；退水量为 2.85 亿 m^3；农田灌溉亩均用水量为 411m^3；万元国内生产总值（当年价）用水量为 23.43m^3。

【水旱灾害防御】 2022 年，台州市水利系统多时段多层次多环节开展水旱灾害防御隐患排查整治，共出动 11565 人次，抽查各类责任人 4464 人次，检查点位 9069 处，对发现的 102 处隐患点、高风险点、薄弱点及隐患问题实行销号管理，逐一落实整改措施，排查出的 12 个水毁修复项目均完成修复。完成《台州市水利局水旱灾害防御应急工作预案》（台水利办〔2022〕38 号）《台州市水利局关于成立水旱灾害防御工作指挥中心的通知》（〔2022〕21 号）等文件编制印发，编制修订《椒（灵）江流域水工程防洪调度规则》《椒（灵）江流域洪水预报预警规则》《台州市山洪灾害预警叫应规则》等制度。与台州市气象局建立联合预警机制，并签署水利气象合作协议，进一步加强预警的及时性精准性，拓宽公众预警发布渠道。严格执行水库控运计划，因地制宜、因库制宜，进行科学预排预泄，全年共下发温黄平原河网调度单 127 份，累计排涝量约 8.13 亿 m^3。6 月 30 日，印发《台州市水利局处置水利工程险情应急预案》（〔2022〕20 号），进一步规范水利工程险情应急处置流程，并组织全市水利系统核查补充抢险物资，充实抢险队伍，开展抢险演练，共组建水利工程专业抢险队伍 12 支 193 人。7 月 25 日、10 月 13 日分别向市委、市政府报送《台州市出梅以来水旱灾害防御形势分析报告》《台州市今冬明春抗旱保供形势分析报告》，并出台《台州市水利旱情预警管理办法（试行）》（〔2022〕79 号），编制《台州市区抗旱应急供水预案》，向全市发出节水倡议书，确保防汛抗旱两手抓、两手硬。

【水利规划计划】 2022 年 12 月，台州市政府批复了台州市水利局编制完成的《浙江省椒江流域防洪规划》（台政函〔2022〕52 号）；审查完成《浙江省椒江流域综合规划（2020—2035 年）环境影响报告书》（台环建函〔2022〕29 号）。临海市尤溪分洪工程、台州市黄岩区海塘安澜工程（椒江黄岩段海塘）、温岭市海塘安澜工程（东部新区海塘）等 3 个项目可研获批。新开工建设台州市椒江区海塘安澜工程（江南、城西段海塘）、温岭市海塘安澜工程（东部新区海塘）、台州市黄岩区海塘安澜工程（椒江黄岩段海塘）、台州市椒江区海塘安澜工程

（椒北片海塘）、台州市椒江区海塘安澜工程（台电厂海塘）、临海市海塘安澜工程（南洋海塘）、台州市七条河拓浚工程（椒江段）、临海市方溪水库引水及配套水厂工程、台州市椒江治理工程（临海段）、临海市尤汛分洪工程等10个重大项目。全年累计争取中央资金2.40亿元、省级资金8.30亿元，落实专项债券8.50亿元、一般债券4.50亿元；全年完成水利全口径投资56.30亿元，其中完成重点水利项目建设投资34.90亿元，完成水利管理业投资38.28亿元，水利管理业投资比2021年增长13.3%。

【水利基本建设】　2022年，台州市海塘安澜建设项目累计开工长度138km，椒江江南城西段海塘、临海南洋海塘等6个项目开工建设；提速水资源保障工程，方溪水库基本完工，朱溪水库大坝结顶，台州市引水工程、南部湾区引水工程通水投运；加快推进城市内涝治理工程体系建设，七条河拓浚（椒江段）、椒江治理（临海段）、临海尤汛分洪等3项工程开工建设，椒江治理天台始丰溪段、仙居永安溪综合治理与生态修复二期等10项防洪排涝工程全面建设。

【重点水利项目建设】　2022年，台州市在建重点水利工程22项，完成年度投资30.7亿元。其中续建骨干工程17项，台州市循环经济产业集聚区海塘提升工程三山北涂闸施工，完成部分用海审批；台州市朱溪水库工程隧洞贯通，大坝结顶；台州市东官河综合整治工程河道工程外东浦泵站结顶；台州市引水工程、台州市南部湾区引水工程通水投

运；台州市椒江区洪家场浦排涝调蓄工程东山湖东片湖区累计完成开挖58万m³；台州市永宁江闸强排工程（一期）王林洋东、西闸主体完工，永宁江闸管理房验收准备；台州市路桥区青龙浦排涝工程十塘节制闸、海昌路桥标段基本完工；临海市东部平原排涝工程（一期）南洋塘排涝闸完工验收，新开河道完成50%；临海市方溪水库下闸蓄水；临海市大田平原排涝二期工程（外排工程）隧洞完成开挖，主城区河道整治累计完成3.9km；温岭市南排工程完成用地批复，北向河道开工；玉环市漩门湾拓浚扩排工程累计完成隔堤石渣回填181万t、疏浚清淤55万m³；椒（灵）江治理工程天台始丰溪段累计完成干堤加固28km；仙居县永安溪综合治理及生态修复二期工程完成干堤加固8.8km；三门县海塘加固工程六敖北塘基本完工，托呑塘、铁强塘完工验收；三门县东屏水库工程输水隧洞全线贯通，长林大坝底板浇筑完成。

【水资源管理与节约保护】　2022年4月29日，台州市印发《台州市2022年度节水行动计划》（台水利〔2022〕29号），并定期督导推动各项年度目标任务完成。2022年，全市创建省级节水型企业18家、市级节水型企业57家、市级公共机构节水型单位11家，创建省级节水标杆34家，其中酒店2家、校园7家、企业16家、小区9家。遴选台州制造2个坐便器产品，创成国家级"用水产品水效领跑者"。深入推进非常规水利用，成功申报玉环市作为水利部典型地区再生水利用配置国家试点城市，温岭

市推进上马工业园区分质供水试点工程（工业水厂）项目建设。结合玉环市海水淡化工程打造 3000m² 节水宣传教育基地，建成全省最具规模和地方特色的节水科普基地。

台州市持续强化水资源刚性约束作用，实施用水总量强度双控，将省级下达的"十四五"用水总量和强度双控目标分解到县级，形成了省、市、县三级双控指标体系。严格落实取用水管理，下达自备取水户计划 340 家，实现所有自备取水户计划下达全覆盖，至年底，全市保有有效许可证 773 本，全面实施数据治理，督促完成全市 676 本取水许可电子证照数据治理工作。开展全市取用水管理专项整治行动回头看，并完成工作自查报告。落实生态流量管控要求，椒江流域柏枝岙、沙段断面达到生态流量泄放管控要求。提升水资源优化配置与高效利用，编制完成《长潭水库2022年度水量分配方案和调度计划》，对长潭水库、朱溪水库水权分配进行探索研究。

台州市实施水源地安全保障达标建设，完成长潭水库等 9 个县级以上重要饮用水水源地自评估工作。加强农村饮用水水源地规范化管护，开展台州市 8 个县（市、区）47 处农村饮用水水源地的现场监督检查，通过现场勘查与交流、台账查看等形式，排摸饮用水水源地实际情况、存在问题等，向县（市、区）反馈监督检查结果，要求提出整改措施并完成整改。

【河湖管理与保护】 2022 年，台州市"美丽河湖"建设累计完成投资约 1.32 亿元，治理提升河道 177km，新创建省级"美丽河湖" 12 条（个）、市级"美丽河湖" 7 条（个），创建水美乡镇 14 个、美丽池塘 83 个。累计完成中小河流治理 104.8km，其中完成仙居十三都坑等民生实事河道治理 20.17km。按照轮疏机制科学开展淤积常态化监测和疏浚，累计完成河道清淤疏浚 118.5km，清淤 153.3 万 m³，并完成幸福水岸建设 147.5km。台州市推进河湖"清四乱"常态化、规范化，全年累计发现河湖"四乱"问题 241 个，已销号 241 个，销号率 100%。台州市统筹全市开展编制中小河流治理方案、县级全域幸福河湖规划编制。9 个县（市、区）编制完成了县级水域保护规划，并于 12 月 21 日经省水利厅复审，其中天台县水域保护规划于 12 月 27 日经本级人民政府批复。11 月，编制完成《台州市幸福堰坝建设导则》。

【水利工程运行管理】 2022 年，台州市围绕病险水库山塘除险整治三年（2021—2023 年）行动，持续开展水库山塘除险整治，年度完成病险水库除险加固 47 座、病险山塘除险整治 100 座。完成水库、水闸、海塘等安全鉴定任务 39 个，完成年度任务的 130%。推进水库系统治理工作，完成水库系统治理配套设施改造 30 座，完成年度任务的 150%。加快推进水利工程"三化"改革，水利工程产权化率、物业化率均超额完成年度目标。

【水利行业监督】 标准化工地创建。2022 年，台州市永宁江闸强排工程（一期)、仙居县永安溪综合治理与生态修复二期工程等在建重大项目开展标准化工地建设,其中三门县海塘加固工程健跳塘标段、玉环市太平塘海堤安全生态建设工程、玉环市漩门湾拓浚扩排工程Ⅰ标段获评浙江省水利文明标化工地示范工程。台州市朱溪水库、台州市循环经济产业集聚区海塘提升等35个标段开展考勤抽查系统建设,满勤率大幅提升,关键人员到岗率有效提升。

安全生产监管。2022年,台州市水利系统开展水利建设施工领域安全生产百日整治专项行动、安全生产"四化"建设、水利设施风险隐患排查整治和水利安全生产大检查等专项安全生产监督检查,共检查水利生产经营单位228个,其中"回头看"检查118个,检查发现隐患303个;水利生产经营单位自查发现隐患765个,其中重大隐患3个;自查和检查发现的隐患1068个已全部完成整改。委托第三方服务机构浙江省水利水电技术咨询中心对台州市17个重点水利工程开展多轮安全巡查,下发整改通知书,水利工程危险源排查率和整改率达100%。2022年6月,台州市水利局组织开展全市水利安全生产标准化管理和全市水利质量与安全监督人员教育培训,培训内容涵盖水利安全生产标准化管理和强化水利工程质量与安全监督管理,9个县(市、区)水利(农水)局分管领导及科室负责人、各重点在建水利工程分管安全生产工作负责人及系统填报人员等250余人参加培训。

【水利科技】 2022年4月,"数字孪生椒江"项目成功入选水利部数字孪生流域建设先行先试试点,并于12月底顺利通过水利部中期评估,成为水利部推荐应用案例。台州市水利局协助推进温岭市、玉环市浙里办软件"九龙联动治水"应用试点建设。完成7个已建/在建应用在IRS上的编目,并完成公共数据平台的数据归集和更新工作。开展水利重大问题研究,完成"利奇马"台风后椒(灵)江建闸对临海防洪排涝影响分析,"利奇马"台风后与新规划工况下椒(灵)江洪水冲淤特征、调度冲淤和洪水影响研究,椒(灵)江建闸闸下淤积风险分析及应对措施,椒(灵)江干流涉水建筑物累积影响效应分析等4项专题研究。深化台州市椒江河口水利枢纽工程前期论证工作,项目建议书完成送审稿并召开审查会;完成生态环境及渔业资源调查、椒(灵)江水下地形测量及水文测验(2020—2021年)、必要性及规模初步论证、防洪排涝风险分析、调度运行研究、船闸通过能力分析与航道通航保证率研究等专题研究;工程总体布局与河口系统治理方案征集、两岸基本情况调查等专题完成初步成果;加快开展可行性研究报告及相关专题、水沙模型试验、航评、环评、渔评、地形测量及水文测验(2022—2023年)等可研阶段各项专题。

【政策法规】 2022年,根据台州市"大综合一体化"行政执法改革工作部署,进一步厘清执法部门的法定执法依据,进一步划转处罚事项176项。台州市开展市政府(含市政府办公室)涉水规范性文件专项清理,共排查涉水利文件10件,因上位法失效、工作任务完成等原因，建议取消其中5件，继续保留5件。拟定《台州市节约用水条例》地方立法可行性报告，《台州市节约用水条例》列入市人大常委会2023年立法预备审议项目。

【行业发展】 2022年，台州市出台《关于加快构建现代水网 全面建设幸福水城的实施意见》（台政办发〔2022〕23号），并根据台州市委市政府"建设全球一流临港产业带"战略部署，印发《关于加快构建现代水网 助力临港产业带建设的通知》（台水利〔2022〕39号），谋划水利助力"全球一流临港产业带建设"的22类、182个重大项目，明确了当前和今后一个时期台州水利发展的总体架构、指标体系和重要节点。谋划"幸福水城"目标责任制考核指标体系，并形成以市级水利部门为主导的市对县涉水工作考核载体。

【河长制工作】 2022年，台州市在全省率先建立市级河湖长制联席会议制度，河长办转设到市水利局。台州市委、市政府主要领导、总河长签发了2022年第1号总河长令《关于切实履行河（湖）长职责的通知》压实河长职责，签发第2号总河长令《关于完善工作交办机制提升河湖长制效能的通知》加强工作交办执行力。调整更新5755名河（湖）长信息，共巡河31.1万次。推行公众护水"绿水币"制度，42.6万人参与注册。完成永安溪、白溪、南官河、金清大港、西江等19条（个）河湖健康评价，制定市县两级"一河一策"年度实施计划。

【水土保持工作】 2022年，台州市完成水土流失综合治理34.94km²，为年度目标任务的205.5%，减少土壤流失量4.46万t，增产粮食461.25t。全市共审批生产建设项目水土保持方案894项，对1145个在建项目水土保持进行监督检查，覆盖率100%。大力开展椒（灵）江流域"一江两溪"等重点小流域生态修复，结合国家森林城市创建、矿山复绿、新农村建设，推进水库库区退耕还林、废弃矿山生态修复，持续打造一批打造"水相连、林成荫、地连片"的水土保持示范工程，其中82省道（S325）延伸线黄岩北洋至宁溪段公路、新建杭州经绍兴至台州铁路等2个工程获评国家水土保持示范工程。12月，台州市水利局获评全国水土保持工作先进集体。

（奚林）

丽 水 市

【丽水市水利局简介】 丽水市水利局是丽水市主管水利工作的市政府工作部门。主要职责是：保障水资源的合理开发利用；统筹和保障生活、生产经营和生态环境用水；按规定制定水利工程建设与管理的有关制度并组织实施；指导水资源保护工作。组织编制并实施水资源保护规划；负责节约用水工作；指导水文工作；组织指导实施水利设施、水域及其岸线的管理、保护、综合利用；指导监督水利工程建设与运行管理；负责水土保持工作；指导农村水利工作；监督管理水政监察和水行政执法，负责重大涉水违法事件的查处，指导协调水事纠纷的处理；开展水利科技、教育和对外交流工作；负责落实综合防灾减灾规划相关要求，组织编制洪水干旱灾害防治规划和防护标准并指导实施。承担南明湖保护管理工作。丽水市水利局管辖13个处室（单位）和1个国企。分别是行政处室4个：办公室（挂法制处牌子）、直属机关党委、规划建设与监督处、水利资源与运行管理处（挂市节约用水办公室、行政审批处牌子）；参公单位3个：市河湖管理中心、市水旱灾害防御中心（挂市水利防汛技术中心牌子）、市水政事务管理中心；事业单位6家：市水利工程规划建设管理中心、市农村水利水电管理中心、市水资源水土保持管理中心、市水文管理中心、市南明湖管理所（挂丽水经济技术开发区水利服务站牌子）、市莲湖水库建设管理中心；国企1个：市水利工程运行管理有限公司。至年底，丽水市水利局编制数89个，在岗在编公务员29人、事业人员56人；国企定员40人，在岗在编国企职工19人。

【概况】 2022年，丽水市推进并实施水利项目建设115个，新续建重大水利项目20个，完成投资51.35亿元；落实河湖长制工作联席会议制度，河长制工作获得国务院督查激励，并获2000万专项激励资金；创建省级美丽河湖15条，水美乡镇23个；成功抵御历史极值降雨，平稳应对历史罕见旱情；数字孪生瓯江大溪（玉溪—开潭段）项目入选水利部数字孪生流域建设试点；松阳县松古灌区成功入选2022年度（第九批）世界灌溉工程遗产名录，丽水市成为全国唯一一个拥有2项世界灌溉工程遗产的地级市；在全省2021年度水土保持目标责任制考核和最严格水资源考核中均位列第一；在全省水利年度水利工作综合绩效考评中位列第四，再获年度优秀。丽水市河道砂石资源管理工作获得丽水市市长吴舜泽充分肯定；水经济工作获得省委书记袁家军批示肯定；河长制工作获得省委副书记、省长王浩的批示肯定。

【水文水资源】

1. 雨情。2022年丽水市平均降水量为1784.7mm，较2021年偏少9.7%，与多年平均基本持平，存在时空分布不均、旱涝并存等特点。全市非汛期（按1—3月，11—12月统计）累计降水量为733.8mm，占全年降水量的41.1%，比多年同期偏多67.7%；汛期（按4—10月统计）累计降水量为1050.9mm，占全年降水量的58.9%，比多年同期偏少20.8%。其中6月份为降水量最大月，全市平均降水量为436.7mm；10月份为降水量最小月，全市平均降水量为9.0mm。7—10月全市持续高温少雨，面平均降水量216.0mm（为历史同期第二枯水年，仅次于1967年），比多年同期偏少64.1%，无雨日达102天（全市平均面雨量<3mm），最长连续无雨日48天（9月14日—10月31日）。丽水市各县（市、区）全年降水量在1430.6～2174.7mm，最小为莲都区，最大为庆元县。影响台风个数少，影响浙江省第11号台风"轩岚诺"和第12号台风"梅花"对丽水市影响均不明显。

2. 水情。2022年浙江省6月10日入梅，6月26日出梅，梅汛期丽水市主要呈现出梅期短、短历时暴雨雨强大、暴雨区域集中、多轮强降雨区域重叠等特点。5月22日—6月5日，丽水市出现梅汛前第一轮降水集中期，降雨主要集中于丽水市西部、西南部（庆元县、龙泉市、遂昌县等地）；6月9日进入梅汛降水集中期，6月21日降水集中期结束，期间共有两轮强降雨，降雨主要集中于丽水市西部、西南部（庆元县、龙泉市、景宁畲族自治县等地），三轮强降雨区域高度重叠。2022年丽水市各流域内主要江河水位控制站点最高水位出现在梅汛期第二轮降水过程，即6月17—21日，流域内26个主要江河水位控制站点中，14个超警戒水位，4个超保证水位，其中龙泉市溪南大洋站，大溪大港头站、上南山站、小白岩站均超保证水位。本轮强降雨过程，主要在龙泉溪、松阴溪、好溪、大溪等流域出现较大洪峰，其中龙泉溪南大洋站实测最大洪峰流量2730m³/s；松阴溪靖居口站实测最大洪峰流量1870m³/s；好溪秋塘站实测最大洪峰流量1030m³/s；大溪小白岩站查线最大洪峰流量6320m³/s。

3. 丽水市水资源总量200.4616亿m³，比多年平均偏多4.9%。其中地表水资源总量200.4616亿m³，地下水资源总量43.8692亿m³，与地表水资源间重复计算量为43.8692亿m³。全市产水系数0.65，产水模数115.7万m³/km²。人均年拥有水资源量7970.6m³（常住人口、当年量）。全市有大中型水库33座，2022年年末总蓄水量38.5449亿m³，比年初增多1.0257亿m³。全市总用水量7.3159亿m³（不包括水电站发电等河道内用水），水资源利用率为3.6%。其中农田灌溉用水占57.8%，工业用水占11.7%，城乡居民生活用水占15.8%。城乡居民人均年生活用水量46.00m³，农田灌溉亩均年用水量338.65m³，万元工业增加值用水量15.13m³，万元GDP用水量39.96m³。全市总耗水量4.4408亿m³，其中农田灌溉耗水量3.0199亿m³，占总耗水量的68.0%。全市城镇居民生活、第二产业、第三产业退水总量为1.2995亿m³。

【水旱灾害防御】 2022年，丽水市遭遇梅汛前一轮集中降雨、梅汛期二轮集中降雨、夏秋极端连旱等自然灾害侵袭，水利设施直接经济损失6.05亿元。汛前，丽水市调整市县两级水利部门水旱灾害防御领导小组成员，并开展防汛检查工作，全市累计派出技术人员6238人次，检查防御重点部位2416处，发现隐患240处，完成整改销号201处，落实管控措施39处；落实资金1126万元，完成水毁工程修复10处。储备价值1300万余元防汛物资。汛期，丽水市严格执行24小时值班制度，发送各类预警短信38万余条，下发调度令共计132次。梅汛期6月18日庆元县遭遇逼近历史极值强降雨，6月20日龙泉市普降暴雨，紧水滩水库汛情和调度过程创造了四个"历史极值"（入库流量首次达到7540m³/s、首次全部开启4个闸门大流量泄洪、水位首次达到188.05m、出库流量首次达到4500m³/s）。6月26日出梅至10月底，丽水市遭遇1954年有记录以来最强干旱,全市投入各类抗旱设施累计解决饮水困难人口 56755 人。第 11 号台风"轩岚诺"和第 12 号台风"梅花",极大缓解了缙云和丽水市区旱情。丽水市自 8 月 19 日发布水利旱情蓝色预警直至 11 月 29 日解除。

【水利基本建设】 2022 年,丽水市完成水利建设投资 51.35 亿元,超计划 3%,比 2021 年增长 19.14%,位列全省第四。水利管理业投资比 2021 年增长 17.4%,位列全省第七。全年共争取省级以上补助资金 20.7 亿元,其中中央资金 86962 万元(含山水林田湖草沙一体化项目),省级资金 120461 万元。完成山塘整治 37 座、水库除险加固 8 座,完成城乡供水管网改造 874.72km,水土流失综合治理面积 68.05km^2。

【河湖管理与保护】 2022 年,丽水市"美丽河湖"建设累计完成年度投资 4345 万元,创建莲都区仙渡溪、龙泉市竹垟溪、青田县瓯江(五里亭电站—外雄电站)、云和县龙泉溪(石塘水库—规溪村)、庆元县小安溪(东村—安溪村)、缙云县樟溪、遂昌县湖山源上游段、松阳县安民溪(李坑村—小港)、景宁县梅岐坑等 15 条省级"美丽河湖",创建里程达 175.13km,创建莲都区太平乡、龙泉市竹垟乡、青田县祯埠镇、云和县崇头镇、庆元县张村乡、缙云县舒洪镇、遂昌县垵口乡、松阳县斋坛乡、景宁县梧桐乡等 23 个"水美乡镇";完成中小河流综合治理 65.8km。

【河长制工作】 2022 年,丽水市河长办从市"五水共治"办公室独立出来,建立全面推行河湖长制工作联席会议制度。组建河长制政府工作专班,由市水利局局长担任河长办主任,办公室设在市水利局;完成市级河长更新,实施"双河长制";总河长丽水市委书记胡海峰、丽水市市长吴舜泽联合发布了 2022 年河长 1 号令,2 号令;2022 年,各级河(湖)长巡查总计 91001 次,巡河率 94.32%,发现问题 25484 个,问题解决率 99%;完成 23 条河湖健康评价,完成水利部推送的 1128 个遥感点位的复核,发现 34 处碍洪问题,并全部完成整改;落实 2021 年国务院河湖长制激励资金使用工作。对丽水市全域县级河湖进行健康评估,建立连续 5 年的丽水市河湖健康和水生态健康动态监测、定期评价机制,对全市 108 个县级河长管辖的 142 个责任河(湖)段进行健康评价。对丽水市河长制管理系统进行提档升级,实现数字"智"河迭代升级。

【水利工程运行管理】 2022 年,丽水市认真落实 1310 座山塘、391 座水库、188 段堤防、17 座水闸、3 座闸站的"三个责任人"和"三个重点环节"。持续开展安全鉴定和安全评定工作,完成 45 座水库、4 段堤防、1 座闸站的安全鉴定,为水利工程安全管理提供依据。完成 33 座中型水库(包括河床式水电站)、6 座小型水库、20 座泵闸的控制运用计划审批;在日常检查、专项检查中,不定期对水库、泵闸开展调度运行检查,确保按照已批复的控运计划开展调度运行。落实山塘、水库、堤防、泵闸汛前检查,组织开展水旱灾害防御风险隐患排查、水电站等水利设施风险隐患排查整治及"回头看"、水利安全生产大检查、水利安全生产大检查"回头看"、水利除险保安"百日攻坚"行动等专项检查，对于发现的问题隐患已要求全部整改到位。扎实开展病险水库除险加固和清零销号工作，全年完成 8 座病险水库除险加固清零销号。丽水市规模以上水利工程产权化完成率为 58%，物业化完成率为 96%，规模以上水利工程纳入浙水安澜管理率已达 100%。

【水利工程建设管理】　2022 年，丽水市水利局完成对水利工程施工企业资质、市场行为、体系管理、人员资格等情况的"双随机"抽查；开展安全生产巡查，共抽查全市 40 个在建水利工程，对 9 个县（市、区）和市本级共 12 个在建水利工程开展质量抽检，全年共组织各类质量检查活动 270 余次，发现问题 1568 条。全年全市水利工程建设未发生质量事故，在全省面上水利建设项目质量抽检考核结果排名中，遂昌县排名第 18 位。代表浙江省接受国务院保障农民工工资支付考核未失分，取得 A 级优异成绩。全年丽水市完成水利项目竣工验收 55 个，省重点工程丽水盆地易涝区防洪排涝好溪堰水系整治一阶段、瓯江治理工程云和县龙泉溪治理工程（石浦段）、瓯江治理工程云和县龙泉溪治理工程（小顺段）工程通过竣工验收。

【莲湖水库建设】　2022 年，丽水市大力推进莲湖水库建设。2 月 10 日省水利厅出具莲湖水库工程项目建议书行业主管部门审查意见，5 月 25 日项目建议书通过省发展改革委备案受理，7 月 28 日省水利厅出具规模论证审查意见，8 月 12 日省移民办组织开展实物调查大纲审查，9 月 15 日省政府下发禁建通告，11 月 21 日正式开展现场实物调查，12 月 14 日实物调查移民入户房屋测量工作基本完成。莲湖水库是一座以防洪、改善流域水生态环境为主，结合发电等综合利用的水利工程，枢纽工程建筑物包括拦河坝（含泄水建筑物）、发电引水建筑物、发电厂、过鱼建筑物、永久交通道路、边坡和下游河道防护等。该水库建成后，总库容为 1.2 亿 m^3，防洪库容 6900 万 m^3，通过与松阳黄南水库、缙云潜明水库、遂昌成屏二级水库扩容、莲都区雅溪一级水库扩容综合调度，可提高丽水市城市防洪能力由 20 年一遇提至 50 年一遇。

【政策法规】　2022 年，丽水市水利局制定年度重大行政决策事项目录，组织对《丽水市水资源节约保护和利用总体规划》《丽水市水资源管理办法》等 2 项重大行政决策、60 余份合同开展合法性审查，提出审查意见 170 余条。《丽水市城市内河整治提升工程前期勘察咨询服务合同》《丽水市城市内河整治提升工程委托建设合同》等 7 件重大合同均按时报备并通过备案审查。开展社会群体普法宣传，结合第 30 届"世界水日"、第 35 届"中国水周"，围绕"节水就是保护绿水青山，节水就是节能减排""丰水俭用，好水精用，建设幸福瓯江"等主题开展宣传活动。以校园宣传、单位宣传、志愿宣传、标杆授牌等形式多样化进行社会面普及宣传。建成丽水市水情教育基地,增强市民对丽水水情的了解,同时促进节水型社会建设,为水利法治宣传提供新基地。组织开展学习贯彻党的二十大精神主题演讲比赛,评选出"十佳宣讲员",组织开展水利青年宣讲团培训班,培养宣讲员开展水法、水土保持法、安全生产法等知识的社会宣讲。

【水行政执法】 2022年,全市主要河流纳入卫星遥感平台监管,每月提供一张卫星比对图谱,避免出现监管盲区。在全市水域重点河段安装监控544个,基本实现主要干流河道和在建涉水工程全天候、全范围、全覆盖监管。水利执法人员对本辖区内沿河区域进行常态化执法巡查,市本级共巡查水域14865km,查处并移送立案18起,其中违法采砂案件1起,在河道管理范围内违法搭设建筑物、构筑物13起、倾倒泥土2起,未按水行政主管部门审批方案建设项目2起。

【水土流失治理和水土保持监管】 2022年,丽水市共完成水土流失治理面积74.81km^2。其中通过山水林田湖草系统治理项目松阳县松阴溪流域水生态保护修复项目(一期)以及龙泉市、庆元县、遂昌县的生态清洁小流域完成水土流失综合治理面积68.05km^2,生态林业改造、矿山生态修复、高标准农田等治理水土流失面积6.76km^2。水土保持率持续提升,达93.27%。水土流失强度下降,现状以轻度水土流失为主,占比为水土流失面积91%。全年丽水市完成水土保持方案审批474个,其中水土保持

方案报告书138个,报告表132个,登记表204个;丽水市水土保持设施验收备案109个,累计验收后核查项目59个,占比54.13%;在建生产建设项目监督检查552个,累计发出监督检查意见662份;需开展水土保持监测的生产建设项目共计421个,其中自行监测72个,委托第三方技术服务单位开展水土保持监测349个;卫星遥感图斑复核645个,发现问题12个,全部落实整改;列入"重点关注名单"信用监管单位2家,挂牌督办项目10个。

【重点水利工程建设】 2022年,丽水市20个水利项目列入省重大建设项目实施类,累计完成总投资28.15亿元。莲都区碧湖平原水系综合治理工程(一期)、松阳县松古平原水系综合治理工程、青田县中西部引水工程、大溪治理提升改造工程开工建设;丽水市滩坑引水工程、丽水市城区排水防涝工程、龙泉市梅溪八都溪岩樟溪流域综合治理工程、青田县小溪水利枢纽工程、龙泉市竹垟一级水库及供水工程、庆元县兰溪桥水库扩建工程、庆元县松源溪流域综合治理工程、缙云县好溪流域综合治理工程、缙云县潜明水库引水工程、松阳县松古平原水系综合治理工程、景宁县金村水库及供水工程和景宁县小溪流域综合治理工程(一期)进展顺利;遂昌县清水源水库工程和景宁县水系连通及农村水系综合整治试点县基本完工;云和县浮云溪流域综合治理工程、云和县龙泉溪治理二期工程和金村水库及供水工程进度稍滞后;庆元县杨楼溪水库及供水工程暂缓实施。

【水利规划课题研究】 2022 年，丽水市编制完成《丽水市滞洪水库规划》《丽水市解决防洪薄弱环节实施方案》《丽水市优质水外输研究》《丽水市现有梯级水库抽水蓄能利用研究》等 4 个课题工作。《丽水市滞洪水库规划》（丽发改规划〔2022〕309 号）根据丽水市各县（市、区）山洪灾害防治现状，结合水库选址原则及运行原则，共规划确定了共计 35 座滞洪水库，最大限度减轻丽水市范围内小流域暴雨洪水灾害，解决丽水市部分小流域乡镇、行政村、自然村山洪防御不达标问题。《丽水市解决防洪突出薄弱环节实施方案》系统梳理丽水市范围内重点区域的防洪排涝短板，针对性提出解决防洪突出薄弱环节的工程与非工程措施，提高城镇防洪达标率，提升洪涝灾害预报预警与应急协同处置能力。《丽水市优质水外输研究》分析阐述了丽水水资源外输的必要性，对绍兴、宁波、舟山、温州、台州、金华各需求侧片区进行供需平衡分析，初步拟定丽水市优质水资源外输东线、西线和南线 3 条线路。《丽水市现有梯级水库抽水蓄能利用研究》对丽水市境内现有的梯级水库资源进行普查，以库容、地形地质、环境、施工等指标确定梯级水库抽蓄点筛选原则，根据距高比、水头差、有效库容等关键参数进行动能分析计算，最终确定 17 处梯级水库抽水蓄能利用推荐资源点，并对推荐的资源点进行了工程投资及效益分析。

【水资源管理与节约保护】 2022 年，按照省水利厅浙水资〔2022〕14 号要求，丽水市编制完成年取水 1 万 m³ 以下标准化建设方案，并在 2022 年底完成 182 个取水计量设施标准化建设任务。依据瓯江、建溪、交溪、松阴溪等流域水量分配方案，全面落实跨行政区江河水量分配目标任务。实施国家节水行动，市、县全部印发年度节水行动工作方案。丽水市完成市、县两级水资源节约保护和利用总体规划编制，并通过市级、省级相关部门初审和复审。至年底，丽水市创成节水标杆酒店 4 个、节水标杆校园 2 个、节水标杆小区 4 个、节水标杆企业 9 个，创成省级节水型企业 5 个、省级节水型单位（小区）25 个，完成清洁生产审核企业 28 个，完成建设水利行业节水型单位 8 家。丽水市青田县、缙云县、遂昌县成功通过国家级县域节水型社会达标创建，并获得水利部命名，全市县域节水型社会创建率达到 44.4%，龙泉市、庆云县、松阳县、景宁畲族自治县县域节水型社会达标创建通过省水利厅评估并推荐至水利部。"丽水经济技术开发区：高位推动 技术引领 全力打造省级节水标杆园区"入选浙江省 2022 年度节水行动优秀实践案例。

【水利行业监督】 2022 年，丽水市探索新型行业监督工作模式，逐步形成形成"系统化整合、清单化管理、专业化检查、制度化运行、信息化操作"的水利监管工作新格局。按照水利建设、水利工程运行等五大领域，梳理各业务领域的监督检查的范围、对象内容、程序，形成监督任务清单；对检查发现的问题制作问题清单；针对检查出的各类问题，建立责任清单，明确整改时间表，落实整改责任人，实行销号制，实现"三张清单"闭环管理。至年底,丽水市共开展监督 18632 人次,实行一月一通报、问题"红黄牌"警告,共发出监督通报 31 期。

【南明湖景区管理】 2022 年,南明湖管理所建立健全景区管理长效机制,加强对水面保洁、绿化养护、环境卫生、安全护卫等物业公司的考核力度,实现景区管理规范化、标准化。加强景区数字化管理,对南明湖核心区现有智能化监控系统进行整合升级,推进南明湖景区停车场基础设施、监控系统提升改造,施行收费管理,进一步规范景区车辆管理。强力推进《丽水市南明湖保护管理条例》执法检查整改工作,牵头落实南明湖综合管理联席会议机制、成员单位问题整改推进、南明湖景区联合执法队伍组建、社会监督员聘用、南明湖保护管理范围明确及界桩设定,并对景区违法行为及不文明行为开展联合执法行动,提升秩序管理水平。服务全国文明典范城市创建和国家卫生城市巩固工作,在丽水市高水平巩固国家卫生城市工作中丽水市南明湖管理所表现突出,荣获集体嘉奖。协办 2022 年全国航海模型锦标赛、2022 年全国赛艇锦标赛及浙江省第三届公开水域游泳系列赛(丽水站)。

【农村供水保障行动】 2022 年,丽水市全年完成农饮水投资 14.4 亿元,新增供水保障人口 40.2 万人。加大城乡供水管网联网、提升改造,完成省民生实事管网改造 874.72km。628 个供水水厂(水站)实现了实时水质、水量接入省城乡供水数字化管理平台。常住人口 50 人以上的农村简易水厂销号 333 座,创建"美丽水厂"237 座,创建省级规范化水厂 6 座。结合中央抗旱资金投资投入 3841 万元,有效应对重大旱情的极端挑战。

【绿色水电创建工作】 2022 年,丽水市持续推进绿色水电创建工作,通过认证电站 5 座,占全国 134 座 4%,全省 11 座 45%。2017—2022 年,累计通过绿色小水电示范电站认证总数 135 座,通过率占全国 14%,占全省 52%;2016—2022 年累计创建省级生态水电示范区 20 个,示范区创建数量占全省总数 30%;2022 年度完成小水电安全生产标准化复评及初评 177 座;2022 年全国首创小水电行业生态信用体系,上线小水电生态信用应用场景。9 月,智慧水电生态信用评价应用场景获得全省信用数字化改革应用场景十大优秀案例称号。10 月,完成丽水示范区首批 6 座电站 14 万张国际可再生能源证书(I-REC)的注册、签发和交易。11 月,编制完成《丽水市水电站绿色改造和现代化提升规划》和《丽水市水电生态产品价值实现机制研究》,依托水电生态产品价值研究课题,系统研究并总结量化水电在全市生态产品价值中的贡献度,可以持续稳固小水电在丽水的绿色能源支柱地位,并以水电为突破口推动全市水生态产品价值核算和实现机制研究。

(刘晓敏)

厅直属单位

Directly Affiliated Institutions

305～366 页

浙江省水库管理中心

【单位简介】　浙江省水库管理中心（以下简称"水库中心"）隶属于浙江省水利厅，是一家正处级公益一类事业单位。水库中心机构编制数17名，设主任1名，副主任2名。至年底，干部职工数27名（含退休人员），其中参公编制22名（政策性超编），退休人员5名。

　　水库中心主要职责是：起草水库管理、保护的政策、规章制度，组织拟定技术标准；承担水库除险加固提标专项规划和实施方案编制技术管理工作，承担水库除险加固项目前期、建设管理和工程验收的辅助工作；承担水库调度规程、控制运用计划编制技术管理工作，组织大型和跨设区市中型水库控运计划技术审查，并协助监督实施；承担指导水库大坝安全运行管理、监督检查的辅助工作，组织大型和跨设区市中型水库大坝安全鉴定技术审查；承担水库大坝注册登记、水库降等报废的技术工作，承担大型和跨设区市中型水库大坝注册登记的辅助工作；承担水库工程管理范围和保护范围划定的技术工作，组织大型和跨设区市中型水库管理和保护范围划定方案技术审查；承担水库工程标准化、物业化管理的相关工作；承担水利工程管理体制改革和运行管理市场监管的辅助工作；组织开展全省水库管理技术研究与应用；承担水利民生实事专班工作；完成省水利厅交办的其他任务。

【概况】　2022年，水库中心共完成33座大型及1座跨设区市中型水库的控制运用计划技术审查；完成28座大型水库、23座中型水库和222座小型水库的运行管理指导服务；完成3座大型水库大坝安全鉴定技术审查和40座小型水库安全鉴定技术服务、39座降等或报废水库现场核查、50座病险水库除险加固前期工作技术服务；完成7座水库管理和保护范围划定方案技术审查。

【水库安全检查】　2022年，水库中心紧紧围绕"保安全、稳增长、惠民生、利长远，全力实现'浙水安澜'"总要求，组织开展水库安全度汛和运行管理检查指导。全年检查水库273座，其中大型水库28座、中型水库23座、小型水库222座。重点检查水库工程实体"三大件"（指大坝、溢洪道、放水建筑物）安全运行状况、溢洪道畅通情况、"三个责任人"履职情况、"四预"措施落实情况等。建立"发现—交办—整改—督导—销号"工作机制，编制问题隐患清单，落实专人督导，发出"一县一单"反馈函59份，动态跟踪指导水库管理单位落实整改，做到对账销号、闭环管理。

【水库控制运用】　2022年，水库中心严把控制运用计划技术审查关，完成33座大型水库及1座跨设区市中型水库控制运用计划技术审查。全力支撑防台防汛工作，应急响应期间，水库中心派驻省水利厅值班值守5人，加强对水库山塘度汛专班、工程技术组、工程调度组技术支撑。对照5张风险清单（无水位自动测报、病险水库、安全鉴定到临期、超限制运行、检查存重大问题未整改），向各市水利局发放风险防范提示函和安全度汛提示函 25 份，闭环管控风险点 580 余处。组织省、市、县三级电话抽查 8994 座次水库巡查责任人履职情况，编制专班工作日报 23 份。防御第 12 号"梅花"台风前期，提前预判降雨情况，主动派出服务督导组赴嵊州市现场检查 8 个乡镇 20 座二类、三类坝水库，逐项落实防台举措。

【水库安全鉴定】　2022 年，水库中心紧盯水库安全鉴定到期清零，动态更新任务清单，每月跟踪晾晒各地进展，3 次下发提示函，督促进度滞后的市、县（市、区）按时按量完成鉴定任务。全省共完成安全鉴定 382 座，实现 2022 年底前安全鉴定到期水库全部清零。组织完成钦寸、里石门、安华等 3 座水库安全鉴定技术审查。加强安全鉴定技术指导，采取前期指导和后期审查相结合的方式，完成 13 个县（市、区）40 座水库安全鉴定技术服务，"一库一表"反馈鉴定工作问题，编制发布《小型水库安全鉴定技术问答》，指导市、县（市、区）重点把握安全鉴定主要工作流程、普遍存在的问题和需要注意的重点，提升鉴定工作质量。

【水库除险加固】　2022 年，水库中心加快病险水库除险加固，督导水库民生实事进度，全省共完成病险水库除险加固 231 座，2021 年 6 月底前鉴定为三类坝的存量病险水库全部开工建设。编制《浙江省水库除险加固（系统治理）实施方案（2022—2025 年）》，重点围绕安全鉴定、除险加固常态化清零、"三通八有"配套设施提升改造、长效管护机制健全完善，明确任务书、时间表。加强病险水库除险加固前期工作指导服务，审核初步设计 50 座，结合工程现场，从水库除险加固建设思路、处置措施、技术手段上提出指导意见。

【水库降等报废】　2022 年，水库中心及时跟踪各地实施进展，加强事前事中指导，从实施必要性、审批验收程序完整性、措施落实是否到位等方面，组织开展现场核查指导服务，运用无人机技术参与降等报废现场核查，指导市、县（市、区）规范实施水库降等报废程序，并及时跟进核查存在问题的落实情况。完成 9 个市 24 个县（市、区）的 39 座安全隐患突出、功能萎缩严重、投入产出效益明显不高水库降等与报废书面复核和现场核查，认定通过降等水库 9 座、报废水库 6 座，超年度目标任务 150%。12 月，起草《浙江省水库降等与报废管理实施细则（修改稿）》，总结核查工作成效。

【水库深化标准化管理】　2022 年，水库中心巩固深化水库标准化管理，推动"十四五"水库标准化管理评价工作。组织召开仙居县盂溪水库、龙游县高坪桥水库标准化创建评估会议，指导修正高坪桥水库的"两册一表"（指制度手册、操作手册和岗位人员对应表），解决全省首个采用 PPP 模式新建中型水库管理单位和拥有 15 年经营权的运营单位之间权属职责划分等有关问题。服务指导长兴合溪、金华沙畈和杭州闲林等 3 座水库分别以 948 分、950 分、958 分的高分通过水利部太湖局的标准化管理评价。配合推进水库深化标准化管理工作，协助编制《浙江省深化水利工程标准化管理实施方案》《浙江省深化水利工程标准化管理评价细则》，起草《浙江省大中型、小型水库工程标准化评价标准》《水库工程标准化管理示范文本（编制要点）》。开展《大中型水库管理规程》修订立项的有关工作，编写浙江省分散管理小型水库专业化管护情况分析报告。

【水库管保范围划定】　2022 年，水库中心持续推进水库管保范围划定。跟踪纳入《浙江省水利工程管理与保护范围划定实施方案及分年度计划（2022—2024 年）》中水库工程的进展，提出水利工程三区三线水库工程有关要求。指导仙居盂溪、龙游高坪桥、天台桐柏上下水库等 3 座中型水库，龙泉大赛三级电站水库、木岱口水库、水塔电站和墩头水库等 4 座小型水库完成管保范围划定并通过当地政府批复；踏勘湖南镇、滩坑、紧水滩等 3 座大型电站水库管保范围，跟踪督导各水库管保范围划定方案修改，逐库制订工作推进方案。11 月 21—23 日，组织召开滩坑、紧水滩水库管理范围和保护范围专家审查会，提出省级审核意见，提前一年完成《浙江省水利工程管理与保护范围划定实施方案及分年度计划（2022—2024 年）》中所有国有水库工程管保范围划定任务。

【水库数字化改革】　2022 年，水库中心协助开发"智慧水库"场景应用，2 月 17 日，浙里办软件"九龙联动治水"应用驾驶舱上线试运行，省水利厅领导给予充分肯定。后续持续对"智慧水库"场景应用进行完善，迭代开发汛限水位管理、安全状态管理、综合检索、系统治理、工程检查、降等报废等功能模块。参与起草《水库"三色码"预警规则》，绘制水库全生命周期管理图。协同省水利厅运管处和省水库大坝安全监测中心（研究院）建设浙江省水库大坝安全监测分析预警平台，加强大坝安全本体监测与预警。做好全国水库管理系统和省水利工程运行管理系统数据治理。

【水库注册登记】　2022 年，水库中心指导南江、下岸、横山、汤浦、亭下、皎口等 6 座大型水库及赵山渡、芝堰等 2 座中型水库完成注册登记变更等相关工作，完成高坪桥、潜明、黄南、小源里、云遮、芭蕉山、大沙调蓄、白龙潭、登埠、悬腾坑、水溪、三水潭等 12 座中、小型水库注册登记入库。做好水库降等与报废水库销号工作，跟踪掌握各地水库降等与报废实施情况，指导各地在网络版注册登记申报系统中完成 15 座水库注销工作。校对省运管平台、水利部注册登记系统等平台中 4277 座水库的名录数据，做到数据可靠、信息准确。

【水库系统治理】　2022 年，水库中心全面推进水库系统治理，完成水库配套设施改造提升 407 座，编制《浙江省小型水库系统治理"三通八有"设施设置工作指引》，指导各地规范开展小型水库系统治理工作。完成绑定水库水雨情自动测报设施 900 余座，基本实现所有水库自动测报全覆盖。11月24日，水库中心召开2022年水库系统治理推进会，印发《浙江省水库运行管理典型案例汇编》，总结2022年水库系统治理、除险加固、运行管理工作经验，深入开展交流学习，全面谋划2023年水库系统治理工作思路。

【水利民生实事】　2022年，水库中心根据《浙江省水利厅关于成立水利民生实事工作专班的通知》（浙水人〔2022〕8号），省水利民生实事工作专班在水库中心设立。该专班贯彻省政府民生实事"三能、四看"（指能早则早、能多则多、能快则快；看进度、看质量、看问题、看评价）具体要求，定点定时、定标定责清单式推进项目建设。实际实施项目3089个（排全省第二），年度完成率125%。依托浙里办软件"九龙联动治水"应用开发上线水利民生实事数字化应用，点位一图展示、排序一表晾晒、进度一码监测，工程进度月均同比增速15%。组织开展民生实事专项督导、日常督导和重点帮扶，保障项目实效、数据真实、确保督查、审计无重大问题。开展水利民生实事系列采风活动，水利民生实事宣传报道先后登上省政府网站头条、《中国水利报》头版，多次入选浙江卫视蓝新闻。"浙里平安"群众好评率99.72%。

【建立健全单位制度】　2022年，水库中心深入推进工作规范化、标准化和制度化，修订《浙江省水库管理中心"三重一大"事项清单》《浙江省水库管理中心岗位工作规程》等2项制度，制定《水库中心支委会讨论研究重大事项清单》《水库中心党支部意识形态和党风廉政分析会制度》《浙江省水库管理中心网络安全管理办法》《浙江省水库管理中心考勤及请休假管理办法》《浙江省水库管理中心政府采购档案管理办法》等5项制度，结合中心人员岗位职责变动修改完善中心"岗位设置表"和"岗位职责表"。

【党建与党风廉政】　2022年，水库中心坚持以习近平新时代中国特色社会主义思想为指导，深入学习宣传贯彻党的二十大精神和省第十五次党代会精神，召开学习会15次。围绕习近平总书记治水重要论述、防灾减灾重要论述、有关水库重要指示精神等开展专题研讨3次，支部书记以"坚持底线思维　防范风险挑战　确保水库无虞"为题讲党课。组织所有干部开展学习省第十五次党代会精神心得体会交流，厅管领导干部、支部委员开展学习《习近平谈治国理政》第四卷心得体会交流。

开展"党建＋业务＋数字化"交流学习、专家开班授课、全体党员上党课等学习活动。落实"三会一课"、谈心谈话、民主评议党员等基本制度，共召开党员大会7次、组织生活会2次、支委会18次。与省水利厅运管处、杭州市水库管理中心在闲林水库开展联学联建活动；与省水利河口研究院、台州市水利局在长潭水库、大陈岛开展联学联建活动。完成支部书记补选和支部委员增选工作，中心支部委员增加至5人。制定《水库中心党支部2022年党建工作要点》《水库中心党支部2022年党建纪检工作要点》《水库中心关于增强责任意识改进工作作风实施方案》，抓好岗位风险防控，全面开展岗位廉政和失职渎职风险排查，认真制定防范措施，共排查出岗位风险 61 个，制定防控措施 138 条。

持续做好警示教育，在不定期推送典型案例警示教育学习的基础上，组织全体干部开展"明纪律　守底线　奋进新征程"专题学习活动和"守住政治关、权力关、交往关、生活关、亲情关"党风廉政思想交流。针对厅党组巡察反馈的 29 个问题，逐条梳理剖析、举一反三、制定 78 项整改措施，形成《中共浙江省水库管理中心支部委员会关于落实厅党组巡察反馈意见的整改方案》，完成整改措施 77 项，持续推进 1 项。

(田浪静)

浙江省农村水利管理中心

【单位简介】　浙江省农村水利管理中心（以下简称"农水中心"）为省水利厅所属正处级参照公务员法管理的公益一类事业单位，事业编制 28 名，设主任 1 名，副主任 2 名，所需经费由省财政全额补助。农水中心主要负责起草农村水利建设和管理的政策、制度，拟定技术标准，承担大中型灌区、大中型灌排泵站、农村供水工程、圩区、山塘等工程建设和运行管理以及农业灌溉水源、灌排工程设施审批和农村集体经济组织修建水库审批的辅助工作，组织开展全省灌溉试验站网建设、农业灌溉试验及农田灌溉水有效利用系数测算分析、农业用水定额拟定，协助指导基层水利服务体系建设和管理、农业节水、水利血防等工作。2022 年 3 月，省水利厅在农水中心设立省河湖长制办公室工作专班（以下简称"省河长办"），主要承担省河长办日常工作，负责拟定河长制有关政策标准和制度，组织起草年度工作目标，开展河长制工作宣传培训、监督检查和考核评价具体工作，联络省河长办成员单位和省级河长联系单位工作，协同联动市县河长办工作等。2022 年年初，农水中心实有人数 26 人；3 月，浙江省钱塘江流域中心 16 名参公人员转任农水中心；9 月，选调 1 人；实有人数最高达到 43 人。全年调出 5 人，至年底，农水中心实有人数 38 人。

【概况】　2022 年，农水中心指导全省完成 7 个大中型灌区续建配套与节水改造，年度投资约 6.8 亿元；山塘建设投资 5.87 亿元，完成山塘综合整治 632 座、美丽山塘创建 609 座，杭嘉湖圩区整治 16728hm²，浙江省河湖长制工作再获国务院督查激励。1 月，农水中心获评 2021 年度厅系统综合绩效考评优秀单位。

【大中型灌区建设管理和技术审核】　2022 年，农水中心指导乌溪江引水工程灌区、铜山源水库灌区、上塘河灌区、赋石水库灌区、安地灌区、松阳江北灌区和金清灌区等 7 个大中型灌区完成年度投资约 6.8 亿元（含中央资金约 2.8 亿元），完成乌溪江引水工程灌区、长潭灌区和碗窑灌区等 3 个灌区 5 期项目的竣工验收。完成 23 个 2023—2025 年申请使用中央财政水利发展资金的中型灌区续建配套与节水改造项目遴选和其中 22 个项目立项建议报告的技术审核。

组织完成铜山源灌区"十四五"初步设计报告技术审查和协助批复工作。组织完成列入 2023—2024 年改造计划的东芝灌区等 7 个中型灌区的实施方案和安地、金清 2 个中型灌区的项目重大设计变更报告的技术审查。推荐上报水利部铜山源、安地和上塘河等 3 个大中型灌区数字孪生先行先试申报材料。组织完成全省"十三五"大型灌区实施情况总结评估和 2022 年中型灌区自查自评，中型灌区自评估材料得分排名全国前列。

【大中型灌区运行管理】　2022 年，农水中心组织开展全省大中型灌区运行管理监督检查。其中，省级督查大中型灌区 23 个，新发现问题 118 个，以"一市一清单"反馈各地，全线跟进督促整改；建立全省灌溉保供工作群，及时分享气候预报和实时动态。实行农业用水旬报制，督促全省各地提前测算水量平衡，及时调整用水计划。

【山塘建设运行管理】　2022 年，农水中心服务指导全省山塘综合整治 632 座（其中列入"浙江省政府十项民生实事"的病险山塘整治 507 座），总投资 5.87 亿元。开展"美丽山塘"创建、山塘基础数据整治，全省创建"美丽山塘"609 座，完成山塘基础数据信息复核、更新 7600 余座，推进山塘"建管治"同步达标。高坝、屋顶山塘防汛预警纳入防洪减灾平台，针对预报 24 小时降雨量超

100mm 地区的山塘自动发布预警信息；梅雨和台汛期间，省市县三级联动，组织开展山塘巡查抽查，累计抽查山塘 7829 座，发现问题 1234 个，全部完成整改，强化了山塘防汛预警能力，保障了山塘安全度汛。

【圩区建设运行管理】　2022 年，农水中心开展圩区现场技术服务工作 20 余次，指导杭嘉湖圩区整治工程项目建设及运行管理和地方开展圩区整治工程初步设计前期工作，完成 15 个杭嘉湖圩区初步设计报告合规性审查，完成大中型病险水利工程圩区部分薄弱环节表审核和"十四五"期间解决防洪排涝突出薄弱环节实施方案的圩区项目清单梳理，督促完成圩区整治约 16729hm²，超额完成年度目标任务。

【农村水利数字化建设】　2022 年，农水中心支撑建设浙里办软件"九龙联动治水"应用和"浙里办"的"浙水好喝"便民服务、企业端运行管理平台（通用版），实现"民呼我为"的精准化便民服务，建立从源头到龙头数字化"智治＋服务"的数字社会高效治理，"浙水好喝"应用在水利部全国农村供水现场会亮相，建设经验被中国水利报专题报道和水利部全国推广。围绕农村水利"建设、管理、改革"的核心业务构建场景应用，推动农村水利领域"系统治理、协同治理、智慧治理"改革，完成"浙水兴农"综合驾驶舱开发、山塘风险管控、圩区防汛预警、首席水利员中期考核、系数考核等功能开发上线，完成山塘、灌区、圩区、基层服务等业务应用

功能迭代更新，全省 122 个大中型灌区纳入浙里办软件"九龙联动治水"应用平台一张图，初步实现高标准农田图斑和灌区分布两图叠加。

【农业节水灌溉工作】 2022 年 1 月，农水中心完成 2021 年度全省农田灌溉水有效利用系数测算分析成果报告和市级系数测算分析工作考评，杭州市、金华市、舟山市、台州市、衢州市、湖州市、绍兴市考核优秀，嘉兴市、宁波市、温州市、丽水市考核良好。组织开展全省农田灌溉水有效利用系数测算分析工作，2022 年度全省农田灌溉水有效利用系数达到 0.609。优化全省灌溉试验站网布局，完成 19 种经济作物的定额观测、4 种经济作物高效节水灌溉制度、3 种新型条件下高效经济作物需水规律、3 种养殖用水定额观测等试验任务。5 月，农水中心完成《农业用水定额》修编升地标评审，组织开展宣贯工作，促进出台文件、标准、规划落地见效。

【基层水利服务体系建设管理】 2022 年 9—11 月，农水中心组织开展浙江省第三届首席水利员中期考核，经个人自评材料填报、市县复核推荐、省级现场抽查、专家线上评分和集中评议、厅领导签示、网上公示等程序，完成 131 名首席水利员的中期考核，确定 26 名优秀首席水利员名单，取消 10 名首席水利员荣誉称号。组织完成年度基层水利员培训、灌排泵站培训、农村水利建设管理线下培训和系数测算工作线上视频培训，培训总人数 1100 余人。

【河湖长制工作落实】 2022 年，农水中心指导 11 个市、90 个县（市、区）全面建立联席会议制度，强化河湖长制部门协同，推动 18 个成员单位抓好河湖长制任务落实。指导市县两级总河长共签发总河长令 168 份、召开联席会议 120 次，压实以党政领导负责制为核心的河湖长制责任体系。协助 7 名省级河湖长率先垂范、巡河督导，带动全省 5 万名河湖长迅速进岗到位履职尽责，全年累计巡河巡湖达 230 万人次，解决各类问题 32 万余个，294 个妨碍河道行洪突出问题全部按时完成整改销号，推动了河湖长制工作"有名""有责"向"有能""有效"转变。

【河湖长队伍建设】 2022 年 4 月，农水中心制定《浙江省河湖长设置动态更新办法》，全年完成全省 2964 名总河长、49164 名五级河湖长名录信息线下线上梳理更新和 8.2 万块河湖长公示牌信息更新，确保河湖长队伍完整准确、公开透明。5 月，制定《河湖长履职评价积分规则》；7 月，制定《河湖长履职绩效评价与报送制度》；9 月，制定《河湖长述职工作制度》，量化评价河湖长履职成效，定期开展排名晾晒，直达河湖长本人和联系单位，浓厚争先创优工作氛围，督促提升履职实效。

【河湖长制数字化应用】 2022 年，农水中心围绕河长履职、问题处置、部门协同、大众护水、河湖空间保护等核心工作，着力打造"浙水美丽"数字化应用，构建完善"河长在线、河湖健康、大众护水"三个子场景，全量归集全省

5万名河长履职信息，集成河长在线、水质断面、生态流量、建设成效等数据，链接全省300多万名社会公众，622个护水公益组织共5.8万名公益护水队员，有效实现了河长信息"一网展示"、履职情况"一屏掌控"、河湖健康"一个指数"、大众护水"一链联动"。

【党建与党风廉政建设】 2022年，农水中心深入学习贯彻党的二十大精神和省第十五次党代会精神，组织开展《习近平浙江足迹》和《习近平谈治国理政》第四卷等专题学习研讨。组织开展"党员进社村，共建好家园"活动，前往省档案馆浙江数字化改革成果展、抗日战争胜利浙江受降纪念馆、萧山衙前农民运动纪念馆、洞头先锋女子民兵连纪念馆等地开展主题党日活动。组织完善和严格落实《2022年度意识形态工作责任分工》，开展"明纪律 守底线 奋进新征程"警示教育活动，修订完善管理制度14项，全面梳理和防范廉政风险点和失职渎职风险，建立一级主任以下干部廉政档案。1月，农水中心党支部2021年度党建工作考核优秀，被评为五星党支部；3月，组织完成支部换届选举；5月，《积极探索"党建＋业务"学习新模式》入选厅系统党支部工作法优秀案例选编；6月，成立4个党小组。全年党员组织关系转入14人、转出3人，预备党员转正1人，确定入党积极分子1人；8月，农水中心党支部被评为厅系统水利先锋党支部。

（马国梁、贾怡、李岳洲、万俊毅）

浙江省水文管理中心

【单位简介】 浙江省水文管理中心（以下简称"水文中心"）为省水利厅所属公益一类事业单位，机构规格为副厅级，内设办公室、水情预报部、站网部、通信管理部、资料应用部、水质部（省水资源监测中心）等6个部室及之江水文站（同时挂浙江省水文机动测验队牌子）、分水江水文站和兰溪水文站等3个分支站，经费由财政全额保障。核定编制数90人，至年底，实有在编人员86人。主要职责是：承担全省水文事业发展规划的编制并组织实施；承担指导水文水资源监测、水文情报预报、水利行业水质监测业务、水文通信、自动测报、全省水文设施的安全保护等具体工作；组织全省水文水资源监测资料的复审、验收和汇编；拟定全省水文行业的技术规范和标准；承担省级水文信息化系统、分支水文站的建设管理和运行维护。

【概况】 2022年，水文中心支撑水旱灾害防御工作，在防御梅雨期洪水、第11号台风"轩岚诺"、第12号台风"梅花"、应对夏秋冬连旱中发挥水文作用。水资源水生态服务保障深化拓展，组织编制《浙江省地表水资源质量年报（2021年度）》《浙江省水资源公报（2021年）》等报告，编制完成《浙江省地下水管控指标》。完成省水资源监测中心资质认定复查换证。对接落实水利急用先行感知体系的水文监测建设任务，健壮水文发展基础。持续深化水文数字变革，开展

"水文测验质量提升年"行动。高质量完成水文资料整汇编工作,推动水文集成改革试点,加快水文科技研究应用。水文中心连续4年荣获厅系统综合绩效考评优秀单位。

【水情预报预警】 2022年,水文中心向水利部信息中心报送实时水雨情信息数据7300万余条(站点5068个),其中汛期报送3800万余条,实现全省省级以上报汛站、全部已建大中型水库和大部分已建小型水库以及已建墒情站等实时信息的报送。全年报送各类基础信息91.15万余条。梅雨期和台风影响期间,水文中心加密报送水情信息和分析材料,全年报送水利部信息中心各类材料350余份。汛期,全省累计完成洪水预报8300余站次,风暴潮预报21期189站次,洪水预报合格率达到100%,预报成果优良率95%以上。全省累计发布洪水预警103期,24小时山洪灾害预报预警28期383县次,结合短临气象预报发布点对点短临预警179期179县次。2022年,面对夏秋冬连旱严重旱情,实现全省水利旱情预警一平台,发布水利旱情预警113期,覆盖10市74县(市、区)。

【水资源水生态服务】 2022年,水文中心开展24个重点河湖生态流量断面的生态流量(水位)监测和评估工作,发布《浙江省重点河湖主要控制断面生态流量监测信息》月报。创新构建水资源综合评价体系,从水资源开发、利用、节约、保护、管理和改革等6个方面12项评价指标中选取6项关键指标构建六维雷达图,并在浙里办软件"九龙联动治水"应用的"浙水节约"场景发布。2022年,完成《浙江省地下水管控指标》《浙江省水资源公报(2021年)》《浙江省水资源资产负债表》的编制和用水统计工作。

【水文规划】 2022年,水文中心谋划新一轮水文感知体系建设方案,工作成果纳入省水利厅印发的《浙江省水利感知体系建设急用先行实施方案》。计划建设流量监测点550处、水位监测点608处、雨量监测点1273处。

【站网建设与管理】 2022年,水文中心全年完成新(改)建水文测站1851个,升级改造1813个遥测站点通信保障设施。现场调查省内受工程影响的国家基本水文站8个及国家基本雨量站2个;对温州市龙湾区海塘安澜工程(炮台山—龙江路段海塘)、东苕溪防洪后续西险大塘达标加固工程、绍兴市本级海塘安澜工程(曹娥江大闸段)等19个省级水利工程项目进行审查,提出40余项"工程+水文"建议。开展"水文测验质量提升年"行动,研究制定"一站一策"提升方案,提供"一对一""组团式"帮扶指导,国家基本站测验质量稳步提升,小型水库水文自动监测全覆盖。

【水文应急测报演练】 2022年6月30日,水文中心以2019年第9号台风"利奇马"为背景,联合杭州、温州、台州、丽水等地水文部门,围绕"测、传、报、算、用"开展水文应急测报演练。依托浙江省江河湖库水雨情监测在线分析服务平台和钱塘江防洪减灾数字化平台等应用，多场景、跨层级、省市县联动完成水文测报汛期准备工作检查和问题闭环整改。

【水文数字化转型】　2022 年，水文中心深化水文数字化"115N"（指一个平台，一个数据库，5 个应用，N 个应用场景）工作体系，于 9 月完成浙江省江河湖库水雨情监测在线分析服务平台建设并验收，实时动态向水利数据仓归集，为浙里"九龙联动治水"应用提供好用组件或资源成果，于 12 月 21 日平台列入省级电子政务领域关键信息基础设施（第一批）名单。迭代升级"浙水情"移动应用，于 1 月 25 日获评第一批全省水利数字化改革"优秀应用"。完成水利部试点的北斗三号水文数据采集软件、数据管理软件的 3 个子系统、短报文数据接入模块及数据管理模块开发，接入浙江省水文通信平台。12 月，《基于内生安全的数字化水文端到端解决方案》成功入选工业和信息化部 2022 年网络安全技术应用试点示范项目。

【水文资料整编】　2022 年，水文中心完成 2021 年度全省国家基本站、大中型水库、杭嘉湖巡测、地下水等四大类共 11 册水文资料的汇编、审查、刊印工作。完成 2022 年度国家基本站水文资料即时整编、阶段审查及全年复审和 2022 年度地下水资料月度整编工作。9 月，主编完成《2021 年中华人民共和国水文年鉴》（第 7 卷第 1、2、3 册）。10 月，首次编制完成《中国水文年报》浙江篇内容。编制完成《浙江省水资源公报（2021年）》、《2021 年浙江省泥沙公报》、

《2021 年度浙江省跨行政区域河流交接断面水量分析》、《浙江年鉴（2022）》（水文水资源）。

【水文集成改革试点】　2022 年，水文中心按照"聚焦问题、确定方向、基层试点、省级集成、全省推广"方式，尊重基层首创，指导市县开展水文管理集成改革试点，为构建全省水文现代化发展机制探路。全省制定出台《宁波市专用水文测站管理办法（试行）》《杭州市水文测站运行管理工作质量考核评价办法》《温州市水文站网技术标准》等制度、标准，改革试点初现成效。

【水文科技】　2022 年，水文中心在分支水文站开辟水文试验场，面向市场主体提供新技术新设备试验服务。加大水文科技创新研究力度，联合河海大学、武汉大学、杭州海康威视数字技术股份有限公司、浙江大华技术股份有限公司、中国水利水电科学研究院等高校、企业和科研院所开展技术交流，12 月 8 日，水文中心 9 项科研项目成功入选 2022 年水利科技项目计划，其中《多因子耦合河口水位影响预报及风险预判研究》和《浙江省暴雨洪水规律研究及组件应用》列入省水利厅重大科技项目。

【"最多跑一次"】　2022 年，水文中心通过"最多跑一次"政务服务窗口，做好水文资料查阅公共服务事项系列工作，提供优质高效的"跑零次"服务。全年受理水文资料查阅、使用服务 176 次，提供 1.33 万页、1.48 万站年、554.6 万组水文数据。

【安全生产和疫情防控】 2022年，水文中心严格落实"三管三必须"要求，打好安全生产三年行动"收官战"和"除险保安"百日攻坚战，聚焦水文测验领域和单位内部本质安全，清单化开展隐患排查及专项整治，发现问题及时闭环整改。严格落实疫情防控要求，强化"四方"责任，管好单位"小门"，动态调整防控措施，全年开展常态化核酸检测5400人次。

【援藏援疆】 2022年，水文中心组织"胡永成劳模创新工作室"成员对阿克苏地区水文部门35名专业技术人员展开线上培训，覆盖水文测验、资料整编、测站标准化建设、水文信息化建设、新仪器新设备的使用安装维护等内容。

【人才队伍建设】 至年底，水文中心86名在编人员中，高级工程师及以上职称48人，中级工程师职称26人，其中，省"151"人才7人，厅"325"拔尖人才7人，享受政府特殊津贴专家1人。注重源头储备和岗位交流，2022年，招聘新职工2名，完成6名职工岗位交流和9名干部试用期考核等工作。向水利部、太湖局、省水利厅等有关部门推荐申报相关专家、奖项等30人次。水文中心职工获全国水旱灾害防御先进个人1名，获2022年度太湖流域水科技英才奖1名，获"浙江工匠"荣誉称号1名。

【党建工作】 2022年，水文中心召开党委理论学习中心组（扩大）学习会12次，其中安排集中研讨9次，落实党委理论学习中心组学习巡听旁听1次。从严落实巡察整改，针对厅党组第一巡察组提出的4方面10个问题和不足，水文中心党委印发《中共浙江省水文管理中心委员会关于落实厅党组巡察反馈意见的整改方案》，制定46项整改措施；至年底，完成整改（含长期坚持）28项。实施水文强基提能行动，开展"一支部一品牌"创建。水情预报部党支部获2021年度浙江"学习强国""学习之星"先进组织和水利厅系统"2022年先锋支部"，资料应用部"最多跑一次"水文服务窗口获得"浙江省巾帼文明岗"荣誉称号。6月30日，印发《关于加快打造"水文红色哨站"的通知》，按照"六个有"标准（党员先锋有示范、业务争先有标杆、运行管理有标准、服务地方有贡献、水文文化有传承、站貌整洁有特色），创建完成第一批"水文红色哨站"89个，建强基层党支部战斗堡垒作用。

（曹樱樱）

浙江水利水电学院

【单位简介】 浙江水利水电学院（以下简称"浙江水院"）是一所特色鲜明的工科类应用型本科高校。浙江水院前身为1953年的杭州水力发电学校，历经杭州水力发电学校、浙江电力专科学校、浙江水利水电学校、浙江水利水电专科学校等阶段，2013年经教育部批准升格为浙江水利水电学院，2014年成为省政府与水利部共建高校，2019年入选浙江省应用型建设试点示范院校，2020年列为水利部强监管人才培养基地组成单位（全国高校仅3家），2021年高质量通过普通高校本科教学合格评估，为水利科学家学风传承示范基地。2022年，浙江水院南浔校区建成并平稳运行，学校入选水利部首批节水型高校典型案例，获首批浙江省绿色学校（高等学校）。浙江水院下设水利与环境工程学院、建筑工程学院、测绘与市政工程学院、机械与汽车工程学院、电气工程学院、经济与管理学院、信息工程学院、国际教育交流学院、马克思主义学院、继续教育学院、创业学院、基础教学部、体育与军事教育部等13个教学单位，浙江水利与海洋工程研究所、浙江水文化研究所2个研究机构。设有本专科专业37个，其中本科专业31个，覆盖工学、理学、管理学、经济学和文学等5大学科门类。

【概况】　2022年，浙江水院全日制在校生13813人，其中本科生12097人；联合培养研究生60人。教职工846人，专任教师595人，其中高级职称专任教师占36.8%，硕士以上专任教师占77.98%，享有国务院特殊津贴专家1人、省"五一劳动奖章"1人、省中青年学科带头人7人、省宣传文化系统"五个一批"1人、省"151人才"17人、省高校领军人才9人、省万人计划青年拔尖人才1人、省级教学名师2人、省高校优秀教师2人、省一流学科带头人6人。拥有浙江省B类一流学科6个，浙江省工程研究中心2个，浙江省重点实验室1个，省"一带一路"联合实验室1个，浙江省新型高校智库1个，国家水情教育基地1个，省级软科学基地2个，省级国际科研合作基地1个，浙江省水文化研究教育中心1个，浙江省高校高水平创新团队1个。拥有国家级一流专业1个，浙江省一流专业11个，浙江省优势专业1个，浙江省特色专业7个，省一流课程38门，省级实验教学示范中心3个，浙江省非物质文化遗产传承教学基地1个，省级大学生校外实践教育基地2个。建有企业学院10个，教育部与浙江省协同育人项目96项，获有国家级教学成果二等奖1项、浙江省教学成果一等奖5项、二等奖9项。

【人才培养】　2022年，浙江水院新增智慧水利、翻译、智能感知工程3个本科专业；水利水电工程、农业水利工程2个本科专业通过全国工程教育专业认证；完成建筑环境与能源应用工程、金融工程、数字媒体技术3个专业的学士学位授予权评审。认定项目制课程93门、"三位一体"课程386门、校企合作课程47门、翻转课堂课程22门、核心课程50门和校级一流课程46门。入选省一流课程38门，其中线上一流课程6门、线下一流课程17门、线上线下混合式一流课程10门、社会实践一流课程3门和劳动教育课程2门。立项建设交叉学科课程15门。课程思政领域，2022年立项省级课程思政示范课程6门、省级思政教学研究项目4项、省"十四五"教改项目8项、课程思政示范基层教学组织1个、校级课程思政示范课程30门、校级教学研究项目17个、校级基层教学组织5个，出版《课程思政十法》专著。落实OBE教育（指向成果导向教育）理念，工科专业全面实施 SWH—CDIO—E〔SWH 为"水文化"的汉语拼音首字母，CDIO 代表构思（conceive）、设计（design）、实现（implement）和运作（operate），E 代表"评价"（evaluation）〕工程教育模式。与浙江海洋大学、浙江理工大学、中国计量大学新签订联合培养研究生协议。拥有硕士生指导资格教师 38 位。新增"一带一路"来华留学生 5 人，获批教育部首个外国留学生"专升本"人才培养试点单位，启动"中外合作办学机构"申报。

开展"书记星课堂""师长面对面暨校长下午茶""导师午餐会暨教授午餐会""水韵大讲堂""学长浙漾说"等特色品牌活动。学生在国内外学科竞赛中获国家级赛事奖项 60 项、省级赛事奖项 254 项，其中，获第十届全国大学生机械创新设计竞赛一等奖 2 项、二等奖 3 项、三等奖 1 项，获第十七届全国大学生智能汽车竞赛全国总决赛二等奖 1 项，在 2022 年全国大学生测绘学科创新创业智能大赛测绘技能竞赛中获奖 8 项。立项国家级大学生创新创业训练计划项目 60 项。

2022 年，浙江水院面向 21 个省招生 5088 人，其中本科招生 4438 人；毕业生初次就业率达 94.31%，毕业生一年后就业率达 94.86%，毕业生职业发展与人才培养质量排名居全省高校第 4 位。

【学科科研】 2022 年，浙江水院推进学科交叉融合，围绕水工程、水资源、水生态、水能源、水装备、水信息等"水利＋""＋水利"特色方向，组建学科团队，推荐"十四五"省一流学科 4 个。打造特色学科平台，获批全国首个数字孪生流域技术与装备方面的省级工程研究中心"数字孪生流域技术与装备浙江省工程研究中心"，"浙江省农村水利水电资源配置与调控关键技术"重点实验室通过验收，"先进水利装备浙江省工程研究中心"建设运行评估结果优秀。成立产学研合作平台和新型研发机构"南浔创新研究院"。新增省部级以上项目 26 项，其中，国家级课题 6 项、水利部重大项目 1 项。全年横向项目、纵向项目和科技成果转化累积到款金额 3647.14 万元。获 2022 年度水利部大禹水利科学技术普及奖 1 项，获浙江省水利科技创新奖一等奖、二等奖、三等奖各 1 项。

【师资队伍建设】 2022 年，浙江水院召开人才强校战略推进大会，修订《人才引进实施办法》，实施"南浔学者""南浔青年学者"计划，引进人才 99 人，其中优秀青年博士及以上人才 50 人。拥有高层次人才 17 人，其中第五类人才（优秀青年博士）13 人，第六类人才（一般博士、博士后）4 人。成功申报国家地方合作项目 1 人、国内高校访学项目 6 人，新增教职工能力提升助推计划 4 人、在职攻读博士学位 3 人。

【社会服务】 2022 年，浙江水院支撑服务浙江省高质量发展建设共同富裕示范区，参加社科赋能山区 26 县跨越式高质量发展行动，成为浙江省高校助力乡村振兴联盟会员单位。建好水利部"强监管"人才培养基地，主动对接水利部和省水利厅、省河长办，开展各类涉水培训近 3 万人次。设立浙江河（湖）长学院衢州分院和安吉分院，校地联合、共护河湖，助力习近平生态文明思想的浙江实践。助力"幸福河湖""浙江水网"建设，与长江设计集团有限公司、国科大杭州高等研究院、杭州钢铁集团有限公司、国际小水电中心签署战略合作协议。98 名专家线上"技术问诊"，科技成果转化 23 项。承办 2021 中国工程热物理学会热机气动热力学和流体机械学术会议暨国家自然科学基金项目进展交流会，第七届气动力学与流体机械青年学者研讨会，第四届 IEEE 智能控制、测量与信号处理国际学术会议（IEEE - ICMSP 2022），2022 智慧水利建设高峰论坛等大型会议。

【办学资源拓展】 2022 年，浙江水院建成南浔校区，进入"一校两区"发展新格局。办理老校区土地出让金剩余部分结算，校地联合推进江东土地开发利用。争取湖州市南浔区支持，推动落实办学补助经费以及异地工作补贴、南浔学者和南浔青年学者计划资助资金；寻求校社会力量助力学校信息化建设；申请中央财政和省支持地方高校发展资金，用于实验室建设、人才引进和图书购置等。全年获批人员编制名额 400 个，提供人才资源空间。

【水文化育人】 2022 年，浙江水院推进双校区文化传承与融合，南浔校区秉持"大学建在实验室上"理念，打造"一塔三堤三岛四湖十二桥"景观布局，建设集校史展示和水利科普为一体的"蕴物馆"。组织水文化研究，承担《长兴水利史》《水文化遗产调查和省级遗产评价技术指南编制》《浙水遗韵》等编写工作，校本教材《中国水文化概论》获省"十四五"首批重点教材建设项目，全新改版内刊《浙江水文化》。

【"一校两区"运行管理】 2022 年，浙江水院与南浔区人民政府开展南浔校区项目"5·30"百日攻坚专项行动。筹备南浔校区启用工作，制定出台《一校两区总体运行方案》《南浔校区启用准备工作方案》等文件，成立南浔校区管理委员会和南浔校区管理办公室，健全南浔校区"条抓块统"管理运行机制。5 月 30 日，建设完成学生宿舍、食堂、教学楼、学科楼、图书馆等。6 月 29 日，浙江水院南浔校区顺利交接。9 月 1 日，启用浙江水院南浔校区，首批新生入住 5000 余名。

【智慧校园建设】 2022 年，浙江水院实施数字化基础设施工程，构建数字化校园主干；实施数据智治工程，构建校园全量"数据湖"；实施人才培养数字化工程，构建学校特色智慧教学平台；推进智慧思政试点建设，构建大数据思政工作平台；实施管理服务数字化工程，建成高效便利的学习生活环境。

【入选首批浙江省绿色学校（高等学校）】 2022 年 5 月 10 日，浙江省机关事务管理局和浙江省教育厅公布第一批绿色学校（高等学校）名单，浙江水院达到绿色学校评价规范创建标准并成功入选。

【通过教育部工程教育专业认证】 2022年6月25日，教育部高等教育教学评估中心发布了《关于公布西南石油大学机械工程等422个专业认证结论的通知》。浙江水院水利水电工程、农业水利工程2个本科专业通过认证，有效期均为6年，自2022年1月至2027年12月。

【学校服务项目成功入选世界灌溉工程遗产】 2022年10月6日，在澳大利亚召开的国际灌排委员会第73届执行理事会上，2022年（第九批）世界灌溉工程遗产名录公布。由浙江水院水工程遗产研究院提供技术支撑的四川通济渠、浙江松阳松古灌区2个项目成功入选。

【入选节水型高校典型案例】 2022年11月23日，水利部办公厅、教育部办公厅、国家机关事务管理局办公室等部门联合公布全国88个节水型高校典型案例名单，浙江水院入选"全国节水型高校典型案例"。

【党建工作】 2022年，浙江水院将学习宣传贯彻党的二十大和省第十五次党代会精神作为当前重要政治任务，部署深入开展"七个一"活动（指覆盖开展一次集中学习宣传、高质量上好一堂专题党课、高标准组织一次主题党日活动、对标对表开展一次"我学二十大·建功新征程"大讨论、聚焦新使命新任务开展一次集中调研解难、全面开展一轮党员承诺践诺、岗位争先活动和紧扣助力共富办好一批服务群众的实事好

事），推动各基层党支部结合"三会一课"、主题党日专题学习党的二十大和省第十五次党代会精神。推进基层党建"双创"建设、"双带头人"党支部书记工作室、党建工作标杆院系和样板支部建设。全国党建工作样板支部——建筑工程学院教工第二党支部通过省教育厅和教育部验收。调整"双带头人"后备库，教师党支部书记"双带头人"达到96％。严格落实政治生活基本制度，指导各级党组织按期完成换届选举。全年发展党员367名。

（刘艳晶）

浙江同济科技职业学院

【单位简介】 浙江同济科技职业学院（以下简称"同济学院"）由省水利厅举办，是一所从事高等职业教育的公办全日制普通高等院校。前身是1959年成立的浙江水电技工学校和1984年成立的浙江水利职工中等专业学校。2007年经省政府批准正式建立同济学院。同济学院由校本部（22.63hm²）、大江东校区（42.39hm²）组成，总占地面积65.02hm²。同济学院坚持"立足浙江、面向全国、紧贴行业、服务发展、促进就业"的办学宗旨，按照"立足水利、一体两翼"的专业发展定位，形成了以大土木类专业为主体、以水利为特色的五大专业群，深化产教融合、校企合作、职普融通，推行中国特色学徒制，开展中高职一体化人才培养，助力现代职业教育体系建设，培养德智体美劳全面发展的高素质技术技能

人才。同济学院具备招收外国留学生资格，设有水利工程学院、建筑工程学院、机电工程学院、经济与信息学院、艺术设计学院、基础教学部、马克思主义学院、继续教育学院（浙江省水利水电干部学校）等 8 个教学单位，开设水利工程、建筑设计、工程造价等 25 个专业，是首批省属社会评价组织，为行业培训考证提供服务。

同济学院于 2008 年获"国家技能人才培育突出贡献奖"，2011 年被评为全国水利职业教育先进集体，2014 年高质量通过全国水利职业教育示范院校建设验收，2015 年被评为全国文明单位，2016 年被水利部确定为全国水利行业高技能人才培养基地，2018 年被认定为全国优质水利高等职业院校建设单位、教育部现代学徒制试点单位，2020 年被确定为浙江省"双高计划"［指高水平职业院校和专业（群）建设计划］建设单位，2021 年高质量通过全国优质水利高等职业院校及教育部现代学徒制试点单位验收，获评浙江省文明校园，并成功入选全国水利人才培养基地，2022 年入选教育部中德先进职业教育合作项目（SGAVE 项目）试点院校、浙江省深化新时代教育评价改革综合试点校、浙江省第二批"双元制"试点院校。

【概况】 2022 年，同济学院坚持以习近平新时代中国特色社会主义思想为指导，深入学习贯彻党的二十大、省第十五次党代会精神，牢固树立"创新制胜、变革重塑、唯实惟先"工作导向，统筹推进提质培优、数字化改革、安全稳定三大核心，深化教育教学改革，强化立

德树人，圆满完成年度工作任务。至年底，同济学院共有全日制在校生 10288 人，教职工 556 人，其中专任教师 463 人，专任教师中硕士及以上学位比例 84.45％，"双师素质教师"（指同时具备理论教学和实践教学能力的教师）比例 85.95％。同济学院有享受国务院特殊津贴专家、浙江省（水利部）优秀教师、职教名师、专业带头人 20 人，入选浙江省"151 人才工程"、水利"325 拔尖人才工程"等省市级人才 50 余名；拥有教学科研仪器设备值 1.4412 亿元，馆藏纸质图书和电子图书共计 120 万册；建有校内实训基地 21 个、联系紧密的校外实习基地 292 个。

【教学建设】 2022 年，同济学院扎实推进省"双高"建设并取得预期成效，深入实施"提质培优"行动，建筑工程技术（智能建造）专业团队于 2022 年 3 月立项浙江省首批职业教育教师教学创新团队。启动"同科 S 课程 1.0"计划，推进"互联网＋"课程资源建设，建立校级、省级、国家级"三级递进"的精品在线开放课程培育机制。深化现代学徒制人才培养模式改革，增设 7 个试点专业方向。完善"校、省、国家"三级竞赛体系，获国家级奖项 2 项、省级一类赛事一等奖 11 项。开展"四双引领"（院部评价——"党建引领""业务为本"双轨并行、专业评价——"诊断改进""动态调整"双管齐下、教师评价——"师德为先""激励为要"双轮驱动、学生评价——"五育并重""增值赋能"双向发力）教育评价改革，于 2022 年 9 月入选浙江省深化新时代教育评价改革综

合试点校。在 2021 年首次全省高职院校督导评估中位列全省 47 所参评高职院校中的第 20 位。

【招生就业】 2022 年，同济学院录取新生 3715 人，招生计划完成率 99.9%，报到率 98.82%。成人教育招生 540 人。共有毕业生 3626 人，毕业生就业率 98.07%，居全省同类院校前列。

【育人工作】 2022 年，同济学院持续提升学生管理服务水平，完成"一院一品"学生资助品牌验收，成立"同心·同济"民族学生成长中心。强化团学组织建设，获评省水利厅成绩突出先进团组织。抓实创新创业教育，积极参与各级别创新创业类竞赛，参赛率居全省第一，获奖取得历史性突破，被评为最佳进步奖单位。在教育系统全省性会议上就大学生就业和创新创业工作作典型发言 2 次，关于首届扩招毕业生的就业工作经验被教育部收录到《高校毕业生就业工作专报》，并呈报国务院。

【数字化改革】 2022 年，同济学院系统推进数智同科建设，全面实施"强基、提效、赋能"三大信息化提升工程，全年信息化投入超千万。统筹推进以"身份、用户、门户、消息、数据、安全六个统一"为原则的 9 大核心业务系统建设。上线校务服务中枢融合门户，整合应用系统 28 个，汇聚师生服务事项 172 项。在全省"智慧校园评估"工作中名列高职院校第 5 名，入选省教育厅高校数字化优秀案例巡展 1 项，获评省高校网络信息化建设工作智慧校园建设方向

和网络安全方向先进单位。

【科研与服务】 2022 年，同济学院服务水利行业，承接横向项目服务合同额 300 余万元，水利类技术咨询服务项目 15 项。立项主持厅级及以上科研项目 49 项，其中省级项目 5 项；授权发明专利 15 项。牵头编写全国团体标准 1 项——《水利工程白蚁防治机构信用评价规程》，实现标准编制领域新突破。同济学院克服疫情影响，"线上线下结合"完成教育培训 20400 余人次，入选首批省属社会评价组织。"同科·江能"水利工程运维职工培训基地入选浙江省示范性职工培训基地，水利水电人才继续教育培养基地成功入选浙江省示范性继续教育（社会培训）基地，"同科·水博"社区学院入选浙江省社区教育示范基地。

【人才队伍建设】 2022 年，同济学院完成招聘 66 人，其中博士 9 名、正高 1 名、副高 3 名。作为核心成员、参与成员获批国家级职业教育"双师型"教师培训基地 2 个。落实"新进青年博士科研能力提升助推计划"，完成首批博士入室遴选，柔性引进学术带头人 2 名，引育"浙江工匠"2 名，新增"双师素质"教师 108 名。坚持党管干部原则，树立正确用人导向，编制学校中层干部队伍建设规划（2022—2025 年），重视干部素质培养和实践锻炼，选派 6 名中层干部脱产培训和外派锻炼，干部梯队进一步优化。

【校企合作】 2022 年，同济学院引进行业头部企业成立"精雕·数字化精密

制造产业学院"。基于"校-企-校"联盟的中高职一体化现代学徒制人才培养模式获浙江省职业教育与成人教育优秀教科研成果评选二等奖，入选教育部"职业教育改革发展和国际交流合作特色案例"。与地方携手传承非遗技艺助力乡村振兴，受到央视报道。开发国际职业教育标准3项、新增中美合作办学项目1个。联合共建同科学院巴基斯坦培训基地，获"一带一路"暨金砖国家技能发展与技术创新大赛团体一等奖，并获得参加国际大赛机会。

【文明校园建设】 2022年，同济学院开展创建文明校园工作专项督查，推进新时代文明实践中心建设，积极争创全国文明校园。持续推进内部治理体系现代化，深化校院二级管理。争取到教育强国中央预算资金6000万元，实训综合楼项目顺利开工，公寓C楼和风雨操场等基础建设提升改造，办学条件持续改善。5月，成功通过绿色学校创建验收并荣获三星级绿色学校荣誉称号。全面完成风雨操场改造、教学楼环境提升、基础部党员之家建设、校园无线网扩容提升、少数民族学生工作室建设、码上提马上办系统建设、老职工一次性住房补贴发放、汽车充电桩增设等8件惠民实事，加大校友和教育基金会工作力度，不断汇聚办学合力。

【综合治理】 2022年，同济学院以"等级平安校园"建设为抓手，构建校园安全分级风险管控机制。抓实"除险保安"专项工作，做好党的二十大等特殊时期安全维稳工作。严守意识形态"生命线"，定期开展师生思想研判，压实各类阵地管理责任。全面落实疫情防控主体责任，动态调整校园疫情防控措施，加强校地协同，做好防控政策重大调整后面对疫情冲击的应急处置，筑牢校园安全屏障，在省水利厅系统安全生产责任制评价考核中获得优秀。

【入选第三批全国高校党建工作样板支部培育创建单位】 2022年3月，教育部办公厅印发《关于公布第三批全国党建工作示范高校、标杆院系、样板支部培育创建单位名单的通知》（教思政厅函〔2022〕4号），同济学院水利工程党支部入选第三批全国高校党建工作样板支部培育创建单位。

【入选浙江省深化新时代教育评价改革综合试点校】 2022年9月，中共浙江省委教育工作领导小组秘书组印发《关于公布浙江省深化新时代教育评价改革试点项目的通知》（浙委教组〔2022〕1号），同济学院入选浙江省深化新时代教育评价改革综合试点校。

【入选职业教育国家在线精品课程】 2022年12月15日，教育部职业教育与成人教育司发布《关于2022年职业教育国家在线精品课程遴选结果的公示》，同济学院"水利工程造价"课程被认定为2022年职业教育国家在线精品课程。

【浙江水利公共实训基地签约揭牌】 2022年6月15日，同济学院联合浙江省水文管理中心、中国水利博物馆、浙江省钱塘江流域中心、浙江省水利水电勘测设计院、浙江省水利河口研究院（浙江省海洋规划设计研究院）、浙江省水利信息宣传中心、浙江省水利防汛技术中心组建成立的浙江水利行业公共实训基地正式签约揭牌。

【获得多项竞赛荣誉】　5月21日，获浙江省第十三届"挑战杯"大学生创业计划竞赛金奖1项、银奖4项、铜奖2项，获评最佳进步奖单位。7月26日，获"中行杯"2022年浙江省高职院校教学能力比赛一等奖1项、二等奖1项、三等奖4项。7月30日，获第八届浙江省国际"互联网＋"大学生创新创业大赛金奖1项、银奖2项。8月12—18日，获2022年全国职业院校技能大赛高职组水处理技术赛项团体二等奖、"工程测量"赛项三等奖。11月8—11日，获2022一带一路暨金砖国家技能发展与技术创新大赛——第五届虚拟现实（VR）产品设计与开发决赛团体组一等奖，并晋级获得国外赛参赛权，学校获最佳组织奖。

【党建工作】　2022年，同济学院培育党建创优成果，入围全省高校示范性党群服务中心培育单位。深化党组织"对标争先"，水利工程党支部入选第三批全国高校党建工作样板支部培育创建单位，国家、省级、校级三级党建示范体系日益完善。获2022年省直机关青年理论宣讲暨微型党课比赛特等奖、省第十三届微型党课大赛二等奖。深化水利职教德育与思政牵头工作，作为主任单位牵头成立全国水利行职委课程思政专委会。承办水利部"我学我讲新思想"水利青年理论宣讲比赛和首届全国水利高职院校辅导员能力大赛，分别获得全国十佳和一等奖；"钱江潮"理论宣讲工作室入选省首批理论宣讲名师工作室；《习近平主政浙江期间关于治水重要论述研究》列入省习近平新时代中国特色社会主义思想研究中心课题，首次获得省高校辅导员素质能力大赛三等奖，并获省高校思政微课大赛一等奖。落实全面从严治党主体责任，实施"清廉同科"年度建设任务32项，打造"源清流长"廉洁文化品牌，立项"清廉园"景观建设，争创省级清廉学校建设示范校。

（朱彩云）

中国水利博物馆

【单位简介】　中国水利博物馆（以下简称"中国水博"）是2004年7月经国务院批准，由中央机构编制委员会办公室批复设立的公益性事业单位，隶属水利部，由水利部和省政府双重领导。至年底，核定事业编制33名，实有在编人员29人。内设办公室、财务处、展览陈列处、研究处、宣传教育处5个职能部门。主要职责是：贯彻执行国家水利、文物和博物馆事业的方针、政策和法规，制定并实施中国水博管理制度和办法；负责文物征集、修复及各类藏品的保护和管理，负责展示策划、设计、布展和日常管理工作；负责观众的组织接待工作，开展科普宣传教育、对外交流合作，做好博物馆信息化建设；承担水文化遗产普查的有关具体工作，开展水文化遗产发掘、研究、鉴定和保护工作，建立名录体系和数据库；承担水文化遗产标准制订和分级评价有关具体工作；开展水利文物、水文化遗产和水利文献等相关咨询服务，承担相关科研项目，开展国内外学术活动；组织实施中国水博工程及配套设施建设工作；承办水利部、省政府和省水利厅交办的其他事项。

【概况】　2022年，中国水博推进文化自信自强，开展水文化传承保护弘扬；坚持党建引领，圆满完成"两委"换届选举工作；落实巡视整改，建立水博"七张问题清单"；健全党建业务协同推进体系，开展"纪律作风建设年"活动。深化多方联合办展，举办5项专题展，持续推进诗路水利遗产展示提升和水利群英文献访谈典藏工程，打造"沉浸式"水工技艺体验空间，让治水成果更多惠及人民群众。推进钱塘江海塘重点科技项目，三维倾斜实验室初具规模，深化与地方水利和文保部门合作，开展省水文化传播工程布局研究，参编《中国禹迹图（2022版）》。举办节水护水主题宣教活动50场，推出精品研学课程12项，创建特色"文创集市"，深受观众喜爱，深化"1＋3＋N"水利志愿服务，策划实施国际水文化展览，成功举办首届"国际青年河流对话"，在世界舞台充分展现"中国水利记忆"。

【荣誉成果】　2022年，中国水博深化创新，扎实推动水文化发展，获8项荣誉。其中包括浙江省文物局颁发的2022年"浙江省最具创新力博物馆"称号；

"水花朵朵开"项目获第六届中国青年志愿服务项目水利专项赛节水护水志愿服务类一等奖，同时首获大赛金奖；中国水博志愿讲解员周嘉航获2022年"讲好浙江故事——全省博物馆讲解员大赛"非专业组优秀讲解员称号。选送的作品获全球水博物馆联盟第三届"我们渴望的水"艺术创作大赛绘画类特别提名奖。水博明信片、江河悠悠明信片套装获浙江省博物馆文创产品大赛铜奖。创新开展支部品牌创建，展览陈列处党支部获"浙江省直机关2022年先锋支部"称号。抓好安全生产工作，筑牢安全生产防线，获2022年度省水利厅系统安全生产目标责任制综合考评优秀等次。

【展览陈列】　2022年，中国水博创新展示人民群众治水功绩和伟大成就，联合省财政厅、省水利厅、省生态环境厅等多家单位推出"新安江模式十周年专题展"，联合中国水利文协开展采风活动，举办"水利人看浙水——走进共富示范区书画展"。深化文明交流互鉴，创新推出"从浮世绘到超现实主义——绘画巨匠笔下的水元素"版画展，遴选版画名家作品52幅，解读东西方水文化之美。加强国际水路文化交流，举办"河海通济——国际水路文化交流展"以及"水韵华章"博物馆之夜活动，通过"水文化展览＋文艺演绎"方式，让观众更好领略国际水路文化特色魅力。探索"四条诗路"水利遗产的数字化、活态化展示，开设以水工遗存为特色的诗路水利遗产互动展区。

【藏品征集】　2022年，中国水博强化

与地方水利、文保部门多方合作，藏品征集打开新局面。借助"江南红旗渠"乌溪江引水工程上瀛头渡槽重建之机，商请有关部门征藏该渡槽一跨入馆展览。深度参与祝家桥遗址考古发掘，征借汉魏六朝、宋代等时期的古井3口，入藏良渚文化层、汉六朝灰沟剖面薄层标本2件。接收水利老领导、老专家、水利机构捐赠，征藏陈赓仪家属捐赠珍贵书籍、档案资料882件，顾浩捐赠水利老照片、纪念章等27件，全国水利系统优秀书法绘画摄影作品127件，其他个人捐赠老水车、旧档案资料等9件。与中国南水北调集团有限公司、杭州市千岛湖原水股份有限公司等单位联系，接受捐赠新时代水利工程、水利类重大时间见证物23件（组）、资料76件（组），其中南水北调工程见证物"南水""北壶"、千岛湖配水工程见证物入选国家文物局《见证新时代》主题活动，并通过中央广播电视总台宣传。

【藏品管理】　2022年，中国水博着力推动藏品管理工作规范化和科学化，全面梳理原有藏品管理和库房管理制度，制定修订藏品登记、养护、点交、布展、撤展等一系列管理办法，完善进出库登记制度。及时更新库房设施设备，并对库房藏品重新排架管理，分门别类、定期维护，1人取得文物修复资格。经省文保部门专业鉴定，馆藏的宋报汛大铜锣，《河南、直隶、山东三省黄河全图》，红旗渠修渠用石錾、大铁锤、铁除险钩、铁勾缝匙、铁镢头、铁洋镐、马灯、柳帽和新安江水电站铜关坝址钻孔岩心、水轮发电机定子线棒共12件（组）文物

为三级珍贵文物。开展重要藏品的三维建模，完成具有代表性的藏品50件、水力机具10件数字建模工作。持续做好水利群英文献访谈典藏工程成果转化，向国家文物局和教育部报送"晒晒我们的新物件"7集原创专题片，宣传水利"国之大器"的重大成就。

【遗产保护】　2022年，中国水博扎实推进水利遗产保护、研究和利用。6月，完成钱塘江海塘相关重点科技项目验收并开展成果宣讲。筹建样本提取室、三维倾斜摄影实验室等2个实验室，12月，完成钱塘江古海塘（部分）、通济堰、它山堰、三江闸、临海古城墙、楠溪江岩头古村落6处古代水利遗产的航拍建模。受水利部宣传教育中心委托，编制完成大运河沿线遗产调查报告和成果集萃，开展三峡地区不可移动水利遗产调查、专题展览筹备和长三角地区典型水利遗产信息提取技术研究。

【学术研究】　2022年，中国水博发挥行业博物馆优势，不断深化水文化理论研究、推动水文化传播发展，举办学术研讨交流活动25场。启动国家社科基金重大项目"西南各民族水文化调查与研究"子课题研究、省社科重大课题"浙江大运河文化研究"子课题研究工作。主动服务地方、服务基层，参与宁波、金华、建德等地水文化建设宣传，深入开展全省水文化传播工程布局调研，完成相关研究任务。开展"多视野下的水利遗产研究"学术征文，征集并发表论文20篇，出版《水文化》期刊专刊。加强大禹文化研究，参编《中国禹迹图

（2022 版）》等。

【交流合作】 2022 年，中国水博发挥全球水博物馆联盟副主席单位作用，组织全国水利博物馆联盟成员参加"我记得水"国际数字展，活动共征集 462 组照片文字，馆长陈永明出席线上开幕式并向全球观众宣传"中国水利记忆"。办好第三届"我们渴望的水"青少年艺术大赛，吸引国内众多中小学、青少年活动中心及地方水利部门参与，共征集参赛作品 786 件，中国水博选送作品《渴》获全球大赛绘画（小学组）特别提名奖。联合河海大学、荷兰代尔夫特水教育学院、法国图尔大学成功举办首届"国际青年河流对话"，以"连通河流"为主题，邀请中外青年学生通过分享河流与当地社会、历史、文化等方面的联系，让人们重新认识人水关系，唤起大家对保护河流的重视。受联合国儿童基金会邀请，开展"点亮儿童未来"活动，受到国际组织和水利部充分肯定。加强馆校合作，与浙江大学继续教育学院等建立战略合作关系并开展干部文化自信教育。

【宣传科普】 2022 年，中国水博结合世界水日、国际博物馆日、全国科普日等重要节点，广泛开展国情水情教育和水文化科普，举办"水·少年说""水博游园会"等主题活动 50 场次，推出"宋韵水文化""诗路水工技艺互动研学"等系列精品课程 12 项，配合水利部完成全国科普日水利主场专项活动，配合省水利厅开展全省节水抗旱保供水暨《公民节约用水行为规范》主题宣传活动启动仪式，受到水利部、省水利厅充分肯定。推出特色文创产品，开设"文创集市"，出版科普绘本《最"水"的一本书》，创新编写博物馆水文化研学教材《水利千秋——穿越千年话水利》。

【志愿服务】 2022 年，中国水博发挥国家级基地平台优势，深入开展"水花朵朵开"青年志愿服务活动，持续深化"1＋3＋N"（聚焦一个重要节点、依托三大社教品牌、策划 N 项主题活动）水利服务模式。推动志愿服务制度化标准化常态化，进一步完善志愿者招募、筛选标准、激励奖励和服务反馈机制。发挥领导干部带头，创新推出"馆长讲水利"志愿服务活动，带头为青少年讲授浙江水利建设成果和全面治水举措。发挥党员干部示范引领作用，推行"主题党日＋志愿服务"模式，全馆党员、入党分子争做志愿服务排头兵，带领青年志愿者们将水文化巡展、讲座送进学校、社区和机关，全年组织各类志愿活动 60 余场。自服务开展至年底，中国水博组织志愿者开展生态文明建设、节水护水、水安全普及等公益宣传活动累计 300 余场，向社会招募培训志愿者逾 2 万人，服务时长达 4 万小时。

【安全生产】 2022 年，中国水博统筹抓好疫情防控、安全生产、开放服务，营造安全、安心的参观环境。从严从细抓好安全生产工作，全年召开博物馆安全生产工作会议 10 次，建立完善日周月隐患排查治理机制，修订并组织学习《馆安全生产领导小组工作规则》《疫情防控应急处置预案》等制度规定，进一步压实压紧安全生产责任。开展"安全生产月"各项活动，组织全体职工参加安全生产培训及消防安全演练等。9月以后，在党的二十大前每半月进行一次安全风险研判，就"水利风险隐患防范事项清单"定期开展分析研判、问题自查自纠工作，坚决防范遏制事故发生，全力护航博物馆园区安全稳定。

【党的建设】　2022年5月，中共中国水利博物馆党员大会胜利召开，选举产生新一届党委纪委，总结前期工作、擘画今后五年主要目标重点任务，会后新一届党委纪委分别召开第一次全体会议，选举产生新的党委书记和纪委书记。

馆党委高度重视水利部党组巡视反馈意见，研究制定《关于加强巡视整改和成果运用的实施意见》，高质量抓好巡视整改工作，制定72项整改措施，并如期完成，巡视整改进展情况分别向党内和社会公开。深入开展党支部品牌创建活动，展览陈列处党支部被授予"浙江省直机关2022年先锋支部"荣誉称号。着力建设忠诚干净担当的高素质干部队伍，出台《中国水利博物馆人才队伍建设实施方案》，严格执行《党政领导干部选拔任用工作条例》规定，修订《中国水利博物馆党政领导干部选拔任用工作实施办法》等制度，全年提拔中层干部2名，完成职称评聘和公开招聘工作，人才结构进一步优化。

【纪检监督】　2022年，中国水博深入推进"清廉水博"建设，以"纪律作风建设年"为载体，深入开展廉政教育和警示教育活动，持续绷紧纪律规矩"高压线"。坚持问题导向，强化监督执纪，制定落实"一月一主题"年度监督计划，扎实开展巡视整改、意识形态、疫情防控等工作专项监督检查。

【工会群团】　2022年，中国水博充分发挥新时代工会和群团组织重要职能作用，持续推进博物馆"家文化"建设。组织开展"我为亚运种棵树"等公益活动。团支部开展"建团百年路　青春更激昂"主题团日暨青年理论学习小组学习活动，组织开展主题宣讲，通过《实现精神共富，贡献水博力量》宣讲，见证博物馆在实现精神共富过程中勇于担当实干的精神，通过《一把老壶、一瓶清水，见证南水北调壮举》微党课宣讲，展示中国共产党为民初心的坚定不移，体现全国一盘棋、集中力量办大事的显著优势。

（王玲玲）

浙江省钱塘江流域中心

【单位简介】　浙江省钱塘江流域中心（以下简称"钱塘江中心"）是隶属于省水利厅的公益一类事业单位。自清光绪三十四年（1908年）成立浙江海塘工程总局以来，历经百余年，是钱塘江海塘工程的专管机构，机构名称虽有所更迭，但钱塘江管理机构一直未中断。2007年，省钱塘江管理局参照公务员法管理。2010年，省钱塘江管理局由监督管理类事业单位对应为承担行政职能的事业单位，下属杭州管理处、嘉兴管理处、宁绍管理处、钱塘江安全应急中心4家事业单位由社会公益类事业单位对应为从事公益服务的事业单位，并定为公益一类。2019年12月，根据《中央编办关于浙江省部分厅局级事业单位调整的批复》（中央编办复字〔2019〕182号），设立浙江省钱塘江流域中心（对外可使用浙江省钱塘江管理局牌子），作为省水利厅管理的副厅级事业单位。2020年4月，根据省委机构编制委员会《关于印发〈浙江省钱塘江流域中心主要职责、内设机构和人员编制规定〉的通知》（浙编〔2020〕16号），浙江省钱塘江管理中心、浙江省浙东引水管理中心、浙江省钱塘江河务技术中心，以及浙江省钱塘江管理局杭州管理处、嘉兴管理处、宁绍管理处整合组建浙江省钱塘江流域中心，机构规格为副厅级，对外可使用"浙江省钱塘江管理局"牌子，内设综合部、规划发展部、水域保护部、河湖工程与治理部、海塘工程部、防灾减灾部、河口治理部、浙东引水部、人事部9个机构，编制235名。

钱塘江中心主要职责是：协助拟订全省河湖和堤防、海塘、水闸、泵站、引调水等水利工程管理与保护的政策法规、技术标准，并督促实施；承担全省水域保护、岸线、采砂等规划和钱塘江相关规划编制的技术管理工作，以及规划实施监管的具体工作；承担全省水域及其岸线管理与保护、重要河湖及河口治理的技术管理工作，组织省本级涉水

建设项目审批的技术审查；承担全省河湖长制水利工作，指导水利风景区建设管理的具体工作；承担全省河道和堤防、海塘、水闸、泵站、引调水等水利工程建设与运行的技术管理工作，协助指导全省河湖治理工作；组织实施钱塘江省直管江堤、海塘、省直管浙东引水工程及其后续工程的建设、维护和运行管理；组织开展钱塘江流域防洪调度基础工作，指导钱塘江海塘防汛抢险具体工作；组织开展钱塘江河口江道地形测量、河床演变分析等河口治理基础工作，以及涌潮保护与研究、预测预报工作；承担钱塘江流域河道水行政执法监督指导的基础工作；承担钱塘江河口水资源配置监督管理的辅助工作，承担浙东引水工程统一引水调度工作；完成省水利厅交办的其他任务。

【概况】 2022年，钱塘江中心服务指导全省建成美丽河湖142条（个），助推312km海塘开工建设，开展省级现场监督检查河湖/点位644条（个），浙东引水工程年引水量创历史新高，萧山枢纽全年引水约7.6亿m³。防御第11号台风"轩岚诺"、第12号台风"梅花"期间，上虞枢纽共向曹娥江排水3167万m³，减轻余姚城区和姚江干流防洪压力；抗旱期间，统筹协调实施梯度调水和候潮调水，共引水97天，累计引水2.57亿m³，成功完成抗旱保供任务。钱塘江中心获浙江省长江保护修复攻坚战工作成绩突出集体荣誉称号，数字孪生钱塘江流域试点建设入选水利部数字孪生流域建设先行先试台账，姚江上游西排工程获浙江省建设工程钱江杯，西江塘闸堰段海

塘提标加固工程施工项目部获全国工人先锋号。钱塘江流域水文化挖掘和宣传方面，整编钱塘江治水故事集，完成钱塘江明清古海塘国家水利遗产申报、现场核查。

【规划工作】　2022年，钱塘江中心完成全省11市90个县（市、区）水域保护规划编制指导复核、曹娥江等其他重要岸线保护与利用规划技术复核，基本完成钱塘江、大运河、苕溪、瓯江等重要河湖岸线保护与利用规划编制。钱塘江中心全年推进22个幸福河湖试点县建设，完成第一批11个幸福河湖试点县建设终期评估，指导完成第四批国家水系连通和水美乡村建设县、龙游灵山港水利部幸福河湖试点实施方案编制。

支撑"厅全域建设幸福河湖前期谋划工作模块"工作，编制省级行动计划、县级规划提纲，完成县级基础调查、县级规划主要成果复核及省级行动计划与县级规划匹配性分析等，助推全域幸福河湖建设。水域调查中间成果上线省水利厅一张图、"省域空间治理2.0"平台，初步实现水域调查成果数字化。2022年，钱塘江中心编制《浙东地区现代水网试点总体实施方案》，完成重点工程及重大改革的系统谋划。

【流域管理】　2022年，钱塘江中心持续健全钱塘江流域防洪协同支撑机制，承办钱塘江河口地区防汛工作会议，召开钱塘江中上游水旱灾害防御技术交流会议；发展"钱塘江干流枢纽管理联盟"，加强日常协调沟通，新增7家联盟

成员，总达20家，召开线下联席会议2次，推动钱塘江流域防洪减灾数字化平台共建共享共用，提升流域防洪减灾水平。夯实流域防洪调度基础工作，组织衢江双港口以下干流及主要支流工情调查、堤顶测量和影像采集，开展衢江段77km河道水下地形和部分沿岸陆域测量，实施金华江（燕尾洲—三江口）25km河道全地形测量，完成浦阳江安华水库以下河段317个断面测量，编制《2022年度钱塘江流域度汛形势分析报告》和河口堤塘工程防洪防台技术指南、中上游水旱灾害防御技术指南，组建成立钱塘江河道应急监测队，支撑钱塘江流域防洪（潮）工作。

防御钱塘江2022年第1号洪水〈0606〉和钱塘江2022年第2号洪水〈0620〉，应对第11号台风"轩岚诺"和第12号强台风"梅花"，上虞枢纽5台泵机全开，累计排涝2319.78万 m^3；抗击梅汛后旱情，浙东引水工程97天引水2.57亿 m^3；保障省管海塘工程、省管枢纽工程安全运行、发挥效益，确保钱塘江流域度汛安全。深化河口治理基础研究，开展江道测量、塘前滩地监测和涌潮观测等，组织河口水文江道情势评估、涌潮科考、涌潮形势预测和钱塘江河口洪潮灾害风险评估等工作。

【河湖治理】　2022年，钱塘江中心服务指导全省建成142条（个）美丽河湖，总长1278.3km，贯通滨水绿道1275km（含新建362km），新增水域面积近7.3 hm^2，新增绿化面积160万 m^2，打造滨水公园、水文化节点、亲水平台等417个，河湖沿线新开设农家乐、民宿

314 处，完成投资约 15.1 亿元。超额完成 2022 年省政府民生实事"中小河流治理"任务，涉及项目 119 个，共计 500km 建设任务，完成治理长度 675km，完成率达 135%。

2022 年，在水利部、财政部公布的 2020—2021 年第一批水系连通及水美乡村建设试点县实施情况终期评估结果中，浙江省德清、嘉善、景宁 3 个试点县获优秀等级；2022 年金华梅溪水利风景区、丽水龙泉欧江源—龙泉溪水利风景区、湖州市德清洛舍漾水利风景区获推国家水利风景区申报资格，并顺利通过水利部审议；组织推荐建德新安江—富春江水利风景区、信安湖水利风景区入选红色基因水利风景区名录、第二批国家水利风景区高质量发展典型案例重点推荐名单。组织水利风景区参加第四届"守护幸福河湖"短视频征集活动，建德新安江—富春江水利风景区《宿建德江》、海宁钱江潮韵度假村水利风景区《江河安澜荡漾美好生活》分别获得"60 秒看水美中国"专题活动一等奖和三等奖。

【运行管理】　2022 年，钱塘江中心做深做实工程标准化管理与技术指导服务。现场检查指导宁波、金华、杭州、衢州等地区 20 余个县（市、区）的 40 余座水闸、泵站，完成全省 26 个中小型堤闸工程安全成果技术复核工作并出具意见，落实余杭西险大塘、萧山枢纽工程、宁波姚江大闸、楠溪江供水工程拦河闸枢纽、上虞中保百江塘、王公沙塘等 6 个大型水闸或 1 级堤防工程的安全鉴定技术审查与各项技术服务工作；结合"三区三线"划定工作，跟踪指导大型水闸工程确权划界相关事项，形成全省尚未完成管理和保护范围划定的水闸、泵站、闸站工程清单。在了解各地工作开展情况的基础上，参与《浙江省水利工程管理与保护范围划定实施方案及分年度计划（2022—2024）》相关工程情况核实工作。组织召开姚江上游西排工程，宁波化子闸站、甬新闸站、风棚碶泵闸、铜盆浦泵闸、慈江闸站、陶家路江泗门泵闸、候青江排涝泵闸、诸暨高湖分洪闸、金华国湖水闸、温州朱家站水闸等地 11 座大型水闸、大型泵（闸）站水利工程管理和保护范围划定方案的技术评审会，跟踪指导地方完成划界方案。开展泵站堤闸规范规程修订，组织修编《大中型水闸运行管理规程》《堤防基础数据规范》《水闸基础数据规范》《泵站基础数据规范》等。完成水利部堤闸系统省内 285 座水闸及堤防安全鉴定信息复核工作，填报列入水利部 2022 年管理和保护范围划定计划的水闸及堤防工程相关资料。

【数字化转型】　2022 年，钱塘江中心建立杭州、金华 2 市和兰溪、桐庐、临安 3 县（市、区）省地联合工作机制，协同相关单位组建数字孪生联合实验室，牵头推进水利部数字孪生钱塘江建设先行先试项目建设，有效提升三算水平，算力由 76MH/s 提升至 442MH/s，算据量达 3.66TB，3 个算法模型建设取得新进展，先行先试项目顺利通过水利部中期评估。推行工程带信息化，西江塘试点"智慧海塘"建设，实现"智慧工地""海塘智管""安澜一张榜"三平台统建统管。打好"数字海塘"基础，支撑省水利厅运管平台——"海塘防潮"平台开发建设，制定印发《海塘基础数据规范》；整合上虞枢纽、萧山枢纽现有应用，助推浙东引水数字化应用开发上线，浙东地区平原河网统一调度进一步优化。完善"潮起先锋"模块，承载"七张问题清单"闭环管控机制作为推进全面从严治党、带动全局工作的重要抓手。提升网络安全防范能力，增购网络安全设备 29 台套，整合互联网统一出口，整合视频监控 120个，构建办公专网和视频专网 2 条专线，保障钱塘江中心网络安全事件"零"发生。

【工程建设】 2022 年，海塘安澜千亿工程首次列入浙江省十大民生实事，钱塘江中心提前 93 天超额完成年度目标任务，全年实际开工 312km，完成率达130%。协助组织防潮技术攻坚，完善风浪潮沙专项指导工作体系，与省发展改革委、省发规院建立协作机制，完成近30 个项目的可研评估工作，保障项目推进。兼顾工程带科研、工程带信息化。参与工程带科研项目的策划、初筛、评审，协助维护海塘安澜千亿工程论文专栏；按照"一地创新、全省使用"原则，协助建设海塘智慧工地标准化模块，协助更新"全省海塘一张榜"信息化平台。完成钱塘江北岸海宁老盐仓至尖山段海塘安澜工程项目建议书，取得省发展改革委项目受理通知书。

浙东引水工程年引水量创历史新高，引水头部萧山枢纽累计引水约 7.6亿 m^3。防御"轩岚诺""梅花"台风期间，浙东引水工程上虞枢纽发挥重大作用，共向曹娥江排水 3167 万 m^3，及时降低丰惠平原河网水位，减轻余姚城区和姚江干流防洪压力。6 月 28 日出梅后，全省持续高温少雨，旱情凸显，抗旱期间，浙东引水工程突破常规，统筹协调实施梯度调水和候潮调水共引水 97 天，引水头部萧山枢纽共引水2.57 亿 m^3，维持浙东引水沿线水位处于中高水位，顺利完成抗旱保供任务。

【河湖管护】 2022 年，钱塘江中心开展水域动态监测，探索运用数智化技术支撑浙江省水域监管，推动解决涉水问题整改与部分历史遗留难题，不断完善水域监管体系、提升水域保护现代化水平与流域治理能力，于 12 月获评长江保护修复攻坚战工作成绩突出集体。收集2~3 期卫星影像，运用 AI 智能识别算法模型，辅助人工检测，监测和处理水域变化遥感影像图斑 4858 处，按照水域类型、行政区划等分类统计分析水域变化，以"一市一单"形式通报各市水域变化数据。根据监测结果，2022 年全省涉水活动数量相较 2021 年度有所减少，水域占补趋向平衡。全年累计发现四乱问题 2446 个，整改完成率 98.1%。开展省级现场监督检查 644 条（个）河湖/点位，发现问题 195 个。出具 17 个省级审批项目技术审查意见，开展 83 个项目批后监管，针对批建不符、度汛安全等问题，发出风险提示单。完成综合执法改革以来首件二线海塘破塘开缺案的移交处置，处置省管一线、二线海塘未批先建、违法占用等水事事件 57 次。

【钱塘江北岸秧田庙至塔山坝段海塘工程（堤脚部分）】　2022 年，钱塘江中心以"党建进工地"为抓手，成立工程临时党支部，组建党员先锋队，推动工程高标、高质、高效建设。聚焦工程带科研，创新强涌潮区施工新工艺，开创强涌潮区使用围堰干法施工和钱塘江两岸使用 C60 高强度长 15m H 型板桩加固海塘的先例；开展专题研究，完成厅重大、重点科技项目立项各 1 项，申报省部级工法 3 项、水利部 QC 成果 1 项、团标 2 项。兼顾古海塘保护，创新工程建设文物保护体系，开展古海塘健康安全评价等三项专题研究；聚焦清廉工地建设，首创清廉工程指标体系；2022 年，工程建管处获水利部安全生产标准化应急演练成果三等奖，以全省最高分通过"浙江省水利文明标化工地"省级复核。

【西江塘闻堰段海塘提标加固工程】
自工程 2022 年 1 月 28 日开工建设以来，钱塘江中心落实"党建进工地""清廉工程"建设，围绕工程重点难点堵点，团结参建各方组建先锋队、攻坚组，与海事部门、水利部门、闻堰街道、海塘沿线单位及社区等共建联建，提速工程高质量建设进程，全年完成 1.57km 塘脚加固软体排 18 万 m³、抛石 32 万 m³，拆除塘顶防浪墙 2.6km，提标建设防洪墙 0.8km；2022 年度完成投资 1.26 亿元。

【党建工作】　2022 年，钱塘江中心严格落实"第一议题"制度，召开党委会 28 次，组织中心组理论学习会 10 次，第一时间学习领会习近平总书记最新讲话、最新指示批示精神 18 次，主题发言 29 人次。组织"喜迎二十大，奋进共富路"主题活动 25 项，制定党史学习教育常态化举措 6 项；开展"党课开讲啦，人人做主讲"活动，其中党委书记讲党课 3 次、各党支部书记讲党课 19 次；组织"沿着习近平浙江足迹"等主题党日活动 26 次。实施"潮起先锋""青年先锋"行动，明确 29 项年度重点任务，成立青年先锋队 4 支、党员先锋队 18 支，激励党员干部争当钱塘攻坚、钱塘服务、钱塘改革三大先锋，全年评选先锋支部 12 个次、先锋之星 76 人次。深化全面从严治党，党委专题研究党风廉政建设工作 12 次；组织廉政风险隐患再排查、"十个一"警示教育等活动，开展节日监督检查 6 次、工作纪律明察暗访 3 次、三公经费专项检查 2 次，防台期间开展值班纪律专项检查。推进精神文明建设，在省文明单位工作会议上交流创建经验，与上城区委开展新时代文明实践，挂牌成立上城区新时代文明实践点，联合省委宣传部组织"共同富裕·青春之声"新时代青年理论宣讲活动，建成"浙风十礼"文明长廊，组织横渡钱塘江等"同一条钱塘江"公益活动 7 次。

（李梦雨）

浙江省水利水电勘测设计院有限责任公司

【单位简介】　浙江省水利水电勘测设计

院有限责任公司（以下简称"设计院"）成立于1956年，是一家大型的专业勘测设计单位。设计院历经浙江省水利厅勘测设计院、浙江省水利电力厅勘测设计院、浙江省水利电力勘测设计院、浙江省水利水电勘测设计院等阶段，于2021年12月27日正式更名为浙江省水利水电勘测设计院有限责任公司，注册资本6亿元。设计院有限公司下设二级部门19个，其中职能管理部门9个、科研部门1个、事业部3个、生产部门6个；另外，全资或控股子公司5家，省外分支机构3家。至年底，共有各类专业技术人员1160人，其中高级职称376人（含教授级高工52人），中级职称367人，中级及以上职称人员占专业技术人员总数的64%。具有本科及以上学历人数占比86%。拥有水利部"5151"人才1人，浙江省有突出贡献中青年专家1人，浙江省勘察设计大师1人，浙江省"151"人才8人，水利部青年拔尖人才1人。设计院具有各类资质22项，主要从事传统水利水电、水资源配置、水环境整治、水生态修复、水灾害防御、工业民用建筑、市政道路交通等工程的规划咨询、勘察设计和工程总承包工作，以及设计成果咨询、防洪评估、水资源论证、工程审价、造价咨询、项目管理、水土保持方案编制、计算机软件开发、岩土工程及基础处理施工等技术服务。同时，设计院还开展工程招标代理、建筑智能化系统集成服务、实业投资、机电金属结构设备成套以及承担水利水电工程安全鉴定、施工图设计文件审查、水利工程质量检测等工作。

【概况】　2022年，设计院聚焦省水利厅中心工作，深度参与浙江水网顶层设计、重大工程前期推进、水利数字化改革攻坚及水旱灾害防御，有效发挥智库作用。持续改革创新，完善法人治理结构，推进事业部改革，深化人力资源管理改革。共获得省部级及以上优秀勘测设计奖、优秀QC小组奖等各类奖项14项，厅级及以上科技进步奖7项；共获专利权、软件著作权61项，其中发明专利3项、实用新型专利38项、软件著作权20项。

【重点规划任务】　2022年，设计院聚焦水利高质量发展和助力水利重大战略决策实施，围绕构建安全美丽"浙江水网"、打造"重要窗口"水利标志性成果，全力支撑浙江水网建设规划、浙江省水资源节约保护和利用总体规划、防洪排涝突出薄弱环节实施方案、中小河流综合治理方案、幸福河湖建设规划、浦阳江流域防洪规划等顶层规划编制，助力全省入选全国第一批省级水网先导区。完成660余项重点水利基础设施空间规划落图及"三区三线"划定。聚焦浙江水网水资源配置三大通道，全面启动浙江沿海水库链连通、浙中城市群水资源配置、浙西南两库连通、甬舟供水一体化等重大工程前期方案研究，助力全省打造"浙江水网"标志性工程。

【重大水利工程前期工作】　2022年，设计院以推进重大水利工程前期工作为重点，建立院领导联系机制，逐个项目明确时间表、多措并举确保设计进度和质量，保障具体承担设计的西险大塘、清溪水库等 12 项重大水利项目开工建设，组织推进镜岭水库、莲湖水库、安华水库扩容提升和椒江河口水利枢纽等重大工程前期工作，助力工程早日开工建设。

【数字化改革】　2022 年，设计院承担推动浙江省七大流域预报调度一体化智能模块建设任务。推进数字孪生曹娥江流域防洪应用建设，获水利部数字孪生流域建设先行先试优秀应用案例。全力服务浙里办软件"九龙联动治水"应用建设，推进浙水安全、浙水畅通、浙水清廉等重大模块建设和迭代升级。保障"透明工程"应用开发获水利部副部长刘伟平批示肯定，并获得 2022 年度浙江省改革突破奖铜奖。编制《浙江省水利感知体系建设规划》。参与"水利大脑"谋划和流域防洪、山洪智防、工程建设风险管控等智能模块建设。

【支撑防汛、防台、抗旱抢险等任务】
2022 年，设计院全力保障水旱灾害防御，汛前派出 64 批 142 人次专家为在建工程及水库山塘等安全度汛提供技术服务；第 11 号台风"轩岚诺"、第 12 号台风"梅花"影响期间，设计院组织技术专家投入到省水利厅防汛调度决策、现场应急抢险、灾后调查总结等工作中，累计派出 770 人次开展技术服务工作，保障度汛安全。

【体制机制改革】　2022 年，设计院深入推进体制机制改革，完善法人治理结构，制定《院务会议事规划和程序》《院务会议事清单》，同步修订《党委会议事规则和程序》《党委会研究讨论及决定事项清单》。实施事业部制改革，组建成立规划与数字、工程建设与运行、城乡与移民工程三大业务事业部和战略研究院。修订《岗级体系管理标准》《岗级管理办法》，完善基于岗位的任职资格和绩效考核实施方案，开展生产部门基于岗位的绩效工资分配方案试点，持续推进基于岗位的人力资源体系建设。

【市场经营】　2022 年，设计院紧抓全省扩大有效投资的重大机遇，超前谋划、超常举措，全力谋大项目、建大工程，推动了一批多年想干而没有干成的重大项目落地，巩固发展勘测设计传统业务优势，开展全过程咨询和 EPC 总承包业务，大力开拓数字水利、幸福河湖等新兴业务，新签订合同额再创新高。

【质量管理】　2022 年，设计院聚焦勘测设计产品质量工作，不断推进全员质量教育、全流程质量管理、全领域质量服务。开展"质量立院大讨论"活动，线上线下参与职工超 1000 人次；组织质量剖析会 44 场。完成质量、环境、职业健康安全管理体系文件的修订换版，顺利通过 QESW 管理体系监督审核暨水安全管理体系初步审核，新增取得水安全管理体系认证证书。完成 260 项技术标准的编制，组织验收 184 项。

【科技创新】　2022 年，设计院专门组建战略研究院，围绕数字孪生流域关键技术，开展分布式水文模型、数字底板等 7 项课题研究。6 月，设计院修订印发《创优评奖实施管理规定》，进一步完善创新激励机制。全年共获省部级及以上优秀勘测设计奖、优秀 QC 小组奖、优质工程奖 14 项；获厅级及以上科技进步奖 7 项、市级优秀勘测设计奖 11 项；已获得专利授权和软件著作权 61 项，其中发明专利 3 项、实用新型专利 38 项、软件著作权 20 项。长江中下游"三水"协同调控关键技术与应用获大禹水利科学技术奖二等奖；浙江省德清县东苕溪水土保持科技示范园规划设计获 2022 年中国水土保持学会优秀设计奖一等奖；姚江上游西排工程获 2022 年浙江省勘察设计行业优秀勘察设计综合类一等奖。

【生产管理】　2022 年，设计院强化重点项目"日检查、周例会、月会商"推进机制，加强生产组织协调，确保各项勘测设计工作按计划完成。修订印发《合同项目产值分配管理办法》，规范项目产值管理。全年承担勘测设计项目 477 项，完成设计图纸出图 80215 张，归档成品报告、计算书 6964 册。

【人才培育】　2022 年，设计院加强技术人才队伍建设，以业务为轴、专业为链，系统开展人才盘点工作，完成重点业务团队组建，选树业务团队领军人物 14 名。7 人次通过正高级工程师职称评审，42 人次通过高级工程师职称评审。入选杭州市高层次人才特殊支持计划培养类人才第二层次及第三层次 3 人。强化人才引进源头管理，引进应届毕业生 90 余人，其中 211 高校应届研究生 50 余人。

【党建引领】　2022 年，设计院坚持把学习贯彻党的二十大精神作为首要政治任务，开展专题研讨 27 场次，集中宣讲 66 场次，党委委员、中层干部作交流发言 28 人次。打造"红色匠心　浙水设计"党建品牌，部署开展"一联三创"活动，党员干部点对点联系服务 266 个项目，开展现场服务 2856 人次，现场解决问题 386 个，创建支部品牌 23 个，评选各类业务标兵 48 人次，推动党建业务深度融合。扎实开展党支部标准化 2.0 建设，制定《落实党建工作责任制考评办法》，完成 9 个支部设置调整以及 8 个二级支部组建工作；完成 7 名发展对象培训、12 名预备党员培训和转正、25 名党员组织关系接转等工作；2 个支部获"2022 年水利先锋支部""党员创标兵"称号，作为典型案例在水利系统推广。

【党风廉政建设】　2022 年，设计院深入推进党风廉政建设，召开专题警示教育会议 4 次，开展第 12 届"清风廉韵"宣传教育月"十个一"活动，"走访促勤廉"进部门、进项目、进供方 33 次，筑牢廉洁思想防线。严格落实廉情分析会制度，党委委员召开分片廉情分析会 24 场。紧盯"关键少数"，开展廉政和失职渎职风险排查，排查风险 1545 条，制定措施 1992 项。紧盯重点领域，启动制度执行情况专项检查三年行动计划（2022—2024 年），对发现的问题及时抓好整改。

【安全生产】　2022 年，设计院健全疫情防控机制，完善应急处置预案，疫情防控各项工作扎实有力；成立防疫志愿服务队，累计招募志愿服务者 190 人，组织核酸检测 177 次，采样 94186 人次。深入开展除险保安百日攻坚和"防风险保稳定"护航党的二十大行动等专项行动，制定《水利风险隐患防范事项清单》《业务领域主要安全风险事项管理清单》，强化风险研判，开展系统排查，形成共性问题清单，落实整改闭环。切实抓好新《中华人民共和国安全生产法》宣贯工作，参加水利部《水安将军》网络竞赛，获全国水利安全知识网络竞赛"优秀集体奖"。

【社会责任】 2022 年，设计院发挥全国文明单位的示范作用，积极参与社会公益，为浙江省"慈善一日捐"、杭州市春风行动、四川黑水县扎窝镇、缙云县丹址小学等累计捐款超 30 万元。与上羊市街社区结对共建，共同开展"邻里食堂"为失能老人送餐服务。举办"疫战到底献热血"活动，总献血量 11400mL。

【浙江省水利水电勘测设计协会】 2022年 4 月 6 日，浙江省水利水电勘测设计协会召开 2022 年度第一次常务理事会议，通报 2021 年度工作开展情况及2022 年工作要点、2021 年度财务工作总结及专项审计情况，审议并通过《重大事项报告》《关于新增会员单位的建议》《关于开展浙江水电勘测设计通讯约稿的通知》。4 月 22 日，协会召开2022 年度第一次会员代表大会，审议并通过了《浙江省水利水电勘测设计协会章程（2022 年修订版）》。推进上级

协会各类奖项初审（评）工作，组织开展 2022 年度省内水文、水资源调查评价和水资源论证单位水平评价工作初评工作，核实审查 15 份申报材料；发挥行业平台作用，充分利用协会上传下达职能，做好相关行业标准、政策的意见征集和反馈工作。

（陈赛君）

浙江省水利河口研究院
（浙江省海洋规划设计研究院）

【单位简介】 浙江省水利河口研究院（浙江省海洋规划设计研究院）（以下简称"研究院"）成立于 1957 年，是一家省级公益二类科研院所，隶属于省水利厅。研究院下设综合办公室、党群工作部（监察室）、人力资源部、科研技术部、市场经营部、财务审计部等 6 个职能管理部门，战略发展规划研究所、河口研究所（水工研究所）、海洋研究所、河湖研究所、防灾减灾和工程安全研究所、水资源研究所、农村水利研究所（水土保持研究所）、智慧水利研究所、河海测验中心、测绘地信中心、水环境监测中心、浙江省水利水电工程质量检验站（岩土工程研究所）等 12 个科研生产部门，浙江广川工程咨询有限公司（以下简称"广川咨询公司"）、杭州定川信息技术有限公司（以下简称"定川信息公司"）等 2 家下属企业。至年底，全院各类在岗人数 1387 人，其中正式在岗人员（含事业、事业编制外合同工和企业）共计 832 人。正式职

工中，高级职称 366 人（含正高级职称 60 人），中级职称 286 人；具有大专及以上学历 821 人，其中博士研究生 46 人，硕士研究生 388 人。现有水利部"5151"人才 3 人，浙江省有突出贡献中青年专家 2 人，浙江省"151"人才 22 人，享受政府特殊津贴 3 人；水利部水利人才创新团队 1 个。具有各类资质 40 项。

研究院主要职责是：开展全省水利、海洋相关科学、政策法规、技术标准、规程规范、水文化、科普教育等研究；推进研究成果转化应用，开展技术咨询服务；承担水旱灾害防御、防汛抢险等技术支撑工作；承担河口水情与江道防汛形势分析，开展河口水下地形常规测量及应急防汛测量；开展水利工程质量仲裁检测、科技查新等工作；开展智慧水利、测绘与地理信息、水文测验、环境检测、安全鉴定与评估、质量检测与水电测试等研究及咨询服务；完成省水利厅交办的其他任务。

【概况】 2022 年，研究院围绕浙江水利高质量发展中心任务，按照"全领域全方位全链条"一体化支撑的总体要求，深入学习贯彻落实党的二十大和省第十五次党代会精神，全面履行公益服务职责，全面支撑水利数字化改革，省级以上科研立项再创新高，高层次人才培养取得突破，全面完成年度目标任务，厅系统 2022 年度综合考评获得优秀。

【防汛防台】 2022 年，研究院全力保障防汛抢险和水旱灾害防御工作，全面支撑 2022 年浙江省暨衢州市水旱灾害防御演练，"梅花""轩岚诺"台风期间，落实专家工作组 24 小时值班值守，全院值班 250 余人日，技术支撑科学研判风险灾情；全面完成全省水旱普查工作，研究院典型经验做法入选全国自然灾害综合风险普查典型经验做法；开展小流域山洪灾害防御能力提升国家试点工作，技术支撑"小流域山洪灾害风险"问题整改销号。

【调查研究】 2022 年，研究院党委委员领衔带头，强化调查研究，协助省水利厅 7 个处室开展 7 项调研任务，参与撰写调研文章，其中《党建统领水利高质量发展的对策调研》获得省水利厅厅长马林云批示。承担的 2021 年度调研报告获厅优秀调研成果奖一等奖 1 项、三等奖 2 项；在《资政参考》发表《关于我省水利遗产留存现状及活化利用的建议》，获副省长刘忻批示；《把握新发展阶段　构建河湖治理新格局》获副省长卢山及省生态环境厅厅长郎文荣批示；《完善原水价格管理政策，激发水资源综合效益》推动全省重要水利工程供水成本核算工作落地；在《水利发展研究》发表《破解水利工程建设用地难的思路与建议》，在全国推广相关经验；协助省水利厅编制完成《水利工程与文化融合技术导则》。

【服务水利中心工作】 2022 年，研究院完成钱塘江河口 7 项指令性预报、6 次常规及应急防汛地形测量工作，开展钱塘江、飞云江等河口水情与江道防汛形势分析以及浙江省主要河口湾区水文地形测量分析。11月，咸潮入侵影响杭州市，研究院技术团队开展抗咸调度预报，提供调度方案，指导杭州市抗咸工作取得良好成效。全力服务海塘安澜千亿工程，派专人进驻省水利厅海塘专班；解答钱塘江河口丁坝问题，技术成果作为省水利厅工程审批技术依据；开展全省沿海备塘调查，总结形成适用于全省的备塘建设与管理标准。投入超3000人日全力支撑浙江省全域幸福河湖建设、河湖长制、水域空间管控等中心工作，获得浙江省第三次全国国土调查成绩突出集体称号，全过程技术支撑丽水市国务院河湖长制督查激励相关工作。技术支撑2021年最严格水资源管理制度考核获得全国第二名。全面落实水利服务"百千万"行动，开展"百名处长联百县"服务6批次。全面支撑2022年度水利民生实事中"提升改造农业灌溉泵站机埠、堰坝水闸1500座"任务，成立"水利民生实事技术团队"，完成2022年度水利民生实事支撑任务。牵头制定《浙江省农业灌溉工程更新升级技术导则（试行）》，组织"党员先锋攻坚队"赴10余个大中型灌区，累计开展指导帮扶100余次。

【数字化改革】　2022年，研究院支撑浙里办软件"九龙联动治水"应用等31项任务建设和迭代，专职驻点省水利厅及数转办7人，合计全年投入支撑约14430人日。支撑开发的"水利大脑"成果入选2022年数字化改革"最强大脑"；浙里办软件"九龙联动治水"应用入选第三批数字政府系统优秀应用案例；"水利人事一点通"被评为第一批全省水利数字化改革"优秀应用"；横锦水库数字孪生应用入选水利部试点。研究院印发《"数智水研"数字大楼建设行动方案（2021—2025年）》，编制《院数字化改革项目管理实施细则》，数字化改革专项立项16项。上线"数智水研"系统1.0版，初步建成知识中心、模型中心、算力中心，系统累计访问量超过50万次，核心业务数字赋能成效明显。

【科研成果】　2022年，研究院国家重点研发计划项目顺利完成课题绩效评价，科研申报立项实现量质齐升。获得省级以上科研项目立项18项，再创历年新高，获得财政经费近1000万元，同比增长超2倍。其中首次获得省"尖兵""领雁"研发攻关计划项目2项，国家重点研发计划课题和国家自然科学基金项目各1项，水利部重大科技项目和水利技术示范项目各1项，省自然科学基金联合基金项目8项，省自然科学基金项目4项。

6项科研成果获得行业科技奖，其中，省部级及以上奖励3项，包括海洋科学技术奖二等奖1项、海洋工程科学技术奖二等奖1项、地理信息产业优秀工程铜奖1项；省水利科技创新奖3项。全年发表论文79篇、专著2项。发布技术标准7项，其中省级地标6项、市级地标1项。知识产权授权67项，其中发明专利15项、实用新型专利15项、软件著作权37项。科研和科技服务成果产品合格率100%，优秀率53%。

【人才队伍建设】　2022年，研究院特

岗引入 985 博士 3 名，新入职博士 7 人。完成 90 人次专家推荐工作，获得浙江省"万人计划"科技创新领军人才 1 人，实现行业"零突破"；新获得浙江省有突出贡献中青年专家 1 人。完成 2 批次 15 名干部选拔任用，实现 90 后干部"零突破"；为 10 名退休干部职工举办荣退仪式；完成首轮离岗创业创新人员期满工作安排。

【业务经营】　2022 年，研究院持续完善"大经营"工作机制，完善《产值补助管理办法》《批次性项目管理办法》《全过程咨询经营协调机制》等制度，进一步强化经营管理。5 月 5 日，以法人单位名称获得 CMA 资质认定证书。11 月，编制完成《院资质能力提升三年行动方案（2023—2025）》，积极探索相关领域资质申报，进一步完善资质体系建设。12 月 1 日，水利建设市场主体信用评价（质量检测单位）结果公示，获评AAA 级。截至 12 月 10 日，全院签订合同额 8.56 亿元，收款 7.3 亿元。

【制度建设】　2022 年，研究院修订完成《绩效考评办法》和实施细则，针对考核重点、加分项等进行重点优化，强化考核"指挥棒"作用；修订《薪酬分配管理办法》，健全工资合理增长机制，发挥薪酬分配激励作用；修订《党委会和院长办公会讨论决定重大问题清单》，持续提升院党委科学决策、民主决策、依法决策工作水平。完成《内控手册》编制工作，内控制度建设不断完善，内控管理水平进一步提升。

【疫情防控】　2022 年，研究院持续抓好常态化疫情防控，修订《院疫情防控应急预案》，发布《院疫情防控工作指南》，进一步规范常态化疫情防控下的出行（差）审批流程及要求、明确不同情况下对应的管控措施等，严格执行上级有关疫情防控工作要求。核酸累计自检 2 万余人次，发放口罩 23 万个，抗原试纸 1 万个。

【科研用房启用】　2022 年 3 月 3 日，研究院省重点实验室科研用房正式启用。省水利厅党组成员、总工程师施俊跃参加科研楼启用仪式并作工作要求。研究院钱江院区、凤起院区、复兴院区、江东基地实现统筹规划使用。持续加强院所文化建设，完成钱江院区职工之家提升工程。

【安全生产】　2022 年，研究院组织开展除险保安百日攻坚行动，定期开展安全风险自查，每半月上报研究院水利风险隐患防范清单，发现安全隐患 15 个，落实防范措施 24 条。组织全院职工参加全国"水安将军"安全生产知识网络竞赛活动，荣获优秀组织奖。

【网络安全】　2022 年，研究院将网络安全纳入各部门年度考核，签订网络安全责任书。按照省水利厅统一部署，共经历由水利部、公安部、网信办以及各地方组织的 6 次网络攻防演练，共捕获 4598 条实时攻击记录，共计封堵问题隐患 IP 地址 12515 个，在杭州市公安组织的攻防演练中，在 260 家防守单位中，研究院下属公司定川信息公司取得第 8 名。

【党建工作】 2022 年，研究院推进党支部标准化 2.0 建设，完成 21 个院属基层党组织换届，打造 10 个特色"党员活动室"。规划所党支部的"围绕中心抓党建　固本育人出成效"、河海测验中心党支部的"测验先锋，七彩文绘"党团共建工作法、定川信息党总支"六个一""五个要"党建工作法 3 个党组织工作成果入选省水利厅系统党支部工作法优秀案例。重点开展调研"3 个 1"活动，"1 位党委委员＋1 个职能部门党支部＋1 个业务部门党支部"联合开展的 7 项专项调研全面完成，协助省水利厅完成 7 项调研课题。深化领学促学机制，以领学"4 个 1"活动为抓手，全年共召开党委理论学习中心组学习（扩大）会议 11 次，全年"第一议题"学习 13 次，党的二十大和省第十五次党代会精神专题学习党员干部全覆盖，撰写学习心得体会全覆盖。研究院专业总工程师尤爱菊当选为省第十五次党代会代表，党代表工作室挂牌成立。

【群团工作】 2022 年，聚焦党的二十大主题主线，研究院举办"喜迎二十大　青春共奋进"青年理论宣讲暨微党课大赛、"七一"主题日活动暨"喜迎二十大　共唱向未来"研究院好声音大赛、"向党代表学精神"青年宣讲会等形式丰富的红色主题活动。《浙江水利科技》编辑部获"浙江省巾帼文明岗"称号，下属公司定川信息公司分工会获"全国农林水利气象系统模范职工小家""省直机关先进职工小家"称号，研究院团

委获 2021 年度省水利厅共青团工作成绩突出集体称号。

【党风廉政建设】 2022 年，研究院党委全面接受驻省生态环境厅纪检监察组的驻点监督、省直机关工委对院党委落实党建主体责任的延伸检查。建立党委委员分片廉情分析会制度，全年开展廉情分析会 15 次；常态化开展廉政和失职渎职风险排查，全院共排查廉政风险点 1800 余条并逐条提出防范举措；常态化开展正风肃纪检查，全年共开展 24 批次明察暗访行动；组织开展"明纪律　守底线　奋进新征程"警示教育，部署"九个一"活动，编印《项目采购廉政风险防控知识宣传手册》；印发《关于加强工作作风的实施意见》，从 4 方面 12 条措施强化干部职工作风意识。全年协助组织省水利厅系统分片党风廉政建设分析会 4 次。

（孙杭明）

浙江省水利水电技术咨询中心

【单位简介】 浙江省水利水电技术咨询中心（以下简称"咨询中心"）是隶属于省水利厅的公益二类事业单位，具有工程咨询甲级资信、水利工程施工监理甲级资质、工程造价咨询甲级资质等。通过 ISO9001：2015 质量管理体系认证和"AAA"级信用等级认证。咨询中心共有内设机构 9 个，包括综合办公室、事业发展部、技术质量管理部、财务审计部等 4 个职能部门，咨询一部、咨询

二部、咨询三部（杭嘉湖水利研究中心）、咨询四部、项目管理部等5个生产部门。另设下属企业3家：浙江省水利水电建筑监理有限公司（浙江省财务开发有限责任公司占10％股权）、浙江水利水电工程建设管理中心有限公司、浙江水利水电工程审价中心有限公司。咨询中心的主要职责是：开展水利规划、项目建议书、可行性研究报告、初步设计及有关专题报告等编制、评估咨询及施工图审查等工作；提供水利行业技术标准、定额制订以及项目稽察、安全生产监督的技术支撑；开展水利项目行业审查和涉水项目审批技术审查，承担工程建设管理、安全鉴定和验收的技术支撑工作，以及水利统计分析、绩效评价；开展区域、流域重大水利问题研究；承担水旱灾害防御技术支持；开展水利工程建设全过程工程咨询、投资动态控制、项目管理、风险评估等技术服务工作。

至2022年，咨询中心共有在职职工253人，其中在编人员43人。咨询中心本级共有工作人员93人，其中大学本科及以上学历89人，硕士及以上学历44人；中级及以上专业技术职务任职资格84人，副高及以上专业技术职务任职资格44人，正高级专业技术职务任职资格8人。咨询中心共有退休人员36人。

【概况】　2022年，咨询中心开展全省重大项目技术审核、水利工程稽察、安全督查检查、"最多跑一次"水利技术审查、全过程工程咨询、施工图审查、建设管理技术服务、施工监理、造价咨询

等330余项，其中咨询中心本级开展130余项，强力支撑全省水利中心工作。咨询中心获全省水土保持目标责任制工作成绩突出集体、2021年全省水利系统优秀调研报告二等奖、2022年度浙江省水利科技创新奖三等奖等；浙水咨询"最多跑一次"重大水利项目技术审核团队荣获省级巾帼文明岗称号。

【党委、纪委换届】　2022年5月17日，咨询中心召开党员大会。选举产生咨询中心新一届党委委员、纪委委员；审议通过咨询中心党委工作报告、纪委工作报告及党费收缴、使用和管理情况报告。会后，新一届党委、纪委分别召开第一次全体会议，选举产生党委书记和纪委书记。

【推进重大水利项目前期工作】　2022年，咨询中心成立重大水利项目前期工作攻坚领导小组，建立工作专班，全面支撑全省重大水利项目和海塘安澜千亿工程项目前期工作。出具海宁县清溪水库、东苕溪防洪后续西险大塘达标加固工程、扩大杭嘉湖南排西部通道工程、嘉兴中心河拓浚及河湖连通工程等重大项目技术审核报告37个、初步设计复核报告45个，比2021年增长48％和221％。服务地方水利项目前期，完成地方委托初步设计复核、施工图审查等项目60余个。开展"十四五"规划项目实施情况调研，并编制完成《浙江省水安全保障"十四五"规划项目实施情况调研报告》。

【开展绩效评价工作】　2022年，咨询

中心开展 2021 年度中央财政水利发展资金绩效评价及水库加固、中小河流、水资源节约与保护绩效评价和 2022 年度重大水利工程投资抽查和省市资金绩效评价等专项资金项目绩效评价服务。开展预算绩效管理工作调研，并编制完成《浙江省水利领域预算绩效管理调研工作报告》。

【监管工作】 2022 年，咨询中心开展工程稽察、质量安全检查等技术服务工作，完成 50 个水利建设项目稽察、40 个水利工程安全巡查、80 个在建重大水利工程质量检查与技术指导服务，定期跟踪技术指导，跟踪问题整改闭环，助力提升全省在建重大水利工程建设管理水平。

【水旱灾害防御工作】 防御第 12 号台风"梅花"期间，咨询中心为杭嘉湖流域水利防汛提供强有力支撑。调配 38 名技术骨干组成防汛防台技术服务组，全天候、全时段参与，为杭嘉湖地区预报调度和一线防汛提供技术支撑，做好洪水预演预报，赴嘉兴市、平湖市等一线现场查看河道水情，指导工程巡查防守和应急抢险。

【全域建设幸福河湖工作】 2022 年，咨询中心对全省 20 条中小河流治理开展检查与指导，全年完成 51 个中小流域综合治理项目的初设评估，涉及治理河长 784.19km。开展第一批国家水系连通及水美乡村建设试点县建设指导服务，德清县、嘉善县、景宁县在评估中均被评为国家级优秀；对纳入第二批试点县建设的诸暨市、柯城区 2 个县（市、区）的初步设计报告进行技术服务指导和评估，助推美丽河湖迭代升级。

【内部管理】 2022 年，咨询中心建立"赛马"机制，每月召开工作例会，对各部门、单位重点工作完成情况和工作计划进行晾晒，落实工作全流程闭环管理；开展"争先创优"活动，制定"争先创优"行动方案，每季度开展评选，共评选出"先锋部门（单位）"6 个、"争先创优"之星 12 人。进一步完善制度体系，制定或修订《全过程工程咨询项目现场管理规定（试行）》《国有资产管理办法》等内部管理制度 10 余项。

【人才培养】 2022 年，咨询中心完成 43 名事业人员第四轮岗位聘期考核和第五轮岗位聘任。6 月，制定《编外聘用人员岗位聘用管理办法（试行）》，解除编外人员职称评聘约束，取得高级工程师专业技术职务任职资格 5 人，取得工程师专业技术职务任职资格 6 人；开展在下属企业工作的中心统一管理人员选调，规范编外聘用人员管理，进一步加强岗位聘用与管理，完善聘用机制。

【数字化建设】 2022 年，咨询中心成立数字化改革工作领导小组，组建数字化工作专班，启动管理"智治"数字工作平台建设，开展综合办公模块建设；推进杭嘉湖流域预报调度一体化智能模块建设，并接入浙里办软件"九龙联动治水"应用的"浙水安全"子应用。

【科技创新和技术质量管理】　2022年，咨询中心制定《创新基金管理办法（试行）》，建立"揭榜挂帅"机制，明确研究课题、目标要求和奖励标准，并组建杭嘉湖流域预报调度一体化创新团队；8月，修订《优秀咨询服务成果评选与奖励规定》，完善创新激励机制；开展2022年度技术咨询服务成果奖评选，评选出《嘉兴市全域水系重构规划（2021—2035年）》等3个优秀咨询服务成果奖。建立服务质量"码上反馈"机制，实时收集处置反馈意见建议，增强技术服务质量外部评价时效性。

【业务拓展】　2022年，咨询中心进一步拓展全过程工程咨询服务业务，新签订的海宁市百里钱塘综合整治提升工程一期（盐仓段）全过程工程咨询项目单体合同额（6700万元）创新高；全年签订合同额1.46亿元，其中咨询中心本级签订合同额超1亿元。

【安全生产管理】　2022年，咨询中心按照"疫情要防住、经济要稳住、发展要安全"的要求，做好常态化疫情防控工作；逐级签订年度安全生产责任书，落实各级安全生产责任；开展风险排查梳理，形成风险防范事项清单，梳理14方面风险，制定44项防范措施，明确责任，督促落实。6月，开展"安全生产月"等活动，组织开展安全生产学习活动、安全主题宣传活动、专题培训和应急演练、安全生产竞赛趣味活动、安全生产大排查大治理等五类主题16项活动，强化安全生产责任意识。全年未发生各类安全生产事故。

【群团和综合保障工作】　2022年11月10日，咨询中心召开工会会员代表大会，选举产生新一届工会委员会、经费审查委员会和女职工委员会委员。11月25日，召开团员大会，选举产生新一届共青团委员会委员。关注职工工作、生活，开展谈心谈话活动，听取干部职工心声，回应干部职工诉求；组织开展"三八节"活动、"创一流"活动周、退休职工春秋游等活动；制订职工年度疗休养方案，完成2批次集中组团疗休养和57人定点疗休养，职工参与率从27％提高至87％。改善办公条件，开展物业单位更换工作，提升物业管理服务水平；更新办公设施设备60余台。

【党建和党风廉政建设】　2022年，咨询中心召开党委会23次，主任办公会7次，召开党委理论学习中心组学习8次；围绕党的二十大和省第十五次党代会精神等主题，中心党政班子进行专题研讨19人次，干部职工共撰写学习体会99篇。

开展"党建进工地"活动，与项目业主等成立中共海宁市水利局百里钱塘综合整治提升工程一期（盐仓段）临时支部委员会，组建党员先锋队，开展优质工程创建。开展党员干部实践教育，以数字化为主题，赴省档案馆参加数字化成果展；以党风廉政建设为主题，赴浙江展览馆参观廉洁文化展；组织党员干部赴井冈山开展"传承革命意志，争当时代先锋"主题党日活动。开展党建联建活动，与省水利厅监督处、台州市水利局开展"习近平浙江足迹"主题党日活动，与省水利厅财务处开展"学思践悟党的二十大，砥砺奋进新征程"主题党日活动。

分类设置部门、单位风险防控条款，与各部门、单位签订党风廉政建设责任书；开展全覆盖廉政提醒谈话2次，分别在咨询中心和下属单位两个层级召开廉情分析会；开展党风廉政和失职渎职风险再排查，排查各类风险点450个，建立廉政风险和失职渎职风险防控措施559条；开展"明纪律 守底线 奋进新征程"警示教育，邀请专家讲授专题党课，分层进行"守关"（指"守住政治关、权力关、交往关、生活关、亲情关"）研讨，组织全体党员赴省法纪教育基地开展现场警示教育；做好日常教育提醒，全年在中心浙政钉群推送廉政信息400余条。

（邢俊）

浙江省水利科技推广服务中心

【单位简介】 浙江省水利科技推广服务中心（以下简称"推广服务中心"），为正处级公益二类事业单位，内设综合办公室、财务审计科、推广交流科、技术发展科、资产服务科、安全生产科等6个科室，下辖浙江钱江科技发展有限公司、浙江钱江物业管理有限公司、浙

江省围垦造地开发公司、浙江省灌排开发有限公司等4家企业。至年底，核定事业编制32名，退休人员14名，直属企业员工200余名，其中党员58名。

主要职责为：承担全省水利科技成果转化和先进适用技术（产品）引进、试验、示范、推广等工作。组织开展基层水利科技推广活动，开展水利科技推广、宣传、培训交流、成果评价以及相关技术咨询服务。提供省水利厅机关日常后勤服务和水旱灾害防御应急期间后勤保障。组织开展水利科普宣传、对外水利学术交流与合作。

资产情况：①房产。推广服务中心名下房产面积共35881.50m²，包括钱江科技大厦34038.40m²，其中3345.95m²归联建单位中国银行杭州市高新区支行及个人永久使用；瑞晶国际商务中心房屋1843.1m²，为原省围垦技术培训中心大楼征收置换；剔除联建单位使用的房产，实际归推广服务中心使用的面积为32535.55m²。因杭州市地铁10号线、机场快线文三路站建设，浙江钱江水利科技大厦辅楼及附属地下停车库拆复建项目2630.87m²（规划建筑面积）尚在建设。②土地。总计1187.50hm²，其中推广服务中心名下土地共868.44hm²，浙江省围垦造地开发公司名下土地319.06hm²，分布在杭州萧山区、宁波慈溪市、绍兴柯桥区、绍兴上虞区以及舟山岱山县、台州玉环市等地。

【概况】 2022年，推广服务中心完成党委、纪委换届，明确"388"（三大愿景、八个新、八项重点行动）目标任务，

组建"大科技支撑""大服务保障"两大工作专班，出台改革发展实施方案，清单式、责任制推进水利科技推广服务工作。梳理全省重大水利科技问题及研究思路方向，开展水利科技成果需求和供给征集，形成问题清单13项、需求清单35项、供给清单29项。依托省科技厅中国浙江网上技术市场，建设运行水利科技分市场。技术支撑水资源、农村水利、工程运管等领域，服务水利"民生实事"，推动"工程带科研"走实走深。推进"数字食堂"建设，做优省水利厅机关、省水文管理中心、浙江同济科技职业学院、省钱塘江流域中心、省水利河口研究院（省海洋规划设计研究院）、省水利水电技术咨询中心6家单位后勤日常服务，做好"梅花""轩岚诺"等水旱灾害防御应急后勤保障。学院路99号小区（原省水利厅宿舍）移交翠苑街道管理，原浙江省围垦技术培训中心大楼置换为瑞晶国际商务中心房屋1843.1m²，钱江科技大厦房屋出租率保持85％以上。安全生产形势平稳，在全国水利安全生产知识网络竞赛"水安将军"活动中获浙江赛区优秀集体奖和优秀组织奖。

【水利科技推广交流】　2022年，推广服务中心大力推进水利科技跨行业融合创新，梳理提炼13项重大水利科技问题及对策建议，在《中国水利报》发表文章《打通综合效益转化通道　破解水利工程融资难题》《深刻理解新时代治水要求　不断提升水治理创新能力》，形成《高质量发展视域下的水利跨行业融合与创新发展思考》。

向全省水利科技工作者发出实施"工程带科研"倡议，围绕重大水利工程建设、"浙里平安"水利民生实事、河湖长制、数字化改革等重点领域，开展全省重大水利科技和成果需求征集，编制需求清单35项。

以需求为导向遴选供给清单，面向省内外高校、科研院所、企业等，征集水利新技术93项，列入2022年度浙江省水利新技术推广指导目录29项。开展水利科技成果转化与推广数字化、市场化改革探索，建设中国浙江网上技术市场水利科技分市场并上线运行。

聚焦"数聚赋能　智守安澜"主题，举办新技术交流与展示活动，在杭州、宁波组织召开浙江省数字水库专题技术交流会，推进数字孪生等新技术在水库领域的推广应用；依托"水利科技云讲堂"，举办堤坝除险加固、河湖治理线上技术交流会2场，交流培训4000余人次。

【技术支撑与服务】　2022年，推广服务中心聚焦水利民生实事、工程运行管理、水资源管理等领域，强化技术支撑和服务，赴全省各市县水利部门、重大水利工程一线开展水利科技推广专项服务基层活动60余次，派出专业技术人员180余人次，开展100余座山塘整治、500余个取水口核查、72座水厂规范化创建、60座美丽山塘创建、45个县（市、区）水利工程管理"三化"改革等现场技术指导与服务。参加省政协赴天台"送科技下乡"、省科协"科学＋"节水科普宣讲，组织发动4家企业向庆元县捐赠总价值60余万元的农饮水工程抢险物资。组建专家服务组赴杭州闲林水库、新昌钦寸水库、龙游高坪桥水库等开展科技服务，对接科研和项目合作，试点开展混凝土表面防护与修复新技术应用、水库沉降监测技术应用等"工程带科研"项目。

【后勤保障与资产管理】　2022年，推广服务中心后勤服务范围拓展至省水利厅系统共6家单位，服务对象超2000人，推进省水利厅系统"数字食堂"建设，努力破解跨单位公务就餐结算难题。做优后勤日常服务和特色服务，累计提供就餐146万余人次、会议9200余场、理发6000余人次、洗车3300余辆、综合维修7500余次，服务对象满意度达95%。做好台风"梅花""轩岚诺"等水旱灾害防御应急响应期间的后勤保障，组建党员先锋队24小时值守服务，展现"浙水红管家"担当。多方协调，学院路99号小区（原省水利厅宿舍）顺利移交属地翠苑街道管理。

规范推进原浙江省围垦技术培训中心大楼征收处置，等价值置换为瑞晶国际商务中心房屋1843.1m²，协调推进钱江科技大厦主楼亮灯工程、裙楼外立面和南广场改造、裸眼3D大屏安装等，实现资产提质增效，房屋出租率保持在85%以上。落实省委省政府减租政策，减免358家小微企业（个体工商户）租金300余万元。开展土地常态化巡查，盘活土地资源，实施订单种植和小棚养殖等土地开发利用新模式。

【安全生产】　2022年，推广服务中心制定领导班子成员及各部门的安全生产职责清单，将50余项具体任务落实到部门与岗位，与承租单位签订消防安全责任书72份，全面压实各环节主体责任。

成立安全生产工作专班，统筹抓好安全生产工作，开展除险保安"百日攻坚"行动，实施消防安全楼层长制，落实第三方机构每月一次的消防安全检查、中心每月一次的安全督查检查、安保人员2小时一次的大厦防火检查。

开展护航党的二十大安全专题活动，组织集中检查排查34次，发现隐患56处并全面落实整改。动态更新危险源分级管控、设备设施使用寿命和更新改造计划"三张清单"，实施大厦4台客梯、地下消防管网及中央空调地下储油罐等更新改造，启用进出闸机系统。

强化安全生产知识教育培训，广泛开展安全生产月、616安全宣传日、119消防宣传日活动，组织安全教育培训11次、"水安将军"安全生产知识网络竞赛200余人，组织大厦设备联动测试2次、义务消防队日常拉练12次、紧急疏散逃生和反恐演练2次。安全生产形势保持平稳，全年未发生安全生产责任事故。

【提升内部管理】　2022年，推广服务中心完成党委、纪委换届，为单位改革发展提供组织保障。新一届党委明确了构筑以"党建统领"为纲、"大科技支撑""大服务保障"两翼齐飞的发展架构，锚定"八个新"、实施"八项重点行动"、努力实现"三大愿景"的"388"五年任期目标任务。谋划并组建"大科技支撑""大服务保障"两大工作专班，通过专班统筹的方式、任务清单的模式，推动优势力量、资源向重点难点任务聚合，变革重塑一体化、扁平化、清单式的"多跨协同"高效管理新格局。组建直属企业历史遗留问题处置工作专班，推进直属企业对外投资有关问题解决。稳步实施浙江省灌排开发公司和浙江省围垦造地开发公司全民所有制企业公司制改制。7月，为进一步规范退出现职中层干部、企业班子成员的管理，研究出台《中层干部、企业班子成员退出现职岗位管理办法（试行）》。

【党建和党风廉政建设】　2022年，推广服务中心全面落实"第一议题"制度，学习研讨党的二十大精神、《习近平谈治国理政》第四卷、省第十五次党代会精神等，全年开展党委理论学习中心组学习会20次。实施"党建＋"红色领航行动，建立全面从严治党主体责任工作清单，逐级签订党建、党风廉政建设责任书16份，全面压实管党治党责任，抓好"七张问题清单"整改。制定2022年度意识形态重点工作、分工计划及风险防控应急预案，出台改进工作作风措施11条，增强党员干部纪律和规矩意识。

部署"明纪律　守底线　奋进新征程"警示教育活动，全面开展廉政和失职渎职风险排查，梳理24类业务风险清单和防控措施63项，完成廉政提醒谈话全覆盖共240余人次，组织"清风印我心　廉韵伴我行""廉政风险我来讲"等特色廉政文化活动，围绕科技推广、物资采购、资产管理、安全生产等领域开展常态化监督检查，完成虚拟货币"挖矿"自查自纠。

推进"双建争先"工程，推广服务中心党委与古荡湾社区党委签订党建共建协议书，业务科室党支部被评为2022年省水利厅先锋党支部。做好党员发展工作，2名预备党员按期转正，2名入党积极分子吸收为预备党员。

（洪佳、柯飐）

浙江省水利信息宣传中心

【单位简介】　　浙江省水利信息宣传中心（以下简称"信息宣传中心"）是厅直属公益一类事业单位，是在原浙江省水利信息管理中心和浙江省水情宣传中心基础上组建，于2019年11月举行单位成立揭牌仪式。核定编制数24人，领导职数1正2副。主要工作职责是：协助指导全省水利行业信息化和宣传业务工作；协助制定全省水利信息化中长期规划、省级水利信息化相关技术规范和技术标准；承担省级水利信息化重大项目的技术工作以及厅本级水利信息化项目建设和管理工作；承担政府数字化转型相关信息化工作。组织开展省级水利数据中心建设及数据管理工作；组织实施重大水利新闻报道。承担《中国水利报》浙江记者站相关工作。组织开展水利舆情监测、收集、分析工作；承办厅政务信息主动公开工作，组织政务新媒体的运行管理工作。开展厅网络中心、信息系统的安全运行维护工作；组织开展水情宣传教育，负责全省水利重要影像资料收集、整理和利用工作；组织开展水利志、水利年鉴编纂及水文化传播工作；完成省水利厅交办的其他任务。

【概况】 2022 年，信息宣传中心认真贯彻落实省水利厅党组决策部署，扎实推进水利信息宣传工作，迭代建设浙里办软件"九龙联动治水"综合应用，深化"水利大脑"建设，被评为全省"最强大脑"，数字孪生流域建设在水利部中期评估获评优秀试点成果。印发《"十四五"浙江省水情教育规划》《浙江省水情教育基地管理办法》，组织开展以"河长再出发，建设江南水乡幸福新高地"为主题的世界水日宣传活动，《浙江水利年鉴（2021）》获评 2022 年度"浙江省精品年鉴"，《丰碑》系列微纪录片获得第六届中国青年志愿者服务项目大赛水利公益宣传教育专项赛一等奖。

【迭代建设浙里办软件"九龙联动治水"应用】 2022 年，信息宣传中心编制《浙里"九龙联动治水"市县试点建设工作指南》，优化顶层架构，探索省市县三级贯通技术路径，协助推进市县试点建设，实现应用整体贯通。在治理端构建了总驾驶舱，完善"五统一"（统一门户、统一用户、统一数据、统一地图、统一安全）基础支撑能力，集成六个浙水应用，实现治水工作一屏掌控。在服务端建立"浙水安澜"水利服务专区，为社会公众提供了统一的水利服务窗口。浙里办软件"九龙联动治水"应用在"浙政钉""浙里办"上线发布，应用成为全省水利行业工作人员和各级河湖长的统一履职平台，活跃度达 98.51%。

【深化"水利大脑"建设】 2022 年，信息宣传中心组织编制《水利大脑建设方案》，明确了"水利大脑"的建设思路和顶层框架，通过了省水利厅审查。强化"五统一"建设，在省大数据局 IRS 平台上沉淀了多个模型和算法组件，研究开发了"水利大脑"和"数据资产"驾驶舱，初步建立了水利业务应用一本账，并协助完成 5 个智能模块的建设，有力提升水利业务的智能化水平。水利大脑被省委改革办评为 15 个"最强大脑"之一。

【数字孪生流域建设】 2022 年，信息宣传中心以水利大脑建设为牵引，启动数字孪生流域建设，组织编制《浙江省数字孪生流域建设方案》，研究探索构建数据底板、水利模型库和知识库的技术路径，协助推进浙江省数字孪生流域和工程试点任务建设，在水利部中期评估获评优秀试点成果。

【深入推进水利数据治理】 2022 年，信息宣传中心推进水利数据治理体系和数据标准建设，《水利对象分类规范》（DB33/T 2512—2022）、《水库基础数据规范》（DB33/T 586—2022）、《河湖基础数据规范》（DB33/T 2442—2022）成为省级地方标准；省本级新建应用在线编目和数据全量归集，省级水利数据仓入仓数据达 6.8 亿条，同比增长 119%；向省公共数据平台归集数据 3.5 亿条，向市、县（市、区）水利部门回流数据

3871 万条，为全省行业内应用提供共享服务 6.33 亿次，同比增加了 1398％、604％、115％，向社会公众新增开放数据集 6 个；完善数据编目、共享、回流模块，新上线数据清洗、质量评价、驾驶舱模块，增强省级数据仓数据治理能力；完成省委、水利部上级单位部署的数据安全自查任务。

【水利数字化改革技术支撑】　2022 年，信息宣传中心做好 IRS 日常管理，完成省本级 44 个应用的注册和编目，保障应用和资源 100％关联。推进应用系统规范发布，在浙政钉、浙里办发布应用 15 个。切实做好浙政钉组织机构维护和上钉应用质量保障工作，清理不活跃工作群 1000 余个。做好"互联网＋政务服务""互联网＋监管"的技术支撑，完成政务服务 2.0 接口的清理和优化，协助完成三类人员证书延续事项秒办改造，协助处理政务工单 66 个。

【网络安全】　2022 年，信息宣传中心聚焦"护航党的二十大"，落实值班值守，组织全省水利行业值守人员做好基础网络和重要系统运行保障工作。全年组织开展网络和数据安全自查自纠 4 次，发布网络安全风险隐患预警信息 15 次，做到重点风险隐患清零、中高危漏洞清零。中心荣获全省护网演习防守成效突出单位，《数字化安全解决方案》入选全国网络安全技术应用试点示范项目。

【水利宣传】　2022 年，信息宣传中心认真贯彻落实省水利厅党组"强宣传"

部署，组织召开浙水十年成就、汛来问江河、抗旱保供水等 7 场新闻发布活动，省水利厅领导通过走进演播室、在线访谈等多种形式主动回应社会关切。联合省政府新闻办"美丽浙江"平台、浙江之声、《浙江日报》、浙江卫视等媒体，先后推出"浙水十年·见证安澜"短视频大赛，联动地方党政负责人录制水利专访，拍摄节水公益宣传片，相关主题宣传活动受众屡屡突破千万，最多覆盖受众 8000 万人次。聚焦"喜迎党的二十大"、水旱灾害防御、"大干项目、大干民生"等重大主题，全年在省级以上主流媒体刊发新闻报道 981 篇，同比增长 25％；在《中国水利报》等媒体刊发浙水安澜十年成就、水利民生实事超额提前完工等专版 9 个，见证各地水利改革发展取得的突出成效。浙江水利"一网两微五号"策划推出"浙里抗旱"等专题 15 个，刊发原创稿件 3500 余篇，创历年新高。《中国水利报》浙江记者站被评为 2022 年度新闻宣传先进单位，浙江水利系统 6 位同志被评为行业新闻宣传先进个人。

【水情教育规划和规范性文件】　2022 年，信息宣传中心加强纵向联动、横向协调，起草相关水情教育规划和文件。5 月，省水利厅、省委宣传部、省教育厅、省文化和旅游厅、团省委、省科协等部门印发《"十四五"浙江省水情教育规划》，进一步加强新阶段浙江水情教育工作，普及水情基本知识，增强社会公众知水、爱水、节水、护水意识和能力，促进全社会形成科学合理用水良好风尚。12 月，省水利厅、团省委、省科协联合印发《浙江省水情教育基地管理办法》，为推进浙江省水情教育基地设立和规范管理制定政策依据。

【水利舆情监测处置】 2022 年，信息宣传中心坚持 24 小时全媒体监测，全年水利舆情监测数据 39.27 万条，编发涉水舆情报告 95 期，跟踪各地处置负面舆情事件 42 个。把好舆论导向，做好正面宣传，联动浙江经视《茅莹今日秀》节目推出"夏天如何安全亲水"访谈，引导公众集思广益共同参与安全亲水。全年全省水利舆情总体平稳向好，未发生重大舆情事件。

【党建工作】 2022 年，信息宣传中心始终把政治建设摆在首位，严格落实"三会一课"制度和第一议题制度，全面学习贯彻习近平总书记重要讲话重要指示精神和中央、省委重要会议精神；坚持示范带动学，通过班子上党课、青年微党课等形式，形成班子示范、党员跟进、全员学习的良好氛围；坚持联动联建学，创新开展联学联建、"党的二十大精神"知识答题、"我在重大工程现场"蹲点报道等活动，做到"每月有学习、每次有主题、每人都参与"，不断提高与履职相匹配的政治"三力"。把落实巡察整改作为贯穿全年的中心工作，第一时间排查梳理，全面梳理近 5 年的党建、人事、业务等 7 大类台账，全力做好自查、配合巡察；第一时间压实责任，成立巡察整改领导小组，专题研究问题，明确整改目标，制定整改方案，逐条逐项明确整改措施、责任人和完成时限；第一时间推动整改，立行立改推进 9 方面 61 条整改措施，注重标本兼治，建立健全治根本、防源头、管长效的制度体系，不断将整改成果转化为中心高质量发展的成效。

（郭友平）

浙江省水利发展规划研究中心

【单位简介】 浙江省水利发展规划研究中心（以下简称"规划中心"）于 2011 年 11 月由原浙江省围垦技术中心更名组建，是省水利厅直属公益一类事业单位，主要承担全省水利政策法规和水利改革发展重大问题研究、全省水利发展战略规划和其他专业专项规划研究等工作。

规划中心自成立以来，先后开展了全省河口海岸滩涂治理管理规划，滩涂围垦规划，水中长期规划，灌溉发展总体规划，钱塘江、瓯江、鳌江、曹娥江、杭嘉湖地区水利等综合规划以及舟山群岛新区水资源保护与开发利用规划等规划的技术管理工作；承担《浙江省水利发展"十三五"规划》及相关重要支撑专题研究，钱塘江、瓯江等流域防洪规划编制，浙江省主体功能区示范县河道生态需水评价与研究，浙江省"强排成网"和"百河综治"规划等组织管理工作；完成《浙江省资源水利发展战略研究》《浙江省沿海及海岛地区水资源保障对策研究》《舟山群岛新区水资源管理对策研究》《浙江省水利现代化指标体系》《浙江省水生态文明建设试点技术指导》

《浙江省中小河流系统治理关键技术及评价研究》和《浙江省重要河湖健康评价》等专题研究，编制《浙江省水利发展规划（2013—2017 年）》和《浙江省水利现代化研究》等战略发展规划，为后期职能转型奠定了基础。

规划中心的主要职责是：组织研究国内外水利政策、法规；承担全省水利改革发展、政策法规重大问题的研究，提出水利改革发展建议；开展全省水利发展战略规划研究，开展全省流域综合规划、水资源综合规划和其他重要专项规划研究，负责水利规划管理的相关技术工作；协助开展省级水利规划的实施评估工作，参与研究提出省级其他涉水规划的技术意见；开展全省水利改革和创新发展技术指导；承担省水利厅交办的其他工作。规划中心承担省水利厅科学技术委员会的日常工作。

规划中心下设综合科、科技研究科、发展研究科、规划研究科和基础研究科五个科。编制人数 22 人，现有在编在职员工 19 人，其中副高以上职称 9 人。

【概况】　2022 年，规划中心坚持以习近平新时代中国特色社会主义思想为指引，认真学习贯彻党的二十大和省第十五次党代会精神，践行习近平总书记"节水优先、空间均衡、系统治理、两手发力"治水思路，按照"党建统领、业务为本、数字变革"要求，以政治建设为统领，着力在党建和业务融合上下功夫，在强化支撑服务上出实效，在水利发展规划研究上强谋划，努力为新阶段浙江水利高质量发展做贡献。

【水利重大规划研究】　2022 年，规划中心围绕浙江水利更好服务经济发展大局，站在国家、全省发展战略高度开展水利重大规划研究，着力提升水利规划的"全局性、前瞻性、系统性"。

"浙江水网"规划研究。贯彻"国家水网"建设决策部署，全程支撑服务省水利厅开展"浙江水网"谋划，深入研究建设需求、总体布局和体制机制等，参与编制《浙江水网建设规划》《浙江省级水网先导区建设实施方案》《浙江水网建设实施方案（2023—2027 年）》等规划方案。

重大专业规划编制。编制完成《浙江省水资源节约保护和利用总体规划》，协助省水利厅开展《甬江流域防洪排涝规划》《浦阳江流域防洪规划》《杭嘉湖区域防洪规划》技术审查，配合做好《太湖流域防洪规划》编制杭嘉湖地区有关工作。协助完成《浙江省水安全保障"十四五"规划》《浙江高质量发展建设共同富裕示范区水利行动计划（2021—2025 年）》《浙江省水利厅支持山区 26 县跨越式高质量发展若干意见》等规划（方案）主要目标任务年度实施情况评估。

【水利发展改革谋划】　2022 年，规划中心开展新时期深化水利基础设施变革发展重大问题研究和未来五年浙江省水利高质量发展重大项目、重大平台、重大政策和重大改革研究，协助起草《新时期深化水利基础设施变革发展重大问题研究》《加快推进水利基础设施建设的思路与举措》《加快水利基础设施建设推进我省水利高质量发展实施意见》等。

深化水利改革创新，及时落实水利部和省委改革办有关文件要求，协助省水利厅政策法规处谋划今后水利改革思路和重大改革举措。跟踪挖掘地方水利改革创新典型经验，参与指导地方挖掘水利改革创新点，编写地方改革典型案例。贯彻国务院"放管服"改革和省委"大综合一体化"行政执法改革部署，及时做好浙江水利行政执法具体工作措施支撑。

【提升基础研究能力】 2022年，规划中心全年参与、开展各类调研和专题研究21项，相关研究成果得到省水利厅主要领导批示肯定。

开展专题调研。全面、系统、准确学习领会"节水优先、空间均衡、系统治理、两手发力"治水思路核心要义，大兴调查研究，主动了解基层诉求，积极提出对策建议。参与省水利厅主要领导领衔年度重点调研课题"党建统领水利高质量发展的对策调研"和"浙江水网建设模式的调研"2项，协助相关处室开展"浙江省水利领域投融资改革情况调研""水利系统推进'大综合一体化'行政执法改革情况调研""水利工程供水价格管理省级配套政策研究"3项，主动开展"水利推动山区26县跨越式高质量发展促进共同富裕路径研究""舟山域外引优质水水方案调研"等调研6项。

实施科技项目。立足单位自身发展，拓展研究能力底座，在项目研究中锻炼队伍，积极申报开展科技项目研究。开展"浙江省蓄滞洪区建设管理研

究""河流系统治理促进生态价值转化机制研究""典型流域水文情势演变及洪涝灾害风险防控策略研究""堤防综合开发建设模式研究""水利领域推进'大综合一体化'行政执法改革路径研究"等5项厅科技计划项目研究，联合省水利河口研究院共同开展中国水经会经费支持科技项目"水生态产品价值实现机制及实现路径探析"研究。

持续拓展研究领域。顺应全省水利建设和政策研究形势，开展"水利领域保险机制建设探索研究""全省未列入省级规划的水库摸底调查""浙江省水利系统人力资源承载力评价"等研究，支撑水利部发展研究中心开展"新阶段节水投融资政策现状分析研究"。

【支撑机关服务保障】 2022年，规划中心在重大项目前期、重点水利专项行动、水利计划管理、水利法治建设等方面开展全方位深度支撑服务。

服务重大项目前期。贯彻省水利厅党组"大干项目"部署，服务重大水利项目和抽水蓄能项目前期工作77项。其中，落实专人支撑服务台州市椒江河口水利枢纽工程，跟踪服务扩大杭嘉湖南排后续东部通道、温州南部新区南湖排涝调蓄工程等34项重大项目前期工作，参与东苕溪防洪后续西险大塘达标加固工程（杭州市段）、金华市区"三库三溪"整治一期工程等20个项目技术审查，跟踪服务建德、桐庐、景宁、松阳、永嘉等22座大型抽蓄电站各阶段技术工作。

服务水利专项行动。协助省水利厅做好共同富裕示范区、抓投资稳经济、

海洋强省、"四大建设"、"三区三线"划定、太湖流域水环境综合治理、杭甬"双城记"建设等重大专项水利工作。

服务水利计划管理。配合省水利厅，做好水利计划管理相关工作，协助编制水利领域积极争取专项债券等政策性文件，形成专项债券政策文件、典型案例和收益来源"三张清单"，开展深化政银合作推动水利重大项目融资相关工作，协助做好相关审计问题整改和预算编报。

服务水利法治建设。配合省水利厅参与起草《浙江省海塘建设管理条例》和研究制定厅法治水利工作方案、2022年法治政府建设要点、法治宣传教育责任个性清单，协助完成2021年法治政府建设情况报告。协助做好行政规范性文件备案、合法性审核和相关法律法规意见回复工作。协助编印《依法治水月月谈》6期，配合完成其他部门法治专题调研4项。

【厅科技委日常工作】　2022年，规划中心根据厅科技委重点工作安排，聚焦工程前期论证、重大工程建设、农业节约用水、流域系统治理和水利投融资等领域，开展水库工程规模论证思路、浙江省农业节水前景、海塘安澜千亿工程建设存在问题、适度超前布局水利基础设施对策、浙江水利领域GEP核算考核以及转化路径、运用系统思维开展流域治理和2021年水利改革创新调研成果等课题研究，邀请专家参与研究或提出建议意见54人次，组织开展专题科技活动2次，编制《积极争取国家政策性开发性金融工具　助力我省水利基础设施建设的建议》《关于海塘安澜千亿工程建设中有关问题的建议》等参阅报告，呈送省水利厅党组审阅。

【党建工作】　2022年，规划中心以政治建设为统领，履行全面从严治党主体责任和党风廉政建设"一岗双责"，统筹抓好思想建设、作风建设、纪律建设和意识形态等各项工作。

加强支部组织建设，按照程序完成支部委员会换届。严格落实"三会一课"、主题党日等组织生活制度，召开全体党员大会5次、支委会12次、支部学习会12次。坚持做到党管意识形态不动摇，定期分析研究单位意识形态工作情况，切实把全体干部职工思想和系统统一到党中央、省委省政府和省水利厅党组各项决策部署上来。

持续完善学习制度，拓展学习载体，开展学习研讨交流，与上城区小营街道金钱巷社区委员会开展结对共建，赴湖州市长兴县开展"重走'红色之路'赓续红色血脉"主题党日学习实践活动，赴山区水利现代化先行县松阳县开展"创新水发展　共富向未来"党建联建活动。

狠抓党风廉政教育，经常性开展廉政教育提醒，逐级签订党风廉政建设责任书并开展廉政提醒谈话，做好重要节点的廉政提醒。集中性组织廉政专题行动，先后开展了虚拟货币"挖矿"活动与炒作交易行为整治行动、"明纪律、守底线，奋进新征程"警示教育活动，组织中心全体干部职工赴西溪洪园开展廉洁家风教育活动。动态性防范廉政风险，全面梳理查找岗位廉政和失职渎职风险点，并逐条落实防范举措，不断健全廉政和失职渎职防控体系。

扎实推进党建工作，6月16日，研究印发《浙江省水利发展规划研究中心关于增强责任意识 切实改进工作作风的实施意见》，做好巡察配合和巡察意见整改工作，对巡察组提出的巡察意见照单全收、认真整改，成立巡察整改工作领导小组，多次召开会议专题研究整改工作，制定整改方案、细化整改措施，逐一明确责任领导、责任部门和整改时限，有计划、有步骤地抓好落实。

【提升内部管理】 2022年，规划中心以队伍建设、制度建设和历史资产处置为重点，持续提升单位内部管理，统筹提升单位发展能力。

加强班子能力建设，严格贯彻落实"三重一大"集体决策机制，认真落实民主集中制、正职末位表态和"四个不直接分管"等制度，班子成员间经常性开展谈心谈话活动。落实请示汇报制度，定期向厅领导汇报单位工作情况和党风廉政建设情况，及时向分管领导汇报主要工作推进情况。加强人才培养，坚持"在学中干、在干中学"，注重在履职尽责、担当作为中锻炼队伍、培养人才，切实做到量才使用。

紧盯财务管理、人事管理、安全生产、意识形态、疫情防控等工作，严格执行上级和单位各项规章制度，落实具体工作要求，确保各项工作依法依规开展、按时保质完成。对照审计和巡察意见，研究制定内控制度建设清单，持续织密内控制度，切实强化制度执行，坚持用制度管人、管事、管财、管物。

按照省财政厅和省水利厅对资产处置的具体要求，多次组织召开清算工作小组会议和振水公司股东大会，成立清查工作小组、委托清查审计中介服务、确定清算基准日、上报清算资产处置方案，确保资产处置过程合法合规。按照省财政厅和省水利厅批复同意的资产处置方案，稳妥推进资产处置，完成资产评估、税务清缴、工商注销、股本分割等工作。

（杨溢）

浙江省水利水电工程质量与安全管理中心

【单位简介】 浙江省水利水电工程质量与安全管理中心（以下简称"质管中心"）是隶属于省水利厅的纯公益性一类事业单位。机构成立于1986年，初始名称为浙江省水利工程质量监督中心站。1996年，经省编办批准（浙编〔1996〕88号文），浙江省水利工程质量监督中心站与浙江省水利厅招投标办公室、浙江省水利厅经济定额站合并，组建成立浙江省水利水电工程质量监督管理中心。2007年，经省编委批准（浙编〔2007〕39号），将水利工程建设安全监督职能划入，机构全称更名为浙江省水利水电工程质量与安全监督管理中心。2019年11月，机构全称更名为浙江省水利水电工程质量与安全管理中心。

质管中心主要职责包括贯彻执行国家、水利部和省有关水利工程建设质量与安全监督管理的法律法规和技术标准，承担监督实施的技术支撑工作；协助拟订全省水利工程建设质量与安全监督、检测的有关制度、技术标准和规程规范；协助开展全省水利工程质量与安全监督管理，承担省级实施监督的水利工程项目质量与安全监督的辅助工作，参与重大水利工程质量与安全事故的调查处理；承担水利工程质量检测行业技术管理和全省水利工程质量检测单位乙级资质审查的辅助工作，开展全省水利工程质量与安全监督人员培训；组织开展全省面上小型水利工程质量抽检工作，参与水利工程建设质量考核；完成省水利厅交办的其他任务。

质管中心核定事业编制 27 人（设主任 1 人、副主任 2 人），2022 年在编人员 26 人，设置 5 个科室。至年底，在编的专业技术人员 25 人（其中教高 6 人、高工 9 人、中级及以下 10 人），财政全额拨款。

【概况】 2022 年，质管中心对在建重大水利工程开展质量安全监督检查 153 次，所监督项目未发生质量安全事故。开展全省面上水利工程质量抽检共 80 项，整改完成率 100%。持续迭代质量监督应用，坚持从严监管，确保省级监督项目质量安全。"双随机"抽查 13 家检测单位，进一步规范水利工程质量检测行业管理，深化水利检测服务平台开发应用，全面做好水利监督服务指导工作。配合省水利厅有关处室接受水利部对浙江省水利工程质量考核和质量监督履职巡查，质量考核获评 A 级，质量监督履职获评优秀等次。

【质量安全监督】 2022 年，质管中心对开化水库、朱溪水库、环湖大堤（浙江段）后续工程（长兴县段）等 28 个在建重大水利工程开展监督检查 153 次，发现问题 1278 条、整改完成率 100%，其中"四不两直"检查占比 59.5%；开展监督检测 33 次，参加验收 23 次，出具质量评价意见及监督报告 12 份。严格执行质量与安全监督事权划分意见，落实省市县三级监督职责，真正做到责任到位、监管到位；切实规范履职行为，落实各项质监工作制度，充分发挥法律顾问专业优势和参谋作用，确保监督工作程序合法、履职规范。协助省水利厅安全生产委员会编印《习近平总书记关于安全生产重要论述》，供省水利厅系统全员学习研讨；抓细抓实抓好安全隐患排查治理、安全警示教育等各类活动，确保安全生产各项工作落到实处。依托监督简报加大质量安全问题通报力度，全年编发简报 10 期、通报工程 27 项次、问题 42 个、整改完成率 100%。持续深化质量安全交叉检查，采取"对口＋循环检查"、省市县质监机构共同参与的方式，全面推进在建水利工程质量安全交叉大检查，营造严管严查高压态势，构建齐抓共管工作格局，作为水利部对全省水利建设质量工作考核的加分项，确保全省质监工作持续走在全国前列。全省 97 家质监机构全部参与，检查工程 141 项、联动 960 人次、发现问题 1311 条、整改完成率100％。

【技术支撑与服务】 2022年，质管中心深入开展三服务"百千万"行动，全力帮助基层解决实际问题，联系工程4项、基层服务42次、联动166人次、解决问题33个。配合省水利厅做好水利建设质量工作考核、安全生产考核、防汛防台检查、质量监督履职巡查等重点工作，参加60人次，共计159天；参与省政府民生实事督查、省平安办"平安浙江"暗访4次，实地检查24个县（市、区）、295个重点点位，共计35天；参加水利部质量考核、质量监督履职巡查、检测单位甲级资质审查等各类活动16人次，共计66天。

【面上水利建设项目质量抽检】 2022年，质管中心抓细抓实面上质量抽检，从体系、行为和实体三个方面，综合评价面上工程建设质量，为厅水利工作综合绩效考评提供准确可靠的数据支撑。全年抽查工程80项、参与专家560人次；发现问题1142个、整改完成率100％；工程实体质量合格率从2015年82.9％提升至2022年91.6％。

【检测行业管理】 2022年，质管中心加强对在浙执业的检测单位全过程监管，强化检测单位"双随机、一公开"检查，全面营造有序行业环境，切实规范从业行为。全年开展"双随机"抽查6次、抽检13家，发现问题46个、整改完成率100％。服务检测市场发展需求，按照"随时申请、随时受理"的要求，开展检测单位乙级资质初审，完成9家检测单位20个类别的一般程序初审、33家检测单位70个类别的告知承诺审查，组织对21家检测单位43个类别进行现场核查。

【数字监管能力建设】 2022年，质管中心完成监督平台电脑端"浙江省水利工程质量安全监督信息化管理系统"建设，形成监督申请、监督计划、项目划分、监督检查等全过程监督管理的信息化实现和与参建单位线上交互功能。持续优化质量检测服务平台，以数字化变革助推检测管理提质增效，努力提升提高监管效率和管理能力。

【调查研究】 2022年，质管中心组织开展全省水利工程质量检测能力调研，全面了解浙江省水利工程质量检测市场的发展状况，深入认识水利工程质量检测能力总体水平，把握水利工程质量检测政策法规及改革动态，推进行业监管措施落实落地，为下一步推进质量检测能力建设、强化行业监管提供第一手基础资料。5月，制定《浙江省水利工程质量检测能力调研工作方案》，就调研目的、调研内容、项目负责人及调研组、工作进度做出了安排；系统梳理了工程质量检测政策法规及相关制度，对在浙水利工程质量检测单位进行了网上问卷调查；选取16家代表性检测单位开展现场调研座谈，深入挖掘并分析行业发展困境及问题，为强化行业监管、推动行业发展提供对策建议，并形成了调研报告。该报告获2022年全省水利系统优秀调研报告二等奖。

【人员队伍建设】　2022 年，质管中心不断优化人才培养模式，通过交流汇报、专家授课、技术培训、专项调研等方式，切实提升监督能力。组织"专题讲座"，创新推出水利规程规范领学举措，深化推进"导师带徒"工作机制，参加各类业务培训，全年组织专题讲座 13 次，共培训 310 人次，有效提升专业技术水平。

加强对省、市、县监督人员技术培训与指导。召开市级质监工作会议，交流各地质监现状和经验做法；深入基层开展业务培训和指导服务，派员赴杭州、宁波等地开展业务授课 17 次、培训 1997 人次；组织全省业务培训 2 期、培训 436 人次；开展省、市、县联合监督检查 118 次、共计 539 人次。

【党建与党风廉政建设】　2022 年，质管中心召开党员大会、支委会和支部学习会 42 次，党课宣讲 24 次，赴红色教育基地党建活动 3 次，学法普法用法学习 4 次，点亮微心愿 38 人次，慈善捐款 26 人次。不断加强党风廉政建设，推进"清廉水利"建设，严格落实意识形态工作责任，全面加强意识形态定期分析研判和廉情分析，深入剖析廉政与失职渎职风险，持续抓好常态化廉政警示教育，开展全员三级廉政提醒谈话，推进全面从严治党，确保中心无违法违规违纪情况发生。全年参加厅廉情分析会 3 次，召开习近平总书记关于意识形态重要讲话研讨会 2 次、廉情分析会 2 次，开展廉政谈话 2 次、正风肃纪自查 4 次，发布"每周一警"30 余篇。

（李欣燕）

浙江省水资源水电管理中心
（浙江省水土保持监测中心）

【单位简介】　2020 年 1 月，省编委办（浙编办函〔2020〕57 号）批复成立浙江省水资源水电管理中心（浙江省水土保持监测中心）（以下简称"水资源水电中心"），为省水利厅直属公益一类县处级事业单位，编制数 36 人，领导职数为 1 正 3 副，经费来源为 100％财政全额补助。

水资源水电中心的主要职能是：承担实施国家节水行动和节水型社会建设的技术指导；协助拟订实施最严格水资源管理制度考核工作方案，组织开展考核技术评估工作。协助指导水量分配、河湖生态流量水量管理等工作；承担全省取用水管理的技术工作。承担省本级水资源论证、取水许可、计划用水、节水评价的技术管理工作。组织开展取用水监测、调查、统计和区域水资源承载能力评价的具体工作；协助拟订水资源管理、节约用水、农村水电、水土保持相关政策和技术标准；组织开展水能资源调查评价、农村水能资源开发规划编制，提出农村水电发展建议。协助开展水土保持相关规划组织编制和实施工作；承担全省农村水电建设与管理的技术工作。协助开展农村水电站安全管理工作。指导农村水电行业安全与技术培训；组织实施全省水土流失及其防治动态的监测和预报。组织开展全省水土保持监测网络的建设和管理。承担全省水土保持监测成果的技术管理工作；承担有关建设项目水土保持方案技术审核。承担全省水土流失综合防治管理的具体工作；承担省本级水资源费和水土保持补偿费征收辅助工作；承担省水利厅交办的其他任务。

截至 2022 年，水资源水电中心在编人员 33 人，其中主任 1 名、副主任 3 名、其他干部职工 29 人；正高级工程师 5 名、副高级职称 12 名、中级职称及以下人员 14 名；研究生学历 15 名、本科 14 名，专科及以下 4 名。

【概况】　2022 年，水资源水电中心助力省水利厅在 2021 年度国家最严格水资源管理制度考核、全国水土保持规划实施情况评估中获优秀等次，绿色小水电示范电站总量继续保持全国第一。获评全省水土保持目标责任制工作成绩突出集体，多人次获得省部级先进，支撑全省水资源、水电资源、水土资源管理走在全国前列。

【最严格水资源管理考核】　2022 年，水资源水电中心做好实行最严格水资源管理制度考核支撑工作，协助修订《浙江省实行最严格水资源管理考核办法》，起草年度考核工作方案，起草水资源刚性约束制度工作方案。支撑水利部对省、省对设区市 2022 年度水资源管理和节约用水监督检查，组织开展省对设区市 2022 年度考核技术评估，指导督促各地按时完成 2021 年度考核反馈问题的整改。组织开展取用水管理年度监督检查，年度累计核查取水户 100 余个，抽查建设项目水资源论证报告书（表）50

份，对编制质量存在明显缺陷的进行通报。

【取用水管理】　2022 年，水资源水电管理中心完成省直管取水户取水计划下达、调整和水资源费征收工作，指导市县落实水资源费减征缓征相关政策，全年全省征收水资源费 10.12 亿元，其中省本级 0.82 亿元，全省累计减征 2.42 亿元。组织完成取用水管理专项整治"回头看"，指导钱塘江流域审计水资源管理存在问题的 13 个县（市、区）完成问题整改。协助推进全国取用水管理信息系统整合，编制和组织《浙江省取用水管理信息系统整合共享实施方案》，完成水利部下发 4812 个疑似问题电子证照复核工作。

【取水监测计量】　2022 年 7 月，水资源水电中心起草完成《浙江省水利厅关于全面推进取用水监测计量标准化建设的通知》（浙水资〔2022〕14 号）和《浙江省取水计量监测设施建设技术导则》（浙水资〔2022〕15 号），指导各地落实取用水监测计量标准化建设实施方案。至年底，全省非农取水在线监测率 92% 以上，取水设施面貌得到明显改善。完成省水资源管理数字化应用政务专有云迁移工作。组织做好取水监测数据整编和共享工作，全省非农在线监测水量 80.14 亿 m³，全年向水利部、水利部太湖流域管理局、水利数据仓分别共享数据 35.8 万条、8.64 万条、187.7 万条。

【节水行动和节水型社会建设】　2022 年，水资源水电中心配合水利部太湖流域管理局完成 2021 年度县域节水型社会达标建设技术复核，12 个县（市、区）获第五批全国节水型社会建设达标县。完成 16 个县（市、区）县域节水型社会达标建设技术评估，确定富阳区等 13 个县（市、区）为第六批全国节水型社会建设达标县备选，报送水利部备案。组织完成年度节水载体和节水标杆技术评审，遴选出"浙江省节水标杆单位"329 个，其中酒店 43 个、校园 46 个、小区 98 个、企业 142 个。12 月，组织完成第四批省级节水宣传教育基地技术评估，宁海县节水宣传教育基地、平阳县节水宣传教育基地、苍南县节水宣传教育基地、桐乡市节水宣传教育基地、南浔区节水教育展示馆、义乌市节水宣传教育基地、衢州市红领巾节水教育基地、松阳县节水宣传教育基地和龙泉市节水宣传教育基地等 9 个展馆、基地入选省级节水宣传教育基地名录。至年底，组织完成石化行业产品定额评估修订。

【用水统计调查】　2022 年，水资源水电中心贯彻落实用水统计调查制度，上报和审核完全省 4567 家调查对象年度水量数据。补充完善用水统计调查名录库，新增名录 2221 个。建立公共供水企业月报制度，逐月统计 361 家重点公共供水企业取用水数据，实现分行业用水数据月度更新。完成 734 家国家、省、市三级重点监控用水单位名录库更新维护及水量统计上报。组织编制《浙江省水资源管理年报（2021 年）》《浙江省节约用水管理年报（2021 年）》。

【水电安全生产】　2022 年，水资源水电中心开展小水电站风险隐患排查，累计发现问题 3712 个，督促指导各地抓好问题整改，实现整改闭环管理。在梳理排查基础上，建立 1195 座水电站重点监管名录。坚决落实水利工程标准化管理要求，扎实开展水电站标准化创建和复评，指导完成 6 座水电站标准化创建和 321 座水电站标准化复评。组织开展老电站安全检测，全年完成检测老电站 258 座，报废退出不满足安全运行要求的水电站 15 座。

【水电生态流量管理】　2022 年，水资源水电中心指导各地开展生态流量泄放评估工作，按照全面覆盖原则，对全省 2840 座水电站生态流量泄放情况进行重新评估，加强水电站生态流量管理。依托浙江省农村水电站管理数字化应用，采取线上线下相结合的方式，发现并反馈问题 178 处，按照"查、认、改、罚、回头看"环节，加强生态流量泄放监督检查。督促抓好 2021 年长江经济带生态环境警示片披露问题整改，指导黄岩区编制整改方案，赴现场开展技术服务，确保及时完成整改。

【水电绿色转型发展】　2022 年 4 月，水资源水电中心起草《浙江省生态水电示范区建设技术导则》（浙水农电〔2022〕6 号），由省水利厅发布出台。11 月，举办小水电绿色发展工作技术交流会，开展《打造绿色水电示范区　助力乡村共同富裕对策研究》活动，支持创建绿色小水电示范电站，全省 11 座水电站获评水利部绿色小水电示范电站称号。12 月，建成遂昌县关川源流域生态水电示范区、青田县雄溪源生态水电示范区、青田县贵岙源生态水电示范区、青田县十一都源生态水电示范区，以及兰溪市城头一级、二级电站生态示范区，进一步推进生态水电示范区建设，推动水电生态修复治理。做好全球环境基金赠款项目收尾工作，指导缙云县盘溪梯级水电站、衢江区清水潭水电站完成项目竣工验收。

【水土保持方案管理】　2022 年，水资源水电中心开展省级审批方案水土保持方案技术审核 20 项，出具审查意见 17 份报省水利厅。根据水利部的要求，组织开展 2022 年度浙江省生产建设项目水土保持方案质量抽查工作，抽查每个设区市级审批项目不少于 2 个，每个县（市、区）级审批项目不少于 1 个。综合考虑水土保持方案数量、行业类别和监管重点等，抽查项目 144 个，其中发现问题项目 22 个，占抽查项目的 15.3%，抽查结果报水利部和省水利厅农水水电水保处。

【水土保持监测管理】　2022 年，水资源水电中心整理发布 4 期季度报告，报告涉及建设项目 2125 次，其中省级及以上审批项目 639 次。开展水土保持监测"绿黄红"管理，加强"红灯黄灯"项目现场核查，全年现场核查项目 46 个，逐项督促整改落实。重点选择国家和省级重点防治区 50 个生产建设项目开展监督性监测，定量分析生产建设项目扰动范围和水土流失防治措施的合规性、合理性，核查监测单位工作质量，抽查监测"绿黄红"三色评价结论的符合性，综合

评价建设单位水土流失防治工作。全年开展全省遥感监管 4 次（含水利部发 1 次和省级加密 3 次），核查图斑 9371 个，发现违法违规项目 690 个，均已闭环管理。

【水土流失动态监测】　2022 年度水土流失动态监测工作采用卫星遥感解译、野外调查、模型计算和统计分析相结合的技术路线，全面掌握全省各县（市、区）水土流失情况，监测成果通过太湖流域管理局复核，浙江省水土保持率增加值超过目标值 1.25 倍，位列全国第 5 名。水资源水电中心分解完成全省各县（市、区）水土保持率目标值，确定了 2025 年度、2035 年度及 2050 年度目标值。推动监测站网运行维护与升级改造，超过 85% 的监测站实现数据采集自动化。全面梳理监测站点 2014—2021 年的监测数据，深度分析土壤侵蚀参数变化等内容，探索土壤侵蚀规律研究。

【水土保持监督检查】　2022 年 7—10 月，水资源水电中心分别赴杭州市、湖州市、绍兴市、衢州市、舟山市、丽水市 6 市 19 县开展专项监督检查。全年检查在建项目 27 个，填写监督检查记录表 27 份，提出整改意见 93 条。核查杭州市第二水源千岛湖配水工程、丽水市生态产业集聚区水阁至腊口公路工程、新昌至磐安公路新昌双彩互通至植林段改建工程等 3 个已验收备案项目，现场检查新昌县横渡桥等 5 个生态清洁小流域水土流失综合治理项目，江山市横渡等 6 个生态清洁小流域水土流失综合治理项目，龙泉市道太溪、豫章溪、锦溪等

3 个生态清洁小流域水土流失综合治理项目。中心加强后续跟踪指导和督促生产建设单位和施工单位逐条落实整改，确保监管成效。

【水土保持目标责任制考核】　2022 年，水资源水电中心组织做好浙江省对设区市 2021 年度水土保持目标责任制考核技术支持工作，提出考核评分和等次建议，形成省对市考核报告并反馈"一市一单"。制定 2022 年度省对市水土保持目标责任制考核赋分细则。全面做好国家对浙江省水土保持目标责任考核的配合工作，完成全省水土保持率核算、水土保持数据整理、水土流失动态监测等工作，提供基础资料，整理并配合完成考核报告。

【浙江省水土保持学会建设】　2022 年 11 月 21 日，省水土保持学会组织召开第三次会员代表大会，审议通过第二届理事会工作报告、财务报告，修改完善了学会章程、学会会费标准和使用管理办法，经投票选举等程序产生学会新一届理事会和理事长，顺利完成学会换届选举工作。同时，组织"水土保持高质量发展"学术论坛、水土保持工作成效图片展、学会工作先进集体和个人评选、优秀论文评选等活动，举办全省水土保持监测培训和遥感监管现场复核技术培训。学会新增单位会员 4 家、个人会员 32 人，年内新增会员达 2%。

【党建工作】　2022 年，水资源水电中心加强理论武装，全面落实"第一议题"制度，探索"领学+互学+自学"模式，班子成员和支部党员累计 50 人次作关于《习近平浙江足迹》《习近平谈治国理政》第四卷、省第十五次党代会精神、党的二十大精神等主题学习交流，做到学思践悟，切实增强干部党性修养；全面完成巡察整改，针对反馈问题，制定 59 条整改措施，出台、修订、完善各项制度 20 余项，建立解决问题的长效机制，把巡察整改作为推动全面从严治党向纵深发展的具体行动，整改工作取得良好成效；大力推进融合发展，坚持把党建工作与业务工作紧密结合，强化支撑服务，以开展"三服务"、党支部共建等活动为契机，分层次多样式赴各地开展取用水管理、绿色水电创建和水保监测指导服务，全年累计服务 120 次、联动 430 人次、解决问题 40 余个。

（徐硕）

浙江省水利防汛技术中心

【单位简介】　浙江省水利防汛技术中心（以下简称"防汛中心"）前身为浙江省水利厅物资设备仓库。2003 年经省编委批复原浙江省水利厅物资设备仓库为社会公益类纯公益性事业单位，2007 年更名为浙江省防汛物资管理中心，挂浙江省防汛机动抢险总队牌子，核定编制 15 名，机构规格相当于县处级。2016 年省编委《关于调整省水利厅所属部分事业单位机构编制的函》调整中心编制数为 24 名。2017 年省编委《关于浙江省防汛物资管理中心更名的函》同意更名为浙江省防汛技术中心。2019 年 6 月省委编办《关于收回事业空编的通知》调整中心编制数为 23 名。2019 年 11 月，更名为浙江省水利防汛技术中心，为省水利厅所属公益一类事业单位，机构规格为正处级，所需经费由省财政全额补助，挂浙江省水利防汛机动抢险总队牌子。内设综合科、发展计划科、抢险技术科、物资管理科、调度技术科等 5 个科。至年底，在职人员 21 名，退休人员 9 名。

防汛中心的主要职责是：承担防洪抗旱调度及应急水量调度方案编制技术工作，会同提出太湖流域洪水调度建议方案，参与重要水工程调度；承担山洪灾害防御、洪水风险评估、水旱灾害评价的技术管理工作；组织参加重大水利工程抢险，协助开展水旱灾害防御检查和指导工作；组织全省水利系统物资储备管理和抢险队伍建设，承担省级水旱灾害防御物资储备管理和防洪调度、防汛抢险专家管理，组织开展水旱灾害防御业务培训和演练；开展水旱灾害防御抢险处置技术研究和新产品新技术推广应用；承担权限内水库安全管理应急预案技术审查工作。

【概况】 2022 年，防汛中心做好水旱灾害防御、物资储备管理、抢险队伍建设、技术研究支持等工作。防御"梅花"台风期间，班子成员靠前指挥，一小时内集结出发连夜驰援宁波、余姚；夏秋冬严峻旱情期间，调拨 200 余万元物资快速支援 7 个县（市），全力做好水利防风险、保安全工作。防汛中心研究编制《浙江省水利防汛物资储备管理办法》，水利部防御司发文推介。防汛中心获"2022 年度水利先锋支部"荣誉称号。

【水旱灾害防御应急保障】 2022 年汛期，防汛中心加强应急保障，11 名业务骨干共计 130 余人次参加厅防汛值班和应急响应期间加强值班，占全厅三分之一。"梅花"台风期间，防汛中心班子成员靠前指挥，一小时内集结抢险队员 30 名，安排排水泵车 4 辆连夜驰援宁波、余姚，排水（涝）22.5 万 m^3；紧急向宁波、余姚调拨汽油机水泵 70 台及潜水泵 50 台支援防台排涝；面对夏、秋、冬持续干旱，向庆元、淳安等 7 县调运 202 万元物资支援当地抗旱，解决地方饮水困难问题。依托专业运输公司建立运输队伍，及时组织队伍应急待命，全年车辆待命 18 辆·天，待命装卸人员 63 人·天，组织物资运输 14 次，调用车辆 32 辆。保障省水利厅现场防汛人员安全防护用品 70 套和卫星电话 11 台次。

【水旱灾害防御物资管理】 2022 年 6 月，防汛中心承担起草《浙江省水利防汛物资储备管理办法》，并由省水利厅、省财政厅联合印发实施，水利部防御司发文推介。完善全省物资储备布局，突出物资前置，首次全省公开征集代储单位，截至 4 月 15 日，代储点由 17 个增加到 22 个，形成了"1 个储备中心＋3 个分储基地＋22 个协议储备点"新格局，实现省级物资储备 11 个地市全覆盖。全省水利防汛物资完成线上数据填报，至年底，全省水利系统共有储备仓库 312 个，储备物资价值 2.48 亿元。全年采购水利防汛物资 400 余万元，省级物资总规模达 6985 万元。加强省级储备物资管护，对在库物资进行汛前集中检查、日常维护、应急维护和专项维修，全年共维护省级水利防汛物资 3375 台次，投入资金 34.2 余万元。

【抢险队伍建设和应急训练演练】 2022年，防汛中心抢险队伍"一体化"建设持续深化，签约 5 支共 110 人省级协议队伍，并在安吉、苍南、兰溪等地开展抢险队伍联培联建，组织 8 个市县开展训练 1000 余人·天。5月，采用"数字＋实战＋联动"方式，在衢州市龙游县组织开展省级水旱灾害防御演练。演练模拟钱塘江上游衢州地区遭遇特大暴雨，依托浙里办软件"九龙联动治水"应用等，以"数字化场景、智慧化模拟、精准化决策"，在水库预报调度、江河洪水演进和风险分析、山洪灾害防御、应急抢险技术支撑等方面，实现了流程闭环化、监管实时化、数据动态化、研判精准化，充分展现了水旱灾害防御数字化管控能力，并为衢州地区成功防御钱塘江 2 号洪水提供了预演保障。防汛中心深入推进高新装备"主人制"，成立以中心党员和年轻职工为主力军的"主人制"操作团队，作为卫星通信系统、水下机器人等装备"主人"，每月定期训练，全年共完成活动 22 组·次，参与人员181 人次。

【浙江省防汛物资储备杭州三堡基地迁建一期工程】 2022年，防汛中心继续运用工作专班优势，克服专业经验欠缺、施工单位推诿等困难，实施"周例会＋清单管理＋挂图作战"等措施，完成交通竣工验收、竣工验收备案、土地和房产实测绘等工作。12月8日，防汛中心搬入三堡基地办公。会同造价咨询单位，逐项审核工程量和造价，累计审定工程量 720 万元。至年底，9 项施工类合同全部完工，并结算完成 7 项；79项服务类合同中已履行 76 项。

【数字化改革工作】 2022年，防汛中心持续迭代钱塘江平台"抢险支持"模块，优化要素清单和布局，完善险情上报和物资调运场景功能，实时掌握全省价值 2.48 亿水利防汛物资、84 支抢险队伍、96 名省级防洪调度和防汛抢险专家信息，实现省、市、县三级信息共享互通。定期更新省应急管理厅、省发展改革委、省财政厅等部门系统中省级水利防汛物资数据，确保数据准确。参与省发展改革委系统物资应急调运桌面推演，不断提升物资保障和应急处置能力。

【技术支撑工作】 2022年，防汛中心先后参与省水利厅防汛督查检查、隐患排查和验收等 50 余人·天。完成"省水利厅明渠与有压隧洞结合型式的防洪排涝工程调度研究"（编号 RC2011）、"浙江省水利防汛物资储备定额研究"（编号RC2017）等水利科技项目 2 个。6月，编制出版《山洪灾害防御知识》，面向山洪灾害区基层干部群众，发放 2 万余册，基层反响较好。11月前，完成《新发展阶段水利防汛物资储备与保障机制研究》《水利防汛物资社会资源应急储备模式研究》调研课题报告。总结演练工作经验，组织撰写《水旱灾害防御演练的组织与实施》，指导建德市水库安全应急预案演练和湖州市暨安吉县水旱灾害防御安全应急预案演练。

【制度建设与人才培养】　2022 年，防汛中心加强高素质专业化队伍建设。突出政治素质，修订完善《干部选拔任用办法》《专业技术岗位越级竞聘办法》《消防安全管理办法》《监控管理办法》，规范选用和聘任流程。创建青年学习小组，在理论学习、业务研讨、综合性材料起草、重点任务参与等方面得到进一步提升。获评并聘任水利高工任职资格 1 人，岗位晋升 2 人，轮岗交流 5 人，考核试用期满 1 人。

【疫情防控和安全生产】　2022 年，防汛中心贯彻上级部署，按照疫情防控最新要求，推出相应落实举措。严格做好办公区域和城北基地、三堡基地等 2 处基地的疫情防控工作，加强进出人员登记排查，严格清洁消杀，及时分发防疫物资，各项工作做实做细，确保中心干部职工身心健康。

紧扣"护航二十大""除险保安百日攻坚"等专项活动，制定《年度安全生产工作计划》《"安全生产月"活动方案》，向全体职工发起"第一责任人安全倡议"；与各科签订《年度安全生产目标管理责任书》，有序组织自查督查；从严从紧做好各项安全生产工作，召开安全生产专题学习会、分析会 10 余次，消防安全演练 1 次，安全生产检查 57 次，系统梳理重点部位风险隐患 15 个，细化防范措施 15 项，已全部落实。研究修订相关办法，明确消防安全职责，建立常态化巡查检查机制。将安全生产过程和结果纳入科与个人的年终考核范围。严格

落实全国护网攻防演习行动，以及厅网信办有关工作部署，强化中心信息网络和机房设备管理，确保网络安全。全年未发生安全生产事故。

【党的建设和党风廉政建设】　2022 年，防汛中心把党建和业务工作深度融合，党员在急难险重任务中发挥模范带头作用。年初，制定《中心年度党建工作要点》《理论学习工作计划》和《学习宣传贯彻党的二十大精神工作方案》等，始终把政治学习作为重要政治责任，坚持"第一议题"制度，坚持学懂弄通做实习近平新时代中国特色社会主义思想，坚持第一时间学习领会习近平总书记重要指示批示精神，第一时间学习贯彻中央、省委省政府决策部署和厅党组要求，进一步增强党建统领意识。创新学习形式，开展"人人讲党课"，变"书本学"为"研讨学"，变"纯业务"为"相融合"，打造"党建进一线"品牌，将党课上在水利防汛抢险、训练演练现场。召开支部扩大学习会 15 次、支委会 12 次、党员大会 4 次、"微党课" 15 次、创新青年学习小组学习 5 次、组织生活会 1 次、党建联建活动 6 次，进社区志愿服务 30 人次、"微心愿"活动 15 人次，发放学习书籍 200 余份。接收 1 名预备党员，发展 1 名发展对象。

深入学习宣传贯彻党的二十大精神，围绕"六学六进六争先"主题，结合防汛中心实际制定学习方案，规定动作到边到位，通过原原本本学、领导带头学、专题研讨学，深刻领会把握党的二十大精神实质和丰富内涵。自选动作出色出彩，重点围绕党的二十大精神学

习领悟、省水利厅领导对中心发展的期望要求，开展主题党日、主题活动、联学联建、宣讲辅导、专题研讨，努力把学习成果体现在推动单位高质量发展上来。通过支部联建、社区联讲、业务联动，推动党的二十大精神付之于行动、见之于实效。

全体职工签订廉政承诺书、中层以上逐级签订《党风廉政建设责任书》，开展全覆盖廉政提醒谈话、聆听专家辅导宣讲、组织"守关"研讨交流、坚持每日廉政提醒、紧盯正风肃纪作风建设、组织党内法规学习测试等活动，提高廉政教育实效，全年防汛中心未发生违纪违法行为。在浙江水利厅网站、水利微信公众号和视频号发表宣传报道 40余篇。

（陈素明）

附　　录

Appendices

367～421 页

重 要 文 件

浙江省水利厅关于印发《浙江省水文情报预报管理办法》的通知

（2022年3月23日 浙水灾防〔2022〕12号）

各市、县（市、区）水利（水电、水务）局，省水文管理中心：

为进一步规范全省水文情报预报工作，提高水文情报预报工作质量和服务水平，依据《浙江省防汛防台抗旱条例》《浙江省水文管理条例》，省水利厅组织修订了《浙江省水文情报预报管理办法》，现印发给你们，请遵照执行。

浙江省水文情报预报管理办法

为满足防汛防台抗旱、水资源管理、水工程建设与运行等需要，规范全省水文情报预报工作，提高水文情报预报工作质量和服务水平，根据《浙江省防汛防台抗旱条例》《浙江省水文管理条例》等法规规定，制定本办法。

一、适用范围

本办法适用于全省水文情报、预报、预警、会商与发布等水文情报预报工作。全省各级承担水文工作职责的单位（以下简称"水文职责单位"）和承担防汛防台抗旱任务的水工程管理单位开展水文情报预报工作应执行本办法。

二、职责

省、市、县（市、区）各级水文职责单位负责辖区内水文情报预报工作的行业管理工作，负责提供防汛防台抗旱、水资源管理、水工程建设与运行等所需的水文情报预报成果，接受上级水文职责单位的业务指导。

（一）省级职责

1. 贯彻和实施水文情报预报工作法律法规和技术标准，必要时制定实施细则。

2. 编制和修订全省水文预报预警工作规则，并组织实施。

3. 组织全省水文情报预报工作的汛前检查；拟定省级年度报汛计划，报请省水行政主管部门下达任务。

4. 承担全省汛期雨水情趋势预测，编制和修订省级预报站的预报方案，指导承担水文预报职责的单位开展预报方案编制和修订。

5. 运用数字化手段，加强预报、预警、预演、预案联动，建立和完善全省水文情报预报预警体系，组织开展全省水情分析、洪水作业预报、预警和会商。

6. 负责全省防汛水情信息分析，编制全省水情年报，组织或参加暴雨洪水、干旱和其他重大水事件等的水文情况调查与复盘分析。

7. 向省水行政主管部门和上级水文职责单位提供水文情报预报成果，按照相关预案或办法规定，向有关单位和社会公众发布预警。

8. 组织全省水文情报预报技术研究、培训、交流和推广。

9. 开展其他水文情报预报服务。

（二）市级职责

1. 贯彻和实施水文情报预报工作法律法规和技术标准，必要时制定实施细则。

2. 组织辖区内水文情报预报工作的汛前检查，编制辖区内报汛计划，报请同级水行政主管部门下达任务。

3. 编制和修订市级预报站的预报方案，指导辖区内承担水文预报职责的单位开展预报方案编制和修订。

4. 运用数字化手段，加强预报、预警、预演、预案联动，建立和完善辖区内水文情报预报预警体系，组织水情分析、洪水作业预报、预警。组织市级水情会商，参加省级水情会商。

5. 负责辖区内防汛水情信息分析，组织或参与编制水情年报，组织或参加暴雨洪水、干旱和其他重大水事件的水文情况调查与复盘分析。

6. 向同级水行政主管部门和上级水文职责单位提供水文情报预报成果，按照相关预案或办法规定，向有关单位和社会公众发布预警。

7. 组织或参加水文情报预报技术研究、培训、交流和推广。

8. 开展其他水文情报预报服务。

（三）县级职责

1. 贯彻和实施水文情报预报工作法律法规和技术标准，必要时制定实施细则。

2. 组织辖区内水文情报预报工作的汛前检查，编制辖区内报汛计划，报请同级水行政主管部门下达任务。

3. 编制和修订县级预报站的预报方案；指导辖区内承担水文预报职责的单位开展预报方案编制和修订。

4. 运用数字化手段，加强预报、预警、预演、预案联动，建立和完善辖区内水文情报预报预警体系，组织水情分析、洪水作业预报、预警，参加省、市级水情会商。

5. 负责辖区内防汛水情信息分析，参加暴雨洪水、干旱和其他重大水事件的水文情况调查与分析。

6. 向同级水行政主管部门和上级水文职责单位提供水文情报预报成果，按照相关预案或办法规定，向有关单位和社会公众发布预警。

7. 组织或参加水文情报预报技术研究、培训和交流。

8. 开展其他水文情报预报服务。

（四）水工程管理单位职责

承担防汛防台抗旱任务的水工程管理单位，负责本工程水文情报预报工作，及时准确向水文职责单位、水行政主管部门提供水文监测和调度运行等信息，接受行业指导。

1. 贯彻和实施水文情报预报工作法律法规和技术标准。

2. 完成水行政主管部门下达的水文情报预报工作任务。

3. 承担预报任务的水工程管理单位应编制和修订本工程的预报方案，开展洪水作业预报，参与水文情报预报会商。

4. 组织和参加水文情报预报技术交流。

三、水文情报

各级水文职责单位、承担防汛防台抗旱任务的水工程管理单位做好以下水文情报工作：

1. 做好测报设施设备水毁修复、报汛通信与传输设备的维护，确保测报工作正常。

2. 及时校核修正水文报汛站点基础信息、特征水位、历史统计特征值等重要指标。

3. 严格执行水行政主管部门下达的报汛计划，负责日常业务管理，及时、准确报送水雨情信息。防汛防台抗旱形势紧急时，加强水雨情信息报送工作，按要求及时调整报汛站点、报汛项目及报汛频次。

4. 发现实测水文资料突破历史极值，或遇分洪、决口及水污染等特殊水情时，及时向同级水行政主管部门和上级水文职责单位报告，并做好应急测报。

5. 有流量监测任务的测站加强洪水期实测流量监测报送，人工实测流量的报送次数以完整控制洪水过程为原则。

6. 实时水雨情信息统一接入省级平台，实现省、市、县（市、区）和水工程信息共享，重要水情报汛站应配备不少于两种信道的通信设备。

7. 建立健全水情值班制度，汛期24小时值班，非汛期发生较大汛情时及时值班。

8. 做好水雨情分析，成果包括阶段性总结、梅雨台风水雨情总结、旱情分析及洪水调查分析等。

四、水文预报

1. 水文预报内容主要包括汛期雨水情趋势预测、江河洪水预报、沿海河口水位预报和水库洪水预报等。

2. 水文预报工作包括预报方案编制和修订、作业预报等。水文预报方案编制和修订遵循《水文情报预报规范》（GB/T 22482—2008）。作业预报严格履行校审、签发流程，及时保存作业预报过程资料成果，做好会商记录，以备复盘。

3. 当气象、水雨情或工程运行等预报依据条件发生较大变化时，及时滚动预报并共享成果。

4. 水文预报实行分级管理，推行首席预报员制。

五、会商与发布

1. 各级水文职责单位、承担防汛防台抗旱任务的水工程管理单位建立健全水情会商与发布制度，按照职责分工发布水文情报预报成果。重要水雨情报告和水文预报成果，应经过会商，签发后发布。

2. 承担洪水、旱情和山洪灾害预警任务的各级有关单位，按照相关预案或办法规定，根据职责开展相关预警工作，并向同级防汛防台抗旱指挥机构及相关成员单位、相关区域水行政主管部门和水工程管理单位及社会公众发布预警。

3. 水文情报预报成果发布后，遇天气、水文情势发生较大变化时，及时会商与发布。

六、工作保障

1. 水文情报预报工作所需的设备设施配置、运行维护、水文预报方案修编等应安排专项经费。

2. 各级相关单位应重视水文情报预报人才队伍建设，配备并培养结构合理、业务精干、人员稳定的人才队伍。

七、附则

本办法自 2022 年 5 月 1 日起施行，原《浙江省水文情报预报管理办法》同时废止。

浙江省水利厅关于印发《浙江省水利建设市场主体信用评价指引（2022 年）》的通知

（2022 年 5 月 30 日　浙水建〔2022〕5 号）

各市、县（市、区）水利（水电、水务）局，各有关单位：

为进一步健全以信用为基础的市场监管体制机制，强化信用分级分类监管，促进水利建设市场健康有序发展，省水利厅制定了《浙江省水利建设市场主体信用评价指引（2022 年）》（以下简称《评价指引》），现予以发布，请遵照执行。相关工作通知如下：

一、凡在浙江省行政区域内从事水利建设活动（含招投标活动）和生产建设项目水土保持活动的所有施工、监理、设计、咨询、检测的水利建设市场主体，均遵循《评价指引》实行信用动态评价和监管。

二、"透明工程"是浙江省水利建设市场主体信用信息的行业管理统一平台（网址 https：//jsgl.zjdyit.com），市场主体信用档案建立、信息维护、公开公示、信用修复、信用复议等工作，均在该平台上开展。

三、自《评价指引》发布之日起至 2022 年 8 月 31 日，市场主体可在"透明工程"上注册登录，完成信用档案建立和信用信息备案、公示和维护等，有关工作要求和工作流程按照《浙江省水利建设市场主体信用信息管理办法（试行）》《浙江省水利建设市场主体信用评价管理办法（试行）》（浙水建〔2020〕7 号）执行。

四、《评价指引》自 2022 年 10 月 1 日起施行，同时在"透明工程"上公布市场主体信用评价结果。

五、各地可根据《评价指引》，结合本地实际情况，制定本地区水利建设市场主体信用评价指引。

六、《评价指引》实行动态管理，各有关单位要高度重视业绩、奖项等信用信息申报的完整性和准确性。在信用评价和管理工作中如有疑问或意见建议，可及时向省水利厅反映。

附件：《浙江省水利建设市场主体信用评价指引（2022 年）》（略）

浙江省水利厅 浙江省财政厅关于印发 《浙江省水利防汛物资储备管理办法》的通知

(2022 年 7 月 13 日 浙水灾防〔2022〕17 号)

各市、县(市、区)水利(水电、水务)局、财政局:

为加强全省水利防汛物资储备管理等工作,保障水旱灾害防御工作和水利工程安全运行,我们组织制定了《浙江省水利防汛物资储备管理办法》,现印发给你们,请遵照执行。

浙江省水利防汛物资 储备管理办法

第一章 总 则

第一条 为加强全省水利防汛物资储备管理等工作,保障水旱灾害防御工作和水利工程安全运行,依据《浙江省防汛防台抗旱条例》《浙江省水利工程安全管理条例》等有关法律法规,制定本办法。

第二条 本省行政区域内水利防汛物资储备管理适用本办法。

本办法所称水利防汛物资是指由各级财政安排资金、各级水行政主管部门与水利工程管理单位(以下统称"储备单位")储备管理,主要用于水利工程险情抢护、抗旱供水和水旱灾害防御指导、训练、演练、应急处置等的物资。

第三条 水利防汛物资储备管理坚持人民至上、生命至上,立足抢早抢小,按照"宁可备而不用,不可用时无备"要求,遵循"分级储备、分级管理、数字赋能、联网共享、合理定量、保障急需"原则。

第四条 各级水行政主管部门应积极融入水利防汛物资储备体系,构建上下联动、横向协同、区域互助的应急物资联合保障机制。政府与市场主体或社会机构协议建立代为存储、用时急供的补充保障机制。

第五条 各级水行政主管部门应加强水利防汛物资储备管理数字化,强化数字赋能,提高防汛物资配置的科学性和使用效能,实行信息和管理流程公开,库存或新购防汛物资分类登记,并将责任人和相关制度信息载入全省水利防汛物资储备管理系统(以下简称"物资管理系统")。做好与省级相关平台的对接,共享平台成果。

第六条 各级水行政主管部门应储备本行政区域内水利工程险情先期处置必要的水利防汛物资,监督指导辖区内水利工程管理单位(以下简称"水管单位")水利防汛物资储备管理,并按物资管理系统管理的要求做好信息资料上传工作。

水管单位负责做好所属水利工程应

重 要 文 件

急所需的水利防汛物资储备工作，储备的物资主要用于其管理的水利工程防汛及险情处置。

第七条 水利防汛物资储备方式包括自行储备、委托储备、协议储备、社会号料等。

自行储备是指储备单位采购并直接管理。

委托储备是指储备单位将所采购的物资委托其他单位储备管理。委托储备不改变物资的所有权。

协议储备是指储备单位与相关单位签订协议，约定一定期限内储存品类、储备规模。发生调配后支付物资货值（或使用费）。

社会号料是指储备单位以文件或协议形式确定，仅用于水利工程险情抢护的物资或其他资源。

当地资源充足、交通便利的，可以采用协议储备。在防汛重点区域、重点工程和交通不便地区，水管单位应在现场储备适量的物资，上级水行政主管部门可以采用委托储备方式设置分储点，前置水利防汛物资；当地自然资源类物资可采用社会号料形式储备。

对承担省级水利防汛物资储备任务的单位，省财政给予适当的经费补助。

第二章 物 资 采 购

第八条 储备单位应根据《浙江省水利防汛物资分类标准》（详见附件1）和《浙江省水利防汛物资储备建议数量》（详见附件2）及本级应急物资储备协调机构的要求，结合当地水利防汛实际，编制水利防汛物资储备规划（方案）

和年度实施计划。年度实施计划及经费预算报同级水利和财政主管部门审核，预算批复后实施物资采购。

第九条 水利防汛物资储备品类应根据储备主体不同，各有侧重。

省级水行政主管部门重点储备高科技、投资大的新型装备。储备适量常规物资作为水利防汛重点地区、重要水利工程抢险的补充。

设区市水行政主管部门防汛物资储备立足于本级水利工程抢险需求，作为所辖各县（市、区）水利防汛物资的补充。

县级水行政主管部门根据当地多发易发险情特点，重点储备抢险物料、抢险机具、防护用品、救生器材、通信报警器材、动力设备、照明灯具等物资，同时做好行政区域内水利防汛物资的统筹和布局。

水管单位根据水利工程特点，重点储备抢险物料、抢险机具、防护用品、救生器材、照明灯具、备品备件、保障用耗材等物资。

第十条 储备单位应按《中华人民共和国政府采购法》《政府采购货物和服务招标投标管理办法》（财政部令第87号）等规定进行采购。结合当地实际，储备经济、适用、高效的新型水利防汛物资和装备。

第十一条 当发生以下情况时，可在年度计划外追加预算，实施紧急采购：

（一）防汛抢险救援急需；

（二）大规模调配后，库存不足；

（三）水旱灾害防御应急保障。

第十二条 紧急采购由储备单位提

出资金方案，由主管部门商同级财政部门后，按"特事特办、急事急办"原则，简化采购手续。

第十三条　水利防汛物资采购应订立采购合同，新采购的水利防汛物资运达指定交货地点后，应按照采购合同、采购文件的约定及产品有关标准进行验收入库。

第三章　储 备 管 理

第十四条　储备单位按照储备安全和调运便捷的要求，科学设置储备点，落实储备仓库。储备点、储备仓库应配有应急照明设施和装卸机具，以载货电梯、桁车、电动门等电驱动设备装卸的库房应配置备用电源或落实停电应急措施。

第十五条　储备单位应建立物资台账、会计台账，定期盘库，确保做到账账相符、账实相符。

存货与采购情况及产品、产地、价格信息等应及时上传物资管理系统，并根据物资进出库情况，及时更新物资储备数据信息。

第十六条　储备单位应建立和健全管理制度，落实管理人员，加强在库物资检查，做好物资日常维护，确保储备安全、性能完好。加强储备管理人员应急业务培训，提高技能素质。

第十七条　储备单位应加强对以委托储备、协议储备和社会号料方式储备的水利防汛物资的检查，确保储备物资的数量和质量。

第四章　物 资 调 配

第十八条　水利防汛物资的调配包括调拨、调用、领用。

调拨是指纵向调配水利防汛物资，调入单位无偿使用，调出单位无偿支援，除未使用的物资和抢险装备外，调出单位可按规定办理核销的方式。

调用是指横向调配水利防汛物资，受灾单位和援助单位进行经费结算后（也可无偿援助），根据不同类型和状况，由双方单位确定是否返还或办理核销手续的方式。

领用是指单位内部根据工作需求领用物资，领用单位需妥善保管、按期返还，如已消耗，按储备单位内部制度办理核销手续的方式。

省级水行政主管部门负责督促全省设区市、县（市、区）和储备单位根据自身地理特点及制度要求采购水利防汛储备物资、及时维护反馈物资管理系统的储备信息，并发布储备状态和储备物资的类型与价格等信息，供全网查询、参考。

第十九条　水利防汛物资由本级水行政主管部门根据水利工程险情处置需要或防汛防台抗旱指挥机构（应急指挥协调机构，下同）要求，按照"保障重点、急用优先"原则统一调配。当发生重大水旱灾害时，上级水行政主管部门有权组织调用下级水利防汛物资，建立设区市、县（市、区）之间横向水利防汛储备物资调用和结算机制，形成"一方有难，八方支援"的良性社会援助态势，提升县市储备物资的使用效率。

第二十条　水利防汛物资应以本设区市、本县（市、区）、本单位储备为主。当本设区市、本县（市、区）、本单位水利防汛物资投入险情抢护比例达到70％及以上仍不足时，由设区市、县（市、区）水利部门在物资管理系统上选择请求支援的物资品种，商同级财政部门后，向本级防汛防台抗旱指挥机构或上级水行政主管部门提出申请调用或调拨。

第二十一条　调配程序。

（一）申请。申请内容包括发起申请单位、发起申请时间、调配事由、物资名称、数量、价格、运往地点、时间要求、接收单位、接收人及联系电话、申请单位等。

（二）审批。各级水行政主管部门收到物资调配申请后，应迅速研究，报同级财政部门备案，并及时做好审批反馈工作。

（三）调配。各级水行政主管部门审批同意后，向储备单位发出水利防汛物资调拨或调用令。

（四）调运。储备单位负责组织实施水利防汛物资紧急配送工作。

（五）接收。申请单位收到调配的水利防汛物资后，负责做好清点、验收，办理交接手续。

第二十二条　调拨程序。省、市两级水行政主管部门接到下级水行政主管部门物资调拨申请或同级防汛防台抗旱指挥机构的物资调拨指令后，根据库存物资储备情况，研究提出物资救援方案和品种、数量、价值量清单，经内部审批程序并报同级财政备案后，调拨救援。

第二十三条　调用程序。省级水行政主管部门根据灾情预报预判情况和省级防汛防台抗旱指挥机构下达的物资援

助指令，组织横向调用救援物资，或根据受灾县市的应急申请，由物资管理系统自动比选匹配需要的物资，经人工干预协调一致后生成物资调用方案，经受灾县市财政部门确认后输送救援物资。

第二十四条　水利防汛物资使用申请、审批、调配、调运、接收应充分利用数字化手段，实行网上办理、全程留痕。

第二十五条　各级水行政主管部门及储备单位用于水旱灾害防御调度会商、应急指导及组织抢险队伍（含抢险协作组织）培训、训练、演练等需要可领用使用本部门（单位）储备的物资。

第五章　物　资　处　置

第二十六条　各级水行政主管部门应会同当地财政部门建立物资提高周转使用率和定期处置机制，通过主动申请调用或转让及捐赠等方式进行处置，充分发挥物资效用，减少到达使用年限后物资处置的损失。

第二十七条　物资处置包括转用、转让和报废（损）。

转用指物资已达储备年限或虽未达储备年限但已不能用于水旱灾害防御及险情处置，将物资用途改变用于其他方面。

转让指物资接近或达到规定的储备年限或维护使用成本过高，但仍有回收价值的，将物资进行转卖。

报废（损）指物资出现老化、损坏、失效，或属市场型号淘汰，不宜继续使用的，将物资进行灭失处理。

第二十八条　水利防汛物资处置由

储备单位提出申请，经同级水行政主管部门同意后按相关规定办理（水行政主管部门自身储备的物资处置，按国有资产处置审批权限报批，当地另有规定的，从其规定）。

水利防汛物资处置申请包括处置原因、物资名称、规格、数量、入库时间、储备年限、物资原值、处置方式等内容。

第二十九条 水利防汛物资的储备年限，参照《浙江省水利防汛物资储备年限规定》（见附件3）执行。

第六章 经费使用管理

第三十条 省级水利防汛物资资金，由省财政预算安排，使用范围包括：

（一）购置费，用于物资采购；

（二）储备管理费，用于仓库占用、仓库运行、仓库维护、物资保险、储备基地物业管理、物资维护保养及配套水、电、人工等；

（三）调运费，用于应急待命、运输、装卸（含装卸设备租赁）、过路过桥等；

（四）处置费，用于物资检测、残值评估、委托交易手续、销毁处置费用等。

第三十一条 调拨储备物资。由省、市两级水行政主管部门即物资调出单位负担物资购置和调运费用。灾情过后，未使用的物资和抢险装备原则上应返还调出仓库。受灾单位确需保留物资，按国有资产处置审批权限报批。

开展水旱灾害防御演练、训练等工作所消耗的物资，储备单位可直接核销。

第三十二条 调用储备物资。设区市、县（市、区）间横向结算，依据网络平台公布储备物资价格和年限折旧率折算，费用由受灾单位按协商一致的价格支付。储备单位收到货款用于补充储备物资。

省级财政视受灾损失程度及物资采购支出等情况对受灾县市给予一定比例的补助，补助资金在灾情损失统计后根据省级用于灾情救助或中央补助资金情况予以统筹考虑。受灾县市的上级补助资金可用于对横向援助单位的有偿结算，以及救灾所需的相关设施设备修复。

第三十三条 协议储备物资。向社会机构或市场主体调用协议储备物资由申请单位支付物资购置和运输费用。

第三十四条 储备单位的购置费、储备管理费、调运费、处置费由同级财政预算安排，并主动接受审计、监督。

第三十五条 储备单位应将已经数字化管理的防汛物资储备信息与行政事业性国有资产数据库衔接，按政府储备物资的要求规范管理，降低资产流失风险。

第七章 附 则

第三十六条 各市、县（市、区）可参照本办法制定本级物资储备管理实施细则。非水利系统管理的水利工程可参照执行。

第三十七条 本办法由省水利厅、省财政厅负责解释。

第三十八条 本办法自2022年8月15日起施行。

附件 1

浙江省水利防汛物资分类标准

物资分类	品　　种
抢险物料	袋类、布类、砂石类、桩类、网箱（兜）类、专用材料和其他直接用于抢险的耗材等
抢险机具	小型机具、防汛抢险泵（车）、工程机械等
防护用品	服饰类、雨具、劳动防护用品、生活保障用品、其他专业防护用品等
救生器材	救生衣（圈）、救生抛投器、救生绳和其他救生器材等
防汛舟（艇）	有动力舟艇、无动力船艇、水陆两栖车等
通信报警器材	通信器材、预警器材、警示器材等
动力设备	发电机（组、车）、柴油机、电动机等
照明灯具	便携式工作灯、投光灯、自发电移动照明灯（塔）等
勘察监测装备	视频采集与传输设备、勘测设备、专用探测仪（器）、辅助设备等
抗旱物资	找水设备，蓄水设备，净水设备，输水设备，抗旱水泵，节水设备等
其他物资	辅助物资、保障用耗材、备品备件、专用电脑、录音笔等

附件 2

浙江省水利防汛物资储备建议数量

一、水行政部门防汛物资储备建议数量

（一）省级储备建议

省级储备除必要的常规物资外，重点储备抢险机械设备、应急保障通信、险情监测、抢险救援及新技术装备等。

物资分类	品　　种	单位	数量	储备方式
抢险物料	袋类	万条	300	协议储备为主
	布膜类	万平方米	30	协议储备为主
	钢管	吨	50	协议储备为主
	网兜类	只	2500	自行储备为主
	围井	只	30	自行储备为主
	挡水子堤	米	2000	自行储备为主

续表

物资分类	品　种	单位	数量	储备方式
抢险机具	排水泵车	辆	5	自行储备
	装备运输车	辆	2	自行储备
	水泵	台	1000	自行储备为主
	抢险虹吸管	套	20	自行储备为主
	打桩机	台	20	自行储备
	铁锹	把	5000	自行储备
	钢镐	把	500	自行储备
	潜水工具	套	2	自行储备
	抢险指挥车	辆	1	自行储备
舟艇类	冲锋舟	艘	25	自行储备为主
	橡皮艇	艘	50	自行储备为主
	水陆两栖车	辆	5	自行储备为主
救生器材	救生衣	件	18000	自行储备为主
	救生圈	只	1000	自行储备为主
通信报警器材	卫星电话	部	20	自行储备
	集群电话	部	10	自行储备
	对讲机	部	10	自行储备
	可视化抢险指挥系统	套	2	自行储备
动力设备	发电机	千瓦	5000	自行储备
照明灯具	便携式工作灯	只	1000	自行储备为主
	自发电移动照明灯	台	80	自行储备为主
勘察监测装备	无人机	架	2	自行储备
	水下机器人	套	2	自行储备
	隐患探测设备	套	2	自行储备

注　1. 除上表规定外，省级部门应积极引进新技术、新装备，提高防汛保障能力。
　　2. 表中储备方式为推荐储备方式，储备单位可根据实际情况调整。

（二）市级储备建议

设区市水行政主管部门至少储备可以应对两个不同种类水利工程同时发生重大险情时所需要的防汛物资品种和数量，同时根据地区地形类别，储备不少于以下三个表格之一所列的物资品种和数量。若某市同时具有平原地区、沿海地区或者山区两种及以上的地理条件，则应当遵循"种类齐全，数量就高"的原则，综合制定储备量。

1. 平原地区

物资分类	品　种	单位	数量	储备方式
抢险物料	袋类	万条	10	协议储备为主
	布膜类	万平方米	1	协议储备为主
	钢管	吨	50	协议储备为主
	桩类	根	100	自行储备为主
	网兜类	只	500	自行储备为主
	围井	只	10	自行储备为主
抢险机具	排水泵车	辆	2	自行或协议储备
	排水设备	立方米每小时	4000	自行储备为主
	铁锹	把	500	自行储备为主
	铁镐	把	100	自行储备为主
防护用品	安全帽	顶	100	自行储备为主
	雨衣	件	100	自行储备为主
	雨鞋	双	100	自行储备为主
救生器材	救生衣	件	100	自行储备为主
	救生圈	只	30	自行储备为主
通信报警器材	卫星电话	部	2	自行或协议储备
	对讲机	部	20	自行或协议储备
动力设备	发电机	千瓦	100	自行储备为主
照明灯具	便携式工作灯	只	500	自行储备为主
	自发电移动照明灯	只	50	自行储备为主
勘察监测装备	无人机	架	2	自行储备
	预警广播	套	1	自行储备
其他物资	电缆	米	200	自行储备为主
	配电箱	只	5	自行储备
	水带	米	1000	自行储备为主

2. 沿海地区

物资分类	品 种	单位	数量	储备方式
抢险物料	袋类	万条	10	协议储备为主
	布膜类	万平方米	1	协议储备为主
	钢管	吨	50	协议储备为主
	桩类	根	100	自行储备为主
	网兜类	只	1000	自行储备为主
	围井	只	5	自行储备
抢险机具	排水泵车	辆	2	自行或协议储备
	排水设备	立方米每小时	4000	自行储备为主
	铁锹	把	500	自行储备为主
	铁镐	把	100	自行储备为主
防护用品	安全帽	顶	100	自行储备为主
	雨衣	件	100	自行储备为主
	雨鞋	双	100	自行储备为主
救生器材	救生衣	件	100	自行储备为主
	救生圈	只	30	自行储备为主
通信报警器材	卫星电话	部	2	自行或协议储备
	对讲机	部	20	自行或协议储备
	预警广播	套	1	自行储备
动力设备	发电机	千瓦	100	自行储备为主
照明灯具	便携式工作灯	只	500	自行储备为主
	自发电移动照明灯	只	50	自行储备为主
勘察监测装备	无人机	架	2	自行储备
其他物资	电缆	米	500	自行储备为主
	配电箱	只	5	自行储备
	水带	米	1000	自行储备为主

3. 山区

物资分类	品　种	单位	数量	储备方式
抢险物料	袋类	万条	10	协议储备为主
	布膜类	万平方米	1	协议储备为主
	钢管	吨	50	协议储备为主
	网兜类	只	500	自行储备为主
	围井	只	5	自行储备
抢险机具	排水泵车	辆	2	自行或协议储备
	排水设备	立方米每小时	4000	自行储备为主
	铁锹	把	500	自行储备为主
	铁镐	把	100	自行储备为主
防护用品	安全帽	顶	100	自行储备为主
	雨衣	件	100	自行储备为主
	雨鞋	双	100	自行储备为主
救生器材	救生衣	件	80	自行储备为主
	救生圈	只	30	自行储备为主
通信报警器材	卫星电话	部	10	自行或协议储备
	对讲机	部	20	自行或协议储备
	预警广播	套	1	自行储备
动力设备	发电机	千瓦	100	自行储备为主
照明灯具	便携式工作灯	只	500	自行储备为主
	自发电移动照明灯	只	50	自行储备为主
勘察监测装备	无人机	架	2	自行储备
	移动水深测量仪	台	1	自行储备
其他物资	电缆	米	500	自行储备为主
	配电箱	只	5	自行储备
	水带	米	1000	自行储备为主

注 1. 桩类可以为木桩,也可由混凝土桩、钢桩等代替,长度一般不少于2m。

2. 配电箱型号规格应根据接电等实际情况考虑。

3. 山区排水设备应为便携式,方便山路运输。

4. 表中注明的储备方式为推荐储备方式,储备单位可根据实际情况调整。

5. 除上述表格规定的物资品种外,设区市水行政主管部门可根据实际需求储备其他的物资。

（三）县级储备标准

县级水行政主管部门至少可以应对两个不同种类的水利工程同时发生较大险情时，所需要的防汛物资品种和数量，同时根据地区地形类别，储备不少于以下三个表格之一所列的物资品种和数量。

若某县（市、区）同时具有平原地区、沿海地区或者山区两种及以上的地理条件，则应当遵循"种类齐全，数量就高"的原则，综合制定储备量。

水灾害风险较大的县（市、区），储备量应适当扩大，扩大系数应不低于1.2～1.5；极易发生水灾害的县（市、区），扩大系数应不低于2；水灾害风险较小的县（市、区），储备量可以适当减小10％～20％。

1. 平原地区

物资分类	品　种	单位	数量	储备方式
抢险物料	袋类	万条	5	协议储备为主
	布膜类	万平方米	0.5	协议储备为主
	钢管	吨	15	协议储备为主
	桩类	根	100	自行或协议储备
	网兜类	只	500	自行储备为主
	围井	只	10	自行储备
抢险机具	排水设备	立方米每小时	2000	自行储备为主
	铁锹	把	100	自行储备为主
	铁镐	把	50	自行储备
防护用品	安全帽	顶	100	自行储备为主
	雨衣	件	100	自行储备为主
	雨鞋	双	100	自行储备为主
救生器材	救生衣	件	100	自行储备为主
	救生圈	只	30	自行储备
通信报警器材	卫星电话	部	10	自行或协议储备
	对讲机	部	10	自行或协议储备
动力设备	发电机	千瓦	100	自行储备为主
照明灯具	便携式工作灯	只	50	自行储备
	自发电移动照明灯	只	10	自行储备为主
其他物资	电缆	米	200	自行储备为主
	配电箱	只	5	自行储备
	水带	米	500	自行储备为主

2. 沿海地区

物资分类	品 种	单位	数量	储备方式
抢险物料	袋类	万条	5	协议储备为主
	布膜类	万平方米	0.5	协议储备为主
	钢管	吨	15	协议储备为主
	桩类	根	100	自行或协议储备
	网兜类	只	1000	自行储备为主
	围井	只	5	自行储备
抢险机具	排水设备	立方米每小时	2000	自行储备为主
	铁锹	把	100	自行储备为主
	铁镐	把	50	自行储备
防护用品	安全帽	顶	100	自行储备为主
	雨衣	件	100	自行储备为主
	雨鞋	双	100	自行储备为主
救生器材	救生衣	件	100	自行储备为主
	救生圈	只	30	自行储备
通信报警器材	卫星电话	部	2	自行或协议储备
	对讲机	部	10	自行或协议储备
动力设备	发电机	千瓦	50	自行储备为主
照明灯具	便携式工作灯	只	50	自行储备
	自发电移动照明灯	只	10	自行储备为主
其他物资	电缆	米	500	自行储备为主
	配电箱	只	5	自行储备
	水带	米	500	自行储备为主

3. 山区

物资分类	品 种	单位	数量	储备方式
抢险物料	袋类	万条	5	协议储备为主
	布膜类	万平方米	0.5	协议储备为主
	钢管	吨	15	协议储备为主
	桩类	立方米	50	自行或协议储备
	网兜类	只	500	自行储备为主
	围井	只	5	自行储备为主

物资分类	品 种	单位	数量	储备方式
抢险机具	排水设备	立方米每小时	4000	自行储备为主
	铁锹	把	100	自行储备为主
	铁镐	把	50	自行储备为主
防护用品	安全帽	顶	100	自行储备为主
	雨衣	件	100	自行储备为主
	雨鞋	双	100	自行储备为主
救生器材	救生衣	件	80	自行储备
	救生圈	只	30	自行储备
通信报警器材	卫星电话	部	5	自行或协议储备
	对讲机	部	10	自行或协议储备
动力设备	发电机	千瓦	100	自行储备为主
照明灯具	便携式工作灯	只	50	自行储备
	自发电移动照明灯	只	10	自行储备为主
其他物资	电缆	米	500	自行储备为主
	配电箱	只	5	自行储备
	水带	米	500	自行储备为主

注 1. 桩类可以为木桩，也可由混凝土桩、钢桩等代替，长度一般不少于 2m。

2. 配电箱型号规格应根据接电等实际情况考虑。

3. 山区排水设备应为便携式，方便山路运输。

4. 表中注明的储备方式为推荐储备方式，储备单位可根据实际情况调整。

5. 上述表格规定的物资品种以外，县级水行政主管部门可根据实际需求储备其他的物资。

二、水管单位防汛物资储备标准

水利工程类型分为堤防工程、海塘工程、大坝工程、水闸工程和泵站工程等。

管理 2 个及以上水利工程的，可采用集中储备，物资品种应当齐全，数量按需储备。

有闸门设施的海塘和水库大坝工程以及水闸工程应储备发电机、配电柜、电缆、油类和闸门钢丝绳。

袋类、布膜类、钢管和砂石、块（石）料，水管单位可采用部分协议储备，但比例不高于 50%。

经安全鉴定为非一类工程或超过规定年限未做安全鉴定的工程，扩大系数应不低于 2；工程所在地发生水灾害风险较高的，储备量应适当扩大，扩大系数应不低于 1.2～1.5；工程所在地发生水灾害风险较低的，储备量可以适当减小 10%～20%。

（一）堤防

1. 范围

堤防工程是指河堤、湖堤、蓄滞洪区堤、库区防护堤等除海塘之外的所有堤防工程（包括河道防护工程）。

2. 储备参考标准

下表为 10km 堤防物资储备参考标准，不足 10km 按 10km 计。其中，1 级堤防调整系数为 1.0，2 级堤防调整系数为 0.8，3 级堤防调整系数为 0.6，4 级堤防调整系数为 0.3，5 级堤防调整系数为 0.2。

物资分类	品　种	单位	数量	储备方式
抢险物料	袋类	万条	2	自行储备不低于 50%
	布膜类	万平方米	0.2	自行储备不低于 50%
	砂石、块（石）料	立方米	2000	自行储备不低于 50%
	铁丝	千克	50	自行储备
抢险机具	榔头	把	10	自行储备
	铁锹	把	50	自行储备
	铁镐	把	10	自行储备
防护用品	安全帽	顶	100	自行储备
	雨衣	件	100	自行储备
	雨鞋	双	100	自行储备
救生器材	救生衣	件	100	自行储备
	救生圈	只	50	自行储备
照明灯具	便携式工作灯	只	100	自行储备
	投光灯	只	2	自行储备
其他物资	拍门	件	按穿堤管线数量	自行储备

（二）海塘

1. 储备参考标准

下表为 10km 海塘物资储备参考标准，不足 10km 按 10km 计。其中，1 级海塘调整系数为 1.0，2 级海塘调整系数为 0.8，3 级海塘调整系数为 0.6，4 级海塘调整系数为 0.3，5 级海塘调整系数为 0.2。

物资分类	品　种	单位	数量	储备方式
抢险物料	袋类	万条	2	自行储备不低于 50%
	布膜类	万平方米	0.2	自行储备不低于 50%
	砂石、块（石）料	立方米	2000	自行储备不低于 50%
	铁丝	千克	50	自行储备

物资分类	品　种	单位	数量	储备方式
抢险机具	铁锹	把	100	自行储备
	铁镐	把	50	自行储备
防护用品	安全帽	顶	100	自行储备
	雨衣	件	100	自行储备
	雨鞋	双	100	自行储备
救生器材	救生衣	件	100	自行储备
	救生圈	只	50	自行储备
照明灯具	便携式工作灯	只	100	自行储备
	投光灯	只	2	自行储备
其他物资	电缆	米	200	自行储备

（三）大坝

1. 范围

主要适用于土坝，其他坝型可根据实际需求参考。

2. 储备参考标准

下表为每座土坝物资储备参考标准。其中，大（1）型大坝调整系数为1.0，大（2）型大坝调整系数为0.8，中型大坝调整系数为0.6，小（1）型大坝调整系数为0.3，小（2）型大坝调整系数为0.2。

物资分类	品　种	单位	数量	储备方式
抢险物料	袋类	万条	2	自行储备不低于50%
	布膜类	万平方米	0.5	自行储备不低于50%
	砂石、块（石）料	立方米	2000	自行储备不低于50%
	闸门钢丝绳	米	工作数量的50%	自行储备
	铁丝	千克	100	自行储备
	油类	千克	满足所有闸门启闭一次	自行储备
抢险机具	榔头	把	10	自行储备
	铁锹	把	50	自行储备
	铁镐	把	10	自行储备
	发电机	千瓦	与启闭机相适应	自行储备
	配电柜	个	2	自行储备
	排水设备	立方米每小时	4000	自行储备

续表

物资分类	品　种	单位	数量	储备方式
防护用品	安全帽	顶	50	自行储备
	雨衣	件	50	自行储备
	雨鞋	双	50	自行储备
救生器材	救生衣	件	50	自行储备
	救生圈	只	10	自行储备
照明灯具	便携式工作灯	只	20	自行储备
	投光灯	只	2	自行储备
其他物资	电缆	米	50	自行储备

（四）水闸

1. 范围

主要适用位于河道和海塘，并具有防洪、排涝功能的水闸工程。

2. 储备参考标准

下表为每座水闸物资储备参考标准。其中，大（1）型水闸调整系数为1.0，大（2）型水闸调整系数为0.8，中型水闸调整系数为0.6，小（1）型水闸调整系数为0.3，小（2）型水闸调整系数为0.2。

物资分类	品　种	单位	数量	储备方式
抢险物料	袋类	万条	1	自行储备不低于50%
	布膜类	万平方米	0.1	自行储备不低于50%
	砂石、块（石）料	立方米	500	自行储备不低于50%
	闸门钢丝绳	米	工作数量的50%	自行储备
	铁丝	千克	10	自行储备
	油类	千克	按闸门一次启闭配	自行储备
抢险机具	铁锹	把	50	自行储备
	铁镐	把	30	自行储备
	发电机	千瓦	与闸门启闭机相适应	自行储备
	配电柜	个	2	自行储备

续表

物资分类	品　种	单位	数量	储备方式
防护用品	安全帽	顶	50	自行储备
	雨衣	件	50	自行储备
	雨鞋	双	50	自行储备
救生器材	救生衣	件	50	自行储备
	救生圈	只	20	自行储备
照明灯具	便携式工作灯	只	50	自行储备
	投光灯	只	2	自行储备
	头灯	只	20	自行储备
其他物资	电缆	米	50	自行储备

（五）泵站

1. 范围

主要适用位于河道和海塘，具有排涝功能的泵站工程。

2. 储备参考标准

下表为每座泵站物资储备参考标准。其中，大（1）型泵站调整系数为1.0，大（2）型泵站调整系数为0.8，中型泵站调整系数为0.6，小（1）型泵站调整系数为0.3，小（2）型泵站调整系数为0.2。

物资分类	品　种	单位	数量	储备方式
抢险物料	袋类	万条	1	自行储备不低于50%
	布膜类	万平方米	0.1	自行储备不低于50%
	砂石、块（石）料	立方米	500	自行储备不低于50%
	铁丝	千克	10	自行储备
抢险机具	铁锹	把	50	自行储备
	铁镐	把	30	自行储备
	排水设备	立方米每小时	2000	自行储备
防护用品	安全帽	顶	50	自行储备
	雨衣	件	50	自行储备
	雨鞋	双	50	自行储备
救生器材	救生衣	件	50	自行储备
	救生圈	只	20	自行储备
照明灯具	便携式工作灯	只	50	自行储备
	投光灯	只	2	自行储备
	头灯	只	20	自行储备

其他诸如灌区工程、供水工程、圩区工程、综合型闸站（电站）工程等，视需要储备防汛物资。重点山塘可参考小（2）型水库储备标准，调整系数取0.2；综合型闸站可参考水闸工程、泵站工程综合制定储备量。

上述表格规定的物资品种以外，水管理单位可根据实际需求储备其他物资。

附件3

浙江省水利防汛物资储备年限规定

序号	物　资　名　称	储备年限/年
一	抢险物料	
1	草袋	3～4
2	麻袋	6～8
3	普通编织袋	4～5
4	编织袋（抗老化型）	5～6
5	吨袋	6～8
6	快速膨胀堵漏袋（编织袋包装）	5～6
7	快速膨胀堵漏袋（麻袋或土工袋包装）	6～8
8	普通编织布	4～5
9	复膜编织布	6～8
10	土工布（膜）	6～8
11	篷布	8～10
12	砂石料	长期，每年可计入3%的损耗
13	块石	长期，每年可计入3%的损耗
14	桩木	4～5
15	型桩	15～16
16	钢管（材）	15～16
17	铅（钢）丝（钉）	15～16
18	金属网兜（笼、箱、片）	15～16
19	装填桶	15～16
20	吸水速凝挡水子堤	6～8
21	装配式子堤连锁袋	6～8
22	浮力式子堤	6～8

序号	物 资 名 称	储备年限/年
23	橡胶子堤	8～10
24	PVC浮力式围井	6～8
25	装配式围井（玻璃钢）	8～10
26	装配式围井（不锈钢）	15～16
27	土工滤垫	6～8
二	抢险机具	
28	抛石机	10～12
29	装袋机	10～12
30	便携式打桩机	10～12
31	挖掘机	10～12
32	装载机	10～12
33	推土机	10～12
34	自卸车	10～12
35	叉车	10～12
36	吊车	10～12
37	装备运输车	10～12
38	清障车	10～12
39	强排水设备	10～12
40	潜水泵	10～12
41	汽柴油动力直联泵	10～12
42	虹吸管	6～8
43	电锤/电镐	10～12
44	射钉枪	10～12
45	铁锹/铁镐/铁锤	13～16
46	手拉葫芦	13～16
47	卷扬机	10～12
48	刀具	13～16
49	破拆工具	10～12
三	防护用品	
50	潜水护具	6～8

续表

序号	物　资　名　称	储备年限/年
51	反光背心	6～8
52	安全帽	8～10
53	雨衣	2～4
54	下水裤	3～5
55	雨鞋	2～4
56	帆布帐篷	10～12
四	救生器材	
57	泡沫救生衣（圈）	5～6
58	救生绳索抛投器	10～12
59	救生抛绳	6～8
60	救生护腕	6～8
61	水面遥控救生器	6～8
五	防汛舟（艇）	
62	橡皮艇	7～9
63	皮划艇	4～6
64	抢险舟橡胶船舷	8～10
65	玻璃钢冲锋舟（玻璃钢船体）	12～15
66	复合式防汛抢险舟	12～15
67	嵌入组合式抢险舟	12～15
68	喷水组合式抢险舟（玻璃钢船体）	12～15
69	汽油船外机	12～15
70	卧式船用发动机	12～15
71	水陆两栖车（艇）	10～12
72	气垫船	8～10
73	巡逻艇	12～15
六	通信报警器材	
74	警示灯	6～8
75	卫星电话	6～8
76	对讲机	6～8
77	手摇报警器	10～12

续表

序号	物 资 名 称	储备年限/年
78	电动报警器	10～12
79	油动报警器	10～12
80	短波电台	6～8
81	移动通信基站	6～8
七	动力设备	
82	柴油发电机组	10～12
83	汽油发电机	12～15
84	空气压缩机（泵）	12～15
85	电动机	10～12
八	照明灯具	
86	充电式应急灯（铅酸电池）	5～6
87	充电式应急灯（锂电池）	6～8
88	抢险照明车	10～12
89	投光照明灯	8～10
90	锂电池头灯	6～8
91	自发电移动照明灯	10～12
九	勘察监测装备	
92	单兵系统	6～8
93	多功能照明系统	6～8
94	无人机	6～8
95	无人船	6～8
96	水下机器人	6～8
97	堤坝渗漏管涌检测仪	8～10
98	声呐	8～10
99	望远镜	6～8
100	测距仪	6～8
101	流速仪	6～8
十	抗旱物资	
102	找水物探设备	8～10
103	橡胶储水袋	8～10

续表

序号	物　资　名　称	储备年限/年
104	洗井空压机组	10～12
105	打井机	10～12
106	净水设备	10～12
107	拉水车	10～12
108	喷灌机（组）	8～11
109	滴灌设备	8～11
十一	其他物资	
110	电脑	6～8
111	橡胶电缆	10～12
112	涂塑水带	6～8
113	钢丝增强管	8～10
114	尼龙绳	4～5
115	麻绳	6～8
116	钢丝绳	14～16
117	作训椅/桌/床	6～8
118	拖船架	12～15
119	手动托盘推车	8～10
120	垫木（木托盘）	4～5

注　未列入本规定物资，其储备年限可遵照产品质保期或其他规定。

浙江省水利厅　共青团浙江省委　浙江省科学技术协会
关于印发《浙江省水情教育基地管理办法》的通知

（2022 年 12 月 23 日　浙水办〔2022〕21 号）

各市、县（市、区）水利（水电、水务）局，各市、县（市、区）团委，各市、县（市、区）科协，省水利厅属各单位：

为切实推进全省水情教育工作高质量发展，设立和规范管理浙江省水情教育基地，省水利厅、团省委、省科协联合编制了《浙江省水情教育基地管理办法》。现将该办法印发给你们，请认真贯彻落实。

浙江省水情教育基地
管理办法

第一章　总　　则

第一条　为贯彻落实习近平总书记"节水优先、空间均衡、系统治理、两手发力"治水思路，增强社会公众节约水资源、保护水环境、防御水灾害、弘扬水文化的思想意识和行动自觉，设立并规范管理浙江省水情教育基地，根据《中华人民共和国水法》《浙江省水资源条例》等法律法规规定，以及《"十四五"全国水情教育规划》要求，参照《国家水情教育基地管理办法》，结合浙江实际，制定本办法。

第二条　本办法所称水情教育，是指通过各种教育及实践手段，增进全社会对国情水情认知，增强全社会水安全、水忧患意识，提高社会公众参与水资源节约保护和应对水旱灾害的能力，促进形成人水和谐的社会秩序。

本办法所称浙江省水情教育基地，是依托浙江省内已有水利设施、场馆，面向社会公众开展水情教育，具有显著科普教育功能和示范引领作用的工程设施和场所。

第三条　在本省行政区域内，开展水情教育基地申报、认定、管理、复核等工作，适用本办法。

第四条　浙江省水情教育基地设立及管理按照"严格标准、突出特色、注重实效、动态管理"的原则，有序推进，规范运作。

第二章　基 地 分 类

第五条　浙江省水情教育基地分为工程设施类和场所类。

第六条　工程设施类基地，主要依托江河湖泊治理工程、重大引调水工程、节水灌溉工程、其他水利工程设施等。工程设施包括现代工程设施和古代近代工程设施：

（一）现代工程设施水情教育内容主要包括：工程设施的建设背景、经过及治水精神，工程设施的作用、地位及意义，对生态文明建设、区域水环境、经济社会发展的贡献和影响；国内外先进理念、技术及工艺的创新和应用推广，以及蕴含的科技价值与文化价值；工程设施保护的相关法规和知识等。

（二）古代近代工程设施水情教育内容主要包括：工程设施的历史作用、地位及意义；工程设施建设与管理的历史演变，以及从中体现的古人治水理念与智慧；治水人物与历史故事；管水制度或乡规民约等。

第七条　场所类基地，主要依托具有水情科普教育功能的场馆、科研机构、涉水企业等：

（一）水博物馆、水科技馆、水文化馆、节水馆等开展水情教育，内容侧重水常识、水法治、水科技、水治理和水文化等，体现时代特点、地域特征、行业特色，兼顾不同受众需求，注重知识性、准确性、趣味性和互动性。

（二）科研机构开展水情教育，内容侧重传播普及水利科学知识，介绍先进水利技术与设备的应用推广，宣传水利科技创新成果等。

（三）涉水企业开展水情教育，内容侧重企业节水护水、提高用水效率的措施及成效，包括现代节水理念、先进节水工艺与技术应用等。

第三章　申报与认定

第八条　申报浙江省水情教育基地应当具备下列条件：

（一）管理职责落实，运行主体明确，管理制度完善；

（二）有确保基地正常运行的经费保障；

（三）交通便利，环境优美，年参观人数达到一定规模，有较大的公众覆盖面和社会影响力；

（四）有面向公众，特别是广大青少年开展水情教育的基本场所场馆及设施设备；有相关专业素质的运行管理人员，并有专（兼）职讲解员或志愿者为公众提供讲解服务；

（五）有安全设施和应急预案，具备处理突发事件的应急保障能力，能够保障基地安全运行；

（六）有模型、展板、实物、多媒体演示系统、知识讲座及互动体验展览展示设施；有符合水情教育需要，具有自身特点的宣传册、读本读物及音视频等资料；

（七）有切实可行的水情教育工作计划，具备一定的组织策划和宣传推广能力；每年面向公众开展主题鲜明、形式新颖的水情教育活动不少于2次；

（八）基地定位准确，教育资源丰富，教育内容设置科学合理、特色鲜明，具有一定的区域代表性和示范作用。

第九条　申报浙江省水情教育基地应当提交下列材料：

（一）浙江省水情教育基地申报表；

（二）基地申报单位统一社会信用代码证复印件；

（三）基地建设运行管理基本情况；

（四）基地开展水情教育活动情况及成果；

（五）基地用于开展水情教育的手段

载体，包括展示场所、网络传播渠道、宣传册、读本读物、音视频、图片等资料；

（六）有关媒体对基地开展水情教育进行宣传推广的报道。

第十条　各设区市水行政主管部门负责本行政区域内水情教育基地的初审及推荐工作；省水利厅直属单位负责所属单位水情教育基地的初审及推荐工作。

第十一条　浙江省水情教育基地评审认定，包括五个环节：组建专家评审组、材料复核及实地考察、综合评分、会议研究、公示公布。

第十二条　浙江省水情教育基地由省水利厅、团省委、省科协联合设立，认定工作不收取费用。

第四章　管理与复核

第十三条　各级水行政主管部门、共青团和科协负责对所属基地相关日常工作进行指导，推进基地良性运行。

第十四条　浙江省水情教育基地应突出水情教育主题，适时更新教育内容，创新教育手段，积极开展各种宣传科普活动，加强基地能力建设，强化日常安全管理，定期开展人员培训，维护升级教育设施。

第十五条　浙江省水情教育基地每年年底向浙江省水利厅报送当年工作总结及下一年度工作计划，同时报送其上级主管部门。

第十六条　浙江省水情教育基地实行动态管理，每三年复核一次。复核工作包括组建专家复核组、情况复核、综合评分三个环节，主要包括以下内容：

（一）年度工作计划完成情况；

（二）水情教育展览场馆设施建设及展示手段完备情况；

（三）水情教育活动组织实施情况及成效；

（四）基地水情教育内容与形式创新程度；

（五）基地水情教育人才队伍建设与业务培训情况；

（六）基地安全运行情况。

第十七条　经资料核验、实地考察、综合评分，确定复核结果。复核评分满分为 100 分。复核结果在 60 分以下的，责令按复核意见限期半年内整改提升，逾期仍整改不到位的，报设立部门同意后取消浙江省水情教育基地资格。

第五章　附　　则

第十八条　涉密工程不参与浙江省水情教育基地申报。

第十九条　申报单位应充分利用已有设施及场所，不得以申报浙江省水情教育基地为由新建楼堂馆所。

第二十条　本办法由省水利厅、团省委、省科协负责解释。

第二十一条　本办法自 2023 年 2 月 1 日起施行。

附件 1

浙江省水情教育基地评分表（工程设施类）

基本信息	基地名称			
	申报单位			
	上级主管部门			
	申报单位负责人		联系人	
	联系电话		邮　箱	
	单位地址			

	评　定　内　容	评　分　说　明	考核分值	得分
基本条件60分	1. 管理职责及制度保障	管理职责落实，运行主体明确，管理制度完善	8分	
	2. 经费保障	有稳定的运行管理经费，确保基地正常运行	6分	
	3. 交通及环境	交通便利，环境优美	4分	
	4. 教育展示场所	有面向公众开展水情教育的基本场所及设施设备	5分	
	5. 人员保障	有相关专业素质的运行管理人员，并有专（兼）职讲解员或志愿者为公众提供讲解服务	2分	
	6. 年受众人数	年受众人数（5分） （1）年受众人数＜1万人（2分）	5分	
		（2）年受众人数1万～3万人（3分）		
		（3）年受众人数3万～5万人（4分）		
		（4）年受众人数＞5万人（5分）		
	7. 安全保障	1. 无安全隐患（2分）	8分 （此项为累加计分）	
		2. 有安全警示标识、紧急通道、消防设备、应急电源等安全保障设施（2分）		
		3. 有安全应急预案（2分）		
		4. 有专职安保人员（1分）		
		5. 有简单的医疗救护能力、配备防疫物资（1分）		

续表

评 定 内 容		评 分 说 明	考核分值	得分
基本条件60分	8. 教育手段	1. 有运用模型、展板、实物、多媒体演示系统、知识讲座及互动体验设施等，面向公众开展水情教育（4分）	10分（此项为累加计分）	
		2. 注重教育形式创新，充分应用现代信息技术和手段，突出公众参与性和互动性（4分）		
		3. 有符合水情教育需要，具有自身特点的宣传册、读本读物及音视频等资料，并适时更新（2分）		
	9. 综合能力	1. 有切实可行的水情教育工作计划（2分）	12分（此项为累加计分）	
		2. 面向公众，组织策划内容丰富、形式新颖的水情教育活动（5分）		
		（1）从未开展水情教育主题活动（0分）		
		（2）每年开展1次水情教育主题活动（2分）		
		（3）每年开展2次水情教育主题活动（4分）		
		（4）每年开展3次及以上水情教育主题活动（5分）		
		3. 运用报刊、电视、广播及新媒体等传播平台，扩大基地教育活动的辐射面（5分）		
		（1）媒体宣传报道（2分）		
		①从未开展宣传推广（0分）		
		②开展1~3次宣传推广（1分）		
		③开展3次以上宣传推广（2分）		
		（2）利用本单位或上级主管部门的官方微博、微信、网站开展宣传和推广（3分）		
教育内容特色40分	1. 现代工程设施	1. 工程设施的作用、地位及意义，对经济社会发展的贡献和影响（10分）	40分（此项为累加计分）	
		2. 国内外先进理念、技术及工艺的创新和应用推广（5分）		
		3. 工程设施在设计、建设及运行过程中，为增进民生福祉，促进工程设施与周边环境协调融合等方面开展的工作及成效（12分）		
		4. 工程设施保护的相关法规和知识（5分）		
		5. 其他创新内容（8分）		

续表

评　定　内　容		评　分　说　明	考核分值	得分
教育内容特色40分	2. 古代近代工程设施	1. 工程设施的历史作用、地位及意义（10分）	40分（此项为累加计分）	
		2. 工程设施建设与管理的历史演变，以及从中体现的古人治水理念与智慧（10分）		
		3. 治水人物与历史故事（6分）		
		4. 管水制度或乡规民约（6分）		
		5. 其他创新内容（8分）		
合　　计			100分	

附件2

浙江省水情教育基地评分表（场所类）

基本信息	基地名称			
	申报单位			
	上级主管部门			
	申报单位负责人		联系人	
	联系电话		邮　箱	
	单位地址			

评　定　内　容		评　分　说　明	考核分值	得分
基本条件60分	1. 管理职责及制度保障	管理职责落实，运行主体明确，管理制度完善	8分	
	2. 经费保障	有稳定的运行管理经费，确保基地正常运行	6分	
	3. 交通及环境	交通便利，环境优美	4分	
	4. 教育展示场所	有面向公众开展水情教育的基本场所及设施设备	5分	
	5. 人员保障	有相关专业素质的运行管理人员，并有专（兼）职讲解员或志愿者为公众提供讲解服务	2分	
	6. 年受众人数	年受众人数（5分） （1）年受众人数<1万人（2分）	5分	
		（2）年受众人数1万～3万人（3分）		
		（3）年受众人数3万～5万人（4分）		
		（4）年受众人数>5万人（5分）		

评 定 内 容		评 分 说 明	考核分值	得分
基本条件60分	7. 安全保障	1. 无安全隐患（2分）	8分（此项为累加计分）	
		2. 有安全警示标识、紧急通道、消防设备、应急电源等安全保障设施（2分）		
		3. 有安全应急预案（2分）		
		4. 有专职安保人员（1分）		
		5. 有简单的医疗救护能力、配备防疫物资（1分）		
	8. 教育手段	1. 有运用模型、展板、实物、多媒体演示系统、知识讲座及互动体验设施等，面向公众开展水情教育（4分）	10分（此项为累加计分）	
		2. 注重教育形式创新，充分应用现代信息技术和手段，突出公众参与性和互动性（4分）		
		3. 有符合水情教育需要，具有自身特点的宣传册、读本读物及音视频等资料，并适时更新（2分）		
	9. 综合能力	1. 有切实可行的水情教育工作计划（2分）	12分（此项为累加计分）	
		2. 面向公众，组织策划内容丰富、形式新颖的水情教育活动（5分）		
		（1）从未开展水情教育主题活动（0分）		
		（2）每年开展1次水情教育主题活动（2分）		
		（3）每年开展2次水情教育主题活动（4分）		
		（4）每年开展3次及以上水情教育主题活动（5分）		
		3. 运用报刊、电视、广播及新媒体等传播平台，扩大基地教育活动的辐射面（5分）		
		（1）媒体宣传报道（2分）		
		①从未开展宣传推广（0分）		
		②开展1～3次宣传推广（1分）		
		③开展3次以上宣传推广（2分）		
		（2）利用本单位或上级主管部门的官方微博、微信、网站开展宣传和推广（3分）		

评 定 内 容		评 分 说 明	考核分值	得分
教育内容特色40分	1. 水博物馆、水科技馆、水文化馆等	1. 教育内容侧重水常识、水法治、水科技和水文化等（10分）	40分（此项为累加计分）	
		2. 教育内容兼顾不同年龄、不同群体的受众需求，体现时代特点，注重知识性、趣味性和互动性（12分）		
		3. 与教育部门建立联系合作机制，制定课外活动方案，不定期组织参观讲解，成为学校课外教育实践场所（10分）		
		4. 其他创新内容（8分）		
	2. 科研机构	1. 教育内容侧重普及水利科学知识，介绍先进水利技术，宣传水利科技创新成果等（20分）	40分（此项为累加计分）	
		2. 向社会开放，面向公众开展科普教育活动（12分）		
		3. 其他创新内容（8分）		
	3. 涉水企业	1. 教育内容侧重企业节水护水、提高用水效率的措施及成效，包括现代节水理念、先进节水工艺与技术应用等（10分）	40分（此项为累加计分）	
		2. 面向公众介绍我国水资源现状，普及水资源节约保护、水与生活、水与健康等知识（10分）		
		3. 履行社会责任，不定期组织水情教育公益活动（12分）		
		4. 其他创新内容（8分）		
合　　计			100分	

公　报

2022 年浙江省水资源公报（摘录）

一、综述

2022 年，全省平均降水量 1567.0mm（折合降水总量 1642.17 亿 m^3），降水量时空分布不均匀。

全省水资源总量 934.27 亿 m^3，产水系数 0.57，产水模数 89.1 万 m^3/km^2。本年度人均水资源量 1424.53m^3。

全省 195 座大中型水库，年末蓄水总量 227.19 亿 m^3，较上年末减少 16.06 亿 m^3。

全省总供水量与总用水量均为 167.81 亿 m^3，较上年增加 1.39 亿 m^3。其中：生产用水量 127.73 亿 m^3，居民生活用水量 33.51 亿 m^3，生态环境用水量 6.57 亿 m^3。本年度全省平均水资源利用率 18.0%。

全省人均综合用水量 255.9m^3，人均生活用水量 51.1m^3（其中城镇和农村居民分别为 53.3m^3 和 45.1m^3）。农田灌溉亩均用水量 381.5m^3，农田灌溉水有效利用系数 0.609。万元国内生产总值用水量 21.6m^3。

注：与统计系统口径一致，人均指标计算时采用年平均人口，即上年末人口数与本年末人口数的算数平均值。

二、水资源量

（一）降水量

全省平均降水量 1567.0mm，较上年降水量偏少 21.4%，较多年平均降水量偏少 3.4%。

从行政分区看，各市降水量较上年均明显偏少，偏少幅度在 8.2%～34.2% 之间。宁波、嘉兴、绍兴、衢州、舟山、丽水降水量较多年平均降水量偏多，偏多幅度在 0.4%～8.0% 之间，其余各市降水量较多年平均都有不同程度的偏少，偏少幅度在 4.9%～14.5% 之间，详见表 1。

从流域分区看，闽江流域降水量较上年偏多 15.7%，其余各流域降水量较上年均都有不同程度的偏少，偏少幅度在 8.0%～28.5% 之间。鄱阳湖水系、浙东诸河、闽江流域降水量较多年平均降水量偏多，偏多幅度在 4.8%～10.5% 之间，其余各流域降水量较多年平均都有不同程度的偏少，偏少幅度在 2.0%～8.9% 之间，详见表 1。

表 1　全省行政分区及流域分区年降水量与上年及多年平均值比较

分　区	2022 年 /mm	较上年	较多年
杭州	1456.6	−21.4%	−7.1%
宁波	1646.8	−27.5%	8.0%
温州	1579.2	−29.1%	−14.5%
嘉兴	1260.9	−16.7%	3.2%

续表

分　区	2022 年 /mm	较上年	较多年
湖州	1320.7	−20.4%	−4.9%
绍兴	1483.0	−24.5%	0.9%
金华	1406.1	−21.1%	−8.0%
衢州	1978.5	−8.2%	7.7%
舟山	1366.7	−31.9%	5.4%
台州	1456.4	−34.2%	−12.4%
丽水	1784.7	−9.7%	0.4%
鄱阳湖水系	2127.8	−8.0%	9.6%
太湖水系	1313.5	−19.6%	−2.2%
钱塘江	1579.1	−18.4%	−2.0%
浙东诸河	1581.1	−28.5%	4.8%
浙南诸河	1598.8	−24.0%	−8.9%
闽东诸河	1922.9	−13.6%	−4.4%
闽江	2111.2	15.7%	10.5%
全省	1567.0	−21.4%	−3.4%

降水量年内分配不均，根据闸口、姚江大闸、金华、温州西山、圩仁等 45 个代表站降水量分析，汛前 1—3 月降水量占全年 28.3%，汛期 4—10 月降水量占全年的 59.3%，汛后 11—12 月降水量占全年 12.4%。各月降水量占全年比值在 1.8%～19.4% 之间，10 月最小为 1.8%，6 月最大为 19.4%。汛期降水量偏少，夏旱连秋旱，11 月底 12 月初寒潮降水较多。

降水量地区差异显著，全省年降水量在 900～2800mm 之间，浙西南千里岗、仙霞岭和洞宫山，浙东四明山一带为全省高值区，年降水量在 2000mm 以上，单站（青井站）最大降水量为 2815.0mm。杭嘉湖平原、舟山一带为全省低值区，年降水量在 1000mm，单站（嵊泗站）最小降水量为 896.0mm。

（二）地表水资源量

全省地表水资源量 917.95 亿 m³，较上年地表水资源量偏少 30.6%，较多年平均地表水资源量偏少 4.4%。全省行政分区及流域分区地表水资源量与上年及多年平均值比较见表 2。

表 2　全省行政分区及流域分区地表水资源量与上年及多年平均值比较

分　区	2022 年 /亿 m³	较上年	较多年
杭州	126.27	−33.2%	−11.4%
宁波	89.07	−39.4%	13.3%
温州	104.43	−41.3%	−23.0%
嘉兴	21.71	−31.9%	4.3%
湖州	33.34	−36.5%	−15.0%
绍兴	63.66	−35.7%	4.6%
金华	85.46	−28.1%	−6.9%
衢州	114.31	−9.0%	12.3%
舟山	8.73	−51.6%	12.3%
台州	70.51	−49.8%	−21.5%
丽水	200.46	−10.0%	4.9%
鄱阳湖水系	8.24	−8.4%	16.6%
太湖水系	71.49	−34.7%	−7.1%
钱塘江	381.50	−25.6%	−1.2%
浙东诸河	111.55	−41.6%	7.2%
浙南诸河	311.97	−33.0%	−12.3%
闽东诸河	15.33	−26.7%	−3.1%
闽江	17.87	24.1%	23.1%
全省	917.95	−30.6%	−4.4%

全省入境水量 214.68 亿 m^3；出境水量 239.40 亿 m^3；入海水量 814.69 亿 m^3。

（三）地下水资源量

全省地下水资源量 208.34 亿 m^3，地下水与地表水资源不重复计算量 16.32 亿 m^3。

（四）水资源总量

全省水资源总量 934.27 亿 m^3，较上年水资源总量偏少 30.5%，较多年平均水资源总量偏少 4.3%，产水系数 0.57，产水模数 89.1 万 m^3/km^2。全省行政分区及流域分区水资源总量与上年及多年平均值比较见表3。

表 3　全省行政分区及流域分区水资源总量与上年及多年平均值比较

分　区	2022 年 /亿 m^3	较上年	较多年
杭州	128.08	−33.1%	−11.2%
宁波	94.20	−38.7%	13.2%
温州	106.23	−41.2%	−22.9%
嘉兴	25.01	−30.2%	4.0%
湖州	34.50	−36.0%	−14.6%
绍兴	65.82	−35.3%	4.4%
金华	85.46	−28.1%	−6.9%
衢州	114.31	−9.0%	12.3%
舟山	8.73	−51.6%	12.3%
台州	71.48	−49.7%	−21.4%
丽水	200.46	−10.0%	4.9%
鄱阳湖水系	8.24	−8.4%	16.6%
太湖水系	76.94	−33.7%	−6.5%
钱塘江	383.71	−25.6%	−1.1%
浙东诸河	117.43	−40.8%	7.4%

续表

分　区	2022 年 /亿 m^3	较上年	较多年
浙南诸河	314.72	−33.1%	−12.3%
闽东诸河	15.36	−26.7%	−3.1%
闽江	17.87	24.1%	23.1%
全省	934.27	30.5%	−4.3%

（五）水库蓄水动态

全省 195 座大中型水库，年末蓄水总量 227.19 亿 m^3，较上年末减少 16.06 亿 m^3。其中大型水库 34 座，年末蓄水量 206.12 亿 m^3，较上年末减少 13.73 亿 m^3；中型水库 161 座，年末蓄水量 21.07 亿 m^3，较上年末减少 2.33 亿 m^3。

三、水资源开发利用

（一）供水量

全省年总供水量 167.81 亿 m^3，较上年增加 1.39 亿 m^3。其中地表水源供水量 162.67 亿 m^3，占 96.9%；地下水源供水量 0.16 亿 m^3，占 0.1%；非常规水源供水量 4.99 亿 m^3，占 3.0%。

在地表水源供水量中，蓄水工程供水量 69.53 亿 m^3，占 42.7%；引水工程供水量 26.66 亿 m^3，占 16.4%，提水工程供水量 54.89 亿 m^3，占 33.8%，调水工程供水量 11.58 亿 m^3，占 7.1%。

（二）用水量

全省年总用水量 167.81 亿 m^3，其中农田灌溉用水量 61.66 亿 m^3，占 36.7%；林牧渔畜用水量 11.74 亿 m^3，占 7.0%；工业用水量 35.39 亿 m^3，占 21.1%；城镇公共用水量 18.94 亿 m^3，占 11.3%；居民生活用水量 33.51 亿 m^3，占 20.0%；

生态环境用水量 6.57 亿 m³，占 3.9%，　　　见表 4、表 5。

表 4　全省流域分区供水量与用水量　　　　　　　　单位：亿 m³

水资源分区		供　水　量				用　水　量						
一级	二级	地表水	地下水	非常规水	总供水量	农田灌溉	林牧渔畜	工业	城镇公共	居民生活	生态环境	总用水量
长江	鄱阳湖水系	0.35	—	—	0.35	0.26	0.04	0.01	0.01	0.02	0.01	0.35
	太湖水系	41.70	0.0012	0.97	42.67	15.05	3.37	8.30	6.02	8.42	1.52	42.67
东南诸河	钱塘江	58.32	0.10	1.45	59.87	23.51	5.61	12.52	5.93	10.13	2.17	59.87
	浙东诸河	26.34	0.01	1.98	28.33	7.47	1.46	8.97	3.26	6.38	0.80	28.33
	浙南诸河	35.14	0.04	0.56	35.74	14.79	1.24	5.56	3.67	8.44	2.05	35.74
	闽东诸河	0.49	0.0016	0.01	0.50	0.32	0.02	0.02	0.03	0.10	0.01	0.50
	闽江	0.34	0.0029	0.01	0.36	0.27	0.01	0.02	0.01	0.03	0.02	0.36
全　省		162.67	0.16	4.99	167.81	61.66	11.74	35.39	18.94	33.51	6.57	167.81

表 5　全省行政分区供水量与用水量　　　　　　　　单位：亿 m³

行政分区	供　水　量				用　水　量						
	地表水	地下水	非常规水	总供水量	农田灌溉	林牧渔畜	工业	城镇公共	居民生活	生态环境	总用水量
杭州	28.53	0.02	0.73	29.27	8.15	2.24	4.62	6.08	7.02	1.16	29.27
宁波	21.67	0.01	0.50	22.18	5.86	1.00	6.57	2.78	5.36	0.60	22.18
温州	16.40	0.02	0.18	16.60	5.53	0.33	2.74	2.13	4.64	1.23	16.60
嘉兴	18.30	—	0.25	18.55	8.33	0.78	4.72	1.48	2.77	0.47	18.55
湖州	12.10	0.0008	0.30	12.41	4.79	2.05	2.28	1.18	1.69	0.42	12.41
绍兴	16.59	0.05	0.73	17.37	5.89	2.22	4.47	1.35	2.71	0.74	17.37
金华	15.67	0.03	0.25	15.94	6.21	1.22	2.86	1.22	3.66	0.77	15.94
衢州	10.84	0.0041	0.23	11.08	6.03	0.90	2.21	0.75	0.96	0.23	11.08
舟山	1.59	0.0044	1.35	2.94	0.19	0.05	1.82	0.27	0.54	0.08	2.94
台州	13.79	0.02	0.34	14.15	6.44	0.77	2.24	1.01	3.01	0.69	14.15
丽水	7.20	0.0036	0.12	7.32	4.23	0.18	0.86	0.70	1.16	0.20	7.32
全省	162.67	0.16	4.99	167.81	61.66	11.74	35.39	18.94	33.51	6.57	167.81

（三）耗、退水量

全省年总耗水量 94.45 亿 m³，平均耗水率 56.3%，年退水总量 42.32 亿 t。

（四）用水指标

全省水资源总量 934.27 亿 m³，人均水资源量 1424.53 m³。本年度全省平均水资源利用率 18.0%。

农田灌溉亩均用水量 381.5m³，农田灌溉水有效利用系数 0.609。万元国内生产总值用水量 21.6m³。

全省人均综合用水量 255.9m³，人均生活用水量 51.1m³（城镇公共用水和农村牲畜用水不计入生活用水量中），其中城镇和农村居民人均生活用水量分别为 53.3m³ 和 45.1m³。

全省行政分区的主要用水指标见表 6。

表 6　全省行政分区主要用水指标

行政分区	人均地区生产总值/万元	人均综合用水量/m³	万元地区生产总值用水量/m³	农田灌溉亩均用水量/m³	农田灌溉水有效利用系数	人均生活用水量/(L/d)		
						城镇综合生活		农村
							居民	
杭州	15.3	238.2	15.6	495.2	0.611	320.1	158.4	146.6
宁波	16.4	231.5	14.1	290.6	0.621	256.9	155.9	144.2
温州	8.3	171.8	20.7	354.0	0.603	224.5	141.9	103.0
嘉兴	12.2	335.2	27.5	449.7	0.664	241.9	140.5	127.6
湖州	11.3	363.9	32.2	397.0	0.632	283.8	140.9	126.7
绍兴	13.8	325.0	23.6	378.6	0.607	237.6	141.1	133.2
金华	7.8	223.8	28.7	318.6	0.589	212.3	145.3	129.8
衢州	8.8	484.3	55.3	424.0	0.557	281.4	128.2	96.9
舟山	16.7	251.8	15.1	143.1	0.700	218.1	132.3	110.9
台州	9.1	212.2	23.4	410.6	0.600	194.6	129.1	113.9
丽水	7.3	291.0	40.0	338.6	0.589	259.9	139.2	103.8
全省	11.8	255.9	21.6	381.5	0.609	254.1	146.0	123.6

注　1. 地区生产总值数据取自省统计局快报数据（当年价）。

　　2. 人口采用年平均人口，即上年末人口数与本年末人口数的算数平均值。

　　3. 城镇综合生活用水量包括城镇居民用水量和公共用水量（建筑业及服务业）。

四、2022 年水资源大事记

2 月 19 日，经省政府同意，省水利厅印发浙江省地下水管控指标，制定了省市县三级 2025、2030 年地下水用水总量管控指标，明确了 45 个平原区县（市、区）2025 年的地下水水位控制指标。

3 月 17 日，省水利厅、省生态环境厅公布了 2021 年度县级以上集中式饮用水水源地安全保障达标评估结果。开展评估的 79 个县级以上饮用水水源地中 77 个等级为优，2 个等级为良。

3 月 22 日，省水利厅、省河长办、共青团浙江省委、杭州市人民政府联合主办 2022 年"3·22 世界水日"线上主题宣传活动。

4 月 15 日，省水利厅会同省发展改革委等 11 部门印发浙江省 2022 年度节水行动计划，全力推进节水行动走深走实。

5月16日，省水利厅、人行杭州中心支行、省节水办联合推出"节水贷"融资服务，引导金融机构加大对实体经济绿色低碳发展的支持。

6月15日，经省政府同意，省水利厅会同省发展改革委等8部门印发2021年度实行最严格水资源管理制度考核结果，其中丽水、金华、绍兴、湖州、杭州、宁波、衢州等7市考核成绩等次为优秀。

7月15日，省水利厅启动全省取用水监测计量标准化建设工作，提高取用水管理精细化水平，助力企业节水增效。

8月13日，经省政府批复同意，省水利厅、省发展改革委联合印发《浙江水网建设规划》，通过联网、补网、强链，全面完善浙江省现代化水利基础设施体系。

8月15日，水利部印发2021年度实行最严格水资源管理制度考核结果，浙江省考核结果为优秀。

9月29日，交溪、建溪、信江等3条跨省河流省内水量分配方案，经省政府同意后由省水利厅印发有关市县实施。

10月10日，水利部等6部委联合公布了典型地区再生水利用配置试点城市名单，浙江省宁波市、湖州市长兴县、嘉兴市平湖市、绍兴市柯桥区、金华市义乌市、台州市玉环市入选首批国家典型地区再生水利用配置试点城市。

10月31日，省水利厅、省发展改革委联合印发"十四五"用水总量和强度双控目标，持续实施水资源消耗总量和强度双控行动。

11月10日，省水利厅、省大数据局联合开展公共供水企业取供水数据治理归集工作，加强公共供水企业取供水数据治理、归集和共享、利用。

12月21日，省水利厅、省节水办公布第四批浙江省节水宣传教育基地名单，宁海县节水宣传基地等9个展馆、基地入选。

12月29日，水利部公布第五批节水型社会建设达标县（市、区）名单，浙江省杭州市临安区等12个县（市、区）达到国家节水型社会评价标准。

12月29日，钱塘江、瓯江流域水资源调度方案由省水利厅印发有关市县实施。

12月30日，省水利厅、省经信厅、省教育厅、省建设厅、省文化和旅游厅、省机关事务局、省节水办联合公布329个节水标杆单位名单，其中酒店43个、学校46个、小区98个、企业142个。

2022 年浙江省水土保持公报（摘录）

一、综述

2022 年全省水土保持工作坚定贯彻落实习近平生态文明思想和"节水优先、空间均衡、系统治理、两手发力"治水思路，坚持"党建统领、业务为本、数字变革"，夯实目标责任体系，完善"三位一体"水土保持监管体系，深化水土流失防治体系，提升水土保持动态监测能力，持续深化数字化改革，为美丽浙江建设提供强有力支撑。

2022 年，全省共有水土流失面积 7226.80km²，水土流失率为 6.85%，新增水土流失治理面积 420.63km²。审批生产建设项目水土保持方案共计 4260 个，涉及水土流失防治责任范围 689.85km²，对 143 个项目进行了质量抽查，征收水土保持补偿费 3.33 亿元。对 9227 个生产建设项目开展了水土保持监督检查，查处违法违规项目 1623 个。对全省 50 个重点生产建设项目开展了监督性监测，开展全域遥感监管 4 次，完成 2807 个生产建设项目水土保持设施验收报备。实施省级及以上水土保持工程 25 个，新增水土流失治理面积 277.28km²。全省共 7 个县（科技示范园、工程）成功创建水利部 2022 年度国家水土保持示范。

本《公报》中全省水土流失状况数据来源于 2022 年全省水土流失动态监测成果；水土保持监测数据来源于 2022 年全省水土保持监测站网成果和生产建设项目水土保持监测成果；水土保持监督管理数据和水土流失综合治理数据来源于 2022 年全省水土保持目标责任制考核和年度统计。

二、水土流失状况

（一）全省水土流失

根据 2022 年全省水土流失动态监测成果，全省水土保持率达到 93.15%。全省水土流失面积 7226.80km²，占全省陆域面积 10.55 万 km² 的 6.85%。按水土流失强度分，轻度、中度、强烈、极强烈、剧烈水土流失面积分别为 6592.74km²、346.43km²、196.97km²、71.25km²、19.41km²，分别占水土流失总面积的 91.23%、4.79%、2.73%、0.98%、0.27%，见表 1。

2019—2022 年，全省各设市区水土流失面积均有不同程度的减少，其中，温州、丽水和金华减少最多，分别为 151.44km²、99.36km² 和 89.96km²。从减幅上来看，嘉兴、宁波和舟山减幅最大，分别为 27.04%、13.89% 和 11.70%。

（二）国家级重点预防区水土流失

2022 年，水利部太湖流域管理局组织开展了新安江国家级重点预防区水土流失动态监测，涉及浙江省建德市和淳安县水土流失总面积 518.18km²，占区域总面积的 7.70%。与 2021 年相比，新安江国家级重点预防区（浙江省）水土流失面积减少了 13.22km², 减幅 2.49%, 见表2。

表1 2022年全省各设区市水土流失情况

设区市	2022 年水土流失面积/km²						2022 年水土流失面积占土地总面积比例/%	2021 年水土流失面积/km²	流失面积年际变化	
	轻度	中度	强烈	极强烈	剧烈	小计			面积/km²	幅度/%
杭州市	870.38	42.91	35.38	11.28	7.44	967.39	5.74	985.65	−18.26	−1.85
宁波市	359.27	13.99	6.82	1.63	0.12	381.83	3.93	385.66	−3.83	−0.99
温州市	1527.00	28.11	26.52	11.76	2.44	1595.83	13.23	1611.94	−16.11	−1.00
嘉兴市	3.90	0.03	0.01	0	0	3.94	0.09	3.99	−0.05	−1.25
湖州市	209.19	25.29	13.46	1.89	0.28	250.11	4.30	251.43	−1.32	−0.52
绍兴市	614.49	57.37	22.19	9.50	1.68	705.23	8.52	710.02	−4.79	−0.67
金华市	765.04	49.16	24.70	3.19	0.37	842.46	7.70	851.42	−8.96	−1.05
衢州市	589.75	48.26	22.13	4.84	0.14	665.12	7.52	672.55	−7.43	−1.10
舟山市	75.37	5.00	5.06	0.35	0.01	85.79	5.90	86.20	−0.41	−0.48
台州市	528.18	21.25	12.20	3.65	0.32	565.60	5.63	570.89	−5.29	−0.93
丽水市	1050.17	55.06	28.50	23.16	6.61	1163.50	6.74	1176.85	−13.35	−1.13
全省 合计	6592.74	346.43	196.97	71.25	19.41	7226.80	6.85	7306.60	−79.80	−1.09
全省 比例/%	91.23	4.79	2.73	0.98	0.27	100	—	—	—	—

表2 2022年新安江国家级重点预防区（浙江省）水土流失面积

行政区	各级强度水土流失面积/km²						2022 年水土流失面积占土地总面积比例/%	2021 年水土流失面积/km²	流失面积年际变化	
	轻度	中度	强烈	极强烈	剧烈	小计			面积/km²	幅度/%
建德市	174.83	10.37	8.13	0.56	0.63	194.52	8.40	200.90	−6.38	−3.18
淳安县	292.32	11.67	7.13	6.17	6.37	323.66	7.33	330.50	−6.84	−2.07
合计	467.15	22.04	15.26	6.73	7.00	518.18	7.70	531.40	−13.22	−2.49

（三）主要江河流域径流量与输沙量

根据《2022 年浙江省水资源公报》，2022 年全省平均降水量 1567.0mm，较上年降水量偏少 21.4%，较多年平均降水量偏少 3.4%。从流域分区看，闽江流域降水量较上年偏多 15.7%，其余各流域降水量较上年均都有不同程度的偏少，偏少幅度在 8.0%～28.5% 之间。从行政分区看，各市降水量较上年均明显偏少，偏少幅度在 8.2%～34.2% 之间，见表 3。

宁波、嘉兴、绍兴、衢州、舟山、丽水降水量较多年平均降水量偏多，偏多幅度在 0.4%～8.0% 之间，其余各市降水量较多年平均都有不同程度的偏少，偏少幅度在 4.9%～14.5% 之间。

降水量年内分配不均，汛前 1—3 月降水量占全年 28.3%，汛期 4—10 月降水量占全年的 59.3%，汛后 11—12 月降水量占全年 12.4%。降水量地区差异显著，全省年降水量在 900～2800mm 之间。

表 3　2022 年全省主要江河流域典型监测站径流量及输沙量

流域名称	集雨面积 /km²	代表站名	降水量 /mm	径流量 /亿 m³	输沙量 /万 t	输沙模数 /[t/(km²·a)]	备　注
钱塘江	1719	诸暨	421	9.811	4.27	24.8	浦阳江
	2280	嵊州	343	15.120	5.63	24.7	曹娥江
	4459	上虞东山	388	26.640	11.60	26.5	曹娥江
	542	黄泽	374	3.005	1.12	20.7	黄泽江
	18233	兰溪	318	188.200	179.00	98.2	兰江
	2670	屯溪	1534	25.450	11.70	43.8	新安江安徽
	1597	渔梁	1287	10.410	3.17	19.8	新安江安徽
瓯江	1273	永嘉石柱	369	9.489	1.82	14.3	楠溪江
	1286	秋塘	357	13.150	7.19	55.9	好溪
椒江	2475	柏枝岙	374	19.050	6.80	27.5	永安溪
	1482	沙段	385	9.749	2.06	13.9	始丰溪
苕溪	1970	港口	385	11.320	3.12	15.8	西苕溪
飞云江	1930	峃口	396	23.870	2.37	12.3	飞云江
鳌江	346	埭头	448	3.3150	0.70	20.1	北港

（四）水土保持监测站网

1. 监测站网概况

浙江省水土保持监测站网共包括水蚀监测站 16 个，其中综合观测场 2 个、流域控制站 5 个（小流域控制站 2 个，

水文观测站 3 个）、坡面径流场 9 个，已全部完成标准化建设。监测站网覆盖杭州、宁波、温州、湖州、绍兴、金华、衢州、台州和丽水 9 个设区市，钱塘江、瓯江、椒江、甬江、苕溪和鳌江 6 大

水系。

2. 监测站点提升改造

2022年，浙江省监测站基本已配备了径流泥沙自动化监测设备，监测数据更加丰富、监测结果受人为影响明显减少。其中天台天希塘坡面径流场配备了自动化监测设备；常山天马坡面径流场开展了示范园提升改造工程；安吉山湖塘综合观测场完成了水土保持展馆的更新改造，科研、示范、科普及接待能力大幅提升。

3. 典型监测站水土流失观测结果

2022年，全省各水土保持监测站运行正常，按照《浙江省水土保持监测站管理手册（试行）》的要求，开展了降雨、径流、泥沙和植被等数据的监测。各水土保持监测站年度观测数据，经整编后发布，见表4～表6。

表4　小流域控制站观测结果

监测点名称	所在位置	观测环境（条件）			观测结果		
		控制面积/km²	土壤类型	土地利用类型	降雨量/mm	径流深/mm	输沙模数/[t/(km²·a)]
苍南昌禅溪小流域控制站	120°25′23.63″E 27°22′48.62″N	3.33	红壤	耕地、林地、毛竹林	1796.8	641.7	38.5
永嘉县石柱小流域控制站	120°44′36.46″E 28°16′13.95″N	0.41	红壤	耕地、林地、荒草地	974.5	348.6	27.522

表5　水文观测站观测结果

监测点名称	所在位置	集雨面积/km²	观测结果		
			降雨量/mm	径流深/mm	输沙模数/[t/(km²·a)]
建德市更楼水文观测站	119°15′00″E 29°25′12″N	687	1312.6	861.6	93.741
临海市白水洋水文观测站	120°56′10″E 28°52′59″N	2475	1486.0	769.6	27.520
临安区桥东村水文观测站	119°37′36″E 30°15′48″N	233	1301.4	553.9	6.930

（五）生产建设项目水土保持监测

2022年，生产建设项目水土保持监测工作按相关要求，按季度发布全省生产建设项目监测情况报告，共发布监测信息通报4期，见表7。实施"绿黄红"三色评价，认定为"黄"色项目的有51个，"红"色项目的有0个，见表8。2022年，对全省50个重点生产建设项目

表 6　典型坡面径流场观测结果

监测点名称	所在位置	径流小区名称	观测环境（条件）					观测结果		
			小区面积/m²	措施名称	坡度/(°)	土壤类型	降雨量/mm	径流深/mm	土壤侵蚀模数/[t/(km²·a)]	
永康市花街坡面径流场	119°57′22.40″E 28°55′46.53″N	1 号小区	100	方山柿＋顺坡	10	红壤	1363.0	383.5	3493.080	
		2 号小区	100	桃形李＋梯地	10	红壤		405.4	1431.850	
		3 号小区	100	方山柿＋农作物＋顺坡	10	红壤		470.1	1166.780	
		4 号小区	100	金橘＋梯地	10	红壤		355.3	431.740	
		5 号小区	100	杂草＋顺坡	10	红壤		450.6	1417.850	
常山县天马坡面径流场	118°28′14.58″E 28°54′33.98″N	1 号小区	100	茶树＋梯地	10	红壤	1784.5	31.2	13.880	
		2 号小区	100	胡柚＋顺坡	10	红壤		28.8	29.700	
		3 号小区	100	胡柚＋草＋顺坡	10	红壤		30.4	15.300	
		4 号小区	100	胡柚＋梯地	10	红壤		30.1	14.100	
		5 号小区	100	裸露＋顺坡	10	红壤		420.5	6599.500	
丽水市石牛坡面径流场	119°50′03.88″E 28°24′32.64″N	1 号小区	100	裸露＋顺坡	15	红黄壤	1182.0	13.6	20.770	
		2 号小区	100	茶花＋梯地	15	红黄壤		70.0	70.250	
		3 号小区	100	桃树＋梯地	15	红黄壤		22.5	72.070	
		4 号小区	100	杨梅＋麦冬＋顺坡	15	红黄壤		29.9	18.510	
		5 号小区	100	茶树＋梯地	15	红黄壤		47.1	127.070	

表 7　2022 年全省生产建设项目水土保持监测情况

季　度	上报监测季报数量/份				列入重点监督检查清单项目数量/个	监测项目总扰动面积/hm²
	合计	水利部审批	省水利厅审批	其他		
第一季度	513	12	143	358	15	2414.11
第二季度	160	15	145	0	9	1025.15
第三季度	167	15	152	0	12	1090.67
第四季度	152	13	139	0	9	1484.53
合计	992	55	579	358	45	6014.46

注　第一季度发布数据为水利部、省、市县审批项目监测季报，第二～第四季度发布数据为水利部、省审批项目监测季报。

公　报

表8　"绿黄红"三色评价结果

| 评价结果 | 项目个数 | | | | 合计 |
	第一季度	第二季度	第三季度	第四季度	
黄	24	11	10	6	51
红	0	0	0	0	0

开展监督性监测,综合采用资料分析、高分遥感影像解译、无人机遥测和现场调查等技术手段,掌握生产建设项目扰动情况,评价建设单位和监测单位监督性监测工作,为监督执法提供数据支撑,监测结果显示6个项目超出防治责任范围。

三、生产建设项目水土保持监督管理

(一)水土保持方案审批和质量抽查

2022年,全省共审批生产建设项目水土保持方案4260个,涉及水土流失防治责任范围689.85km²,其中省级审批18个,涉及水土流失防治责任范围34.99km²;市级审批376个,县级审批3866个,涉及水土流失防治责任范围654.86km²。征收水土保持补偿费3.33亿元,减免水土保持补偿费0.51亿元,进一步做好减轻企业负担工作助力营商环境优化提升。2022年,全省共抽查144个项目。从审批级别上,市级审批31个,县级审批112个;从报告类型上,报告书129个,报告表14个;涉及公路、房地产等15个行业类型。从抽查情况看,浙江省内各审批单位严格执行有关法律法规和水利部要求,按规定程序、时限

开展方案审批工作;技术服务单位严格按照水土保持相关标准规范和文件开展方案编制工作,优良率约67%,方案质量总体满足审批需求,见表9。

表9　2022年各设区市水土保持方案审批情况

| 设区市 | 审批数量/个 | | | 水土流失防治责任范围/hm² |
	市级	县级	小计	
省本级			18	34.99
杭州市	31	610	641	98.05
宁波市	50	740	790	115.68
温州市	34	585	619	94.07
嘉兴市	63	217	280	43.1
湖州市	23	291	314	63.58
绍兴市	5	219	224	28.49
金华市	24	400	424	68.28
衢州市	27	127	154	42.16
舟山市	44	74	118	26.73
台州市	24	381	405	51.23
丽水市	51	222	273	23.49
合计	376	3866	4260	689.85

(二)水土保持日常监管

2022年,全省各级水行政主管部门对9227个生产建设项目开展了水土保持监督检查。其中省级监督检查项目56个,对18个重点项目下发整改意见。省、市、县级监督检查项目9227个,查处违法违规项目1623个,其中立案查处46个,见表10。

(三)水土保持遥感监管

2022年,采用卫星遥感、无人机航拍等技术手段,结合现场监督检查,开

展全域遥感监管 4 次，现场复核扰动图斑 9380 个，发现并查处"未批先建""未批先弃""超防治责任范围扰动"等

各类违法违规项目 695 个。其中，省级开展遥感监管 3 次，下发扰动图斑 5200 个，发现并查处违法违规项目 306 个。

表 10　2022 年各设区市水土保持监督执法情况

设区市	监督检查项目数量/个			违法违规项目数量/个	
	市级	县级	小计	小计	其中：立案查处
省本级			56	233	
杭州市	95	1436	1531	408	0
宁波市	111	1241	1352	55	3
温州市	218	910	1128	246	12
嘉兴市	95	832	927	141	5
湖州市	68	538	606	161	0
绍兴市	149	359	508	9	3
金华市	70	762	832	119	1
衢州市	75	367	442	18	9
舟山市	65	83	148	2	0
台州市	212	933	1145	205	13
丽水市	110	442	552	26	0
合　计	1268	7903	9227	1623	46

（四）水土保持信用监管

按照谁监管、谁认定原则，结合遥感监管、监督检查，对方案审批、跟踪检查、验收核查、举报等过程中发现的违法违规问题，依法依规实施"两单"管理。2022 年，共有 25 家建设单位、编制单位被列入重点关注名单。

（五）水土保持设施验收报备

2022 年，全省共有 2807 个生产建设项目完成了水土保持设施自主验收报备。其中，省级项目 16 个，市级 316 个，县级项目 2475 个，见表 11。

表 11　2022 年各设区市水土保持设施验收报备情况

设区市	市级/个	县级/个	小计/个
省本级			16
杭州市	33	481	514
宁波市	51	348	399
温州市	27	378	405
嘉兴市	43	194	237
湖州市	13	225	238
绍兴市	6	155	161
金华市	24	269	293

公　报

续表

设区市	市级/个	县级/个	小计/个
衢州市	39	60	99
舟山市	15	49	64
台州市	21	220	241
丽水市	44	96	140
合计	316	2475	2807

四、水土流失综合治理

（一）总体状况

2022 年，全省新增水土流失治理面积 420.63km²，超额完成了年度下达的 350km² 治理任务。其中自然资源部门实施 71.89km²，水利部门实施 287.05km²，农业农村部门实施 3.68km²，林业部门实施 57.83km²，其他部门实施 0.18km²。实施梯田 1.23km²，水土保持林 15.04km²，经济林 9.67km²，种草 0.30km²，封禁治理 374.92km²，其他措施 19.47km²，见表 12。

（二）水土保持工程建设

2022 年，全省实施省级及以上补助资金水土保持工程 25 个，其中国家水土保持重点工程 17 个，省级水土保持项目 8 个，见表 13 和表 14。新增水土流失治理面积 277.28km²，总投资 2.39 亿元，其中中央财政补助资金 3427 万元，省级财政补助资金 9650 万元。持续深化生态清洁小流域建设。

（三）典型案例

1. 临海市牛头山水库上游生态清洁小流域水土流失综合治理项目

项目区位于牛头山水库上游集雨范围，面积为 206.97km²，治理水土流失措施面积 25.10km²。通过水土保持湿地、村庄绿化美化、景观拦沙堰、封育治理等措施，在治理水土流失、改善水

表 12　2022 年各设区市水土流失治理完成情况

设区市	新增水土流失治理面积/km²	分项治理措施/km²					
		梯田	水土保持林	经济林	种草	封禁治理	其他措施
杭州市	33.09	0.00	2.79	0.00	0.00	29.90	0.41
宁波市	18.27	0.00	0.00	0.00	0.00	18.27	0.00
温州市	74.19	0.00	7.33	4.97	0.00	61.83	0.05
湖州市	28.14	0.00	0.11	0.00	0.00	21.02	7.01
绍兴市	49.64	0.02	0.00	0.24	0.00	40.16	9.22
金华市	42.88	0.14	0.02	0.08	0.30	42.00	0.34
衢州市	65.88	0.00	0.04	0.17	0.00	64.67	0.99
舟山市	1.69	0.00	0.22	0.00	0.00	0.41	1.06
台州市	32.04	1.07	4.52	0.99	0.00	25.29	0.17
丽水市	74.81	0.00	0.00	3.22	0.00	71.37	0.22
合计	420.63	1.23	15.04	9.67	0.30	374.92	19.47

表 13　2022 年国家水土保持重点工程一览表

序号	县（市、区）	项目名称	建设性质	新增水土流失治理面积/km²	总投资/万元	中央财政补助资金/万元	省级财政补助资金/万元
1	建德市	建德市下涯镇北坞溪生态清洁小流域水土流失综合治理项目	新建	9.20	900.00	246	276
2	平阳县	平阳县怀溪等 4 条生态清洁小流域综合治理项目	新建	8.17	916.41	240	320
3	安吉县	安吉县后山坞生态清洁型小流域水土流失综合治理工程	续建	6.20	784.00	130	180
4		安吉县晓墅港生态清洁小流域水土流失综合治理项目	新建	7.03	840.37	158	210
5	新昌县	新昌县横渡桥等 5 条生态清洁小流域水土流失综合治理项目	新建	9.85	901.89	253	350
6	嵊州市	嵊州市东坑等生态清洁小流域水土流失综合治理项目	新建	15.00	1176.37	250	450
7		嵊州市贵门片生态清洁小流域水土流失综合治理项目	新建	8.00	777.00	137	240
8	磐安县	磐安县始丰溪（大盘镇片）生态清洁小流域水土流失综合治理项目）	新建	6.04	496.67	111	160
9	永康市	永康市西溪镇生态清洁小流域综合治理项目	新建	15.19	983.03	290	150
10		永康市上黄水库生态清洁小流域综合治理工程（水保乡村建设）	新建	2.83	287.98	66	0
11	开化县	开化县曹门片区生态清洁小流域水土流失综合治理项目	新建	7.80	774.82	130	412
12		开化县三里亭片区生态清洁小流域水土流失综合治理项目	新建	8.90	848.86	149	445
13		开化县张湾片小流域水土流失综合治理项目	新建	9.14	767.21	153	384

序号	县（市、区）	项目名称	建设性质	新增水土流失治理面积/km²	总投资/万元	中央财政补助资金/万元	省级财政补助资金/万元
14	江山市	江山市横渡等 6 条生态清洁小流域水土流失综合治理项目	新建	10.00	917.47	194	444
15		江山市苗青头等 5 条生态清洁小流域水土流失综合治理项目	新建	8.80	804.04	172	402
16	临海市	临海市牛头山水库上游生态清洁小流域水土流失综合治理项目	续建	21.00	999.00	369	294
17	龙泉市	龙泉市道太溪、豫章溪、锦溪等生态清洁小流域水土流失综合治理项目	新建	20.00	1673.3	379	900
合　计				173.15	14848.42	3427	5617

表 14　2022 年省级水土保持项目一览表

序号	县（市、区）	项　目　名　称	建设性质	新增水土流失治理面积/km²	总投资/万元	省级财政补助资金/万元
1	淳安县	淳安县威坪镇七都源（横川等 5 条小流域）生态清洁小流域水土流失综合治理项目	新建	6.08	547.68	300.00
2	海宁市	海宁市袁花片生态清洁小流域建设工程	新建	19.50	763.89	390.00
3	德清县	德清县田青坞、民进生态清洁小流域水土流失综合治理工程	新建	5.50	307.72	133.00
4	长兴县	长兴县和平水库片区生态清洁小流域水土流失综合治理项目	新建	8.02	385.69	160.00
5	衢江区	衢江区周家片生态清洁小流域水土流失综合治理项目	新建	11.20	769.17	500.00
6	龙游县	龙游县天池片生态清洁小流域水土流失综合治理项目	新建	8.50	620.00	300.00

序号	县（市、区）	项 目 名 称	建设性质	新增水土流失治理面积/km²	总投资/万元	省级财政补助资金/万元
7	松阳县	松阳县松阴溪流域水生态保护修复项目（一期）	新建	39.07	5138.95	1950.00
8	庆元县	庆元县兰溪桥水库库区上游水土保持生态清洁型小流域治理项目	新建	6.26	502.00	300.00
合 计				104.13	9035.1	4033

库水质的同时，将水土流失治理与村民生产生活、人居环境提升有机结合，为人们提供洁净的水源、便利的生产生活条件、优美的生态环境，实现区域经济社会可持续发展。

2. 海宁市袁花镇生态清洁小流域建设工程

项目区位于海宁市袁花镇，通过生态河道建设（含生态护岸、休闲游步道及植被缓冲带）及村庄绿化美化等措施，将水环境治理、人居环境改善、乡村振兴等有机结合，形成多目标、多功能、高效益的综合防治体系，进而改善袁花镇区域河道水生态环境、促进美丽乡村建设、提升城镇综合品味，使其成为"河湖通畅、生态健康、清洁美丽、人水和谐"的高品质生态清洁小流域。

五、国家水土保持示范创建

2022 年，全省共成功创建 7 个县（科技示范园、工程）水利部 2022 年度国家水土保持示范。其中，杭州市临安区、永康市、绍兴市、越城区入选"国家水土保持示范县"；淳安县千岛鲁能胜地水土保持科技示范园入选"国家水土保持科技示范园"；开化县钱江源齐溪小流域、新建杭州经绍兴至台州铁路、82 省道（S325）延伸线黄岩北洋至宁溪段公路入选"国家水土保持示范工程"。

（一）示范县

1. 杭州市临安区

临安区高度重视水土保持工作，持续深入贯彻落实习近平生态文明思想，积极践行"绿水青山就是金山银山"理念，科学推进水土流失系统治理。以建设美丽幸福新临安为目标，全面推进政府重视、规划引领、系统治理、产业融合、保护优先"五位一体"的水土保持工作体系。积极探索符合临安特色的水土保持生态建设与乡村振兴融合发展模式，实施林地坡面水系工程，全力恢复林下植被，推广生态化经营模式，实施生态治理数字赋能，走出一条清单化、系统化、生态化、数字化"四化"协同的，富有临安特色的经济林地水土流失综合治理之路，实现了经济社会发展和生态环境保护协同共进，实现了"山青、水净、村美、民富"目标。

2. 永康市

永康市不断践行"绿水青山就是金山银山"理念，通过生态治理、水保乡村、监管协作、数字赋能、动漫宣传等一批特色亮点工作，成为水土保持的"模范生"。以共富示范区建设为目标，结合乡村振兴，提出"水保乡村"做法，出台实施细则和指导意见，建成峰箬、三联、寺口和柘坑等多个水保乡村，助力美丽乡村创建和旅游、民宿、影视等业态发展。在全省率先出台《水土保持强监管协作机制》，实现审批、监管、处罚的无缝衔接，被评为浙江省"强监管"改革优秀试点县。打造水土保持数字化监管平台，提升监管效能，同时采取多重形式开展水土保持宣传教育和科普活动，营造浓厚的水保宣传氛围。

3. 绍兴市越城区

越城区以习近平总书记"山、水、林、田、湖、草、沙"是生命共同体的指示精神，全面实施水土保护，结合"海绵城市"和"无废城市"打造特色城市水保体系，构建了具有越城特色的平原城市水土流失防治模式，为全国平原河网城市水保建设提供了"越城方案"。紧跟"十三五""十四五"发展规划，健全组织体系，加强建设治理和刚性管理，通过技术监管、数字赋能，精准治理水土流失，完成了鉴湖江等全域36条骨干河道的全面治理，营造了河畅、水清、岸绿、景美的生态水环境。越城区多管齐下成效显著，水土流失面积持续减少，人居环境持续改善，休闲旅游、农家乐等生态＋产业蓬勃发展，实现了经济效益与生态效益的双赢。

（二）科技示范园

淳安县千岛鲁能胜地水土保持科技示范园为科普教育型水土保持科技示范园，建成水土保持技术示范区、科普宣传教育区、运动休闲体验区、生态研学实验区、生态修复治理示范区。创新政企合作建管机制；重视水土保持技术示范、科普宣传与生态旅游、休闲运动等绿色发展主题紧密相连，公益性科普宣传与部分经营性项目互补；综合利用海绵城市建设、生态互联与生境统建技术、绿色低碳节能等技术，注重原生态、水质与生物多样性的保护和动植物栖息地维护；将水土流失防治与生态景观建设相结合，坡面治理与沟道治理相结合，植物措施与工程措施相结合；建有完善的配套设施和智慧化的服务体系，已成为浙江省乃至全国水土保持科普宣传的重要平台与窗口。

（三）示范工程

1. 开化县钱江源齐溪生态清洁小流域

钱江源齐溪小流域位于"钱江源头第一镇"——浙江省衢州市开化县齐溪镇。按照"山、水、林、田、湖、草"综合治理原则，实施"治山、治水、治污、致富"，健全运行管护机制，小流域水土保持率提高到96.5％，森林覆盖率高达91.3％，出境水质常年稳定在Ⅱ类及以上。打造"江南高产农林复合模式"，发展中蜂养殖产业，建立立体化林相结构，小流域农村人居环境得到显著改善。在坚持水资源保护、水域岸线管理、水污染防治等工作的同时，创新护岸工程与游步道结合，水系整治与经济发展相结合，用天然卵石、块石，堆砌成铜钱坝，鱼鳞坝、叠石坝等不同类型景观坝，恢复传统清洁能源利用方式，以坝蓄水带动水轮，再现"大美江南"。将治理工作与美丽乡村、特色产业、民宿经济与全域旅游等有机结合，为当地发展注入新的活力。

2. 杭州经绍兴至台州铁路工程

杭绍台铁路建设以党建为引领，把党建与水土保持强监管工作深度融合，实现"监督管理有界面，党建活动无界限"。建设初期即应用BIM规划设计软件对隧道洞口开展"一洞一景"布局设计，实现了洞脸防护和水土保持生态的和谐统一。通过优化断面设计、减少深挖高填，强力推进土石方资源化、社会化利用，充分体现水土保持理念和"绿色""双碳"时代要求。建设过程中，秉持早布局、早规划、以时间换成本理念，及时落实工程、植物和各项临时防护措施。工程总承包单位自主研发铁路建设项目水土保持信息化管理系统，实现了远程控制、即时响应、资料共享的监管体系。本工程入选国家版本馆开馆展览和喜迎党的二十大"奋进新时代"主题成就展，成功入围"菲迪克工程项目奖"，成为中国铁路投融资体制改革的标杆示范项目。

3. 82省道（S325）延伸线黄岩北洋至宁溪段公路工程

工程采用双向四车道一级公路建设标准，设计时速60km/h。坚持"生态第一、安全第一"的设计理念，强化公路安全设计，完善库区路段路面水、桥面水、隧道清洗水和突发事故污水处理方案。创新运用水土保持新工艺，纵向两条排水沟，桩基泥浆采用泥、渣分离特殊处理技术，杜绝了泥浆对水体的污染等。桥梁工程采用先进的旋挖和冲击成孔工艺，并以钢栈桥和钢护筒代替土石围堰，最大程度避免水土流失。该工程始终高要求落实水保"三同时"制度，实现道路边坡成型一段及时绿化一段，真正做到水土保持与主体工程同步推进。制定了路堤边坡、路堑边坡、隧道仰坡等不同绿化区域的绿化分类标准和综合绿化体系，实现了"四季常绿，三季有花"的景观效果，让"生态第一，安全第一"的设计理念完美落地。

索　引

Index

423～430 页

索　引

说　明

1. 本索引采用内容分析法编制，年鉴中有实质检索意义的内容均予以标引，以便检索使用。
2. 本索引基本上按汉语拼音间序排列。具体排列方法为：以数字开头的，排在最前面；汉字款目按首字的汉语拼音字母（同音字按声调）顺序排列，同音同调按第二个字的字母音序排列，依此类推。
3. 本索引款目后的数字表示内容所在正文的页码，数字后的字母 a、b 分别表示左栏和右栏。
4. 为便于读者查阅，出现频率特别高的款目仅索引至条目及条目下的标题，不再进行逐一检索。